计算机基础课程系列教材

Access 2010数据库应用程序设计

沈楠 孔令志 王立伟 编著

沈朝辉 主审

U0339115

机械工业出版社
China Machine Press

图书在版编目（CIP）数据

Access 2010数据库应用程序设计 / 沈楠，孔令志，王立伟编著 . —北京：机械工业出版社，2017.1

（计算机基础课程系列教材）

ISBN 978-7-111-55840-8

I. A… II.①沈… ②孔… ③王… III. 关系数据库系统 – 高等学校 – 教材 IV. TP311.138

中国版本图书馆 CIP 数据核字（2016）第 324520 号

本书共分 9 章，内容依次为数据库基础知识、数据库和表、查询、窗体、报表、宏、VBA 编程基础、Access VBA 数据库编程综合实例以及全国计算机等级考试二级 Access 考试指导。其中第 1～7 章的结构都是基础知识 + 操作实践 + 思考练习与测试。

本书实例丰富、易学易懂，既可以作为高等学校非计算机专业数据库应用程序设计、数据库应用技术等课程的教材，也可以作为全国计算机等级考试二级 Access 的培训或自学教材。

出版发行：机械工业出版社（北京市西城区百万庄大街 22 号 邮政编码：100037）

责任编辑：张梦玲		责任校对：董纪丽	
印　　刷：北京市荣盛彩色印刷有限公司		版　　次：2017 年 2 月第 1 版第 1 次印刷	
开　　本：185mm×260mm　1/16		印　　张：20.25	
书　　号：ISBN 978-7-111-55840-8		定　　价：39.00 元	

前　言

    21 世纪是信息化的时代，社会要求大学生掌握数据库程序设计的基本理论与知识，会设计、开发诸如信息管理系统、客户关系管理系统、电子商务系统、智能信息系统、企业资源计划系统等各类数据库管理系统。

    本书是编者根据教育部高等教育司组织制定的《高等学校计算机课程教学大纲（2013 年版）》和教育部考试中心最新颁布的《全国计算机等级考试二级 Access 数据库程序设计考试大纲（2013 年版）》，结合当前数据库技术的最新发展和"数据库应用程序设计"课程教学的实际需要，认真总结了多年来的教学实践，在给非计算机专业的学生讲授"数据库应用程序设计"课程时使用的自编讲义的基础上编写而成的。

    本书共分 9 章。第 1 章内容为数据库概述、数据库设计基础及 Access 简介等，第 2 章内容为创建数据库、建立表、建立表间关系、维护表和使用表，第 3 章内容为查询概述、选择查询、交叉表查询、参数查询、操作查询和 SQL 查询，第 4 章内容为窗体概述、创建窗体、窗体的外观设计与使用和定制系统控制窗体，第 5 章内容为报表的基本概念与组成、创建报表、报表的编辑和报表的打印与导出，第 6 章内容为宏的基础知识、建立宏、宏的编辑 / 运行与调试和通过事件触发宏，第 7 章内容为 VBA 模块简介、VBA 程序设计基础、VBA 流程控制语句、面向对象程序设计的基本概念、过程调用和参数传递、VBA 程序错误处理与调试以及 VBA 数据库编程简介，第 8 章内容为 Access VBA 数据库编程综合实例，第 9 章内容为全国计算机等级考试二级 Access 考试指导。其中第 1 ～ 7 章的结构都是基础知识＋操作实践＋思考练习与测试；第 8 章的内容是"学生学籍管理系统"的实例制作；第 9 章介绍了全国计算机等级考试二级 Access 的考试大纲并给出样题及 4 套近期的考试真题，帮助备考学生考取二级 Access 合格证书，满足毕业时一些应聘单位的必要条件。

    本书的特点是：①用一本书将常用的数据库理论知识、操作实践、思考练习与测试等内容汇集在一起。数据库理论知识重点突出、叙述简洁；操作实践的内容基本涵盖了所讲述的理论知识，并且每个操作实践都给出了【操作步骤 / 提示】；课后练习题和测试题虽然量大，但都给出了参考答案（可从 www.hzbook.com 上获取）。②书中的数据源相对一致。在讲授第 1 ～ 7 章的数据库理论知识时使用"教学管理系统"数据库，而在操作实践部分上机实习时使用"图书查询系统"数据库。③内容紧扣全国计算机等级考试二级 Access 的考试大纲。书中各章的例题、操作实践、练习题和测试题都是依据教育部考试中心近几年举办的全国计算机等级考试二级 Access 考试真题为蓝本编写的。

    本书为教师配有电子课件（可从 www.hzbook.com 上获取），建议的授课学时数（含上机）为 54 ～ 72。选择 72 学时的教师可重点讲授第 1 ～ 7 章，第 8 章略讲，对于第 9 章可指导学生自学；选择 54 学时的教师可指导学生自学 7.6 节、7.7 节、第 8 章和第 9 章。

    本书的第 1 ～ 6 章由沈楠编写，第 7 章和第 8 章由孔令志编写，第 9 章由王立伟编写，全书由沈楠统稿，最后由沈朝辉审阅了全部书稿。

    在本书的编写过程中，得到了南开大学计算机与控制工程学院和南开大学滨海学院的朱耀庭、赵宏、王娟、高裴裴、李敏、贺仁宇等老师以及机械工业出版社的张梦玲编辑的大力支持和帮助，在此一并致以诚挚的感谢！

　　本书中的所有例题、操作实践题第 8 章的综合实例及第 9 章的 4 套真题的操作题都在 Access 2010 环境下运行通过。由于编者水平所限，书中难免存在错误与不妥之处，敬请同行及读者批评指正。

编　者

2016 年 12 月于南开园

E-mail：shennan@nankai.edu.cn

目　　录

第1章 数据库基础知识

本章主要介绍数据库基础知识、数据库设计基础及 Access 等，另外给出了上机操作的实践练习和课下的思考练习与测试题。

1.1 数据库概述

数据库是 20 世纪 60 年代后期发展起来的一项重要技术。目前，数据库技术已经成为计算机科学与技术的一个重要分支。

数据库技术为各种信息系统的构建提供了强有力的平台，从而成为信息系统的核心技术。各种基于数据库技术的管理系统已融入人们的日常生活和工作中，当我们在聊天室中聊天、在微信上留言、在网上购物、在 ATM 机上存取款、在超市购物结算时都在享受着数据库系统的服务。

1.1.1 数据库的基本概念

1. 基本概念

1）数据（Data）：指描述事物的符号记录。例如，在计算机中的文字、图形、图像、声音，学生档案、教师的基本情况、学生的学习成绩等。

2）信息（Information）：指经过加工处理的有用数据。信息以数据的形式表示，通过数据记录可以实现载体传递，并借助数据处理工具实现存储、加工、传播、再生和增值。

3）数据处理（Data Processing，DP）：指利用计算机对各种类型的数据进行加工处理，它包括对数据的采集、整理、排序、检索、维护、加工、统计和传输等一系列操作过程。

计算机数据管理随着计算机软、硬件技术和计算机应用范围的不断发展而发展，先后经历了人工管理、文件系统和数据库系统、分布式数据库和面向对象数据库系统等几个阶段。

4）数据库（DataBase，DB）：存储在计算机存储设备中、结构化的相关数据的集合。不仅包括描述事物的数据本身，而且包括相关事物之间的关系。例如，把学校的学生、教师、课程等数据有序地组织起来存储在计算机磁盘上，可以构成一个与教学有关的数据库。数据库中的数据之间有着紧密的联系，能够面向多个应用程序，被多个用户共享。

5）数据库应用系统（DataBase Application System，DBAS）：指系统开发人员利用数据库系统资源开发的面向某类实际应用的软件系统。例如，教务管理系统、超市销售系统等。

6）数据库管理系统（DataBase Management System，DBMS）：为建立、使用和维护数据库而配置的专门数据管理软件。例如，Access、Visual FoxPro 等。数据库管理系统安装在操作系统之上，一般具有以下功能。

① 数据定义：DBMS 提供数据定义语言（Data Definition Language，DDL），用户通过 DDL 可以方便地对数据库中的数据对象进行定义，包括数据结构、数据的完整性约束条件和访问控件的条件等。

② 数据操纵：DBMS 提供数据操纵语言（Data Manipulation Language，DML）实现对数据库的操作。基本操作包括查询、插入、修改和删除。

③ 数据库运行管理：该功能是 DBMS 运行时的核心部分，包括对数据库进行并发控制、安全性检查、完整性约束条件的检查和执行、数据库的内部维护等。

④ 数据组织、存储和管理：对数据库中的数据分门别类地组织、存储和管理，确定以何种文件结构和存取方式物理地组织数据，如何实现数据之间的联系，以便提高存储空间利用率以及提高查找、增删改等操作的时间效率。

⑤ 数据库的建立和维护：DBMS 一般都要保存工作日志、运行记录等以用于恢复数据，一旦出现故障，使用这些历史和维护信息可将数据库恢复到一致状态。此外，当数据库性能下降，或者系统软件设备变化时也能重新组织或更新数据库。

⑥ 数据通信接口：DBMS 需要提供与其他软件系统进行通信的功能。例如，提供与其他 DBMS 或文件系统的接口。

DBMS 通常提供四类语言和程序：数据定义语言及其翻译处理程序、数据操纵语言及其编译（或解释）程序、数据库运行控制程序、实用程序。

7）数据库管理员（DataBase Administrator，DBA）：负责数据库的规划、设计、维护、监视等的人员。其主要工作是数据库设计、数据库维护、改善系统性能、提高系统效率。

8）数据库系统（DataBase System，DBS）：引进数据库技术后的计算机系统。

数据库系统由硬件系统、数据库、数据库管理系统及相关软件、数据库管理员和用户 5 部分组成。在数据库系统中，数据与程序之间的关系如图 1-1 所示。

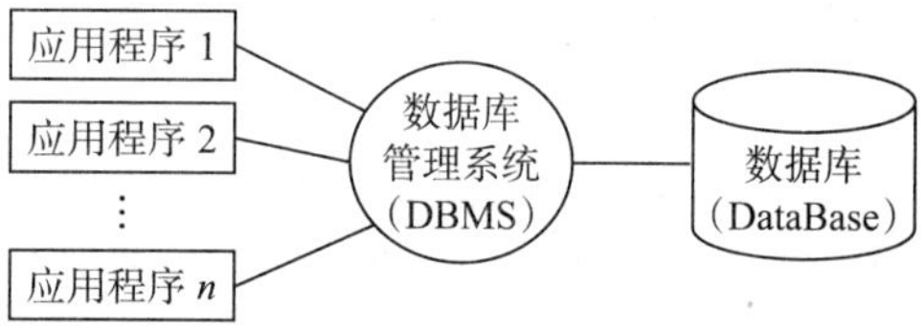

2. 数据库的特点

数据库有以下主要特点。

（1）实现数据共享，减少数据冗余

在数据库系统中，数据的定义和描述是通过数据库来统一管理的。数据的最小单位是字段，既可以按字段的名称存取数据库中的某个或某组字段，也可以存取一条或一组记录。

图 1-1　数据库系统中数据与程序的关系

（2）采用特定的数据模型

数据库中的数据是有结构的，这种结构由 DBMS 所支持的数据模型表现出来。

（3）具有较高的数据独立性

在数据库系统中，DBMS 提供映像功能，使应用程序在数据的总体逻辑结构、物理存储结构之间具有较强的独立性。数据的物理存储结构与用户看到的局部逻辑结构可以有很大的差别。用户只以简单的逻辑结构来操作数据，无须考虑数据在存储器上的物理位置与结构。

（4）有统一的数据控制功能

数据库可以被多个用户或应用程序共享，数据的存取往往是并发的，即多个用户同时使用同一个数据库。DBMS 必须提供必要的保护措施，包括并发访问控制功能、数据的安全性控制功能和数据的完整性控制功能等。

1.1.2　数据库系统的三级模式结构

数据库系统内部具有三级模式及两级映射。三级模式分别是概念模式、内模式与外模式；两级映射则分别是概念模式到内模式的映射以及外模式到概念模式的映射。这三级模式与两级映射构成了数据库系统内部的抽象结构体系，如图 1-2 所示。

1. 数据库系统的三级模式

数据模式是数据库系统中数据结构的一种表示形式，它具有不同的层次与结构。

（1）概念模式

该模式是数据库系统中全局数据逻辑结构的描述，是全体用户（应用）的公共数据视图。此种描述是一种抽象的描述，不涉及具体的硬件和软件环境。

概念模式主要描述数据的概念记录类型、以及它们之间的关系，还包括一些数据间的语义约束，对它的描述可用 DBMS中的 DDL 定义。

（2）外模式

该模式也称为子模式（Subschema）或用户模式（User's Schema）。它是用户的数据视图，也就是用户所见到的数据模式，由概念模式推导而出。概念模式给出了系统全局的数据描述，而外模式则给出每个用户的局部数据描述。一个概念模式可以有若干个外模式，每个用户只关心与它有关的模式，这样可以屏蔽大量无关信息，有利于数据保护。在一般的 DBMS 中，都提供相关的外模式描述语言（外模式DDL）。

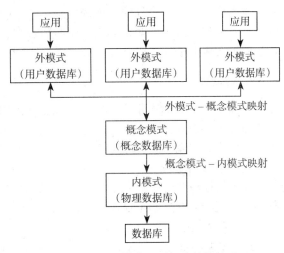

图 1-2　三级模式、两级映射的关系

（3）内模式

内模式（Internal Schema）又称为物理模式（Physical Schema）。它给出了数据库物理存储结构与物理存取方法，如数据存储的文件结构、索引、集簇及散列等存取方式与存取路径。内模式对一般用户是透明的，但它的设计直接影响数据库的性能。

数据模式给出了数据库的数据框架结构，数据是数据库中真正的实体，但这些数据必须按框架所描述的结构组织。以概念模式为框架所组成的数据库称为概念数据库。以外模式为框架所组成的数据库称为用户数据库。以内模式为框架所组成的数据库称为物理数据库。这三种数据库中，只有物理数据库是真实存在于计算机外存中的，其他两种数据库并不真正存在于计算机中，而是通过两种映射由物理数据库映射而成。

模式的三个级别层次反映了模式的三个不同环境以及它们的不同要求。其中内模式处于最底层，它反映了数据在计算机物理结构中的实际存储形式；概念模式处于中层，它反映了设计者的数据全局要求；而外模式处于最外层，它反映了用户对数据的要求。

2. 数据库系统的两级映射

数据库系统的三级模式是对数据的三个级别的抽象，它把数据的具体物理实现留给物理模式，使用户与全局设计者不必关心数据库的具体实现与物理背景；同时，它通过两级映射建立了模式间的联系与转换，使得概念模式与外模式虽然并不具备物理存在，但是也能通过映射获得实体。此外，两级映射也保证了数据库系统中数据的独立性，即数据的物理组织改变与逻辑概念级改变相互独立，使得只需调整映射方式而不必改变用户模式。

（1）概念模式到内模式的映射

该映射给出了概念模式中数据的全局逻辑结构到数据的物理存储结构间的对应关系，此种映射一般由 DBMS 实现。

（2）外模式到概念模式的映射

概念模式是一个全局模式而外模式是用户的局部模式。在一个概念模式中可以定义多个外模式，而每个外模式是概念的一个基本视图。外模式到概念模式的映射给出了外模式与概念模式的对应关系，这种映射一般也是由 DBMS 来实现的。

1.1.3 数据模型

数据模型是从现实世界到机器世界的一个中间层次。现实世界的事物反映到人的头脑中，人们再把这些事物抽象为一种既不依赖于具体的计算机系统，又与特定的 DBMS 无关的概念模型，然后再把概念模型转换为计算机上某一 DBMS 支持的数据模型。

1. 概念数据模型

概念数据模型简称为概念模型，常用的概念模型是 E-R（Entity-Relationship，实体－联系）模型，该模型用 E-R 图来描述数据结构。

（1）E-R 模型

E-R 模型的成分主要有实体、属性和联系 3 种。

现实世界中存在各种事物，事物与事物之间存在着联系。这种联系是客观存在的，是由事物本身的性质所决定的。例如，商业部门有货物、客户、供应商，客户订货、购物，供应商提供货源等。

- **实体**：客观存在并且可以相互区别的事物为实体，实体可以是实际的人、事、物，也可以是抽象的概念或联系。例如，一个学生、一个班级、学生与班级的隶属关系都是实体。
- **属性**：实体所具有的某一特性称为属性。一个实体可以由多个属性来刻画。例如，学生实体有学号、姓名、性别、出生日期等属性。
- **实体集和实体型**：属性值的集合表示一个实体，而属性的集合表示一种实体的类型，称为实体型。同类型的实体集合称为实体集。

例如，学生（学号，姓名，性别，出生日期）是一个实体型。对于学生来说，全体学生就是一个实体集。（1540101，肖萌，女，1998/05/12）就是学生实体型的一个实体。

（2）实体间联系及联系的分类

实体间联系就是实体之间的对应关系，它反映客观世界中事物之间的相互关联。实体间联系的种类是指一个实体型中可能出现的每一个实体与另一个实体型中多少个具体实体存在联系，有以下 3 种类型：

1）一对一联系（1:1）：如果实体集 A 中的每一个实体只与实体集 B 中的一个实体相联系，反之亦然，则称这种联系是一对一联系。

例如，一个学校只能有一位正校长，并且正校长不可以在其他学校兼任校长，学校与正校长之间就是一对一联系。

2）一对多联系（$1:m$）：如果实体集 A 中的每一个实体在实体集 B 中都有多个实体与之对应，实体集 B 中的每一个实体在实体集 A 中只有一个实体与之对应，则称这种联系是一对多联系。

例如，一间教室同时有多名学生上课，而一个学生同一时刻只能在一间教室上课，则教室与学生之间的联系就是一对多联系。

3）多对多联系（$n:m$）：如果实体集 A 中的每一个实体在实体集 B 中都有多个实体与之对应，反之亦然，则称这种联系是多对多联系。

例如，教师与课程之间是多对多的联系，因为一名教师可以讲授多门课程，同一门课程可以由多名教师讲授。

（3）E-R模型的表示

- ❏ 矩形：表示实体型，矩形框内为实体名。
- ❏ 椭圆：表示属性，椭圆框内为属性名。
- ❏ 菱形：表示联系，菱形框内为联系名。
- ❏ 无向边：用来连接实体型与联系，边上注明联系类型（1:1、1:n或$m:n$）；属性与对应的实体型或联系也用无向边连接。

例如，用E-R模型描述某高校的学生选课情况：学校有若干学生，每个学生可以选修多门课程，结果如图1-3所示。

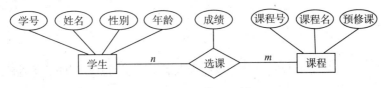

图1-3　E-R模型示例

2. 逻辑数据模型

逻辑数据模型就是通常所说的数据模型，它由数据结构、数据约束和数据操作3部分内容来描述。

任何一个DBMS都是基于某种数据模型的。根据数据的组织形式，常见的数据模型可分为层次模型、网状模型、关系模型，相应的数据库就称为层次型数据库、网状型数据库、关系型数据库。

（1）层次模型

层次模型用树形结构表示实体及实体间的联系，如图1-4所示。

层次模型是数据库系统最早使用的数据模型。层次模型的主要特征是，有且仅有一个节点没有父节点，该节点称为根节点；其他节点有且仅有一个父节点。

层次模型结构简单、处理方便、算法规范，适于表达现实世界中具有一对多联系的事物。

（2）网状模型

网状模型用网状结构表示实体及其之间的联系，如图1-5所示。

网状模型的主要特征是，允许一个以上的节点没有父节点；允许一个节点有多个父节点。

网状模型能够更为直接地描述现实世界，表示实体间的各种联系，但它的结构复杂，实现的算法也复杂。

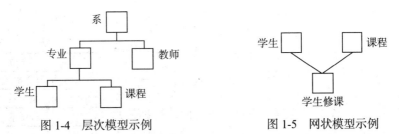

图1-4　层次模型示例　　　　　图1-5　网状模型示例

（3）关系模型

用二维表结构表示实体及其之间联系的模型称为关系模型。在关系模型中，操作的对象和结果都是二维表，一个关系对应一个二维表，如表1-1所示。

关系模型的概念单一，无论实体还是实体之间的联系都用关系来表示。它是目前最常用也是最主要的一种数据模型，包括 Access 在内的多种数据库管理系统都支持关系模型。

1.2 关系数据库

关系数据库是采用关系模型作为数据组织方式的数据库。在关系数据库中，现实世界的实体及实体间的联系均用关系来表示。在关系数据库中，数据被分散在不同的数据表中，每个表中的数据只记录一次，从而避免数据的重复输入，减少数据冗余。

目前，几乎所有的数据库管理系统都支持关系模型，Access 就是一种关系数据库管理系统。下面将结合 Access 2010 介绍关系数据库管理系统的基本概念。

1.2.1 关系的基本概念

1. 常用关系术语

在关系数据库中，经常会提到关系、属性等术语，下面列出常用的关系术语。

（1）关系

一个关系就是一张二维表，每个关系有一个关系名。在 Access 中，一个关系存储为一个表，具有一个表名。

对关系的描述称为关系模式，一个关系模式对应一个关系的结构，其格式为：

关系名（属性名 1，属性名 2，……，属性名 n）

关系模式在 Access 中表现为表结构：

表名（字段名 1，字段名 2，……，字段名 n）

例如，学生（学号，姓名，性别，出生日期，党员否，省份，系编号）为学生表结构，表名为"学生"，字段依次为：学号、姓名、性别、出生日期、党员否、省份、系编号。学生表中的记录数据如表 1-1 所示。

表 1-1 学生表

学号	姓名	性别	出生日期	党员否	省份	系编号
140011	王峰山	男	1996/10/2	True	湖北	01
140012	丁娟	女	1995/8/15	False	山东	01
140013	李华	女	1996/5/24	True	湖北	01
140114	张保明	男	1996/9/20	False	山西	02
140115	王梦瑶	女	1995/4/22	False	河南	02
140116	刘芳	女	1997/10/15	False	湖北	03

系（系编号，系名称，办公电话）为系表结构，表名为"系"，字段依次为：系编号、系名称、办公电话。系表中的记录数据如表 1-2 所示。

选课（学号，课程号，成绩）为选课表结构，表名为"选课"，字段依次为学号、课程号、成绩。

表 1-2 系表

系编号	系名称	办公电话
01	计算机系	66665555
02	电子系	66664444
03	经济系	66663333

（2）元组

在一个二维表（一个具体关系）中，水平方向的行称为元组。在 Access 中元组对应为表中的一条具体记录。例如，表 1-1 中（140011，王峰山，男，1996/10/2，True，湖北，01）为学号是"140011"的学生记录。

（3）属性

二维表的列称为属性，每一列有一个属性名。在 Access 中属性对应字段。每个字段的名称、数据类型、宽度等，在定义表结构时规定。例如，在学生表中，学号、姓名等为字段名。

（4）域

域为属性的取值范围，即不同元组对同一属性的取值所规定的范围。例如，在学生表中，"性别"字段的取值只能从"男""女"两个汉字中选取。

（5）关键字

关键字能够唯一地标识一个元组的属性或属性的组合，即在 Access 中表示为能够唯一地标识一条记录的字段或字段的组合。例如，学生表中能作为关键字的是"学号"；选课表中能作为关键字的是"学号"和"课程号"的组合。当一个表中存在多个关键字时，可以指定其中的一个为主关键字。

例如，给学生表中再添加一个"身份证"字段，此时，"学号"和"身份证"均为学生表的关键字，可以指定"学号"为主关键字，也可以指定"身份证"为主关键字，但需要注意的是，在一个表中只能指定一个关键字为主关键字。

（6）外部关键字

如果一个关系中的属性或属性组不是该关系的关键字，而是另外一个关系的关键字，则称其为该关系的外部关键字。

例如，"系编号"不是学生表中的关键字，而是系表中的关键字，则称"系编号"为学生表的外部关键字。

通常，将关键字简称为"键"，将主关键字简称为"主键"，将外部关键字简称为"外键"。

2. 关系的特点

一个关系就是一张二维表，但是一张二维表不一定是一个关系。在关系模型中，关系具有以下特点：

1）关系必须规范化。所谓规范化是指关系模型中的每一个关系模式都必须满足一定的要求。最基本的要求是每个属性是不可分割的数据项，即表中不能再包含表。如果不满足这个条件，就不能称为关系。例如，表 1-3 就不符合要求。

表 1-3　不符合规范化要求的表格

职工号	姓名	应发工资			应扣工资			实发工资
		基本工资	奖金	补贴	房租	水电	公积金	
016208	沈燕							
⋮								

2）关系中同一个属性的取值必须是同一类型的数据，来自同一个域。

3）同一个关系中不能有相同的属性名。在 Access 中不允许一个表中有相同的字段名。

4）同一个关系中不允许出现相同的元组。在一个表中，不应保存两条完全相同的记录。

5）关系中的行、列次序可以任意交换，不影响其信息内容。

3. 关系的完整性规则

完整性规则是对关系的某种制约，用以保证数据的正确性、有效性和相容性。

关系模型中有 3 类完整性规则，分别是实体完整性规则、参照完整性规则和用户自定义完整性规则。

（1）实体完整性规则

实体完整性规则是指关系中主键不能取空值和重复的值。所谓空值（Null）就是"不知道"或"无意义"的值。因为关系中的每一行都代表一个实体，而任何实体是可区分的，这是靠主键的取值来唯一标识。

例如，在学生表中，"学号"为主键，则"学号"字段的值不能为空，也不能有重复值。

（2）参照完整性规则

参照完整性规则关心的是逻辑相关的表中值与值之间的关系。假设 X 是一个表 A 的主键，在表 B 中是外键，那么若 K 是表 B 中外键的一个值，则表 A 中必然存在 X 上的值为 K 的记录。

例如，"系编号"字段是系表的主键，而在学生表中是相对于系表的外键，对于学生表的任何记录，其所包含的"系编号"字段值在系表的"系编号"字段中必然存在一个相同的值。

（3）用户自定义完整性规则

由用户针对某一具体数据库的约束条件定义完整性。它由应用环境决定，反映了某一具体应用所涉及的数据必须满足的语义要求。

例如，性别只能是"男"和"女"两种可能，年龄的取值只能限制在 0 ～ 150 岁之间才合乎情理等。

4. 实体关系模型

一个具体的关系模型由若干个关系模式组成。在 Access 中，一个数据库包含相互之间存在联系的多个表，这个数据库文件就对应一个实际的关系模型。为了反映出各个表所表示的实体之间的联系，公共字段名往往起着桥梁作用。这仅仅是从形式上来看的，实际分析时，应当从语义上来确定联系。

例如，教学管理系统数据库中，由学生表、课程成绩表、课程表三个关系模式组成的学生 – 课程成绩 – 课程关系模型在 Access 中如图 1-6 所示。

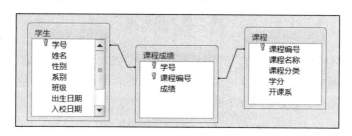

图 1-6　学生 – 课程成绩 – 课程关系模型

1.2.2　关系运算

关系的基本运算分为两类：传统的关系运算和专门的关系运算。

1. 传统的关系运算

传统的关系运算有并运算、差运算、交运算和笛卡儿积 4 种。

（1）并运算

具有相同结构的关系之间才能进行并运算。并运算的结果是把两个关系中的元组合并成新的集合。例如具有相同结构的两个关系 A1 和 A2，则并运算 A1 ∪ A2 就是将 A2 中的元组追加到 A1 元组的后面。

（2）差运算

具有相同结构的关系之间才能进行差运算。例如具有相同结构的两个关系 A1 和 A2，则差运算 A1–A2 的结果就是由属于 A1 但不属于 A2 的元组组成的集合。

（3）交运算

设 A1 和 A2 是具有相同结构的两个关系，则交运算 A1∩A2 的结果是由既属于 A1 又属于 A2 的元组组成的集合。

（4）笛卡儿积（×）

对于两个关系的合并操作可以用笛卡儿积表示。设有 n 元关系 R 及 m 元关系 S，它们分别有 p、q 个元组，则关系 R 与 S 的笛卡儿积记为 R×S，如图 1-7 所示。R×S 有 $n+m$ 元、$p×q$ 个元组。

2.专门的关系运算

专门的关系运算有选择运算、投影运算、联接运算和自然联接运算 4 种。

R		
A	B	C
a	1	c
b	3	d
c	2	e

S	
D	E
a	1 3
b	3

R×S				
A	B	C	D	E
a	1	c	a	1 3
a	1	c	b	3
b	3	d	a	1 3
b	3	d	b	3
c	2	e	a	1 3
c	2	e	b	3

图 1-7　关系 R、关系 S、笛卡儿积 R×S 示例

（1）选择运算

从关系中找出满足给定条件的元组。选择操作的条件是逻辑表达式，操作的结果是使逻辑表达式的值为真的元组。

例如，从表 1-1 所示的学生关系中，选出性别为"男"的元组，结果如表 1-4 所示。

表 1-4　选择运算结果

学号	姓名	性别	出生日期	党员否	省份	系编号
140011	王峰山	男	1996/10/2	True	湖北	01
140114	张保明	男	1996/9/20	False	山西	02

（2）投影运算

从关系模式中指定若干属性组成新的关系。经过投影运算可得到一个新关系，此时的关系模式所包含的属性数量往往比原来的关系模式所包含的属性数量少。

例如，从表 1-1 所示的学生关系中，选择学号、姓名、出生日期和省份 4 个属性列组成一个新的关系，结果如表 1-5 所示。

表 1-5　投影运算结果

学号	姓名	出生日期	省份	学号	姓名	出生日期	省份
140011	王峰山	1996/10/2	湖北	140114	张保明	1996/9/20	山西
140012	丁娟	1995/8/15	山东	140115	王梦瑶	1995/4/22	河南
140013	李华	1996/5/24	湖北	140116	刘芳	1997/10/15	湖北

（3）联接运算

将两个关系模式拼接成一个更宽的关系模式，生成的新关系中包含满足联接条件的元组。

例如，从表 1-2 所示的"系"关系和表 1-1 所示的"学生"关系中，按系编号对两个关系进行联接运算，结果如表 1-6 所示。

表 1-6　联接运算结果

系编号	系名称	办公电话	学号	姓名	性别	出生日期	党员否	省份	系编号
01	计算机系	66665555	140011	王峰山	男	1996/10/2	True	湖北	01
01	计算机系	66665555	140012	丁娟	女	1995/8/15	False	山东	01
01	计算机系	66665555	140013	李华	女	1996/5/24	True	湖北	01
02	电子系	66664444	140114	张保明	男	1996/9/20	False	山西	02
02	电子系	66664444	140115	王梦瑶	女	1995/4/22	False	河南	02
03	经济系	66663333	140116	刘芳	女	1997/10/15	False	湖北	03

（4）自然联接运算

在联接运算中，以字段值对应相等为条件进行的联接运算称为等值连接，自然联接是去掉重复属性的等值联接。自然联接是常用的联接运算。

例如，"系"关系和"学生"关系进行自然联接运算，即去掉重复的"系编号"属性列，结果如表1-7所示。

表 1-7　自然联接运算结果

系编号	系名称	办公电话	学号	姓名	性别	出生日期	党员否	省份
01	计算机系	66665555	140011	王峰山	男	1996/10/2	True	湖北
01	计算机系	66665555	140012	丁娟	女	1995/8/15	False	山东
01	计算机系	66665555	140013	李华	女	1996/5/24	True	湖北
02	电子系	66664444	140114	张保明	男	1996/9/20	False	山西
02	电子系	66664444	140115	王梦瑶	女	1995/4/22	False	河南
03	经济系	66663333	140116	刘芳	女	1997/10/15	False	湖北

1.2.3　关系规范化

关系规范化是指对数据库中的关系模式进行分解，将不同的概念分散到不同的关系中，达到概念的单一化。

满足一定条件的关系模式称为范式（Normal Form，NF）。根据满足规范条件的不同，分为第一范式（1NF）、第二范式（2NF）、第三范式（3NF）、BC 范式（BCNF）、第四范式（4NF）和第五范式（5NF）。级别越高，满足的要求越高，规范化程度也越高。在关系数据库中，任何一个关系模式都必须满足第一范式，即表中的任何字段都必须是不可分割的数据项。将一个低级范式的关系模式分解为多个高一级范式的关系模式的过程，称为规范化。

关系规范化可以避免大量的数据冗余，节省存储空间，保持数据的一致性。但由于信息被存储在不同的关系中，这在一定程度上增加了操作的难度。

1.3　数据库设计基础

用户使用较好的数据库设计过程，就能迅速、高效地创建一个设计完善的数据库，为访问所需信息提供方便。

1. 数据库设计原则

为了合理地组织数据，关系数据库的设计应遵循以下 4 个基本设计原则：

1）关系数据库的设计应遵从概念单一化"一事一地"的原则，即一个表描述一个实体或实体间的一种联系。

2）避免表之间出现重复字段，即除了保证表中有反映与其他表之间联系的外部关键字之外，在表之间尽量避免出现重复字段。

3）表中的字段必须是原始数据和基本数据元素。

4）用外部关键字保证有关联的表之间的联系。

2. 数据库设计过程简介

数据库设计是指对于一个给定的应用环境，构造最优的数据库模式，建立数据库及其应用系统，使之能够有效地存储数据，满足不同用户的应用需求。数据库设计过程通常分为以下 5 个阶段。

（1）需求分析

通过对应用领域的详细调查和与用户深入细致的交流，收集和分析用户的各项信息与处理需求，划分系统的主要功能模块，提出安全性和完整性要求，形成需求分析说明书。

（2）确定需要的表

根据需求分析说明书，对收集到的数据进行抽象并分析数据要求，得到数据库所需的表。

定义数据库中的表是数据库设计过程中技巧性最强的一步。

（3）确定所需字段

在确定每个表应包含的字段时，需要注意以下几点：

❑ 每个字段直接与表的实体相关。

❑ 以最小的逻辑单位存储信息。

❑ 表中的字段必须是原始数据。

❑ 确定主关键字的字段或字段组合。

（4）确定联系

设计数据库的目的是设计出满足实际应用需求的实际关系模型。确定联系的目的是使表的结构合理，即表不仅存储了所需实体的信息，并且能反映出实体之间客观存在的关联。

实体之间的联系有：一对多联系、多对多联系和一对一联系。

（5）设计求精

对于数据库设计，在每一个具体阶段的后期都要经过用户确认，检查可能存在的缺陷和需要改进的地方。重点检查以下几个方面：

❑ 是否忘掉了字段。

❑ 是否包含同样的字段表。

❑ 是否为每个表都选了合适的主关键字。

❑ 是否存在大量空白字段或表中重复输入了同样的记录。

❑ 是否存在大量不属于某个实体的字段。

❑ 是否存在字段很多而记录很少的表。

1.4   Access 简介

1. Access 系统的主要特点

Access 2010 是 Microsoft Office 的重要组成部分之一，其主要特点如下：

1）具有方便实用的强大功能。

2）可以利用各种图例快速获得数据。

3）可以利用报表设计工具。

4）能够处理多种数据类型。

5）采用 OLE 技术，能够方便地创建和编辑多媒体数据。

6）支持 ODBC 标准的 SQL 数据库的数据。

7）设计过程自动化，大大提高了数据库的工作效率。

8）具有较好的集成开发功能。

9）提供了断点设置、单步执行等调试功能。

10）与 Internet/Intranet 的集成。

2. Access 数据库的系统结构

Access 2010 通过数据库对象来管理信息，数据库对象包括表、查询、窗体、报表、宏、和模块 6 种。这 6 种不同的对象都存放在一个扩展名为 .accdb 的数据库文件中，这些对象在数据库中各自起着不同的作用。

（1）表

表是用来存储数据的对象，是数据库系统的核心与基础。一个数据库中可以包含多个表。表中的列称为字段，说明一条信息在某一方面的特性，行称为记录，记录由一个或多个字段组成。一条记录就是一条完整的信息。

（2）查询

查询是数据库设计目标的体现。查询是用来操作数据库中表的记录对象，利用查询可以按照一定的条件或准则从一个或多个表中筛选出需要的字段，并可以将它们集中起来，形成动态数据集，这个动态数据集可显示出用户希望同时看到的字段，并显示在一个虚拟的数据表窗口中。

用户可以浏览、查询、打印、修改这个动态数据集中的数据，Access 自动将这些修改反映到对应的表中。执行某个查询后，用户可以对查询结果进行编辑或分析，并且还可以将查询结果作为其他数据对象的数据源。

（3）窗体

窗体是数据库与用户进行交互操作的最好界面。在窗体中，可以显示数据表中的数据，可以将数据库中的表链接到窗体中，利用窗体作为输入记录的界面。

窗体的数据源可以是表或查询，通过窗体可以浏览或更新表中的数据。

（4）报表

在 Access 中，报表是用于以特定的方式分析和打印数据的数据库对象。

（5）宏

宏实际上是一系列操作的集合，其中每个操作都能实现特定的功能。

（6）模块

Access 内置的开发工具是 VBA（Visual Basic for Application），模块是将 VBA 声明和过程作为一个单元进行保存的集合，是应用程序开发人员的工作环境。模块的主要作用就是建立复杂的 VBA 程序以完成报表、宏不能完成的任务。

3. Access 2010 主窗口

单击"开始"按钮，弹出开始菜单，选中"所有程序"弹出级联菜单，单击 Microsoft Office 展开命令文件列表，单击 Microsoft Access 2010 命令，启动 Access 2010，屏幕显示的初始界面也称为主窗口，如图 1-8 所示。

图 1-8　Access 2010 主窗口

Access 2010 用户初始界面由 3 个主要部分组成，分别是后台视图、功能区和导航窗格。这 3 部分提供了用户创建和使用数据库的基本环境。

（1）后台视图

打开 Access 2010 但未打开数据库时所看到的 Access 2010 主窗口（见图 1-8）就是后台（Backstage）视图。

后台视图中有"文件"、"开始"、"创建"、"外部数据"和"数据库工具"多个选项卡，使用它们可以创建新数据库、打开现有数据库、进行数据库维护。

"文件"选项卡位于其他选项卡的左侧，其有深红色的外观，有别于其他选项卡，它的主要功能是用于数据库的基本操作。例如，保存、打开、新建、打印等，类似于 Access 2003 中的"文件"菜单。

（2）功能区

功能区位于 Access 2010 主窗口的顶部，由多个选项卡组成，每个选项卡下有多个按钮组。功能区中包括将相关常用命令分组在一起的主选项卡、只有在使用时才出现的上下文选项卡，以及快速访问工具栏。

打开一个数据库，单击"创建"选项卡，在图 1-9 所示的屏幕中可以看到"创建"选项卡下的"命令按钮组"（简称组）有"模板"、"表格"、"查询"、"窗体"、"报表"和"宏与代码"。其中"报表"命令按钮组中包括"报表""报表设计"、"空报表"、"报表向导"和"标签"5 个与创建报表相关的命令按钮。

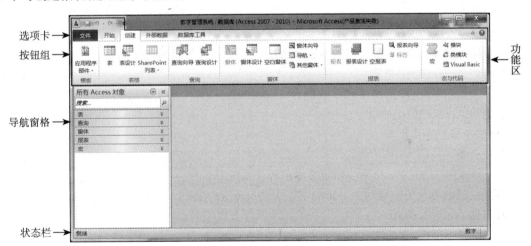

图 1-9   单击"创建"选项卡后的 Access 2010 窗口

（3）导航窗格

导航窗格位于 Access 数据库窗口的左侧，可以在其中使用数据库对象。

导航窗格按类别和组进行组织。可以从多种组织选项中进行选择，也可以创建自定义组织方案。在默认情况下，新数据库使用"对象类型"类别，该类别包含对应于各种数据库对象的组。

导航窗格可以最小化，也可以隐藏，但不能用打开的数据库对象覆盖导航窗格。

4. 关闭数据库和退出 Access 应用程序

从"文件"选项中选择"关闭数据库"命令，可以关闭当前打开的 Access 数据库，但不会退出 Access 系统。

若要退出 Access 系统，则有以下几种常见的方法：

1）单击 Access 2010 窗口右上角的"关闭"按钮。

2）打开"文件"选项卡，在后台视图中选择"退出"命令。

3）双击 Access 2010 窗口左上角的控制菜单图标，或单击控制菜单图标，在弹出的下拉菜单中选择"关闭"命令。

4）按 Alt+F4 组合键。

5）按 Alt+F+X 组合键。

无论何时退出，Access 都将自动保存对数据的更改。如果在上一次保存之后，又更改了数据库对象的设计，Access 将在关闭之前询问是否保存这些更改。

1.5 操作实践

Access 2010 的启动与退出

【实习目的】

1. 掌握 Access 2010 的启动。

2. 熟悉 Access 2010 的主窗口。

3. 初步认识 Access 数据库的对象。

4. 掌握 Access 2010 的退出。

【实习内容】

1. 启动 Windows。

2. 启动 Access 2010。

3. 漫游"罗斯文数据库"，了解 Access 的功能，熟悉常用的数据库对象。

4. 设置 Access 2010 选项。

5. 学会使用 Access 2010 的帮助功能。

6. 退出 Access 2010。

【操作步骤 / 提示】

1. 准备

Access 2010 需在 Windows 7 以上版本的操作系统下运行。

打开主机电源开关，启动 Windows 并显示 Windows 桌面。

2. 启动 Access 2010

可以选择下面任意一种方法。

1）单击"开始"按钮，弹出"开始"菜单，选中"所有程序"弹出级联菜单，单击 Microsoft Office 展开命令文件列表，单击 Microsoft Access 2010 命令。

2）双击桌面上的 Access 2010 快捷方式图标。

3）双击文件夹中的 Access 2010 数据库文件图标。

3. 罗斯文数据库

"罗斯文数据库"是 Office 自带的示例数据库，通过漫游该数据库，可以了解 Access 2010 的结构并初步认识 Access 数据库的基本对象。要达到这个目的，首先使用模板创建"罗斯文数据库"，然后漫游之。

（1）创建"罗斯文数据库"

在如图 1-10 所示的主窗口中，单击右侧窗格中的"样本模板"选项，打开"可用模板"窗格，从列出的模板中，选择"罗斯文"模板。

单击窗口"文件名"框右侧的"浏览"按钮 ，设置"罗斯文 .accdb"的保存位置（例如，"D:\"）。

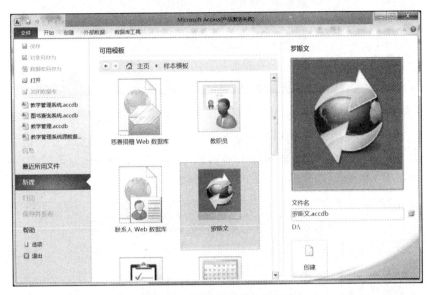

图 1-10　选择"罗斯文"模板

在如图 1-10 所示的窗口中，单击右侧下方的"创建"按钮，弹出"Microsoft Access 正在准备要使用的模板，请稍候"消息框。稍候系统自动使用模板创建"罗斯文 .accdb"并弹出如图 1-11 所示的"登录对话框"。

单击登录对话框中的"登录"按钮，显示"罗斯文贸易"主页窗体，如图 1-12 所示。

（2）漫游"罗斯文数据库"查看 Access 的基本对象

图 1-11　登录对话框

在图 1-12 所示的窗口中，单击导航窗格上方的 按钮，展开如图 1-13 所示的"罗斯文贸易"类别的导航窗格，用户就可以浏览与"罗斯文贸易"有关的信息了。

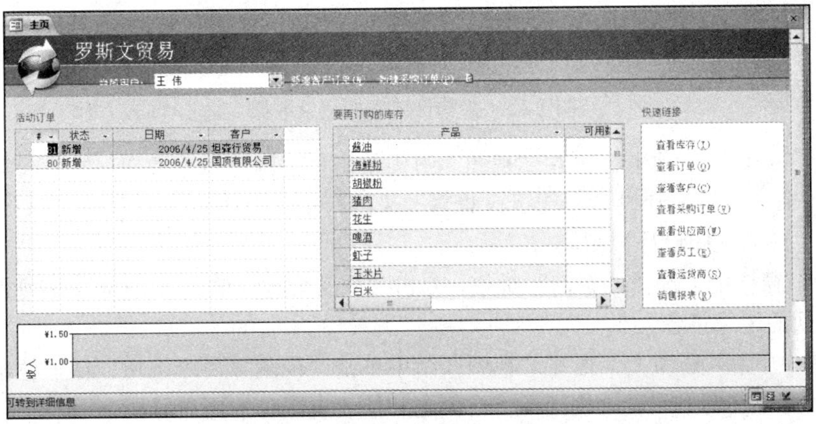

图 1-12　罗斯文贸易主页窗体

图 1-13　展开导航窗格

在图 1-13 所示的窗口中，单击导航窗格上方的"罗斯文贸易"类别下拉按钮 ⊙ ，在弹出的类别列表中选择"对象类型"，显示如图 1-14 所示的"所有 Access 对象"类别导航窗格。此时，用户就可以了解 Access 的表、查询等基本对象了。

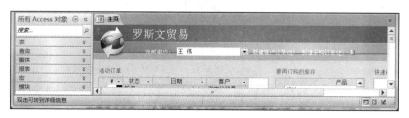

图 1-14　"所有 Access 对象"的窗格

例如，用户可进行以下操作。

① 单击导航窗格中的 [表] 按钮，展开"罗斯文"数据库的表对象列表（即在导航窗格中，选择"表"对象），双击"采购订单"，显示如图 1-15 所示的"采购订单"表的所有记录数据，用户可以浏览自己感兴趣的信息。

图 1-15　采购订单表的记录数据

② 选择"开始"选项卡，再在"视图"组中单击"视图"命令按钮，从下拉菜单中选择"设计视图"命令，切换到设计视图下，查看"采购订单"表中各个字段的名称、数据类型、字段大小等，然后关闭设计视图窗口。

③ 在导航窗格中，选择"查询"对象，双击"产品采购订单数"，在数据表视图下查看运行查询所返回的记录集合。

④ 选择"开始"选项卡，再在"视图"组中单击"视图"命令按钮，从下拉菜单中选择"设计视图"命令，切换到设计视图下查看创建和修改查询时的用户界面。

⑤ 选择"开始"选项卡，再在"视图"组中单击"视图"命令按钮，从下拉菜单中选择

"SQL 视图"命令，以查看创建查询时所生成的 SQL 语句，然后关闭 SQL 视图窗口。

⑥ 在导航窗格中，选择"窗体"对象，右击"采购订单明细"，在弹出的快捷菜单中单击"打开"，在窗体视图下查看窗体运行结果，并单击窗体下方的箭头按钮，在不同记录之间移动，然后关闭窗体视图窗口。

⑦ 再在"窗体"对象列表中，右击"采购订单明细"，在弹出的快捷菜单中单击"设计视图"命令，以查看设计窗体时的用户界面，然后关闭设计视图窗口。

⑧ 在导航窗格中，选择"报表"对象，双击"客户通讯簿"报表对象，在报表视图下浏览该报表中的信息。

⑨ 选择"开始"选项卡，再在"视图"组中单击"视图"命令按钮，从下拉菜单中选择"设计视图"命令，以查看设计报表时的用户界面。

4. 设置 Access 2010 选项

在 Access 窗口中的"文件"选项卡下，单击左侧窗格中的"选项"命令，弹出如图 1-16 所示的" Access 选项"对话框。在对话框的左侧窗格中单击"当前数据库"选项，设置是否"显示状态栏"、"显示文档选项卡"、"启用布局视图"、"显示导航窗格"、"允许默认快捷菜单"等选项，然后单击"确定"按钮（注意观察设置前后 Access 2010 工作界面的差别）。

图 1-16 " Access 选项"对话框

5. 获取 Access 帮助

按 F1 键或单击功能区右侧的帮助按钮，弹出" Access 帮助"窗口。使用该窗口，用户可以获取关于使用 Access 2010 的帮助。

例如，在窗口的输入框中输入" Day"并按回车键，会立即在窗口显示如图 1-17 所示的关于 Day 的搜索结果。双击某一结果（例如，双击"查询条件示例"），用户可以进一步获取关于"Day"的信息，如图 1-18 所示。

图 1-17 " Access 帮助"窗口

图 1-18 查询条件示例

6. 退出 Access 2010

选择文件选项卡中的"退出"命令或单击 Access 窗口右上角的"关闭"按钮。

1.6 思考练习与测试

一、思考题

1. 什么是数据、数据库？

2. 数据库系统由哪几部分组成？

3. 举例说明实体、属性、实体集、联系的概念。

4. 满足什么条件的二维表称为关系。

5. Access 2010 数据库中有几种对象？它们的作用是什么？

二、练习题

1. 选择题

（1）在数据库系统的三级模式之间引入两级映像，其主要功能之一是（　　　）。

　　A. 使数据与程序具有较高的独立性　　B. 使系统具有较高的通道能力

　　C. 保持数据与程序的一致性　　　　　D. 提供存储空间的利用率

（2）用二维表来表示实体及实体之间联系的数据模型是（　　　）。

　　A. 实体 – 联系模型　B. 层次模型　　　C. 网状模型　　　　D. 关系模型

（3）关系数据库的基本操作是（　　　）。

　　A. 增加、删除和修改　　　　　　　B. 选择、投影和联接

　　C. 创建、打开和关闭　　　　　　　D. 索引、查询和统计

（4）Access 数据库类型是（　　　）。

　　A. 层次数据库　　　B. 网状数据库　　　C. 关系数据库　　　D. 面向对象数据库

（5）关系数据库管理系统中，所谓的关系是指（　　　）。

　　A. 各条记录中的数据彼此有一定的关系

　　B. 一个数据库文件与另一个数据库文件之间有一定关系

　　C. 数据模型符合满足一定条件的二维表格式

　　D. 数据库对象表中各个字段之间有一定的关系

（6）下列说法正确的是（　　　）。

　　A. 两个实体之间只能是一对一的联系

　　B. 两个实体之间只能是一对多的联系

　　C. 两个实体之间只能是多对多的联系

　　D. 两个实体之间可以是一对一的联系、一对多的联系或多对多的联系

（7）数据库的核心是（　　　）。

　　A. 数据模型　　　B. 数据库管理系统　C. 软件工具　　　　D. 数据库

（8）在数据库中能够唯一标识一个元祖的属性或属性的组合称为（　　　）。

　　A. 记录　　　　　B. 字段　　　　　C. 域　　　　　　D. 关键字

（9）为了合理地组织数据，应遵从的设计原则是（　　　）。

　　A. "一事一地"的原则，即一个表描述一个实体或实体间的一种联系

　　B. 表中的字段必须是原始数据和基本数据元素，并避免之间出现重复字段

　　C. 用外部关键字保证有关联的表之间的联系

　　D. 以上各条原则都包括

（10）数据模型反映的是（　　　）。

    A. 事物本身的数据和相关事物之间的联系

    B. 事物本身所包含的数据

    C. 记录所包含的全部数据

    D. 记录本身的数据和相互关系

（11）退出 Access 数据库管理系统可以使用的快捷键是（　　　）。

    A. Alt + F + X　　　B. Alt + X　　　　C. Ctrl + C　　　　D. Ctrl + O

（12）在 Access 数据库中，表就是（　　　）。

    A. 关系　　　　　B. 记录　　　　　C. 索引　　　　　D. 数据库

（13）在 Access 中表与数据库的关系是（　　　）。

    A. 一个数据库可以包含多个表　　　　B. 一个表只能包含两个数据库

    C. 一个表可以包含多个数据库　　　　D. 数据库就是数据表

（14）将两个关系拼接成一个新的关系，生成的新关系中包括满足条件的元组，这种操作称为（　　　）。

    A. 选择　　　　　B. 投影　　　　　C. 联接　　　　　D. 并

（15）常见的数据模型有 3 种，它们是（　　　）。

    A. 网状、关系和语义　　　　　　　B. 层次、网状和关系

    C. 环状、层次和关系　　　　　　　D. 字段名、字段类型和记录

（16）"商品"与"顾客"两个实体集之间的联系一般是（　　　）。

    A. 一对一　　　　B. 一对多　　　　C. 多对一　　　　D. 多对多

2. 填空题

（1）数据模型不仅表示反映事物本身的数据，而且表示 _____。

（2）实体与实体之间的联系有 3 种，它们是 _____、_____、_____。

（3）用二维表的形式来表示实体之间联系的数据模型叫作 _____。

（4）一个关系表的行称为 _____。

（5）在关系数据库的基本操作中，从表中取出满足条件的元组的操作称为 _____；把两个关系中相同属性值的元组联接到一起形成新的二维表的操作称为 _____；从表中抽取属性值满足条件列的操作称为 _____。

（6）自然联接指的是 _____。

（7）Access 2010 数据库的文件扩展名是 _____。

（8）在关系数据库中，将数据表示为二维表的形式，每一个二维表称为 _____。

（9）在现实世界中，每一个人都有自己的出生地，实体"人"和"出生地"之间的联系是 _____。

（10）在教师表中有姓名、职称等字段，如果要找出职称为"教授"的教师，那么应该采用的关系运算是 _____。

三、测试题

1. 选择题

（1）在数据库管理技术的发展中，数据独立性最高的是（　　　）。

    A. 人工管理　　　B. 文件系统　　　C. 数据库系统　　　D. 数据模型

（2）下列选项中，不属于数据管理员（DBA）职责的是（　　　）。

A. 数据库维护   B. 数据库设计

C. 改善系统性能，提高系统效率   D. 数据类型转换

（3）下列选项中，不属于数据库管理的是（   ）。

A. 数据库的建立   B. 数据库的调整   C. 数据库的监控   D. 数据库的校对

（4）在数据库系统的内部结构体系中，索引属于（   ）。

A. 模式   B. 内模式   C. 外模式   D. 概念模式

（5）用树形结构表示实体之间联系的数据模型是（   ）。

A. 层次模型   B. 网状模型   C. 关系模型   D. 以上三个都是

（6）下列关于二维表的说法错误的是（   ）。

A. 二维表中的列称为属性   B. 属性值的取值范围称为值域

C. 二维表中的行称为元组   D. 属性的集合称为关系

（7）在关系数据模型中，每一个关系都是一个（   ）。

A. 记录   B. 属性   C. 元组   D. 二维表

（8）假设有一个书店用（书号，书名，作者，出版社，出版日期，库存量）一组属性来描述图书，可以作为"关键字"的是（   ）。

A. 书号   B. 书名   C. 作者   D. 出版社

（9）关系模型允许定义 3 类数据约束，下列不属于数据约束的是（   ）。

A. 实体完整性约束   B. 参照完整性约束

C. 属性完整性约束   D. 用户自定义的完整性约束

（10）在关系数据库中，"一对多"的含义是（   ）。

A. 一个数据库可以有多个表   B. 一个表可以有多条记录

C. 一条记录可以有多个字段   D. 一条记录可以与另一表中的多条记录相关

（11）如果表 A 中的一条记录与表 B 中的多条记录相匹配，且表 B 中的一条记录与表 A 中的一条记录相匹配，则表 A 与表 B 存在的联系是（   ）。

A. 一对一   B. 一对多   C. 多对一   D. 多对多

（12）如果一个教师可以讲授多门课程，一门课程可以由多个教师来讲授，则教师和课程存在的联系是（   ）。

A. 一对一   B. 一对多   C. 多对一   D. 多对多

（13）在人事管理数据库中工资与职工之间存在的联系是（   ）。

A. 一对一   B. 一对多   C. 多对一   D. 多对多

（14）某一学校规定学生宿舍的标准是：本科生是 4 人一间，硕士生是两人一间，博士生是 1 人一间，学生与宿舍之间形成的住宿关系是（   ）。

A. 一对一的联系   B. 一对四的联系   C. 一对多的联系   D. 多对多的联系

（15）学校图书馆规定，一名旁听生只能借一本书，一名在校生同时可以借 5 本书，一名教师同时可以借 10 本书。问读者与图书之间形成的借阅关系是（   ）。

A. 一对一联系   B. 一对五联系   C. 一对十联系   D. 一对多联系

（16）下列实体联系中属于多对多联系的是（   ）。

A. 学生与课程   B. 学校与校长

C. 住院的病人与病床   D. 工资与职工

（17）下列实体的联系中，不属于一对多联系的是（   ）。

A. 班级与班长   B. 班级与学生   C. 教师与职称   D. 职工与工资

（18）假设表 A 与表 B 建立了一对多关系，表 A 为"多"方，则叙述正确的是（　　　）。

  A. 表 B 中的一个字段能与表 A 中的多个字段匹配

  B. 表 B 中的一个记录能与表 A 中的多个记录匹配

  C. 表 A 中的一个记录能与表 B 中的多个记录匹配

  D. 表 A 中的一个字段能与表 B 中的多个字段匹配

（19）关系数据库是数据的集合，其理论基础是（　　　）。

  A. 数据表   B. 关系模型   C. 数据模型   D. 关系代数

（20）若 Access 数据库的一张表中有多条记录，则下列叙述中正确的是（　　　）。

  A. 记录的前后顺序可以任意颠倒，不影响表中的数据关系

  B. 记录的前后顺序不能任意颠倒，要按照输入的顺序排列

  C. 记录的前后顺序可以任意颠倒，排列顺序不同，统计结果可能不同

  D. 记录的前后顺序不能任意颠倒，一定要按照关键字段值的顺序排列

（21）在 Access 数据库中，用来表示实体的是（　　　）。

  A. 表   B. 记录   C. 字段   D. 域

（22）在 Access 数据库中，表就是（　　　）。

  A. 数据库   B. 记录   C. 字段   D. 关系

（23）对关系 S 和关系 R 进行集合运算，结果中既包含关系 S 中的所有元组也包含关系 R 中的所有元组，这样的运算成为（　　　）。

  A. 并运算   B. 交运算   C. 差运算   D. 除运算

（24）两个关系没有公共属性时，其自然联接操作表现为（　　　）。

  A. 笛卡儿积操作 B. 等值联接操作 C. 空操作   D. 无意义的操作

（25）设 R 是一个 2 元关系，有 3 个元组，S 是一个 3 元关系，有 3 个元组。笛卡儿积 R×S 的元组个数为（　　　）。

  A. 6   B. 8   C. 9   D. 12

（26）在关系运算中，选择运算的含义是（　　　）。

  A. 在基本表中选择满足条件的记录（元组）组成一个新的关系

  B. 在基本表中选择需要的字段（属性）组成一个新的关系

  C. 在基本表中选择满足条件的记录和字段组成一个新的关系

  D. 上述说法均是正确的

（27）在教师表中，如果要找出职称为"教授"的教师，所采用的关系运算是（　　　）。

  A. 选择   B. 投影   C. 联接   D. 自然联接

（28）在 Access 中要查找"学生表"中年龄大于 18 岁的男学生，所进行的操作属于关系运算中的（　　　）。

  A. 投影   B. 自然联接   C. 联接   D. 选择

（29）在 Access 中要显示"教师表"中姓名和职称的信息，应采用的关系运算是（　　　）。

  A. 投影   B. 自然联接   C. 联接   D. 选择

（30）Access 数据库最基础的对象是（　　　）。

  A. 宏   B. 报表   C. 表   D. 查询

（31）下列关于关系数据库中数据表的描述，正确的是（　　　）。

  A. 数据表之间存在联系，但用独立的文件名保存

  B. 数据表之间存在联系，是用表名表示相互之间的联系

C. 数据表之间不存在联系，完全独立

D. 数据表既相对独立，又相互联系

2. 填空题

（1）数据库系统的核心组成部分是_____。

（2）数据库的核心操作是_____。

（3）在关系模型中，二维表中每一列上的数据在关系中称为_____。

（4）数据库管理系统中常见的数据模型有层次模型、网状模型和_____3种。

（5）在学生关系中有学号、姓名、性别、班级、出生日期、籍贯等属性，考虑到可能重名等情况，其中可以作为关键字的属性是_____。

（6）如果一个班主任可管理多个班级，而一个班级只被一个班主任管理，则实体"班主任"与实体"班级"之间存在_____联系。

（7）Access内置的开发工具是_____。

第2章　数据库和表

本章主要介绍创建数据库、建立表、建立表间关系、维护表和使用表的基础知识，另外给出了上机操作的实践练习和课下的思考练习与测试题。

2.1　创建数据库

在使用 Access 组织、存储和管理数据时，应先创建数据库，然后在该数据库中创建所需要的表、查询、窗体、报表等数据库对象。

1. 创建数据库

创建数据库有两种方法：一是先建立一个空数据库，然后向其中添加表、查询、窗体和报表等对象；二是使用 Access 提供的模板，通过简单操作创建数据库，对创建的数据库，可随时修改或扩展。

（1）建立空数据库

① 在 Access 窗口的"文件"选项卡下，选择"新建"命令，打开"可用模板"窗格。

② 在"可用模板"窗格左侧，选择"空数据库"，在右边窗格下方的"文件名"文本框中，将默认名称 Database1 修改为所需的文件名。

③ 单击"文件名"文本框右侧的"浏览"按钮 📖，打开"文件新建数据库"对话框，设置数据库的保存位置后关闭此对话框。

④ 单击右侧窗格下方的"创建"按钮。

（2）使用模板创建数据库

① 在 Access 窗口的"文件"选项卡下，选择"新建"命令，打开"可用模板"窗格。

② 在"可用模板"窗格左侧，选择"样本模板"，从所列的模板中选择需要的模板。

③ 单击"文件名"文本框右侧的"浏览"按钮，打开"文件新建数据库"对话框，选择数据库的保存位置后关闭此对话框。

④ 单击右侧窗格下方的"创建"按钮。

利用模板创建的数据库，如果不能满足用户需求，可以在数据库创建完成后进行修改。

2. 打开和关闭数据库

（1）打开数据库

打开数据库常用以下两种方法：

① 在 Access 窗口中的"文件"选项卡下，单击左侧窗格中的"打开"命令。

② 在 Access 窗口中的"文件"选项卡下，单击左侧窗格中"最近所用文件"命令。

（2）关闭数据库

关闭数据库常用以下 4 种方法：

① 单击 Access 窗口右上角"关闭"按钮。

② 双击 Access 窗口左上角"控制"菜单图标来关闭。

③ 单击 Access 窗口左上角"控制"菜单图标，在弹出的下拉菜单中选择"关闭"命令。

④ 在 Access 窗口中，单击"文件"选项卡，选择左侧窗格中的"关闭数据库"命令。

例 2-1 一般创建的数据库文件需要保存在特定的磁盘文件夹中，操作要求如下：

1）在 D 盘的根目录下，创建名为"教学管理"的文件夹。

2）在 D 盘的"教学管理"文件夹下，创建一个名为"教学管理系统"的空数据库。

操作步骤：

1）创建文件夹，通常在 Windows 环境下进行。

① 用鼠标右键单击"开始"按钮，在弹出的快捷菜单中选择"打开 Windows 资源管理器"命令，打开"资源管理器"窗口。

② 在"资源管理器"窗口的导航窗格中展开"计算机"文件夹并选择"本地磁盘（D:)"为当前盘。

③ 单击"计算机"窗口工具栏上的"新建文件夹"按钮，立即在"细节"窗格（右窗格）显示新建文件夹图标，将新建文件夹命名为"教学管理"。

2）创建空数据库，可以在"文件"选项卡窗口中进行。

① 启动 Access 2010，显示 Access 2010 主窗口。在该窗口的"文件"选项卡下，选择"新建"命令打开"可用模板"窗格，在该窗格的左侧，单击"空数据库"。

② 在右边窗格下方的"文件名"文本框中，将默认名称 Database1 修改为"教学管理系统"。

③ 单击"文件名"文本框右侧的浏览按钮 ，打开"文件新建数据库"对话框，选择保存位置为" D:\ 教学管理"，如图 2-1 所示。然后单击"确定"按钮，关闭"文件新建数据库"对话框。此时 Access 窗口右下角显示的信息如图 2-2 所示。

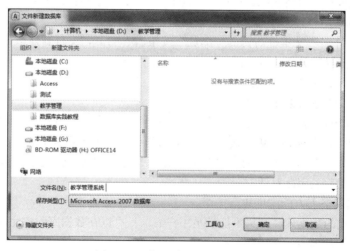

图 2-1　文件新建数据库对话框

④ 在图 2-2 中，单击"创建"按钮。此时 Access 开始创建名为"教学管理系统"的数据库，并自动创建一个名为"表 1"的数据表，并以"数据表视图"方式打开该表。不保存"表 1"，直接退出 Access，则创建的是一个不包含任何数据库对象的空数据库。

2.2　建立表

1. 表的组成

表由表结构和表内容（记录）两部分组成。其中表结构是指表的框架，主要包括字段名、字段数据类型和字段属性。

图 2-2　确定文件名及保存位置

（1）字段名

每个字段均具有唯一的名字，命名规则如下：

❑ 长度为 1 ~ 64 个字符。

❑ 包含字母、汉字、数字、空格和其他字符，不能以空格开头。

❑ 不能包含句号 (.)、惊叹号 (!)、方括号 ([ ]) 和单引号 (')。

❑ 不能使用 ASCII 码为 0 ~ 32 的 ASCII 字符。

一般的字段名是以汉字或字母开头的汉字、字母、数字列。例如，学号、name、性别、sno、age、mark 等。

（2）数据类型

一个表中的同一列数据应具有相同的数据特征，称为字段的数据类型。除通常使用的文本、备注、数字、日期 / 时间、是 / 否、OLE 对象类型外，还有货币、自动编号、附件、超链接、计算和查阅向导，共 12 种数据类型。

① 文本：该类型可以存储字符或字符与数字的组合，例如，"姓名"和"地址"；也可以是不需要进行算术运算的数字，例如，"电话号码"、"零件号码"或"邮编"；文本型字段最多可存储 255 个字符，用户可以利用"字段大小"属性来控制输入数据的最大字符个数。

② 备注：该类型可以保存较长的文本及数字，例如，备忘录或说明。存储的内容最多为 65 535 个字符。Access 不能对备注型字段进行排序或索引，但文本型字段可以，因此在需要对字段进行排序或索引时，应使用文本数据类型。

③ 数字：该类型用来存储进行算术运算的数字数据，涉及货币的除外（是用货币类型）。用户可以通过设置"字段大小"属性来定义特定的数字类型。数字类型的种类及其取值范围如表 2-1 所示。

表 2-1　数字类型的种类及取值范围

数字类型	值的范围	小数位数	字段长度
字节	$0 \sim 255$	无	1 字节
整数	$-32768 \sim 32767$	无	2 字节
长整数	$-2147483648 \sim 2147483647$	无	4 字节
单精度数	$-3.4 \times 10^{38} \sim 3.4 \times 10^{38}$	7	4 字节
双精度数	$-1.79734 \times 10^{308} \sim 1.79734 \times 10^{308}$	15	8 字节

④ 日期 / 时间：该类型用来存储日期、时间或日期时间的组合，字段长度固定为 8 个字节。

⑤ 货币：该类型是数字类型的特殊类型，等价于具有双精度属性的数字类型。输入数据时，Access 会自动添加货币符号、千位分隔符和两位小数。使用货币数据类型可以避免计算时四舍五入。货币类型的字段长度为 8 个字节。

⑥ 自动编号：当向表中添加一条新记录时，Access 会自动插入一个唯一的递增顺序号，即在自动编号字段中指定唯一数值。该类型的字段长度为 4 个字节。

⑦ 是 / 否：该类型的字段只包含两个值中的一个，例如"是 / 否"、"真 / 假"、"开 / 关"等。在 Access 中，使用"–1"表示"是"值，使用"0"表示"否"值。该类型的字段长度为 1 个字节。

⑧ OLE 对象：该类型的字段用于存储链接或嵌入的对象，这些对象以文件形式存在，其类型可以是 Word 文档、Excel 电子表格、图像、声音或其他二进制数据。该字段的最大容量为 1GB。

⑨ 超链接：该类型的字段以文本形式保存超链接的地址，用来链接到文件、Web 页、电子邮件地址、本数据库对象、书签或该地址所指向的 Excel 单元格范围。当单击一个超链接时，Web 浏览器或 Access 将根据超链接地址打开指定的目标。

⑩ 附件：该类型用于存储所有种类的文档和二进制文件，可将其他程序中的数据添加到该类型的字段中。对于压缩的附件，附件类型字段的最大容量为 2GB，对于非压缩的附件，该类型最大容量大约 700KB。

⑪ 计算：该类型用于显示计算结果，计算时必须引用同一表中的其他字段，可以使用表达式生成器来创建计算。计算字段的长度为 8 个字节。

⑫ 查阅向导：查阅向导用来实现查阅另外表上的数据，或查阅从一个列表选择的数据。通过查阅向导建立字段数据的列表，并在列表中选择需要的数据作为字段的内容。

（3）字段属性

字段属性即表的组织形式，包括表中字段的个数、各个字段的大小、格式、输入掩码、有效性规则等。不同的数据类型的字段属性有所不同。定义字段属性可以对输入的数据进行限制或验证，也可以控制数据在数据表视图中的显示格式。

2. 建立表结构

建立表结构包括定义字段名、数据类型，设置字段属性等。建立表结构的方法有两种，使用"数据表视图"或表"设计视图"。

（1）使用数据表视图

数据表视图：按行和列显示表中数据的视图。使用该视图创建表的方法如下：

① 确认相应的数据库已经打开。

② 单击"创建"选项卡下"表格"组中的"表"按钮，这时将创建名为"表1"的新表，并以"数据表视图"方式打开，如图 2-3 所示。

图 2-3　数据表视图

③ 在"数据表视图"中设置每个字段的名称、大小和属性。

在"数据表视图"中，除了建立表结构外，还可以完成记录的添加、编辑和删除，还可以实现数据的查找和筛选等操作。

（2）使用设计视图

表的"设计视图"分为上下两部分。上半部分是"字段输入区"，从左到右分别为"字段选定器"、"字段名称"列、"数据类型"列和"说明"列，其中，字段选定器用于选择某一字段。下半部分是"字段属性区"，用来设置字段的属性值。表的"设计视图"是创建表结构以及修改表结构最方便、最有效的工具，使用该视图创建表的方法如下：

① 确认相应的数据库已经打开。

② 单击"创建"选项卡下"表格"组中的"表设计"按钮，这时将创建名为"表1"的新表，并以"设计视图"方式打开，如图2-4所示。

③ 在设计视图中设置每个字段的字段名称、字段大小和字段属性。

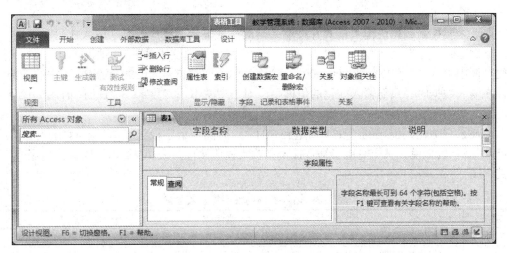

图 2-4　表"设计视图"

3. 定义主键

建立一个表的结构后，还要定义该表的主键。主键是唯一标识表中每条记录的字段或字段组。只有定义了主键，表与表之间才能建立起联系，实施实体完整性控制、加快查询速度、排序等。

Access 的主键有两种类型：单字段的主键和多字段的主键。

定义主键的方法如下：

① 在设计视图中打开相应表。

② 单击要作为主键字段的"字段选定器"选择该字段（如果主键多于一个字段时，需要按住 Ctrl 键不松手，然后单击各个字段的字段选定器）。

③ 单击"表格工具 / 设计"选项卡下"工具"组中的"主键"按钮。这时主键字段选定器上显示钥匙状图标，表明该字段已被定义为主键字段。

4. 设置字段属性

字段属性说明字段所具有的特性，可以定义数据的保存、处理或显示方式。

在表设计视图的"字段输入区"中选中某一字段后，则在"字段属性区"中可以设置该字段的属性值。常见的字段属性有字段大小、格式、输入掩码、默认值、有效性规则、有效性文本、索引等。其中字段大小、格式、索引是3个最基本的属性，也是常用属性。

（1）字段大小

字段大小属性用于限制输入到该字段的最大长度，只适用于"文本"、"数字"或"自动编号"类型的字段。"文本"类型字段的大小范围是 0 ～ 255，可以在该属性值框中输入取值范围内的1个整数；对于一个"数字"类型字段，可以单击"字段大小"属性框，然后单击右侧框的下拉按钮，在弹出的下拉列表中选择一种类型（例如，整型）；一个"自动编号"类型字段的字段大小属性值可以设置为"长整型"或"同步复制 ID"。

有些类型的字段大小属性既可在数据表视图中设置，也可在设计视图中设置，如文本类型。有些只能在设计视图中设置，如数字类型和自动编号类型。

（2）格式

格式属性只影响数据的显示格式，并不影响其在表中存储的内容，而且显示格式只有在输入的数据被保存之后才能应用。不同数据类型的字段，其格式选择有所不同。

（3）输入掩码

如果需要控制数据的输入格式并按输入时的格式显示，则应设置"输入掩码"属性。例如，电话号码书写为"（022）23521869"，此时，可以在表设计视图"字段属性区"的"输入掩码"框中输入"" （022）"00000000"，将格式中不变的符号（022）固定成格式的一部分，这样在输入数据时，只需输入变化的值即可。对于"文本"、"数字"、"日期/时间"、"货币"等数据类型的字段，都可以定义输入掩码。

Access 只为输入掩码的"文本"型和"日期/时间"型字段提供向导。对于"数字"或"货币"型字段来说，只能使用字符直接定义输入掩码属性。表 2-2 给出了输入掩码属性字符及其含义。

表 2-2　输入掩码属性字符及其含义

字符	说明
0	必须输入数字（0～9），不允许输入加号或减号
9	可以选择输入数字或空格，不允许输入加号或减号
#	可以选择输入数字或空格，允许输入加号或减号
L	必须输入字母（A～Z，a～z）
?	可以选择输入字母（A～Z，a～z）或空格
A	必须输入字母或数字
a	可以选择输入字母或数字
&	必须输入任意字符或一个空格
C	可以选择输入任意字符或一个空格
.，：；- /	小数点占位符及千位、日期与时间的分隔符（实际的字符取决于 Windows 控制面板中的"时钟、语言或区域"中的设置）
<	将输入的所有字符转换为小写
>	将输入的所有字符转换为大写
!	使输入掩码从右到左显示，而不是从左到右显示。输入掩码中的字符始终都是从左到右填入。可以在输入掩码的任何地方输入感叹号
\	使接下来的字符以原义字符显示（例如，\A 只显示为 A）

同一个字段，在显示数据时，格式属性优先于输入掩码属性。

（4）默认值

在一个数据表中，往往会有一些字段的数据内容相同或者包含相同的部分。为减少数据输入量，可以将出现较多的值作为该字段的默认值。

默认值属性可以为除了"自动编号"和"OLE 对象"数据类型以外的所有字段指定一个默认值。默认值是在新的记录被添加到表中时自动为字段设置的，它可以是与字段的数据类型匹配的任意值。对于"数字"和"备注"数据类型字段，Access 的初始设置"默认值"属性为 NULL（空）；如果需要，可以在"默认值"属性网格中重新设置默认值。

（5）有效性规则

有效性规则是指向表中输入数据时应遵循的约束条件，通常在表设计视图的字段属性区中的有效性规则属性框中进行设置。

对文本类型字段，可设置输入的字符个数不能超过某一个值；对数字类型字段，可使

Access 只接受一定范围内的数据；对日期 / 时间类型字段，可将数据限制在一定的月份或年份以内。

（6）有效性文本

如果只设置了"有效性规则"属性，但没有设置相应的"有效性文本"属性，当输入的数据违反了有效性规则时，Access 显示标准的错误消息；如果设置了相应的"有效性文本"属性，所输入的文本内容将作为错误消息显示。

（7）索引

索引能根据键值提高在表中查找和排序的速度，能对表中的记录实施唯一性。索引按功能分为"唯一索引"、"普通索引"和"主索引"3 种。其中"唯一索引"的索引字段值不能相同，而"普通索引"的索引字段值可以相同。在 Access 中，同一个表可以创建多个"唯一索引"，其中一个可设置为主索引。

在表设计视图的"字段属性区"里，从索引属性框的下拉列表里，选择所需的索引属性值时，可供选择的索引属性值有 3 种，分别是"无"、"有（有重复）"和"有（无重复）"。

根据需要可以建立单字段或多字段索引。如果要建立多个字段的索引，先用设计视图打开相应的表，然后单击"表格工具 / 设计"上下文选项卡下的"显示 / 隐藏"组中的"索引"按钮，在弹出的索引对话框中进行设置。

例 2-2　依据表 2-3 ～表 2-8 所示的内容，创建"教学管理系统"数据库的"学生"、"教师"、"课程"、"开班信息"、"选课信息"、"课程成绩"6 个表的结构。操作要求如下：

1）使用"数据表视图"建立"学生"表的结构。

2）使用表"设计视图"建立"教师"、"课程"、"开班信息"、"选课信息"、"课程成绩"5 张表的结构。

3）定义表的主键。

4）设置"学生"表的字段属性。对"学号"、"性别"和"出生日期"三个字段的属性设置要求如下：

① 定义"学号"字段的输入掩码属性是只能输入 8 位数字。

② 设置"性别"字段的输入值只能为"男"或"女"，若不满足要求，则提示"请输入'男'或'女'"，索引设置为"有（有重复）"。

③ 设置"出生日期"字段的格式为短日期，默认值为当前系统日期。

表 2-3　学生表结构

字段名	数据类型	字段大小	说明
学号	文本	8	主键
姓名	文本	8	
性别	文本	1	
系别	文本	20	
班级	文本	20	
出生日期	日期 / 时间	短日期	例如：2014/9/18
入校日期	日期 / 时间	短日期	
党员	是 / 否		"是"表示"中共党员" "否"表示"非中共党员"
简历	备注		
照片	OLE 对象		

表 2-4 教师表结构

字段名	数据类型	字段大小	说明
教师编号	文本	6	主键
姓名	文本	8	
性别	文本	1	
出生日期	日期 / 时间	短日期	
入校日期	日期 / 时间	短日期	
政治面目	文本	20	
学位	文本	20	
职称	文本	20	
系别	文本	20	
联系电话	文本	11	

表 2-5 课程表结构

字段名	数据类型	字段大小	说明
课程编号	文本	3	主键
课程名称	文本	20	
课程分类	文本	20	
学分	数字	字节	
开课系	文本	20	

表 2-6 开班信息表结构

字段名	数据类型	字段大小	说明
教学班编号	文本	4	主键
课程编号	文本	3	
开课学期	文本	20	
上课时间	文本	20	
上课地点	文本	20	
教师编号	文本	6	

表 2-7 选课信息表结构

字段名	数据类型	字段大小	其他说明
教学班编号	文本	4	主键：教学班编号 + 学号
学号	文本	8	

表 2-8 课程成绩表结构

字段名	数据类型	字段大小	其他说明
学号	文本	8	主键：学号 + 课程编号
课程编号	文本	3	
成绩	数字	字节	

操作步骤：

1）使用"数据表视图"建立"学生"表结构。

操作步骤：

① 在"教学管理系统"数据库窗口的"创建"选项卡下，单击"表格"组中的"表"按钮，此时会创建名为"表 1"的新表，并以数据表视图的方式打开，如图 2-5 所示。

② 选中"ID"字段，在"表格工具 / 字段"选项卡的"属性"组中，单击"名称和标题"按钮 📝 名称和标题，弹出"输入字段属性"对话框。

图 2-5　选择创建数据表

③ 在该对话框中的"名称"文本框中输入"学号"，如图 2-6 所示。然后单击"确定"按钮。

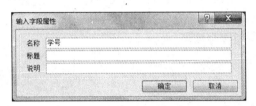

图 2-6　设置字段名称

④ 选中"学号"字段列，在"表格工具 / 字段"选项卡下"格式"组中，单击"数据类型"框右侧下拉按钮，在弹出的下拉列表中选择"文本"；在"属性"组的"字段大小"文本框中输入"8"，如图 2-7 所示。

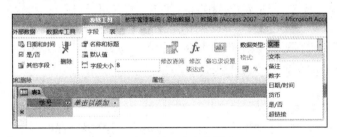

图 2-7　设置字段属性

⑤ 下面添加下一个字段。单击"单击以添加"右侧的下拉按钮，在弹出的下拉列表中选择"文本"，Access 自动为新字段命名为"字段 1"。

⑥ 仿照前面②～④的操作，将新字段名称设置为"姓名"、数据类型为"文本"、字段大小为 8。

⑦ 继续⑤～⑥的操作，依据表 2-3 添加其他字段。

⑧ 当完成表中所有字段的定义后，单击快速访问工具栏上的"保存"按钮，在弹出的"另存为"对话框的"表名称"文本框中，输入"学生"，如图 2-8 所示。单击"确定"按钮，完成学生表结构的建立。

2）使用"设计视图"建立"课程成绩"表的结构。

操作步骤：

① 打开"教学管理系统"数据库，在 Access 窗口中的　　　图 2-8　"另存为"对话框

"创建"选项卡下，单击"表格"组中的"表设计"按钮，打开表的"设计视图"。

② 在表设计视图的字段输入区中,单击第 1 行的"字段名称"列,并在其中输入"学号";单击"数据类型"列及其右侧的下拉按钮,从下拉列表中选择"文本";在"说明"列中输入说明信息"主键:学号 + 课程编号"。

③ 在字段属性区的"常规"选项卡下,单击"字段大小"右侧的属性值框,并输入 8,如图 2-9 所示。

④ 重复②③操作,定义"课程编号"字段为"文本"数据类型,字段大小为 3;定义"成绩"字段为"数字"数据类型,字段大小为"字节"。

⑤ 定义主键。当定义完全部字段后,鼠标指针指向"学号"字段的字段选定器,按住 Ctrl 键不放并向下拖动鼠标选定"学号"和"课程编号"两个字段,单击"表格工具 / 设计"选项卡下"工具"组中的"主键"按钮,此时选定字段的字段选定器上显示"钥匙"型的图标,表明这两个字段已被定义为主键,如图 2-10 所示。

⑥ 单击快速访问工具栏中的"保存"按钮,在弹出的"另存为"对话框中输入文件名"课程成绩",单击"确定"按钮保存该表。

图 2-9　表设计视图

图 2-10　定义两个字段为主键

⑦ 使用表"设计视图",完成"教师"、"课程"、"开班信息"、"选课信息"4 张表结构的建立。

3)为"学生"、"教师"、"课程"、"开班信息"、"选课信息"5 张表定义主键。

对表定义主键一般在表的"设计视图"中进行。

操作步骤:

先对学生表定义主键。

① 在"教学管理系统"数据库窗口的导航窗格中,用鼠标右键单击"学生"表,在弹出的快捷菜单中选择"设计视图"命令。

② 在打开的学生表设计视图中,单击将作为主键的"学号"字段选定器。

③ 单击"表格工具 / 设计"选项卡下"工具"组中的"主键"按钮,此时主键字段选定器上显示"钥匙"型图标,表明该字段已被定义为主键。

④ 关闭学生表。

按照上述方法为其他没有定义主键的表定义主键。

4)对"学生"表的学号、性别及出生日期字段设置字段属性。

操作步骤:

① 在"教学管理系统"数据库窗口的导航窗格中,用鼠标右键单击"学生"表,在弹出的快捷菜单中选择"设计视图"命令。

② 选择"学号"字段,在字段属性区中,确认"字段大小"属性值为 8,并在"输入掩码"属性值框中输入 00000000,如图 2-11a 所示。

③ 选择"性别"字段,在字段属性区"有效性规则"属性值框中输入 " 男 "Or" 女 ";在"有效性文本"属性值框中输入"请输入 " 男 " 或 " 女 "";在"索引"属性值框的下拉列表中

选择"有（有重复）"，如图 2-11b 所示。

  ④ 选择"出生日期"字段，在字段属性区中，确认"格式"属性值为"短日期"，单击"默认值"属性值框，输入"=Date()"，如图 2-11c 所示。

  a）学号字段输入掩码属性 b）性别字段有效性规则及索引属性 c）出生日期字段默认值属性

图 2-11 设置学生表的字段属性

  ⑤ 单击快速访问工具栏中的"保存"按钮，保存对"学生"表的编辑修改。

2.3 建立表间关系

1. 表间关系的概念

  在 Access 中，每个表都是数据库中的一个独立部分，它们本身具有多种功能，但是表与表之间可能存在着相互的联系。在 Access 中，表与表之间的关系可以分为一对一、一对多和多对多 3 种关系。

  （1）一对一关系

  在这种关系中，A 表中的一条记录只能对应 B 表中的一条记录，并且 B 表中的一条记录也只能对应 A 表中的一条记录。

  两个表之间要建立一对一关系，首先要定义关联字段为两个表的主键或建立唯一索引，然后确定两个表之间有一对一关系。

  （2）一对多关系

  这种关系是最普通的一种关系，在一对多关系中，A 表中的一条记录能对应 B 表中的多条记录，但是 B 表中的一条记录只能对应 A 表中的一条记录。A 称为主表，B 称为子表（或次表）。

  两表之间要建立一对多关系，首先要定义关联字段为主表的主键或建立唯一索引，然后在子表中按照关联字段创建普通索引，最后确定两个表之间具有一对多关系。

  （3）多对多关系

  在这种关系中，A 表中的一条记录能对应 B 表中的多条记录，而 B 表中的一条记录也可以对应 A 表中的多条记录。

  关系型数据库管理系统不支持多对多关系，因此，在处理多对多的关系时需要将其转换为两个一对多的关系，即创建一个连接表，将两个多对多表中的主关键字字段添加到连接表中，则这两个多对多表与连接表之间均变成一对多关系，这样间接地建立了多对多关系。例如，教学管理系统数据库中的"学生"和"课程"表之间是多对多关系，因此创建了"课程成绩"表，将学生表的"学号"和课程表中的"课程编号"添加到课程成绩表中，学生表和课程成绩表之间、课程表与课程成绩表之间均为一对多关系。

2. 参照完整性

  表的关系是通过两个表之间的公共字段建立起来的。一般情况下，由于一个表的关键字是另一个表的字段，因此形成了两个表之间的一对多关系。

参照完整性就是在输入或删除记录时，为维持表之间已经定义的关系而必须遵循的规则。参照完整性规则要求通过所定义的外部关键字和主关键字之间的引用规则来约定两个表之间的联系。

如果 a 是 A 表的主关键字，同时又是 B 表的外部关键字，那么在 B 表中，a 的值必须满足下面两种情况：

① 为空值（Null）。

② 等于 A 表中某个记录的主关键字的取值。

如果表中设置了参照完整性，那么当主表中没有相关记录时，就不能将记录添加到相关表中，也不能在相关表中存在匹配的记录时删除主表中的记录，更不能在相关表中有相关记录时更改主表中的主关键字值。

3. 建立表间关系

在定义表间关系之前，应关闭所有需要定义关系的表。

在创建表间关系时，可以编辑关联规则。建立了表间关系后可以设置参照完整性，设置在相关联表中的插入记录、删除记录和修改记录的规则。

创建表间关系时需要打开"关系"窗口，有以下 3 种操作方法。

① 在"数据库工具"选项卡下，单击"关系"组中的"关系"按钮。

② 在数据表视图下的"表格工具 / 表"选项卡下，单击"关系"组中的"关系"按钮。

③ 在表设计视图下的"表格工具 / 设计"选项卡下，单击"关系"组中的"关系"按钮。

例 2-3 依照图 2-12，将学生表和课程成绩表、学生表和选课信息表、课程表和课程成绩表、课程表和开班信息表、教师表和开班信息表、开班信息表和选课信息表建立关系，并实施参照完整性。

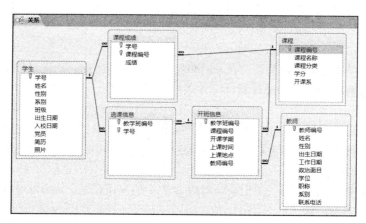

图 2-12 建立表与表之间的关系

操作步骤：

① 打开教学管理系统数据库，确认已经关闭了需要创建关系的表。

② 在"数据库工具"选项卡下，单击"关系"组中的"关系"按钮，打开"关系"窗口。

③ 在"关系工具 / 设计"选项卡下，单击"关系"组中的"显示表"按钮，弹出如图 2-13 所示的"显示表"对话框。

④ 在"显示表"对话框中，双击要作为相关表的名称或单击表名称然后单击"添加"按

钮（此时需将 6 张表全部添加），关闭"显示表"对话框。

⑤ 从某个表中将所要的相关字段拖到其他表中的相关字段。例如，选定"学生"表中的"学号"字段，然后按下鼠标左键并拖动到"课程成绩"表中的"学号"字段上，再松开鼠标。

⑥ 此时，屏幕将显示"编辑关系"对话框。请检查显示在两个列中的字段名称以确保正确性，必要情况下可以进行更改。根据需要设置关系选项，如图 2-14 所示。

图 2-13 "显示表"对话框

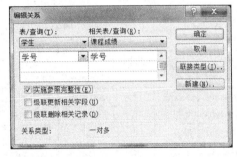

图 2-14 编辑关系

⑦ 单击"确定"按钮创建关系。

⑧ 重复⑤～⑦步，完成所有表间关系的创建。

⑨ 单击"关系工具 / 设计"选项卡"关系"组中的"关闭"按钮，弹出询问"是否保存'关系'布局的更改？"对话框，单击"是"按钮，即可建立表间的关系。

4. 向表中输入数据

常使用以下 3 种方法向表中输入数据。

（1）使用"数据表视图"输入数据

在数据库窗口的导航窗格的"表"对象下，双击数据表，打开"数据表视图"，然后在该视图中直接输入数据。

（2）使用查询列表输入数据

在数据表中，如果某字段值是一组固定数据（例如，性别字段值是"男"和"女"），可将这组固定数据设置为一个列表，当输入数据时，从列表中选择相应值即可。

创建查阅列表有两种方法，一种是使用向导创建，另一种是直接在"查阅"选项卡中设置。

1）使用向导创建的方法是在表的"设计视图"中选择相应字段，在"数据类型"列中，选择"查阅向导"，然后在该查阅向导中按照提示进行操作。

2）使用"查阅"选项卡创建的方法是在表的"设计视图"的字段输入区中选择相应字段，在字段属性区的"查阅"选项卡下做如下操作；

① 在"显示控件"行右侧的下拉列表中选择"列表框"。

② 在"行来源类型"行右侧的下拉列表中选择"值列表"。

③ 在"行来源"文本框中输入当前字段的一组值（例如，"男 "；"女 "）。

例如，使用"查阅"选项卡创建输入"性别"字段值的查阅列表，如图 2-15 所示。

图 2-15　使用"查阅"选项卡创建查阅列表

例 2-4　使用数据表视图，依据表 2-9～表 2-12，分别向学生表、教师表、课程表和开班信息表中填充数据。

表 2-9　学生表数据

学号	姓名	性别	系别	班级	出生日期	入校日期	党员	简历	照片
20141001	王俊	男	计算机系	14 级 1 班	1996/8/12	2014/9/1	No	湖北、襄阳市人	
20141002	张新华	男	计算机系	14 级 1 班	1995/10/5	2014/9/1	Yes	北京市昌平人	
20141003	林芳	女	计算机系	14 级 1 班	1996/5/28	2014/9/1	No	天津市南开区人	
20142001	张军	男	电子系	14 级 2 班	1996/2/24	2014/9/1	Yes	河北、保定市人	
20142003	沈彤诗	女	电子系	14 级 2 班	1996/10/8	2014/9/1	Yes	河南、南阳市人	
20143002	刘毅	男	经管系	14 级 3 班	1996/8/10	2014/9/1	Yes	河北、唐山市人	
20143003	赵玉婷	女	经管系	14 级 3 班	1996/9/10	2014/9/1	No	广东、广州市人	
20144001	肖雅倩	女	外文系	14 级 4 班	1996/5/8	2014/9/1	No	上海市虹口区人	
20144002	刘博琳	女	外文系	14 级 4 班	1997/3/24	2014/9/1	Yes	云南、昆明市人	

表 2-10　教师表数据

教师编号	姓名	性别	出生日期	工作日期	政治面目	学位	职称	系别	联系电话
11001	张晨	男	1970/9/10	1995/8/30	党员	硕士	教授	计算机系	13705008837
11002	王屏	女	1978/3/28	2001/9/1	党员	硕士	副教授	计算机系	13502002984
11003	赵中锋	男	1980/10/5	2009/8/29	群众	博士	讲师	计算机系	13500020555
11101	杨娟	女	1979/6/25	2008/9/1	党员	博士	讲师	电子系	13072088009
11102	曹国庆	男	1969/10/1	1998/9/2	群众	博士	教授	电子系	13502223566
11201	李诗婷	女	1982/10/4	2007/8/29	群众	硕士	讲师	外文系	13062022226
11202	刘萍	女	1984/5/12	2009/8/30	党员	硕士	讲师	外文系	13755233445
11301	吕瑞华	女	1964/8/20	1986/9/1	党员	学士	教授	经管系	13072000116
11302	蒋建军	男	1974/10/5	1997/9/2	群众	硕士	副教授	经管系	13752200032

表 2-11　课程表数据

课程编号	课程名称	课程分类	学分	开课系	课程编号	课程名称	课程分类	学分	开课系
101	高等数学	必修课	5	计算机系	106	物流概论	必修课	3	经管系
102	英语	必修课	4	计算机系	201	汇编语言	选修课	4	计算机系
103	数字电路	必修课	4	电子系	202	通信基础	选修课	3	电子系
104	欧美文学	必修课	3	外文系	203	美学史	选修课	2	外文系
105	宏观经济学	必修课	4	经管系	204	管理学概论	选修课	4	经管系

表 2-12　开班信息表数据

教学班编号	开课学期	课程编号	上课时间	上课地点	教师编号
1001	2014-2015 上学期	102	周一上午	二教 401	11201

（续）

教学班编号	开课学期	课程编号	上课时间	上课地点	教师编号
1002	2014-2015 上学期	102	周一下午	二教 402	11202
1003	2014-2015 上学期	101	周二上午	三教 306	11001
1004	2014-2015 上学期	101	周四上午	三教 306	11001
1005	2014-2015 上学期	103	周一上午	二教 402	11101
1006	2014-2015 上学期	105	周二上午	六教 206	11301
1007	2014-2015 上学期	201	周五上午	四教 206	11002
1008	2014-2015 上学期	202	周四上午	四教 106	11102

操作步骤：

① 打开"教学管理系统"数据库。

② 在导航窗格中双击"学生"表，打开其"数据表视图"。

③ 将表 2-9 所示的数据内容依次输入到"学生"数据表中。

注意

❑ 输入"日期/时间"型数据时，不需要将整个日期全部输入，系统会按"格式"属性中的定义显示数据。

例如，在"入校日期"字段中输入"14-9-1"，因"格式"属性设置为"短日期"，则会自动显示为"2014/9/1"。

❑ 输入"是/否"型数据时会显示一个复选框。选中表示输入了"是（-1）"，不选中表示输入了"否（0）"。

例如，"党员"字段的"默认值"为 0（不勾选复选框），若是党员，则应勾选复选框（即输入了 -1）。

❑ 输入"OLE"对象型数据时，使用插入对象的方式输入数据。

例如，在输入"照片"字段数据时，用鼠标指针指向"照片"并右击，在弹出的快捷菜单中选择"插入对象"命令，选择"由文件创建"选项，单击"浏览"按钮，弹出"浏览"对话框，在"查找范围"列表中找到存储图片文件的文件夹，在列表中找到并选中所需的图片文件，单击"确定"按钮。

④ 当输入完全部记录后，单击快速工具栏中的"保存"按钮，保存表中的数据。

⑤ 仿照②～④的操作，完成"教师"、"课程"和"开班信息"表的记录数据的输入。

（3）获取外部数据

在实际应用中，利用 Access 提供的导入和链接功能可以将外部数据直接添加到当前的 Access 数据库中。在 Access 中，可以导入的表类型包括 Excel 工作表、SharePoint 列表、XML 文件、其他 Access 数据库以及其他类型文件。下面简单介绍获取 Excel 工作表数据的操作方法。

① 在数据库窗口的"外部数据"选项卡下，单击"导入并链接"组中的"Excel"按钮，打开"获取外部数据 -Excel 电子表格"对话框。

② 在该对话框中，单击"浏览"按钮，显示"打开"对话框，从中找到并打开要导入的 Excel 文件并返回到"获取外部数据 -Excel 电子表格"对话框。

③ 单击"确定"按钮，打开"导入数据向导"对话框，依据向导的提示操作。

例 2-5 将 Excel 工作簿文件"选课信息.xlsx"和"课程成绩.xlsx"导入到"教学管理系统"数据库中的"选课信息"表和"课程成绩"表中，并根据表 2-13 和表 2-14 的内容核对导入的信息是否正确。

\tiny 表2-13 选课信息表数据					\tiny 表2-14 课程成绩表数据					

表2-13 选课信息表数据

教学班编号	学号	教学班编号	学号
1001	20141001	1005	20141002
1001	20141002	1005	20141003
1001	20141003	1005	20142001
1001	20144001	1005	20142003
1001	20144002	1006	20143002
1003	20141001	1006	20143003
1003	20141002	1007	20141001
1003	20141003	1007	20141003
1003	20142001	1007	20142001
1003	20142003	1007	20142003
1004	20143002	1008	20141001
1004	20143003	1008	20141002
1004	20144001	1008	20141003
1004	20144002	1008	20142001
1005	20141001	1008	20142003

表2-14 课程成绩表数据

学号	课程编号	成绩	学号	课程编号	成绩
20140001	101	80	20142001	103	85
20141001	102	76	20142001	201	95
20141001	103	68	20142001	202	92
20141001	201	84	20142003	101	86
20141001	202	83	20142003	103	88
20141002	101	78	20142003	201	90
20141002	102	82	20142003	202	78
20141002	103	72	20143002	101	84
20141002	202	76	20143002	105	68
20141003	101	94	20143003	101	85
20141003	102	52	20143003	105	70
20141003	103	62	20144001	101	55
20141003	201	88	20144001	102	82
20141003	202	64	20144002	101	76
20142001	101	72	20144002	102	86

操作步骤：

1）在"D:\教学管理"文件夹下，依据表2-13和表2-14建立Excel工作簿文件"选课信息.xlsx"和"课程成绩.xlsx"，并且在"教学管理系统"数据库中创建只有结构没有记录数据的"选课信息"表和"课程成绩"表。

2）将"选课信息.xlsx"导入"选课信息"表中的操作如下：

① 打开"教学管理系统"数据库，在表对象列表的任一位置单击。

② 在"外部数据"选项卡下"导入并链接"选项组中，单击"Excel"按钮，打开"获取外部数据"对话框。在该对话框中单击"浏览"按钮，在弹出的"打开"对话框中选择"D:\教学管理\选课信息.xlsx"，单击"打开"按钮，返回到"获取外部数据"对话框。

③ 选中"向表中追加一份记录的副本"单选按钮，单击该选项右侧列表框的下拉按钮，在弹出的下拉列表中选择"选课信息"，如图2-16所示。

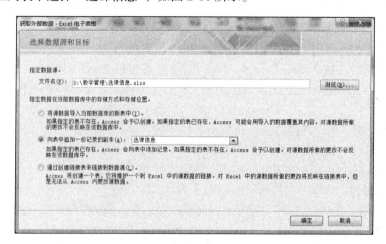

图2-16 "获取外部数据-Excel电子表格"对话框

④ 单击图 2-16 中的"确定"按钮，进入"导入数据表向导"对话框，如图 2-17 所示。

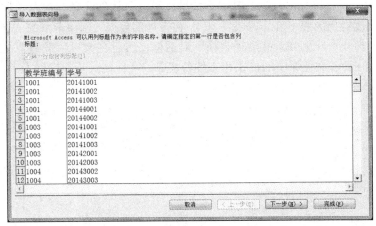

图 2-17   "导入数据表向导"对话框

⑤ 单击图 2-17 中的"下一步"按钮，在弹出的"导入数据表向导"对话框中的"导入到表"文本框中，输入"选课信息"，如图 2-18 所示。

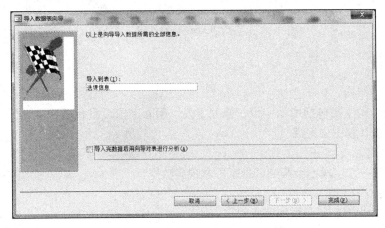

图 2-18   保存导入数据表向导对话框

⑥ 单击图 2-18 中的"完成"按钮，在弹出的对话框中，确定"保存导入步骤"复选框没有被勾选，单击"关闭"按钮，完成"选课信息"表的导入。

⑦ 在数据表视图下打开"选课信息"表，按照表 2-13 核对导入的信息是否正确。

注意   若"教学管理系统"数据库内不存在表结构与步骤②中打开的表的结构相同的空表时，应在步骤③中选择"将源数据导入当前数据库的新表中"单选项。

3）仿照上面的操作，将 D:\ 教学管理下的"课程成绩 .xlsx"导入"教学管理系统"数据库中的"课程成绩"表中，并按照表 2-14 核对导入的信息是否正确。

说明：

❏ 从图 2-16 可以看出，导入时也可以选择"通过创建链接表来链接到数据源"。选择这种方式时，链接的数据不会与数据源断绝联接，一方数据变化另一方也会随之变化。

❏ 导入对象不仅可以是表，也可以是查询、窗体等 Access 中其他种类的对象。导入时可通过单击选中多个要导入的对象，一次完成导入。

5. 数据导出

数据库中的表也可以导出以生成其他格式的文件。具体做法是，首先在数据库窗口的导航窗格中，单击要导出的表（如，"学生"表），在"外部数据"选项卡下的"导出"组中，单击 Excel 按钮，打开"导出 -Excel 电子表格"对话框，然后在该对话框的"文件名"文本框中指定所导出的 Excel 文件保序的位置和文件名，在"文件格式"下拉列表中选择文件格式，如图 2-19 所示。单击"确定"按钮即可。

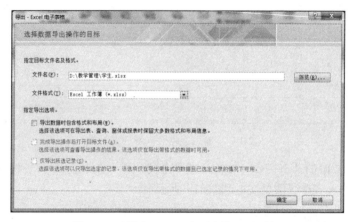

图 2-19 "导出 -Excel 电子表格"对话框

2.4 维护表

1. 修改表的结构

修改表的结构主要包括增加字段、修改字段、删除字段、重新设置主键等。修改表的结构通常在表的设计视图中完成。

（1）添加字段

在表中添加一个字段不会影响其他字段和现有数据。

操作步骤：

① 使用设计视图打开要添加字段的表。

② 在字段输入区，单击将要添加新字段的行。

③ 在"表格工具 / 设计"上下文选项卡下，单击"工具"组中的"插入行"按钮。

④ 在插入的新行上输入新的字段名称，并在字段属性区设置该字段的相关属性。

（2）修改字段

修改字段包括修改字段的名称、数据类型、说明、属性等。

操作步骤：

① 用设计视图打开需要修改字段的表。

② 如果要修改某一字段的名称，则在该字段的"字段名称"列中，单击鼠标左键，然后修改字段名称；如果要修改某字段的数据类型，则单击该字段的数据类型列右侧的下拉按钮，从弹出的下拉列表中选择需要的数据类型，并在字段属性区中修改相应的字段属性。

（3）删除字段

操作步骤：

① 用设计视图打开需要删除字段的表。

② 单击要删除字段的字段选定器。

③ 在"表格工具 / 设计"上下文选项卡下，单击"工具"组中的"删除行"按钮。

（4）重新设置主键

如果原定义的主键不合适，则可以重新定义。

操作步骤：

① 用设计视图打开需要重新设置主键的表。

② 单击要设为主键字段的字段选定器。

③ 在"表格工具 / 设计"上下文选项卡下，单击"工具"组中的"主键"按钮，设置新的主键，并自动取消原主键的设置。

2. 编辑表内容

编辑表中内容的操作主要包括定位记录、选择记录、添加记录、删除记录、修改数据、复制数据、查找数据、替换数据。

（1）定位记录

数据表中有了数据后，编辑修改是经常要做的操作，其中定位和选择记录是首要的任务。常用的记录定位方法有以下 3 种：

1）使用"记录导航"条定位。

例 2-6 使用"记录导航条"将记录指针定位到"课程成绩"表的第 20 条记录。

操作步骤：

① 用数据表视图方式打开课程成绩表。

② 在记录导航条"当前记录"框中输入记录号 20，并按 Enter 键，所得界面如图 2-20 所示。

图 2-20　使用"记录导航条"定位记录

2）使用快捷键定位。

例如，上箭头↑用于定位上一条记录，下箭头↓用于定位下一条记录，Ctrl+Home 用于定位第 1 条记录，Ctrl+End 用于定位最后一条记录，PgDn 用于下移 1 屏，PgUp 用于上移 1 屏等。

3）使用"转至"按钮定位。

在"开始"选项卡下，单击"查找"组中的"转至"按钮，从弹出的下拉列表中选择定位命令（首记录、上一条记录、下一条记录、尾记录）。

（2）选择记录

选择记录是选择用户所需要的记录。

在表的数据表视图方式下，经常选定一条记录、连续多条记录和全部记录。

1）单击某一记录的记录选定器，就选择该条记录。

2）单击第一条记录的记录选定器，按住鼠标左键，拖动鼠标经过要选择的每条记录的选定器，就选择多条记录。

3）使用 Ctrl+ A 组合键，可选择全部记录。

（3）添加记录

在表的数据表视图方式下，添加记录有 2 种方法。

1）将光标直接移动到表的最后一行，直接输入要添加的数据。

2）在"开始"选项卡下，单击"记录"组中的"新建"按钮将光标自动移到表的最后一行，然后输入要添加的记录数据。

（4）删除记录

表中如果出现了不需要的记录，应该将其删除。

操作步骤：

① 使用数据表视图打开要删除记录的表。

② 选择要删除的记录。

③ 用鼠标右键单击要删除的记录，在弹出的快捷菜单中选择"删除记录"命令（也可以在"开始"选项卡下，单击"记录"组中的"删除记录"按钮），弹出确认删除记录对话框。

④ 在弹出的确认删除记录对话框中，单击"是"按钮。

注意 删除记录的操作是不可恢复的。

（5）修改数据

在已经建立的表中，如果出现了错误的数据，可以对其进行修改。

操作步骤：

① 使用数据表视图打开要修改数据的表。

② 单击需要修改的字段数据位置，显示插入光标。

③ 在光标位置处直接修改即可。修改时可以修改字段的整个数据，也可以修改字段的部分数据。

注意 在修改字段数据时，按 Delete 键可删除光标后面的一个字符；按 Backspace 键可删除插入光标前面的一个字符。

（6）复制数据

在输入或编辑数据时，有些数据可能相同或相似，这时可以通过复制和粘贴操作将某字段中的部分或全部数据复制到另一个字段中。

操作步骤：

① 使用数据表视图打开要复制数据的表。

② 用鼠标指向要复制数据字段的最左边，待鼠标指针呈十字时，单击鼠标左键选中整个字段。如果要复制部分数据，则将鼠标指向要复制数据的开始位置，然后拖动鼠标到结束位置，选中字段的部分数据。

③ 在"开始"选项卡下，单击"剪贴板"组中的"复制"按钮。

④ 单击目标字段，然后在"剪贴板"组中，单击"粘贴"按钮。

（7）查找数据

在一个有多条记录的数据表中，若要快速查找信息，可以通过数据查找来完成。

例 2-7 使用数据查找操作，查找"教师"表中"职称"为"讲师"的教师记录。

操作步骤：

① 用"数据表视图"打开"教师"表，单击"职称"字段列的字段名。

② 在"开始"选项卡下，单击"查找"组中的"查找"按钮，打开"查找和替换"对话框，在"查找内容"框中输入"讲师"，其他设置如图 2-21 所示。

③ 单击"查找下一个"按钮，查找下一个职称是"讲师"的记录。连续单击"查找下一个"按钮，可以将全部职称是"讲师"的记录查找出来。

图 2-21 "查找和替换"对话框

④ 单击"取消"按钮或窗口关闭按钮,结束查找。

用户在指定查找内容时,希望在只知道部分内容的情况下对数据表进行查找,或者按照特定的要求来查找记录。在一个有多条记录的数据表中,若要快速查找信息,可以单击"开始"选项卡下"查找"组中的"查找"按钮,在弹出的"查找和替换"对话框中进行有关操作。

在"查找和替换"对话框中,可以使用表 2-15 中的通配符。

表 2-15 通配符的用法

字符	用法	示例
*	与任何个数的字符匹配,它可以在字符串中作为第一个或最后一个字符使用	wh* 可以找到 what、white 和 why
?	与任何单个字母的字符匹配	Wor? 可以找到 work、word
[ ]	与方括号内任何单个字符匹配	b[ae]ll 可以找到 ball 和 bell,但找不到 bill
!	匹配任何不在括号之内的字符	b[!ae]ll 可以找到 bill 和 Bull,但找不到 bell
–	与范围内的任何一个字符匹配。必须以递增排序次序来指定区域(A 到 Z,而不是 Z 到 A)	s[a-c]d 可以找到 sad、sbd 和 scd
#	与任何单个数字字符匹配	3#6 可以找到 306、326、386 等

注意 在使用通配符搜索星号(*)、问号(?)、井号(#)、左方括号([ )或连字号(–)时,必须将搜索的符号放在方括号内。例如,查找连字号,在"查找内容"输入框中输入 [–]符号。

(8)替换数据

在操作数据库表时,如果要修改多处相同的数据,可以使用替换功能,自动将查找到的数据用新数据替换。

例 2-7 将"教师"表备份,备份表的名称为"教师备份"。查找"教师备份"表中"政治面目"是"群众"的所有记录,并将其值改为"非党员"。

操作步骤:

① 打开"教学管理系统"数据库,在导航窗格中选择"教师"表并用鼠标右键单击,在弹出的快捷菜单中选择"复制"命令;在导航窗格中的空白位置右击,在弹出的快捷菜单中选择"粘贴"命令,弹出"粘贴表方式"对话框,在"表名称"框中输入"教师备份"并确认选择了"结构和数据"单选项,如图 2-22 所示。单击"确定"按钮。

② 用"数据表视图"方式,打开"教师备份"表,单击"政治面目"字段名。

图 2-22 粘贴表方式

③ 在"开始"选项卡下，单击"查找"组中的"替换"按钮，打开"查找和替换"对话框。在"查找内容"框中输入"群众"，然后在"替换为"框中输入"非党员"，其他设置如图 2-23 所示。

图 2-23　设置"查找和替换"选项

④ 单击"全部替换"按钮，弹出一个提示框，提示进行替换操作后将无法恢复，询问是否要完成替换操作，单击"是"按钮，进行替换操作。

在数据库操作表中，可能会有尚未存储数据的字段，如果某个记录的某个字段尚未存储数据，我们称该记录的这个字段的值为空值。空值与空字符串的含义有所不同。空值是缺值或还没有值，字段中允许使用 Null 值来说明一个字段里的信息目前还无法得到。空字符串是用双引号括起来的空字符串（即 ""），且双引号中间没有空格，这种字符串长度为 0。

3. 调整表的外观

调整表的外观操作包括：改变字段显示次序、调整行高、调整列宽、隐藏列、显示隐藏列、冻结列、取消冻结列、设置数据表格式及改变字体等。

（1）改变字段显示次序

默认情况下，字段的显示次序与其在表中创建的次序是一致的。要想改变字段显示次序，可以用鼠标拖曳字段列的方法来实现。

操作步骤：

① 用"数据表视图"方式，打开要改变字段显示次序的表。

② 将鼠标指针移到需要移动字段列的标题上，当鼠标指针呈"粗体黑色向下箭头"时，单击选中该字段列。

③ 将鼠标指针指向所选中字段列的标题，按下鼠标左键并拖动鼠标到目标字段列的左侧，释放鼠标左键。

注意　*移动字段时，不会改变表设计视图中字段的排列顺序，而只是改变在数据表视图中字段的显示顺序。*

（2）调整行高

调整行高有两种方法：使用鼠标调整和使用菜单命令调整。

1）使用鼠标调整的操作方法。

① 用"数据表视图"方式打开需要调整行高的表。

② 将鼠标指针移动到任意两条记录的"记录选定器"之间，待鼠标指针呈"黑色十字上下双向箭头"形状时，按下鼠标左键不放，并拖动鼠标上下移动，待调整到所需高度时松开鼠标左键。

2）使用菜单命令调整的操作方法。

① 用"数据表视图"方式打开需要调整"行高"的表。

② 用鼠标右键单击任一记录选定器，弹出如图2-24所示的快捷菜单，从中选择"行高"命令，弹出如图2-25所示的"行高"对话框。

③ 在"行高"对话框中输入所需的行高值，并单击"确定"按钮。

图2-24 行高菜单命令　　　　　　　　　　图2-25 行高对话框示例

（3）调整列宽

调整列宽也有使用鼠标调整和使用菜单命令调整两种方法。

1）使用鼠标调整的操作方法。

① 用"数据表视图"方式打开需要调整列宽的表。

② 将鼠标指针移动到需要改变列宽的两字段列的标题之间，待鼠标指针呈"黑色十字左右双向箭头"形状时，按下鼠标左键不放，并拖动鼠标左右移动，待调整到所需宽度时松开鼠标左键。

2）使用菜单命令调整的操作方法。

① 在表的"数据表视图"中，将鼠标指针移到要改变宽度的字段标题上，待鼠标指针呈"粗体黑色向下箭头"时，单击鼠标右键，弹出如图2-26所示的快捷菜单。

② 从弹出的快捷菜单中选择"字段宽度"命令，打开如图2-27所示的"列宽"对话框。

③ 在列宽对话框中输入所需的宽度值，并单击"确定"按钮。

图2-26 字段宽度菜单命令　　　　　　　　图2-27 列宽对话框示例

（4）隐藏列

在数据表视图中，可以将表中的某些字段列暂时隐藏，需要时再重新显示。

操作步骤：

① 用"数据表视图"打开需要隐藏列的表。

② 在需要"隐藏字段"列的任意位置单击。

③ 在"开始"选项卡下，单击"记录"组中的"其他"按钮，弹出"其他"下拉菜单，如图2-28所示。

④ 从下拉菜单中选择"隐藏字段"命令。

（5）显示隐藏的列

操作步骤：

① 用"数据表视图"打开需要"显示隐藏字段"列的表，并在表的任意位置单击。

② 在"开始"选项卡下，单击"记录"组中的"其他"按钮，弹出"其他"下拉菜单。

③ 从"其他"下拉菜单中，选择"取消隐藏字段"命令，打开如图 2-29 所示的"取消隐藏列"对话框。

④ 在该对话框的"列（L）"列表框中，勾选将要显示字段列的复选框，并单击"关闭"按钮。

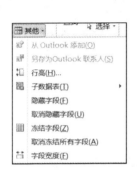

图 2-28 "其他"下拉菜单　　　　　图 2-29 "取消隐藏列"对话框

（6）冻结列

如果所建表的字段较多，那么查看时，有些字段就必须通过移动水平滚动条才能看到。若希望始终都能看到某些字段，可将其设置为"冻结字段"。

操作步骤：

① 用"数据表视图"方式，打开需要"冻结字段"列的表。

② 选中需要"冻结字段"的一个或多个字段列。

③ 在"开始"选项卡下，单击"记录"组中的"其他"按钮。

④ 从弹出的"其他"下拉菜单中选择"冻结字段"命令。

（7）取消冻结列

操作步骤：

① 用"数据表视图"方式，打开需要取消"冻结字段"列的表。

② 在"开始"选项卡下，单击"记录"组中的"其他"按钮。

③ 从弹出的"其他"下拉菜单中选择"取消冻结所有字段"命令。

注意　隐藏列、显示隐藏的列、冻结列、取消冻结列的操作，也可以用鼠标右键单击相关字段列的标题，从弹出的快捷菜单中选择相应的命令来实现。

（8）设置数据表格式

在数据表视图中，一般都是水平和垂直方向显示网格线，而且网格线、背景色和替换背景色均采用系统默认的颜色。如果需要，可以通过以下操作来重新设置数据表的格式。

① 用"数据表视图"方式打开需要设置格式的表

② 在"开始"选项卡下，单击"文本格式"组中的"网格线"按钮，从弹出的下拉列表中选择不同的网格线，如图 2-30 所示。

③ 单击"文本格式"组，右下角的"设置数据表格式"按钮，打开"设置数据表格式"对话框，如图 2-31 所示。

④ 在该对话框中，根据需要选择所需的项目，并单击"确定"按钮。

图 2-30   网格线格式   图 2-31   设置数据表格式对话框

（9）改变字体

为了使数据库表中的数据显示得美观清晰、醒目突出，可以通过以下操作来改变表中数据的字体、字型和字号等。

1）用"数据表视图"方式打开需要"改变字体"的表。

2）在"开始"选项卡下的"文本格式"组中，选择"改变字体"的有关操作。举例如下：

① 单击"字体"下拉按钮，从弹出的下拉列表中选择所需的字体。

② 单击"字号"下拉按钮，从弹出的下拉列表中选择所需的字号。

③ 单击"字体颜色"下拉按钮，从弹出的下拉列表中选择所需的字体颜色。

④ 单击"背景色"下拉按钮，从弹出的下拉列表中选择所需的背景颜色。

例 2-6   将"学生"表备份，并将备份表命名为"学生备份"。对"学生备份"表的操作要求如下：

1）将"出生日期"字段列移动到"系别"字段列的左侧。

2）将"性别"字段列隐藏起来。

3）将"班级"字段列冻结。

4）将"姓名"字段列的显示宽度设置为 20。

5）设置表中的数据格式：字体为楷体、14 磅、加粗、红色。

操作步骤：

① 在"教学管理系统"数据库的导航窗格中选择"学生"表，单击"文件"选项卡下的"对象另存为"命令，弹出"另存为"对话框，将"学生"表另存为"学生备份"表，如图 2-32 所示。

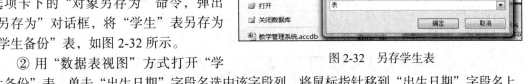

图 2-32   另存学生表

② 用"数据表视图"方式打开"学生备份"表，单击"出生日期"字段名选中该字段列，将鼠标指针移到"出生日期"字段名上，按下鼠标左键拖动该字段列至"系别"字段列的左侧。

③ 用鼠标右键单击"性别"字段名，在弹出的快捷菜单中选择"隐藏字段"命令。

④ 用鼠标右键单击"班级"字段名，在弹出的快捷菜单中选择"冻结字段"命令。

⑤ 用鼠标右键单击"姓名"字段名，在弹出的快捷菜单中选择"字段宽度"命令，然后在弹出的"列宽"对话框中，将列宽设为 20，如图 2-33 所示。最后单击"确定"按钮。

⑥确认插入光标在数据表区域内。在"开始"选项卡下的"文本格式"组中进行以下操作：

❑ 单击"字体"下拉按钮，从弹出的字体列表中选择
   "楷体"。

❑ 单击"字号"下拉按钮，从弹出的字号列表中选择
   "14"。

❑ 单击"加粗"按钮，设置粗体字。

❑ 单击"字体颜色"下拉按钮，从弹出的列表中选择
   "标准色"区域中的"红色"。

图 2-33　列宽对话框

通过以上操作，设置表中的数据格式为：楷体字、14 磅、加粗、红色。

2.5　使用表

1. 排序记录

（1）排序规则

排序是根据当前表中的一个或多个字段的值对整张表中的所有记录进行重新排列。进行记录排序时，字段的类型不同，则排序的规则也不完全相同。

排序时需要注意下列事项：

1）在"文本"字段中保存的数字将作为字符串而不是数字来排序。

2）以升序来排序字段时，任何含有空字段（包含 NULL 值）的记录将排在当前表中的最前面。

3）数据类型为备注、超级链接或 OLE 对象的字段不能进行排序。

4）排序后，排序次序将同表一起保存。

注意　若不想将排序次序同表一起保存，可在"开始"选项卡下的"排序和筛选"组中，单击"取消排序"按钮。

（2）按一个字段排序

例 2-7　对教学管理系统数据库中的"学生备份"表，按"性别"降序排列。

操作步骤：

① 在数据库窗口中，用"数据表视图"方式打开"学生备份"表。

② 单击"性别"字段所在的列。

③ 在"开始"选项卡下的"排序和筛选"组中，单击"降序"按钮，则按"性别"字段数据降序排列记录，如图 2-34 所示。

（3）按多个字段排序

按多个字段进行排序时，首先根据第一个字段指定的顺序进行排序，对于第一个字段的值相同的记录，再按照第二个字段进行排序，以此类推。

学号	姓名	性别	系列	班级	出生日期	入校日期	党员	简历
20144002	刘博琳	女	外文系	14级4班	1997/3/24	2014/9/1	☑	云南、昆明市人
20144001	肖雅倩	女	外文系	14级4班	1996/5/8	2014/9/1		上海市虹口区人
20143003	赵玉珍	女	经管系	14级3班	1996/9/10	2014/9/1		广东、广州市人
20142003	沈彤诗	女	电子系	14级2班	1996/10/8	2014/9/1	☑	河南、南阳市人
20141003	林芳	女	计算机系	14级1班	1996/5/28	2014/9/1		天津市南开区人
20143002	刘毅	男	经管系	14级3班	1996/8/10	2014/9/1	☑	河北、唐山市人
20142001	张军	男	电子系	14级2班	1996/2/24	2014/9/1	☑	河北、保定市人
20141002	张新华	男	计算机系	14级1班	1995/10/5	2014/9/1	☑	北京市昌平人
20141001	王俊	男	计算机系	14级1班	1996/8/12	2014/9/1		湖北、襄阳市人

图 2-34　按性别字段数据降序排列

例 2-8 对教学管理系统数据库中的"教师备份"表的操作要求：

1）按"性别"字段和"出生日期"字段升序排列。

2）先按"性别"字段降序，再按"工作日期"字段升序排列。

操作步骤：

① 在教学管理系统数据库窗口的导航窗格中，双击"教师备份"表，打开其"数据表视图"。选择用于排序的"性别"和"出生日期"的字段选定器。

② 在"开始"选项卡下，单击"排序和筛选"选项组中的"升序"按钮，完成要求 1）的操作，显示结果如图 2-35 所示。

教师编号	姓名	性别	出生日期	工作日期	政治面目	学历	职称	系别	联系电话
11102	曹国庆	男	1969/10/1	1998/9/2	群众	博士	教授	电子系	13502223566
11001	张晨	男	1970/9/10	1995/8/30	党员	硕士	教授	计算机系	13705008837
11302	蒋建军	男	1974/10/5	1997/9/2	群众	硕士	副教授	经管系	13752200032
11003	赵中锋	男	1980/10/5	2009/8/29	群众	博士	讲师	计算机系	13500020555
11301	吕瑞华	女	1964/8/20	1986/9/1	党员	本科	教授	经管系	13072000116
11002	王屏	女	1978/3/28	2001/9/1	党员	硕士	副教授	计算机系	13502002984
11101	杨娟	女	1979/6/25	2008/9/1	党员	博士	讲师	电子系	13072088009
11201	李诗婷	女	1982/10/4	2007/8/29	群众	博士	讲师	外文系	13062022226
11202	刘萍	女	1984/5/12	2009/8/30	党员	硕士	讲师	外文系	13755233445

图 2-35 按"性别"和"出生日期"两个字段升序

③ 单击"开始"选项卡下的"排序和筛选"选项组中的"高级"按钮，在弹出的下拉列表中选择"高级筛选/排序"命令。

④ 在"教师备份筛选"界面的"字段"行第 1 列选择"性别"字段，排序方式选择"降序"，第 2 列选择"工作日期"字段，排序方式选择"升序"，如图 2-36a 所示。

⑤ 单击"开始"选项卡下的"排序和筛选"选项组中的"切换筛选"按钮，可以看到如图 2-36b 所示的显示结果，完成要求 2）的操作。

教师编号	姓名	性别	出生日期	工作日期	政治面目	学历	职称
11301	吕瑞华	女	1964/8/20	1986/9/1	党员	本科	教授
11002	王屏	女	1978/3/28	2001/9/1	党员	硕士	副教授
11201	李诗婷	女	1982/10/4	2007/8/29	群众	博士	讲师
11101	杨娟	女	1979/6/25	2008/9/1	党员	博士	讲师
11202	刘萍	女	1984/5/12	2009/8/30	党员	硕士	讲师
11001	张晨	男	1970/9/10	1995/8/30	党员	硕士	副教授
11302	蒋建军	男	1974/10/5	1997/9/2	群众	硕士	副教授
11102	曹国庆	男	1969/10/1	1998/9/2	群众	博士	教授
11003	赵中锋	男	1980/10/5	2009/8/29	群众	博士	讲师

a)　　　　　　　　　　　　　　　　b)

图 2-36 按"性别"字段降序、按"工作日期"字段升序

2. 筛选记录

筛选就是从众多的数据中挑出满足某种条件的那部分数据进行处理。筛选后，表中只显示满足条件的记录，而那些不满足条件的记录将被隐藏。Access 提供了 4 种筛选记录的方法，分别是按选定内容筛选、使用筛选器筛选、按窗体筛选和高级筛选。

（1）按选定内容筛选

操作方法如下：

用数据表视图打开表→选定需要筛选出相应字段的某一个值→单击"开始"选项卡下的"排序和筛选"组中的"选择"按钮，从弹出的下拉菜单中选择所需的筛选选项。

注意 ① 字段类型不同，选择的筛选选项也不同。例如，对于文本型字段，筛选选项包括"等于"、"不等于"、"包含"和"不包含";对于日期 / 时间型字段,筛选选项包括"等于"、"不等于"、"不晚于"和"不早于";对于数字型字段,筛选选项包括"等于"、"不等于"、"小于或等于"和"大于或等于"。

② 如果需要将数据表恢复到筛选前的状态,则可单击"排序和筛选"组中的"切换筛选"按钮。

（2）使用筛选器筛选

筛选器提供了一种灵活的筛选方式,除了 OLE 对象和附件类型的字段外,其他类型的字段均可以应用筛选器。操作方法如下:

用数据表视图打开表→单击与所筛选数据有关的字段列中的任一行→单击"开始"选项卡的"排序和筛选"组中的"筛选器"按钮→在弹出的下拉列表中取消"全选"复选框,再选择所需的复选框,单击"确定"按钮。

（3）按窗体筛选

按窗体筛选是在空白窗体中设置筛选条件,然后查找满足条件的记录并显示,可以设置多个条件。操作方法如下:

用数据表视图打开表→单击"开始"选项卡的"排序和筛选"组中的"高级"按钮→从弹出的下拉菜单中选择"按窗体筛选"命令,切换到"按窗体筛选"窗口,可以看到,每个字段都是一个下拉列表,可以从每个下拉列表中选取一个值作为筛选内容→在"开始"选项卡的"排序和筛选"组中,单击"切换筛选"按钮,便可以看到筛选结果。

（4）高级筛选

使用高级筛选不仅可以筛选满足条件的记录,还可以对筛选的结果进行排序。操作方法如下:

用数据表视图打开表→单击"开始"选项卡的"排序和筛选"组中的"高级"按钮→从弹出的下拉菜单中选择"高级筛选 / 排序"命令,打开筛选窗口,该窗口的上半部分为"字段列表"区,下半部分为"设计网格"区→在"字段列表"区中,双击其中的字段,将其添加到"设计网格"区的"字段"行中并在"条件"行中设置相应的条件→单击"设计网格"区中要排序的字段所对应的"排序"单元格,再单击其右侧的下拉按钮,从弹出的下拉列表中选择"升序"或"降序"→在"开始"选项卡的"排序和筛选"组中,单击"切换筛选"按钮,便可以看到筛选结果。

例 2-9 对"学生"表进行筛选操作,要求如下:

1）筛选出所有性别为男的学生记录。

2）筛选出性别为女的党员学生记录。

操作步骤:

① 在"教学管理系统"数据库的导航窗格中,双击"学生"表,显示该表的"数据表视图",右击"性别"字段中的任一"男"字段值,在弹出的快捷菜单中选择"等于'男'"命令,如图 2-37 所示。

② 单击"开始"选项卡下的"排序和筛选"选项组中的"高级"按钮,在弹出的下拉列表中选择"高级筛选 / 排序"命令。从打开的筛选窗口上部的字段列表区域中,将学生表的"性别"字段拖曳到筛选窗口下部的网格区域第一列,再拖动"党员"字段到筛选窗口网格区域的第二列,并分别在对应的条件网格中输入"女"和"-1",如图 2-38 所示。

单击"开始"选项卡下的"排序和筛选"选项组中的"高级"按钮,在弹出的下拉列表中选择"应用筛选 / 排序"命令,显示如图 2-39 所示的筛选结果。

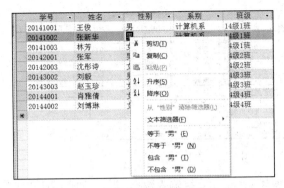 

图 2-37　快捷菜单中的筛选命令　　　　　　　图 2-38　"高级筛选"窗口

图 2-39　筛选结果

注意　清除所有筛选的方法是，单击"开始"选项卡下的"排序和筛选"选项组中的"高级"按钮，从弹出的下拉菜单中选择"清除所有筛选器"命令。

2.6　操作实践

2.6.1　创建数据库及数据库中的表

【实习目的】

1. 掌握创建数据库的方法。
2. 了解打开和关闭数据库的方法。
3. 熟练掌握数据表的多种创建方法。
4. 掌握字段属性的设置方法。
5. 掌握修改数据表结构的相关操作。
6. 熟练掌握数据表内容的输入方法及技巧。
7. 掌握调整数据表外观的方法。

【实习内容】

1. 建立空的"图书查询系统"数据库文件。
2. 利用表"设计视图"创建一个名为"图书信息表"的空表，表的结构如表 2-16 所示。

表 2-16　图书信息表结构

字段名称	数据类型	字段大小	其他说明	字段名称	数据类型	字段大小	其他说明
图书编号	文本	10	主键	价格	数字	单精度型	
书名	文本	20		页码	数字	整型	
类别代码	文本	5		登记日期	日期/时间	短日期	
出版社	文本	20		是否借出	是/否	默认	
作者	文本	10					

3. 依据图 2-40 输入"图书信息表"的数据内容。

图书编号	书名	类别代码	出版社	作者	价格	总页数	登记日期	是否借出
11	大学计算机基础	101	高等教育出版社	刘瑞挺	32.8	286	2010/5/12	FALSE
12	C语言程序设计	101	南开大学出版社	王雪松	35	292	2011/9/1	TRUE
13	Access数据库基础	101	机械工业出版社	沈春和	36.9	312	2013/3/18	FALSE
14	计算机网络教程	102	清华大学出版社	吴江	29	268	2009/5/10	TRUE
15	编译原理	102	高等教育出版社	孙珊珊	28.5	266	2008/9/12	FALSE
16	计算机学报	103	科学出版社	计算机学报	29	162	2006/6/20	TRUE
17	软件学报	103	科学出版社	中科院软件所	28	158	2010/10/8	FALSE
18	数据结构	102	南开大学出版社	赵玉珍	35.5	309	2006/12/8	FALSE
19	离散数学	102	高等教育出版社	张玉杰	28.6	268	2008/8/15	FALSE
20	计算机组成原理	102	电子工业出版社	吕瑞华	36.9	315	2013/12/6	FALSE

图 2-40　图书信息表数据

4. 依据表 2-17 和图 2-41，基于数据表视图，用直接输入数据的方法创建“图书类别表”。

表 2-17　图书类别表结构

字段名称	数据类型	字段大小	其他说明	字段名称	数据类型	字段大小	其他说明
类别代码	文本	5	主键	借出天数	数字	整型	
图书类别	文本	10					

5. 将图 2-42 和图 2-43 所示的 Excel 表分别导入“图书查询系统”数据库中的“读者信息表”和“借阅信息表”。

类别代码	图书类别	借出天数
101	基础	60
102	专业	30
103	期刊	15
104	外文	60

图 2-41　图书类别表数据

读者编号	姓名	性别	办证日期	联系电话	工作单位
1	杨娟	女	2014/9/14	13516009321	光电学院
2	刘芳	女	2013/8/30	13516004123	数学学院
3	任韧	男	2015/9/16	13516005860	光电学院
4	田桐	女	2014/9/14	13006012768	环境科学院
5	林蔚婕	女	2015/9/16	13006012001	计控学院
6	阮山	男	2013/8/29	13506009112	计控学院
7	李俊	男	2014/9/15	13706031463	环境科学院
8	张广	男	2015/9/18	13706050619	计控学院

图 2-42　读者信息表数据

读者编号	图书编号	借书日期	还书日期	超出天数	罚款金额
1	13	2014/9/30	2014/12/20	0	0
2	11	2015/1/18		0	0
2	16	2015/3/9	2015/7/5	0	0
3	11	2015/3/16	2015/6/3	0	0
3	12	2015/3/29		0	0
4	12	2014/10/18	2015/1/10	0	0
5	14	2014/12/26	2015/2/1	0	0
6	14	2015/4/21		0	0

图 2-43　借阅信息表数据

6. 分别按表 2-18 和表 2-19 修改“读者信息表”和“借阅信息表”的结构。

表 2-18　读者信息表结构

字段名称	数据类型	字段大小	其他说明	字段名称	数据类型	字段大小	其他说明
读者编号	文本	10	主键	办证日期	日期 / 时间	短日期	例，2016/1/20
姓名	文本	10		联系电话	文本	8	
性别	文本	1		工作单位	文本	20	

表 2-19　借阅信息表结构

字段名称	数据类型	字段大小	其他说明
读者编号	文本	10	主键：读者编号＋图书编号＋借书日期
图书编号	文本	10	

（续）

字段名称	数据类型	字段大小	其他说明
借书日期	日期／时间	短日期	
还书日期	日期／时间	短日期	
超出天数	数字	整型	
罚款金额	数字	单精度型	

7. 在"读者信息表"中，设置"姓名"字段为重复索引；设置"性别"字段的默认值为"男"，有效性规则为"男"或"女"，有效性文本为"性别只能是男或女"；设置"联系电话"字段的输入掩码为 11 位数字。

8. 将图 2-42 所示的"读者信息表 .xlsx"链接到"图书查询系统 .accdb"中，要求：数据中的第一行作为字段名，链接表对象命名为"链接读者信息表"。

【操作步骤／提示】

1）在资源管理器窗口，新建文件夹"D:\ 图书查询"→启动 Access 2010 →"文件 | 新建"→空数据库→ D:\ 图书查询 \ 图书查询系统 .accdb。

2）在"图书查询系统"数据库窗口→"创建 | 表格 | 表设计"→在表设计视图下，依据表 2-16 定义表结构→保存为"图书信息表"。

3）在"图书信息表"的"数据表视图"中，依据图 2-40 输入"图书信息表"的数据。

4）在"图书查询系统"数据库窗口→"创建 | 表格 | 表"下创建名为"表 1"的新表→选中"ID"字段，在"表格工具 / 字段 | 属性 | 名称和标题"下依据表 2-17 设置字段的名称、类型等属性→依据图 2-41 输入表中的数据→保存为"图书类别表"。

5）在"D:\ 图书查询"文件夹下，依据图 2-42 和图 2-43，建立 Excel 工作簿文件"读者信息表 .xlsx"和"借阅信息表 .xlsx"。

① 在"图书查询系统"数据库窗口→单击"外部数据 | 导入并链接 | Excel"→打开"获取外部数据"对话框→选择"D:\ 图书查询 \ 读者信息表 .xlsx"→选中"将源数据导入当前数据库的新表中"单选项→进入"导入数据表向导"对话框→依据提示操作。

② 仿照上面的操作，将 D:\ 图书查询下的"借阅信息表 .xlsx"导入数据库中的"借阅信息表"中。

6）在"图书查询系统"数据库窗口中，用"设计视图"方式打开"读者信息表"→依据表 2-18 修改"读者信息表"的结构。类似地依据表 2-19 修改"借阅信息表"的结构。

7）在"图书查询系统"数据库窗口中，用"设计视图"方式打开"读者信息表"→在"姓名"字段的"索引"属性列表框中选择"有（有重复）"→在"性别"字段的"默认值"属性框中输入 " 男 "，在"有效性规则"属性框中输入：" 男 " 或 " 女 "，在"有效性文本"属性框中输入：" 性别只能是男或女 " →在"联系电话"字段的"输入掩码"属性框中输入字符串："00000000000" →保存修改。

8）在图书查询系统数据库窗口，单击"外部数据 | 导入并链接 |Excel"按钮 →在弹出的"获得外部数据 -Excel 电子表格"对话框中，单击"浏览"按钮，在弹出的"打开"对话框中浏览"读者信息表 .xlsx"文件所在位置（D:\ 图书查询），选中"读者信息表 .xlsx"后单击"打开"按钮→在"获得外部数据 -Excel 电子表格"对话框中，单击"通过创建链接表来链接到数据源"项，单击"确定"按钮→在弹出的"导入数据表向导"对话框中，默认的是 Sheet1 表中的数据，不需要修改，单击"下一步"按钮，继续保持默认，单击"下一步"按钮，输入数据导入的表名"链接读者信息表"，单击"完成"按钮 →在弹出的确认链接消息框中单击"确定"按钮。

2.6.2 建立表间关系和表的操作

【实习目的】

1. 掌握表与表之间关系的创建方法。
2. 掌握调整表外观的操作方法。
3. 掌握对表进行记录显示和修改、追加记录等操作方法。
4. 掌握表中记录的排序方法。
5. 掌握各种筛选记录的方法。

【实习内容】

1. 建立各个表之间的联系：

1）建立主表读者信息表与从表借阅信息表间的一对多联系。

2）建立主表图书信息表与从表借阅信息表间的一对多联系。

3）建立主表图书类别表与从表图书信息表间的一对多联系。

2. 在读者信息表中插入一个照片字段，并为每一个记录添加 OLE 类型照片。

3. 冻结图书信息表中的书名列。

4. 隐藏图书信息表中的页码及登记日期字段。

5. 将读者信息表中的文字字体、字型、字号及颜色分别调整为隶书、粗体、14 及深蓝色；设置单元格效果为平面，网格线为蓝色，背景为白色。

6. 对图书信息表中的记录数据，按价格字段值降序排序。

7. 对图书信息表中的记录数据，按出版社和价格两个字段值排序。其中出版社字段为升序，价格字段为降序。

8. 使用"按选定内容筛选"方法，显示图书信息表中所有出版社为科学出版社的图书记录。

9. 使用"按窗体筛选"方法，显示图书信息表中所有出版社为科学出版社，且是否借出值为是的图书记录。

【操作步骤 / 提示】

1）按要求建立各个表之间的联系。

① 在图书查询系统数据库窗口，使用"数据库工具 | 关系 | 关系"，打开"关系"窗口。→使用"显示表"对话框，将"读者信息表"、"借阅信息表"、"图书信息表"和"图书类别表"添加到"关系"窗口。

② 选定"读者信息表"中的"读者编号"字段，将其拖动到"借阅信息表"中的"读者编号"字段上→在显示的"编辑关系"对话框中，勾选"实施参照完整性"复选框→单击"创建"按钮→使用类似的操作完成所有关系的创建。设置结果如图 2-44 所示。

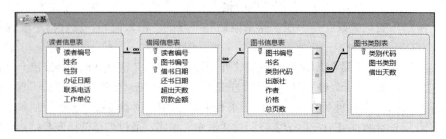

图 2-44 建立表间关系的结果

2）在图书查询系统数据库窗口中以"设计视图"方式打开"读者信息表"→添加"照片"

字段，类型为"OLE 对象"→切换到数据表视图→右击"照片"下面的第 1 个单元格，在快捷菜单中选择"插入对象"→插入对象对话框中的设置如图 2-45 所示。

图 2-45　插入对象对话框中的设置

注意　照片文件可以是 bmp、jpg、wmf 等格式，但要确保使用对话框中的"浏览"按钮能够找到目标照片文件。

3）在图书查询系统数据库窗口中，复制图书信息表，设副本表名为"图书信息表 2-3"→以数据表视图方式打开"图书信息表 2-3"→选定要冻结的"书名"字段→单击"开始 | 记录 | 其他"，在"其他"下拉菜单中选择"冻结字段"→保存对表布局的修改。

4）在图书查询系统数据库窗口中，复制图书信息表，设副本表名为"图书信息表 2-4"→以数据表视图方式打开"图书信息表 2-4"→选定"总页数"及"登记日期"字段列→单击"开始 | 记录 | 其他"，在"其他"下拉菜单中选择"隐藏字段"→保存对表布局的修改。

5）在图书查询系统数据库窗口中，复制读者信息表，设副本表名为"读者信息表 2-5"→以数据表视图方式打开"读者信息表 2-5"→使用"开始 | 文本格式 | 字体"，设置表中文字为隶书、粗体、14、深蓝→单击"文本格式"组左侧的"设置数据格式"按钮，在弹出的对话框中对单元格效果设置为平面，网格线设置为蓝色，背景设置为白色→保存对该表的修改。

6）在图书查询系统数据库窗口中，复制图书信息表，设副本表名为"图书信息表 2-6"→以"数据表视图"方式打开"图书信息表 2-6"，单击"价格"字段所在的列→使用"开始 | 排序和筛选 | 降序"→保存对该表的修改。

7）在图书查询系统数据库窗口中，复制图书信息表，设副本表名为"图书信息表 2-7"→以"数据表视图"方式打开"图书信息表 2-7"→使用"开始 | 排序和筛选 | 高级"→选择"高级筛选 / 排序"→在筛选窗口的设计网格中的设置如图 2-46 所示→使用"开始 | 排序和筛选 | 切换筛选"，显示排序结果，如图 2-47 所示→保存对该表的修改。

图 2-46　设置排序次序

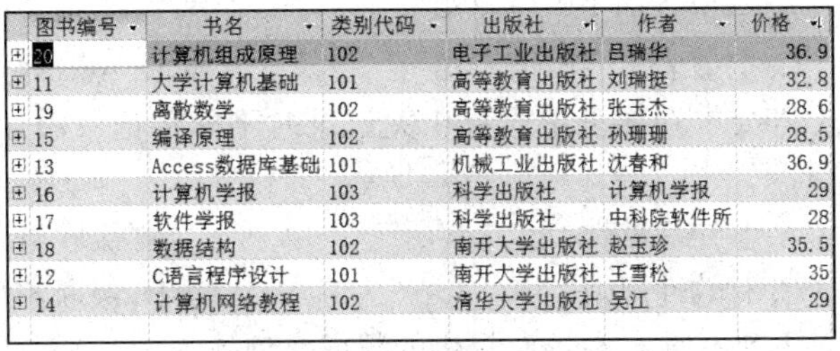

图书编号	书名	类别代码	出版社	作者	价格
20	计算机组成原理	102	电子工业出版社	吕瑞华	36.9
11	大学计算机基础	101	高等教育出版社	刘瑞挺	32.8
19	离散数学	102	高等教育出版社	张玉杰	28.6
15	编译原理	102	高等教育出版社	孙珊珊	28.5
13	Access数据库基础	101	机械工业出版社	沈春和	36.9
16	计算机学报	103	科学出版社	计算机学报	29
17	软件学报	103	科学出版社	中科院软件所	28
18	数据结构	102	南开大学出版社	赵玉珍	35.5
12	C语言程序设计	101	南开大学出版社	王雪松	35
14	计算机网络教程	102	清华大学出版社	吴江	29

图 2-47　排序结果

8）在图书查询系统数据库窗口中，用"数据表视图"方式打开"图书信息表"→选中"科学出版社"，使用"开始 | 排序和筛选 | 选择"，在下拉菜单中选择等于"科学出版社"。结果如图 2-48 所示。

图 2-48　筛选后的图书信息表

9）在图书查询系统数据库窗口中，用"数据表视图"打开"图书信息表"→ 使用"开始 | 排序和筛选 | 高级"，在弹出的下拉菜单中选择"按窗体筛选"→ 单击"出版社"字段，并单击右侧的下拉按钮，从下拉列表中选择"科学出版社"，勾选"是否借出"字段中的复选框，结果如图 2-49 所示→使用"开始 | 排序和筛选 | 切换筛选"，显示筛选结果。

图 2-49　选择筛选字段值

2.7　思考练习与测试

一、思考题

1. 建立表的方法有哪些？有何异同？

2. 如何向表中输入 OLE 对象类型数据？

3. 如何建立表之间一对多的关系？

4. 在设置"实施参照完整性"后，对表的操作有何影响？

5. 什么是级联更新相关字段和级联删除相关记录？

二、练习题

1. 选择题

（1）若将文本型字段的输入掩码设置为"####-######"，则正确的输入数据是（　　　　）。

　　　A. 0755-abcdef　　　　　B. 077 - 12345　　　　C. a cd-123456　　　　D. ####-######

（2）如果字段内容为声音文件，则该字段的数据类型应定义为（　　　　）。

　　　A. 文本　　　　　　　　B. 备注　　　　　　　　C. 超链接　　　　　　　D. OLE 对象

（3）能够使用"输入掩码向导"创建输入掩码的数据类型是（　　　　）。

　　　A. 文本和货币　　　　　　　　　　　　B. 文本和日期 / 时间

　　　C. 文本和数字　　　　　　　　　　　　D. 数字和日期 / 时间

（4）下列关于空值的叙述中，正确的是（　　　　）。

　　　A. 空值等同于空字符串　　　　　　　　B. 空值等同于数值 0

　　　C. 空值表示字段值未知　　　　　　　　D. Access 不支持空值

（5）若要求在主表中没有相关记录时不能将记录添加到相关表中，则应该在表关系中设置（　　　　）。

　　　A. 参照完整性　　　　　　　　　　　　B. 级联更新相关记录

　　　C. 有效性规则　　　　　　　　　　　　D. 级联添加相关记录

（6）下列不属于 Access 提供的数据类型是（　　　　）。

A. 文字　　　　　　B. 备注　　　　　　C. 附件　　　　　　D. 日期 / 时间

（7）下列关于字段属性的叙述中，错误的是（　　　）。

　　A. 格式属性只能影响数据的显示格式

　　B. 可对任意类型的字段设置默认值属性

　　C. 有效性规则是用于限制字段输入的条件

　　D. 不同的字段类型的字段属性有所不同

（8）下列关于表的格式叙述中，错误的是（　　　）。

　　A. 字段在数据表中的显示顺序由输入的先后顺序决定

　　B. 用户可以同时改变一列或同时改变多列字段的顺序

　　C. 可以为表中的某个或多个指定的字段设置字体格式

　　D. 在数据表中只允许冻结列，不可以冻结行

（9）下列叙述中，正确的是（　　　）。

　　A. 可以将表中的数据按升序或降序两种方式进行排列

　　B. 单击"升序"或"降序"按钮，可以排序两个不相邻的字段

　　C. 单击"取消筛选"按钮，可删除筛选窗口中设置的筛选条件

　　D. 将 Access 表导到 Excel 表时，Excel 将自动应用源表中的字体格式

（10）下列不属于 Access 提供的数据筛选方式是（　　　）。

　　A. 按选定的内容筛选　　　　　　　　B. 使用筛选器筛选

　　C. 按内容排除筛选　　　　　　　　　D. 高级筛选

2. 填空题

（1）如果表中一个字段不是本表的主关键字，而是另外一个表的主关键字或后选关键字，则这个字段称为 _____ 。

（2）学生表中的"学号"字段由 9 位数字组成，其中不能包含空格，则学号字段正确的输入掩码是 _____ 。

（3）教学管理数据库中有学生表、课程表、选课成绩表，为了有效地反映这 3 张表中数据之间的联系，在创建数据库时应该设置 _____ 。

（4）排序是根据当前表中 _____ 或 _____ 字段的值来对整个表中的所有记录进行重新排列。

（5）Access 提供两种数据类型的字段保存文本或文本和数字组合的数据，这两种数据类型是 _____ 和 _____ 。

三、测试题

1. 选择题

（1）Access 数据库的各对象中，实际存储数据的只有（　　　）。

　　A. 表　　　　　　　B. 查询　　　　　　C. 窗体　　　　　　D. 报表

（2）Access 的数据库对象中，不包括的是（　　　）。

　　A. 表　　　　　　　B. 向导　　　　　　C. 窗体　　　　　　D. 模块

（3）Access 中表和数据库的关系是（　　　）。

　　A. 一个表可以包含多个数据库　　　　B. 一个数据库只能包含一个表

　　C. 一个数据库可以包含多个表　　　　D. 一个表只能包含一个数据库

（4）表的组成内容包括（　　　）。

　　　　　A. 查询和报表　　　　B. 字段和记录　　　　C. 报表和窗体　　　　D. 窗体和字段

（5）简单快捷地创建表结构的视图形式是（　　　　）。

　　　　　A. 数据库视图　　　　B. 表模板视图　　　　C. 表设计视图　　　　D. 数据表视图

（6）数据类型是（　　　　）。

　　　　　A. 字段的另一种说法

　　　　　B. 决定字段能包含哪类数据的设置

　　　　　C. 一类数据库应用程序

　　　　　D. 一类用来描述 Access 表向导允许从中选择的字段名称

（7）Access 表中字段的数据类型不包括（　　　　）型。

　　　　　A. 数字　　　　　　　B. 日期／时间　　　　C. 通用　　　　　　　D. 备注

（8）使用表设计器定义表中的字段时，（　　　　）不是必须设置的内容。

　　　　　A. 字段名称　　　　　B. 说明　　　　　　　C. 字段属性　　　　　D. 数据类型

（9）Access 中的字段名最多不能超过（　　　　）个字符。

　　　　　A. 24　　　　　　　　B. 32　　　　　　　　C. 64　　　　　　　　D. 128

（10）在学生表中，"姓名"字段的字段大小为 10，则在此列输入数据时最多可输入的汉字数和英文字符分别是（　　　　）。

　　　　　A. 5　5　　　　　　B. 10　10　　　　　　C. 5　10　　　　　　D. 10　20

（11）"是／否"数据类型常被称为（　　　　）。

　　　　　A. 真／假型　　　　　B. 对／错型　　　　　C. I／O 型　　　　　　D. 布尔型

（12）在 Access 表中，可以定义 3 种主关键字，它们是（　　　　）。

　　　　　A. 单字段、双字段和多字段　　　　　　B. 单字段、双字段和自动编号

　　　　　C. 单字段、多字段和自动编号　　　　　　D. 双字段、多字段和自动编号

（13）若要确保输入的出生日期值格式必须为短日期，应将该字段的输入掩码设置为（　　　　）。

　　　　　A. 0000/99/99　　　B. 9999/00/99　　　C. 0000/00/00　　　D. 9999/99/99

（14）定义字段默认值的含义是（　　　　）。

　　　　　A. 不得使该字段为空

　　　　　B. 不允许字段的值超出某个范围

　　　　　C. 在未输入数据之前系统自动提供的数值

　　　　　D. 系统自动把小写字母转为大写字母。

（15）下列关于字段属性默认值的设置说法，错误的是（　　　　）。

　　　　　A. 默认值类型必须与字段的数据类型相匹配

　　　　　B. 在默认值设置时，输入文本不需要加引号，系统会自动加上引号

　　　　　C. 设置默认值后，用户只能使用默认值

　　　　　D. 可以使用 Access 的表达式来定义默认值

（16）以下关于字段属性的叙述，正确的是（　　　　）。

　　　　　A. 格式和输入掩码是一样的

　　　　　B. 可以对任意类型的字段使用向导设置输入掩码

　　　　　C. 有效性规则属性是用于限制此字段输入值的表达式

　　　　　D. 有效性规则和输入掩码是一样的

（17）在 Access 中，可以从（　　　　）中进行打开表的操作。

A."数据表视图"和"设计视图"

B."数据表视图"和"数据透视表视图"

C."设计视图"和"数据透视表视图"

D."数据库视图"和"数据透视表视图"

（18）在数据表视图中，不能（　　　）。

A.修改字段的类型　　　　　　　　B.修改字段的名称

C.删除一个字段　　　　　　　　　D.删除一条记录

（19）Access中的参照完整性规则不包括（　　　）。

A.删除规则　　　B.插入规则　　　C.查询规则　　　D.更新规则

（20）能够使用"输入掩码向导"创建输入掩码的字段类型是（　　　）。

A.数字和文本　　　　　　　　　　B.文本和备注

C.数字和日期/时间　　　　　　　　D.文本和日期/时间

（21）在关于输入掩码的叙述中，正确的是（　　　）。

A.在定义字段的输入掩码时，既可以使用输入掩码向导，也可以直接使用字符

B.定义字段的输入掩码，是为了设置输入时以密码显示

C.输入掩码中的字符"A"表示可以输入数字0～9之间的一个数

D.直接使用字符定义输入掩码时，不能将字符组合起来

（22）某文本型字段的值只能是字母且不允许超过4个，则可将该字段的输入掩码属性定义为（　　　）。

A.AAAA　　　　　　B.　&&&&　　　　C.LLLL　　　　D.####

（23）必须输入0～9的数字的输入掩码是（　　　）。

A.0　　　　　　　　B.9　　　　　　　C.L　　　　　　D.C

（24）在数据库表中，建立索引的主要作用是（　　　）。

A.节省存储空间　　B.提高查询速度　　C.便于管理　　　D.防止数据丢失

（25）下列说法中，正确的是（　　　）。

A.文本型字段最长为64 000个字符

B.要得到一个计算字段的结果，仅能运用总计查询来完成

C.在创建一对一关系时，两个表的相关字段不一定都是主关键字

D.创建表之间的关系时，需要关闭所有要创建关系的表

（26）Access数据库中，为了保持表之间的关系，要求在子表（从表）中添加记录时，如果主表中没有与之相关的记录，则不能在子表（从表）中添加该记录，为此需要定义的关系是（　　　）。

A.输入掩码　　　B.有效性规则　　　C.默认值　　　　D.参照完整性

（27）下面关于Access表的叙述中，错误的是（　　　）。

A.在Access表中，可以对备注型字段进行"格式"属性设置

B.删除表中含有自动编号型字段的一条记录后，Access不会对表中自动编号型字段重新编号

C.创建表之间的关系时，应关闭所有打开的表

D.可在Access表的设计视图"说明"列中对字段进行具体的说明

（28）下面关于Access表的叙述中，正确的是（　　　）。

A.在Access表中，不能对备注型字段进行"格式"属性设置

B. 创建表之间的关系时，应关闭所有打开的表

C. 删除表中含有自动编号型字段的一条记录后，Access 不会对表中自动编号型字段重新编号

D. 可在 Access 表的设计视图"格式"列中对字段进行具体的说明

（29）"教学管理"数据库中有学生表、课程表和选课成绩表，为了有效地反映这 3 张表中数据之间的联系，在创建数据库时应设置（   ）。

    A. 索引   B. 默认值   C. 有效性规则   D. 表之间的关系

（30）以下关于 Access 表的叙述中，不正确的是（   ）。

    A. 表一般包含一个主题的信息

    B. 表的数据表视图可以用于显示数据，也可以进行字段的添加和删除

    C. 表设计视图的主要工作是设计表的结构

    D. 在表的数据表视图中不能修改字段名称

（31）删除 Access 数据表中的一条记录，被删除的记录（   ）。

    A. 不能恢复   B. 可恢复为第一条记录

    C. 可恢复为最后一条记录   D. 可恢复到原来位置

（32）在 Access 数据库的表设计视图中，不能进行的操作是（   ）。

    A. 修改字段类型   B. 设置索引   C. 增加字段   D. 删除记录

（33）如果排序时选取了多个字段，则输出结果是（   ）。

    A. 按设定的优先次序依次进行排序   B. 按最右边的列开始排序

    C. 按从左向右的优先次序依次排序   D. 无法进行排序

（34）对数据表进行筛选操作，结果是（   ）。

    A. 显示满足条件的记录，并将这些记录保存在一个新表中

    B. 只显示满足条件的记录，将不满足条件的记录从表中删除

    C. 将满足条件的记录和不满足条件的记录分为两个表进行显示

    D. 只显示满足条件的记录，不满足条件的记录被隐藏

（35）假设学生表中有一个出生日期字段，查看 1995 年出生的学生的准则是（   ）。

    A. Between #1995-01-01# And #1995-12-31#

    B. Between "1995-01-01" And "1995-12-31"

    C. Between "1995.01.01" And "1995.12.31"

    D. #1995-01-01# And #1995-12-31#

2. 填空题

（1）"输入掩码"属性用于设定控件的输入格式，其中仅可以对文本型和_____数据进行输入掩码向导的设置。

（2）在数据表视图下向表中输入数据时，在未输入数值之前，系统自动提供的数值字段的属性是_____。

（3）表的设计视图分为上下两部分，上半部分是_____，下半部分是字段属性区。

（4）关系数据库中，两表之间的相互关联是依靠两个表中的_____建立的。

（5）在学生表中先按"性别"升序，再按"入校日期"降序对记录数据进行排序操作时，要在开始选项卡的排序和筛选组中，单击_____。

（6）在 Access 中可以定义 3 种主关键字：单字段、多字段及_____。

第3章 查　　询

本章主要介绍选择查询、交叉表查询、参数查询、操作查询和 SQL 查询，另外给出了上机操作实践及课下的思考练习与测试题。

3.1 查询概述

1. 查询的功能

查询是 Access 数据库的主要对象，是按照一定条件从 Access 数据库表或已经建立的查询中检索所需数据的主要方法。

查询的目的是根据指定的条件对表或其他查询进行检索，找出符合条件的记录构成一个新的数据集合，以便对数据进行查看和分析。在 Access 中利用查询可以实现选择字段、选择记录、编辑记录、计算、建立新表以及为报表和窗体提供数据等功能。

2. 查询的类型

Access 数据库中的查询有很多种，每种方式在执行上有所不同。查询有选择查询、交叉表查询、参数查询、操作查询和 SQL 查询。

3. 查询的条件

查询数据时需要指定相应的查询条件。查询条件可由运算符、常量、字段值、函数及字段名和属性等任意组合。由查询条件能够计算出一个结果。

（1）运算符

运算符是组成条件的基本元素。Access 提供了关系运算符、逻辑运算符和特殊运算符。这 3 种运算符及其含义如表 3-1～表 3-3 所示。

比较两个值，可使用表 3-1 所示的运算符。其结果是一个逻辑值 True 或 False。

对多个条件进行判断，可使用表 3-2 所示的逻辑运算符。使用逻辑运算符将逻辑数据进行连接，结果为逻辑值 True 或 False。

表 3-1　关系运算符及其含义

关系运算符	说明	关系运算符	说明
=	等于	<	小于
<>	不等于	<=	小于或等于
>	大于	>=	大于或等于

表 3-2　逻辑运算符及其含义

逻辑运算符	含义	说明
Not	非	Not 连接的表达式为真时，整个表达式为假
And	与	And 连接的两个表达式均为真时，整个表达式为真，否则为假
Or	或	Or 连接的两个表达式均为假时，整个表达式为假，否则为真

表 3-3 列出了一些特殊运算符，这些运算符根据字段中的值是否符合该运算符指定的条件返回 True 或 False。True 使记录包含在查询内；False 使记录不包含在查询内。

表 3-3　特殊运算符及其含义

特殊运算符	说　　明
Between	用于指定一个字段值的范围，指定的范围之间用 And 连接
In	用于指定一个字段值的列表，列表中的任意一个值都可与查询的字段相匹配
Is Not Null	用于指定一个字段为非空
Is Null	用于指定一个字段为空

（续）

特殊运算符	说　明
Like	用于指定查找文本字段的字符模式。在字符模式中用"？"表示该位置可匹配任意一个字符，用"＊"表示该位置可匹配任意多个字符，用"＃"表示该位置可匹配一个数字，用方括号描述一个用于匹配的字符范围

（2）函数

Access 提供了大量的标准函数，这些函数为用户更好地构造查询条件提供了极大的便利，也为用户更准确地进行统计计算、实现数据处理提供了有效的方法。常见函数及功能请参见7.2.3 节相关内容。

（3）使用数值作为查询条件

在创建查询时，可以使用数值作为查询条件。以数值作为查询条件的简单示例如表 3-4 所示。

表 3-4　使用数值作为查询条件示例

字段名	条　件	功　能
成绩	<60	查询成绩小于 60 分的记录
	Between 70 And 80	查询成绩在 70 分至 80 分之间的记录
	>=70 And <=80	
	Not 90	查询成绩不为 90 分的记录
	65 Or 66	查询成绩为 65 分或 66 分的记录

（4）使用文本值作为查询条件

在 Access 中建立查询时，经常使用文本值作为查询的条件。使用文本值作为查询的条件，可以方便地限定查询的范围和查询的条件，实现一些相对简单的查询。表 3-5 给出了以文本值作为查询条件的示例和它的功能。

表 3-5　使用文本值作为查询条件示例

字段名	条　件	功　能
职称	"教授"	查询职称为教授的记录
	"教授" Or "副教授"	查询职称为教授或副教授的记录
	Right([职称], 2)="教授"	
姓名	In("李元", "王明")	查询姓名为李元或王明的记录
	Not "李元"	查询姓名不是李元的记录
	Not "王＊"	查询不姓王的记录
	Left([姓名], 1)="王"	查询姓王的记录
	Len([姓名])<=2	查询姓名为两个字的记录
课程名称	Right([课程名称], 2)="基础"	查询课程名称的最后两个字为基础的记录
	Like "计算机＊"	查询课程名称以"计算机"开头的记录
学号	Mid([学号], 3, 2)="05"	查询学号第 3 个和第 4 个字符为 05 的记录

（5）使用处理日期结果作为查询条件

在 Access 中建立查询时，有时需要以计算或处理日期所得到的结果作为条件。使用计算或处理日期结果作为条件，可以方便地限定时间范围。表 3-6 列举了一些以计算或处理日期结果作为条件的示例。

表 3-6　使用处理日期结果作为查询条件示例

字段名	条　　件	功　　能
工作时间	Between # 98-01-01# And #98-12-31#	查询 1998 年参加工作的记录
	< Date( )-18	查询 18 天前参加工作的记录
	Between Date( ) And Date()-20	查询 20 天之内参加工作的记录
	Year([工作时间])=2005 And Month([工作时间])=7	查询 2005 年 7 月参加工作的记录
出生日期	Year([出生日期])<1998	查询 1998 年前出生的学生记录

（6）使用字段的部分值作为查询条件

使用字段的部分值作为查询条件，可以方便地限定查询范围。查询条件的示例如表 3-7 所示。

表 3-7　使用字段的部分值作为查询条件的示例

字段名	条　　件	功　　能
课程名称	Like " 英语 *"	查询课程名称以"英语"开头的记录
	Left([课程名称],2)= " 英语 "	
	InStr([课程名称], " 英语 ")=1	
	Like "* 英语 *"	查询课程名称中含"英语"的记录
姓名	Not " 刘 *"	查询不姓刘的记录
	Left([姓名],1)<> " 刘 "	

（7）使用空值或字符串作为查询条件

"空值"是使用"Null"或"空白"来表示表中的字段值；"空字符串"是用双引号括起来的字符串，并且双引号中间没有空格。在查询时，经常使用"空值"或"空字符串"作为查询的条件，来查看数据库表中的某些记录。表 3-8 列举了使用空值或字符串作为条件的示例。

表 3-8　使用空值或空字符串作为查询条件示例

字段名	条件	功　　能
姓名	Is Null	查询姓名为 Null（空值）的记录
	Is Not Null	查询姓名不为空值的记录
联系电话	""	查询没有联系电话的记录

注意　条件中的字段名必须位于方括号内；数据类型应与对应字段定义的类型相符合，否则会出现数据类型不匹配的错误。

3.2　选择查询

选择查询是根据给定的条件，从一个或多个数据源中获取数据并显示结果。也可以利用查询条件对记录进行分组，并进行求和、计数、求平均值等运算。

创建选择查询，可以使用查询向导和设计视图两种方法。

1. 使用查询向导

例 3-1　利用"教学管理系统"数据库中的"教师"表和"课程"表，创建一个查询，命名为"教师授课情况查询"。要求显示"教师编号"、"姓名"、"课程名称"三个字段。

操作步骤：

① 在"教学管理系统"数据库窗口，单击"创建"选项卡"查询"组中的"查询向导"按钮，弹出"新建查询"对话框。在该对话框中，选择如图 3-1 所示的"简单查询向导"，单击"确定"按钮，弹出"简单查询向导"对话框 1，从中确定在查询中使用哪些字段。

② 在"表 / 查询"下拉列表框中选择"教师"表，在"可用字段"列表框中，选择"教

师编号"字段，单击 按钮，将其移到"选定字段"列表框中；再选择"姓名"字段，单击 按钮，将其移到"选定字段"列表框中，如图 3-2 所示。

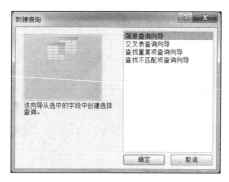
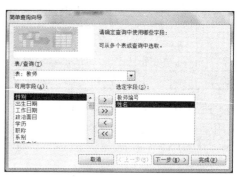

图 3-1 "新建查询"对话框   图 3-2 "简单查询向导"对话框 1

③ 在"表 / 查询"下拉列表框中选择"课程"表，在"可用字段"列表框中，选择"课程名称"字段，单击 按钮，将其移到"选定字段"列表框中，如图 3-3 所示。

④ 单击"下一步"按钮，弹出"简单查询向导"对话框 2，在"请确定采用明细查询还是汇总查询"选项组中，选择默认的"明细"单选项，如图 3-4 所示。

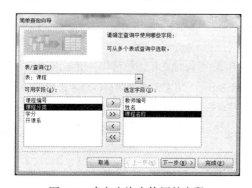

图 3-3 确定查询中使用的字段   图 3-4 "简单查询向导"对话框 2

⑤ 单击"下一步"按钮，弹出"简单查询向导"对话框 3，在"请为查询指定标题"文本框中，输入"教师授课情况查询"，并在"请选择是打开查询还是修改查询设计"选项组中，选中"打开查询查看信息"单选项，如图 3-5 所示。单击"完成"按钮，得到如图 3-6 所示的查询结果。

| 教师授课情况查询 | | |
教师编号	姓名	课程名称
11201	李诗婷	英语精读
11202	刘萍	英语精读
11001	张晨	高等数学
11001	张晨	高等数学
11101	杨娟	数字电路
11301	吕瑞华	宏观经济学
11002	王屏	汇编语言
11102	曹国庆	通信基础

图 3-5 "简单查询向导"对话框 3   图 3-6 查询结果

2. 使用查询设计视图

在 Access 中，单击"创建"选项卡下"查询"组中的"查询设计"按钮，打开如图 3-7 所示的查询"设计视图"窗口和"显示表"对话框。在"显示表"对话框中，可以将所需要的表格添加到"设计视图"窗口的上半部分。

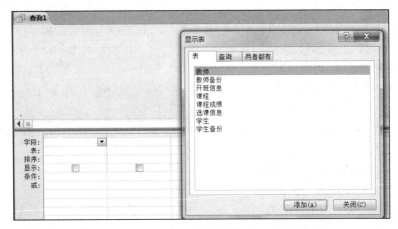

图 3-7　查询"设计视图"窗口示例

查询"设计视图"窗口分为上下两部分。上半部分为"字段列表"区，该区域将显示从"显示表"对话框中添加到该区内的表中所包含的所有字段；下半部分为"设计网格"区，该区中的每一列对应查询动态集中的一个字段，每一项对应字段的一个属性或要求。每行的作用如表 3-9 所示。

表 3-9　查询"设计网格"中行的作用

行的名称	作　　用	行的名称	作　　用
字段	设置查询对象时要选的字段	显示	定义所选择的字段是否在数据表视图中显示出来
表	设置字段所在的表或查询的名称	条件	定义字段限制条件
排序	定义字段的排序方式	或	设置"或"条件来限制记录的选择

注意

1）向"设计网格"区中添加字段的常用方法有 3 种。

❑ 在"字段列表"区中，选择某字段，按住鼠标左键不放，将其拖到"设计网格"区的"字段"行上。

❑ 在"字段列表"区中，用鼠标左键依次双击选中的字段。

❑ 在"设计网格"区中，单击"字段"行要放置字段列的单元格，再单击下拉按钮，并从弹出的下拉列表中选择所需的字段。

2）对于不同类型的查询，"设计网格"区中包含的"行"项目有所不同。

在查询"设计视图"中，既可以创建不带条件的查询，也可以创建带有条件的查询，还可以对已建查询进行修改。其中的条件查询需要通过"设计视图"来建立，在"设计视图"的"条件"行中输入查询条件，Access 在运行查询时，就会从指定的表中筛选出符合条件的记录。

例 3-2　在"教学管理系统"数据库中，创建名为"女生成绩小于 60 男生成绩不小于 95"的查询，用于从"学生"表和"课程成绩"表中，查找成绩小于 60 分的女生和成绩大于等于 95 分的男生，查询结果显示姓名、性别和成绩。

操作步骤：

① 在"创建"选项卡下，单击"查询"组中的"查询设计"按钮，打开"设计视图"窗口和"显示表"对话框。

② 在"显示表"对话框中，双击"学生"表，将"学生"表添加到查询"设计视图"窗口的字段列表区中；同样双击"课程成绩"表，将"课程成绩"表添加到字段列表区中。然后单击"关闭"按钮，关闭该对话框。

③ 在"字段列表"区，分别双击"学生"表中的"姓名"和"性别"字段及"课程成绩"表中的"成绩"字段，将它们依次添加到"设计网格"区"字段"行的第 1、第 2 和第 3 列。

④ 在"设计网格"区"条件"行的"性别"字段单元格中输入查询条件"女"，并在"条件"行的"成绩"字段单元格中输入查询条件"<60"。接着在"或"行的"性别"字段单元格中输入查询条件"男"，并在"或"行的"成绩"字段单元格中输入查询条件">=95"，设计结果如图 3-8 所示。

图 3-8　设置查询条件

⑤ 在"查询工具 / 设计"选项卡下，单击"结果"组中的"运行"按钮，显示查询结果，如图 3-9 所示。

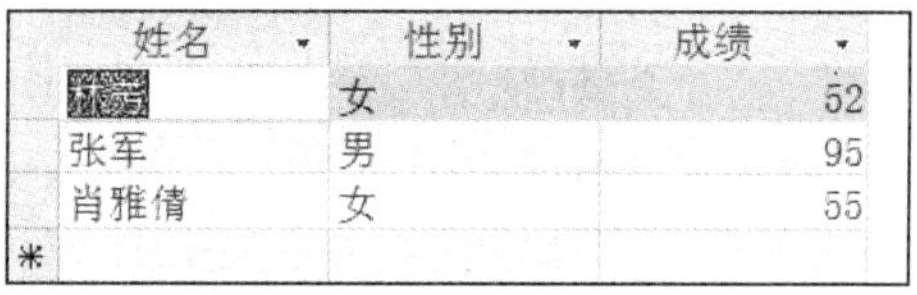

⑥ 单击快速访问工具栏上的"保存"按钮，将查询以"女生成绩小于 60 男生成绩不小于 95"名称保存。

图 3-9　查询结果

注意　图 3-8 所示的查询"设计视图"窗口上"字段列表"区中的连接线表示"学生"表中的数据与"课程成绩"表中的数据建立起了一对多的联系。

3. 在查询中进行计算

（1）查询计算功能

在建立查询时，可能更关心的是记录的统计结果，而不是表中的记录。例如，某年参加工作的教师、每名学生各科的学习成绩等。为了获取这些数据，需要使用 Access 提供的"总计查询"功能。所谓"总计查询"就是在成组的记录中，完成一定计算的查询。

在查询"设计视图"中单击"设计"选项卡下"显示 / 隐藏"组中的"汇总"按钮，会在"设计网格"区中增加"总计"行。该行的下拉列表中有 11 个总计项，用户根据实际需要可以在"设计网络"区中字段对应的"总计"行上选择总计项，用来对查询中的全部记录、一条或多条分组记录进行计算。"总计"行下拉列表框中各个总计项的名称及含义如下。

❑ 合计：求指定字段的累加值。

❑ 平均值：求指定字段的平均值。

❑ 最大值：求指定字段的最大值。

❑ 最小值：求指定字段的最小值。

❑ 计数：求指定字段中非空值个数。

❑ StDev（标准方法）：求指定字段值的标准偏差。

❑ First（第一条记录）：求在表或查询中第一条记录的字段值。

❑ Group By（分组）：设置用于分组的字段。

❑ Last（最后一条记录）：求在表或查询中最后一条记录的字段值。

❑ Expression：创建表达式中包含统计函数的计算字段。

❑ Where：设置查询要满足的条件。

在选择统计函数时，可以根据需要进行不同的选择。例如，若要计算最高分，需要选择Max 函数；若要计算平均分，需要选择 Avg 函数等。

（2）在查询中进行分组统计

在实际应用中，用户可能不仅要统计某个字段中的所有值，而且还要把记录分组，对每个组的值进行统计。在查询"设计视图"中，将用于分组字段的"总计"行设置成"Group By"，这样就可以对记录进行分组统计了。

例 3-3　在"教学管理系统"数据库的"学生"表中，计算男生、女生的人数。

操作步骤：

① 打开查询"设计视图"窗口，将"学生"表添加到该窗口的"字段列表"区。

② 依次双击"学生"表中的"性别"和"学号"字段，将这两个字段添加到"设计网格"区中"字段"行的第 1 列和第 2 列。

③ 在"查询工具 / 设计"选项卡下，单击"显示 / 隐藏"组中的"汇总"按钮，在"设计网格"区中增加"总计"行，并自动将"性别"及"学号"字段列的"总计"单元格设置为"Group By"。

④ 单击"总计"行的"学号"字段列单元格，再单击其右侧的下拉按钮，从弹出的下拉列表中选择"计数"，如图 3-10所示。

⑤ 保存所建查询并命名为"统计男女生人数"，查询结果如图 3-11 所示。

图 3-10　设置分组总计项

4. 添加计算字段

有时需要统计的字段并没有出现在数据源表中，或者用于计算的数据值来源于多个字段。此时可以在查询设计视图窗口的"设计网络"中添加一个新字段。新字段的值是根据一个或多个表中的一个或多个字段并使用表达式计算得到的，也称为计算字段。

图 3-11　查询结果

例 3-4　将"统计男女生人数"查询时显示的字段标题"学号之计数"改为"人数"。

操作步骤：

① 在"教学管理系统"数据库窗口的导航窗格中，用鼠标右键单击"统计男女生人数"查询，在弹出的快捷菜单中选择"设计视图"，打开该查询。

② 在"设计网格"区中，将"字段"行的第 2 列单元格内的文字修改为"人数 : 学号"。结果如图 3-12 所示。

③ 使用"文件"选项卡下的"对象另存为"命令，以查询名称"添加计算人数字段"保存。

④ 切换到"数据表视图"，显示查询结果，如图 3-13 所示。

图 3-12　直接命名字段标题　　图 3-13　更改字段标题后的结果

3.3 交叉表查询

交叉表查询能够汇总字段数据、汇总计算的结果，显示在行与列交叉的单元格中。交叉表查询可以用于计算平均值、合计、计数、求最大值和最小值等。

在创建交叉表查询时，用户需要指定 3 种字段：一是放在数据表最左端的行标题；二是放在数据表最上面的列标题；三是放在数据表行与列交叉位置上的字段，用户需要为该字段指定一个总计项。例如，统计每个系男女教师的人数。此时，可以将"系名"作为交叉表的行标题，"性别"作为交叉表的列标题，统计的人数显示在交叉表行与列交叉的单元格中。

例 3-5 在"教学管理系统"数据库中，创建一个交叉表查询，使其统计并显示各班男生、女生的考试成绩的平均值（保留 1 位小数）。

操作步骤：

① 在"创建"选项卡下，单击"查询"组中的"设计视图"按钮，并从"显示表"对话框中，将"学生"表和"课程成绩"表添加到设计视图窗口的字段列表区中。

② 在窗口的设计网格区的"字段"行第 1 列单元格中，输入"班级 :Left([学生]![学号],5)"，依次从字段列表区中拖曳"学生"表中的"性别"字段和"课程成绩"表中的"成绩"字段到"字段"行的第 2 列和第 3 列单元格中。

③ 单击"查询类型"组中的"交叉表"按钮，这时查询设计网格中显示一个"总计"行和一个"交叉表"行。

④ 单击"交叉表"行"班级"列单元格，然后单击其右侧的下拉按钮，从弹出的下拉列表中选择"行标题"；单击"交叉表"行"性别"列单元格，然后单击其右侧的下拉按钮，从弹出的下拉列表中选择"列标题"；单击"总计"行"成绩"列单元格，然后单击其右侧的下拉按钮，从弹出的下拉列表中选择"平均值"；单击"交叉表"行"成绩"列单元格，然后单击其右侧的下拉按钮，从弹出的下拉列表中选择"值"。

⑤ 在"查询工具 / 设置"选项卡下，单击"显示 / 隐藏"组中的"属性表"按钮，弹出属性表窗格，在"常规"选项卡下，设置"格式"为标准，"小数位数"为 1，如图 3-14 所示。

图 3-14 设置交叉表中的字段

⑥ 保存查询，并将其命名为"男女生成绩均值交叉表"。

⑦ 切换到数据表视图，显示查询结果。

3.4 参数查询

参数查询是一种根据输入的条件或参数来检索记录的查询。参数查询利用对话框提示用户输入参数，并检索符合所输入参数的记录或值。用户可以建立有一个参数提示的单参数查询，也可以建立有多个参数提示的多参数查询。

3.4.1　单参数查询

创建单参数查询，就是在字段中指定一个参数，执行参数查询时，需输入一个参数值。

例 3-6　在"教学管理系统"数据库中，创建一个名为"按系名参数查询学生成绩"的查询，显示"学号"、"姓名"、"系别"和"成绩"，其操作步骤如下。

① 在"创建"选项卡下，单击"查询"组中的"设计视图"按钮，并从"显示表"对话框中将"学生"表和"课程成绩"表添加到查询"设计视图"的字段列表区中。

② 在字段列表区中依次双击"学生"表中的"学号"、"姓名"、"系别"字段和"课程成绩"表中的"成绩"字段，将它们添加到设计网格区"字段"行的第 1、2、3、4 列单元格中。

③ 在设计网格区"条件"行的"系别"列的单元格中输入"[请输入系名：]"，设计结果如图 3-15 所示。

④ 单击快速访问工具栏上的"保存"按钮，在弹出的"另存为"对话框中，用"按系名参数查询学生成绩"名称保存。

图 3-15　设置单参数查询

3.4.2　多参数查询

用户不仅可以建立单个参数的查询，如果需要也可以建立多个参数的查询。在执行多参数查询时，需要用户依次输入多个参数值。

例 3-7　在"教学管理系统"数据库中，创建一个名为"按学号课程名参数查询学生成绩"的查询，显示"学号"、"课程名称"和"成绩"。

操作步骤：

① 在"创建"选项卡下，单击"查询"组中的"设计视图"按钮，并从"显示表"对话框中将"学生"表、"课程成绩"表和"课程"表添加到查询"设计视图"的字段列表区。

② 在字段列表区中依次双击"学生"表中的"学号"、"课程"表中的"课程名称"和"课程成绩"表中的"成绩"字段，将它们依次添加到设计网格区"字段"行的第 1、2、3 列单元格中。

③ 在设计网格区"条件"行的"学号"列单元格中，输入"[请输入学号：]"，在同行"课程名称"列单元格中，输入"[请输入课程名：]"，如图 3-16 所示。

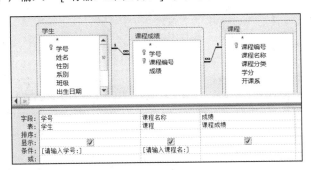

图 3-16　设置多参数查询

④ 单击快速访问工具栏上的"保存"按钮，在弹出的"另存为"对话框中，用"按学号课程名参数查询学生成绩"名称保存。

3.5 操作查询

操作查询与选择查询相似，都需要指定查询条件，但选择查询是检索符合特定条件的一组记录，而操作查询是在查询操作中可以对检索到的记录进行编辑等操作。

操作查询有 4 种，分别是生成表查询、删除查询、更新查询和追加查询。

3.5.1 生成表查询

在 Access 中，从表中访问数据要比从查询中访问数据快得多，如果经常要从几个表中提取数据，最好的方法是使用生成表查询，即从多个表中提取数据并将其组合起来，生成一个新表永久保存。

例 3-8 在"教学管理系统"数据库中，将考试成绩超过 80 分的男同学的"学号"、"姓名"、"性别"、"成绩"字段的信息存储到一个"成绩优秀男生"表中。

操作步骤：

① 在"创建"选项卡下，单击"查询"组中的"设计视图"按钮，使用"显示表"对话框，将"学生"表和"课程成绩"表添加到查询"设计视图"窗口的字段列表区。

② 依次将"课程成绩"表中的"学号"、"课程编号"、"成绩"字段和"学生"表中的"姓名"、"性别"字段添加到设计网格区"字段"行的第 1、2、3、4、5 列的单元格中。

③ 在设计网格区"条件"行的"成绩"单元格中输入">80"、在"性别"单元格中输入"男"。

④ 单击"查询工具 / 设计"选项卡下"查询类型"组中的"生成表"按钮，在弹出的"生成表"对话框中的"表名称"文本框里，输入如图 3-17 所示的"成绩优秀男生"并确认选中了"当前数据库"单选按钮，再单击"确定"按钮。

⑤ 单击"结果"组中的"运行"按钮，弹出如图 3-18 所示的生成表提示框，单击"是"按钮，此时在导航窗格中可以看到名为"成绩优秀男生"的新表。

⑥ 在导航窗格的表对象列表中，用鼠标右键单击"成绩优秀男生"，在弹出的快捷菜单中选择"设计视图"，设置"学号"及"成绩"两个字段为主键。

说明：由生成表查询创建的新表将继承源字段的数据类型，但不继承源字段的属性及主键设置，因此，需要对生成的新表设计主键。另外，在确认了由生成表查询创建的新表出现在导航窗格中后，就不保存生成表查询了。

图 3-17 "生成表"对话框

图 3-18 生成表提示框

3.5.2 删除查询

删除查询可以从单个表中删除记录，也可以从多个相互关联的表中删除记录。删除查询将永久删除指定表中的记录，并且所删除的记录不能用"撤销"命令恢复。删除查询每次删除的是整个记录，而不是指定字段中的数据。如果只删除指定字段中的数据，可以使用更新查询将该值改为空值。

例 3-9　在"教学管理系统"数据库中，删除"教师的副本"表中的男教师记录。

操作步骤：

① 在"教学管理系统"数据库窗口的导航窗格中，用鼠标右键单击"教师"表，从弹出的快捷菜单中选择"复制"，再用鼠标右键单击导航窗格中的表对象列表区中的任意位置，从弹出的快捷菜单中选择"粘贴"，于是可以得到"教师的副本"表。

② 打开查询"设计视图"窗口，使用"显示表"对话框将"教师的副本"表添加到查询"设计视图"窗口的字段列表区；在设计网格区"字段"行的第 1 列单元格中添加"教师的副本 *"，在第 2 列单元格中添加"性别"字段。

③ 单击"查询类型"组中的"删除"按钮，自动在设置网格区添加"删除"行。

④ 在"条件"行的"性别"列单元格中，输入"男"。设置结果如图 3-19 所示。

⑤ 单击快速访问工具栏的"保存"按钮，在弹出的"另存为"对话框中以"删除男教师"名称保存。

⑥ 单击"查询工具 / 设计"选项卡下"结果"组中的"运行"按钮，弹出如图 3-20 所示的删除查询提示框，单击"是"将永远删除"教师的副本"表中的男性记录。

图 3-19　删除查询设计

图 3-20　删除查询提示框

3.5.3　更新查询

在建立和维护数据库的过程中，常常需要对表中的记录进行更新和修改。如果用户通过"数据表视图"来更新表中的记录，那么当更新的记录很多时，或当更新的记录符合一定条件时，最简单有效的方法是利用 Access 提供的更新查询。Access 不仅可以更新一个字段的值，还可以更新多个字段的值。

例 3-10　在"教学管理系统"数据库中，将"教师的副本 2"表中的所有 2000 年以前参加工作的教师的职称改为"教授"。操作步骤如下。

① 在"教学管理系统"数据库窗口的导航窗格中，对"教师"表使用复制、粘贴的方法创建"教师的副本 2"表。

② 打开查询"设计视图"窗口，使用"显示表"对话框将"教师的副本 2"表添加到窗口的"字段列表"区；依次双击字段列表区的"工作日期"和"职称"字段，将其添加到"设计网格"区"字段"行的第 1 列和第 2 列单元格中。

③ 单击"查询类型"组中的"更新"按钮，自动在设计网格区中添加"更新到："行，在该行的"职称"列单元格中输入"教授"；在"条件"行的"工作日期"列的单元格中输入"year([工作时间])< 2000"。设计结果如图 3-21 所示。

④ 切换到"数据表视图"，预览要更新的那组记录，返回设计视图。

⑤ 单击"结果"组中的"运行"按钮，显示如图 3-22 所示的更新查询提示框，单击"是"按钮即可更新属于同一组的所有记录。

⑥ 打开“教师的副本 2”表，观察更新的结果。

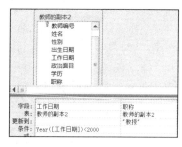

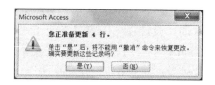

图 3-21　更新查询设计

图 3-22　更新查询提示框

3.5.4　追加查询

维护数据库时，常常需要将某个表中符合一定条件的记录添加到另一个表中。利用 Access 提供的追加查询能够很容易地实现一组记录的添加。

例 3-11　在“教学管理系统”数据库中，假设已经创建了“新课程”表，其结构与“课程”表的结构相同，记录数据如图 3-23 所示。然后建立一个名为“新课程信息”的追加查询，将“新课程”表中的 4 条记录追加到“课程”表中。操作步骤如下。

课程编号	课程名称	课程分类	学分	开课系	单击以添加
301	数据密码概论	选修课	3	计算机系	
302	电路设计基础	选修课	4	电子系	
303	英语选读	选修课	3	外文系	
304	微观经济基础	选修课	3	经管系	

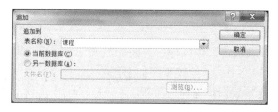

图 3-23　新课程表的记录数据

① 打开查询设计视图，使用显示表对话框，将“新课程”表添加到查询设计视图窗口的“字段列表”区。

② 在“查询工具 / 设计”上下文选项卡下，单击“查询类型”组中的“追加”按钮，打开追加对话框。在“表名称”框中输入“课程”，并确认已经选中“当前数据库”单选按钮，如图 3-24 所示。

图 3-24　“追加”对话框

③ 单击“确定”按钮，这时“设计网格”区中自动添加一个“追加到”行。

④ 在“新课程”表中，依次双击“课程编号”、“课程名称”、“课程分类”、“学分”及“开课系”字段，将它们添加到“设计网格”区中“字段”行的第 1 ～ 5 列。

⑤ 在“查询工具 / 设计”上下文选项卡下，单击“结果”组中的“运行”按钮，弹出“确认追加”的消息框，如图 3-25 所示，单击“是”按钮。

⑥ 单击快速访问工具栏的“保存”按钮，将查询命名为“新课程信息”保存。

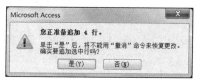

图 3-25　确认追加的消息框

以上介绍的操作查询，不管是哪一种，都可以在一个操作中更改许多记录，并且在执行操作查询后，不能撤销更改操作。

3.6　结构化查询语言 SQL

3.6.1　SQL 简介

1. SQL 的特点

SQL（Structured Query Language，结构化查询语言）是在数据库领域中应用最为广泛的数据库查询语言。1992 年 11 月公布了 SQL 的标准，从而建立了 SQL 在数据库领域中的核心地位。SQL 的主要特点如下：

1）一种一体化语言，包括数据定义、数据查询、数据操纵和数据控制等方面的功能，可以完成数据库活动中的全部工作。

2）一种高度非过程化语言，只需要描述"做什么"，而不需要说明"怎么做"。

3）一种非常简单的语言，所使用的语言很接近自然语言，易于学习和掌握。

4）一种共享语言，全面支持客户机 / 服务器模式。

SQL 设计巧妙，语言简单，要完成其核心功能，只需用 9 个动词，如表 3-10 所示。

2. SQL 视图

在 Access 中，数据定义、数据查询、数据操纵、数据控制使用的 SQL 语句都可以在 SQL 视图窗口中进行编辑和修改。

表 3-10　SQL 的动词

SQL 功能	动词
数据定义	CREATE、DROP、ALTER
数据操纵	INSERT、UPDATE、DELETE
数据查询	SELECT
数据控制	CRANT、REVOTE

打开 SQL 视图窗口的操作步骤如下：

① 在数据库窗口的"创建"选项卡下，单击"查询"组中"查询设计"按钮打开查询设计视图窗口并弹出"显示表"对话框。

② 直接关闭"显示表"对话框，并在"查询工具 / 设计"选项卡的"结果"组中，单击"SQL 视图"下拉按钮。

③ 在弹出的下拉菜单中选择"SQL 视图"命令，打开 SQL 视图窗口，如图 3-26 所示。

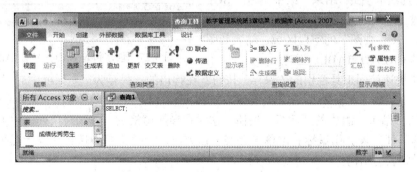

图 3-26　SQL 视图窗口

注意

1）在第②步中，也可直接单击"SQL 视图"按钮，打开 SQL 视图窗口。

2）在第②步中，也可单击"查询类型"组中的"数据定义"按钮，进入 SQL 视图。

3.6.2　数据定义

数据定义是指对表一级的定义。定义功能包括创建表、修改表和删除表等基本操作。

1. 创建表

在 SQL 语言中，可以使用 CREATE TABLE 语句创建一个基本表结构，语句的基本格式如下：

```
CREATE TABLE <表名> ( <字段名1> <数据类型1> [ 字段完整性约束条件1 ]
                [ , <字段名2> <数据类型2> [ 字段完整性约束条件2 ]
                [ , … ]
                [ , <字段名n> <数据类型n> [ 字段完整性约束条件n ] ] )
                [ , <表级字段完整性约束条件> ] ;
```

在一般的语法格式描述中，使用了如下符号：

❏ <>：表示在实际的语句中要采用实际的内容进行替代。

❏ []：表示可以根据需要进行选择，也可以不选。

❏ |：表示在多项选项中，只能选择其中之一。

❏ {}：表示必选项。

命令说明：

❏ <表名>：指需要定义的表的名字。

❏ <字段名>：指定义一个或多个字段的名称。

❏ <数据类型>：指对应字段的数据类型。

❏ [字段完整性约束条件]：指定义相关字段的约束条件，包括主键（Primary Key）约束、数据唯一（Unique）约束、空值（Not Null 或 Null）约束和完整性（Check）约束等。

例 3-12　在"教学管理系统"数据库中，使用 CREACT TABLE 语句创建"教师聘任"表，其结构如表 3-11 所示。

操作步骤：

① 在教学管理系统数据库窗口，打开查询"设计视图"，关闭显示表对话框，在"查询工具/设计"选项卡下的"结果"组中单击"SQL视图"按钮，进入 SQL 视图。

② 在"SQL 视图"的空白区域，输入如图 3-27 所示的 CREATE TABLE 语句。

表 3-11　"教师聘任"表结构

字段名称	数据类型	字段大小	其他说明
职工编号	文本	5	主键
姓名	文本	10	
职称	文本	6	
聘任日期	日期/时间		短日期

```
CREATE TABLE 教师聘任(
    教师编号 CHAR(6) Primary Key,
    姓名 CHAR(8) Not Null, 职称 CHAR(20), 聘任日期 Date);
```

图 3-27　创建新表的 CREATE TABLE 语句

③ 单击快速访问工具栏中的"保存"按钮，在弹出的"另存为"对话框中的"查询名称"框中输入"创建教师聘任表"，单击"确定"按钮。

④ 单击"结果"组中的"运行"按钮，这时在导航窗格的"表"对象列表中可以看到新建的"教师聘任"表。用鼠标右键单击此表，在弹出的快捷菜单中选择"设计视图"打开该表，可以看到表的结构。

2. 修改表

可以使用 ALTER TABLE 语句修改已建表的结构。语句基本格式如下：

```
ALTER TABLE <表名> [ ADD <新字段名> <数据类型> [ 字段完整性约束条件 ] ]
                [ DROP [<字段名>] … ]
                [ ALTER <字段名> <数据类型> ] ;
```

命令说明：

❏ <表名>：指需要修改的表结构的名字。

❏ ADD 子句：用于增加新字段和该字段的完整性约束条件。

❏ DROP 子句：用于删除指定的字段和完整性约束。

❏ ALTER 子句：用于修改原有字段属性，包括字段名称、数据类型等。

例 3-13 在"教师聘任"表中增加一个字段，字段名为"备注"，数据类型为"备注"。

操作步骤：

① 打开查询"设计视图"，关闭显示表对话框，在"结果"组中单击" SQL 视图"按钮，进入 SQL 视图。

② 在"SQL 视图"的空白区域输入下面的语句。

```
ALTER TABLE 教师聘任 ADD 备注 MEMO;
```

③ 单击"结果"组中的"运行"按钮。

在"教师聘任"表的设计视图下，可以看到新增加的"备注"字段。

3. 删除表

可以使用 DROP TABLE 语句删除不需要的表。语句基本格式为：

```
DROP TABLE <表名>;
```

命令说明：

❏ <表名>：指要删除的表的名字。

表一旦被删除，表中数据以及为此表建立的索引等都将自动被删除，并且无法恢复。

例 3-14 对课程表先用复制、粘贴的方法生成一个"课程副本"表，然后用 DROP TABLE 语句将其删除。

操作步骤：

① 在导航窗格中，用复制粘贴的方法生成"课程副本"表，然后进入 SQL 视图。

② 在"SQL 视图"的空白区域输入下面的语句：

```
DROP TABLE 课程副本;
```

③ 单击"结果"组中的"运行"按钮，立即将"课程副本"表删除。

3.6.3 数据操纵

数据操纵是指对表中的具体数据进行增加、删除和更新等操作。

1. 插入记录

INSERT 插入语句用于实现记录数据的插入，可将一条新记录插入指定表中。语句基本格式为：

```
INSERT INTO <表名> [ (<字段名1> [ ,<字段名2> … ] ) ]
VALUES ( <常量1>[ , <常量2> … ] ) ;
```

命令说明：

❏ <表名>：指要插入记录的表的名字。

❏ <字段名1> [,<字段名2> …]：指表中插入新记录的字段名。

❏ VALUES (<常量1>[, <常量2> …])：指表中新插入字段的具体值。其中，各常量的数据类型必须与 INTO 子句所对应的数据类型相同，且个数也要配备。

例 3-15　用 SQL 语句，在"教师聘任"表中，插入如表 3-12 所示的 4 条记录。

操作步骤：

① 打开查询"设计视图"，关闭显示表对话框，在"结果"组中，单击"SQL 视图"按钮，打开 SQL 视图窗口。

② 在"SQL 视图"的空白区域输入下面的语句：

表 3-12　"教师聘任"表数据

教师编号	姓名	职称	聘任日期
11001	张晨	教授	2013-12-1
11002	王屏	副教授	2014-12-1
11101	杨娟	讲师	2009-12-1
11102	曹国庆	教授	2012-12-1

```
INSERT INTO 教师聘任 ( 教师编号 , 姓名 , 职称 , 聘任日期 )
VALUES ( "11001"," 张晨 "," 教授 ", #2013-12-1#);
```

③ 单击"结果"组中的"运行"按钮，在弹出的确认对话框中单击"是"按钮。

④ 仿照步骤②和③依次插入以下 3 条记录数据：

```
("11002 ", " 王屏 ", " 副教授 ", #2014-12-1#);
("11101 ", " 杨娟 ", " 讲师 ", #2009-12-1#);
( "11102"," 曹国庆 "," 副教授 ", #2012-12-1#);
```

2. 更新记录

UPDATE（更新）语句用于实现数据的更新功能，对指定表的所有记录或满足条件的记录进行更新操作。语句基本格式为：

```
UPDATE < 表名 >
SET < 字段名 1> = < 表达式 1>[ , < 字段名 2> = < 表达式 2>] …
[WHERE < 条件 > ] ;
```

命令说明：

❑ < 表名 >：指要更新数据的表的名字。

❑ < 字段名 >=< 表达式 >：用表达式的值代替对应字段的值，并且一次可以修改多个字段。

❑ WHERE < 条件 >：指定被更新的记录字段值所满足的条件；如果缺省 WHERE 子句，则更新全部记录。

例 3-16　使用 SQL 语句，在"教师聘任"表中，将曹国庆的教授职称改为副教授。

操作步骤如下：

① 进入 SQL 视图。

② 在 SQL 视图的空白区域输入下面的语句：

```
UPDATE 教师聘任  SET 职称 =" 副教授 "  WHERE 姓名 =" 曹国庆 " ;
```

③ 单击"结果"组中的"运行"按钮，在弹出的确认对话框中单击"是"按钮。

3. 删除记录

DELETE（删除）语句用于实现数据的删除，能够对指定表的所有记录或满足条件的记录进行删除操作。语句基本格式为：

```
DELETE FROM < 表名 > [ WHERE < 条件 > ] ;
```

命令说明：

❑ < 表名 >：指定要删除数据的表的名字。

❑ WHERE< 条件 >：指定被删除的记录应满足的条件，如果缺省 WHERE 子句，则删除
　该表中的全部记录。

例 3-17　使用 SQL 语句，在"教师的副本"表中，将教师编号为"11101"的教师记录
删除。

操作步骤如下：

① 进入 SQL 视图。

② 在 SQL 视图的空白区域输入下面的语句：

```
DELETE FROM 教师的副本  WHERE 教师编号 ="11101" ;
```

③ 单击"结果"组中的"运行"按钮，在弹出的"确认删除"对话框中单击"是"按钮。

3.6.4　SQL 查询

1. 数据查询

SELECT 语句是 SQL 语言中功能强大、使用灵活的语句之一，它能够实现数据的选择、
投影和连接运算，并能够完成筛选、字段重命名、分类汇总、排序和多种数据源数据组合等
具体操作。SELECT 语句的一般格式如下：

```
SELECT [ ALL | DISTINCT |TOP n]  *|< 字段列表 > [,< 表达式 > AS < 标识符 >]
FROM < 表名列表 >
[ WHERE < 条件表达式 >]
[ GROUP BY < 字段名 > [HAVING< 条件表达式 > ] ]
[ ORDER BY < 字段名 > [ ASC|DESC ] ] ;
```

该语句的功能是，在指定表的指定范围内，找出满足条件、按某字段分组、按某字段排
序的指定字段，以组成新的记录集。

命令说明：

❑ ALL| DISTINCT|TOP n：表示记录的范围，ALL 表示所有记录（默认），DISTINCT 表
　示不包括重复行的所有记录，TOP n 表示前 n 条记录，其中 n 为整数。

❑ *：查询结果是整个记录，即包括所有字段。

❑ < 字段列表 >：相邻两项间用英文逗号分隔，这些项可以是字段、常数或系统内部的
　函数。

❑ < 表达式 > AS < 标识符 >：表达式可以是字段名，也可以是一个计算表达式。AS < 标
　识符 > 是为表达式指定新的字段名，新字段名应符合 Access 的命名规则。

❑ FROM < 表名列表 >：说明查询的数据源，可以是单个表，也可以是多个表。

❑ WHERE< 条件表达式 >：表示查询的条件，条件表达式可以是关系表达式，也可以是
　逻辑表达式。查询结果是表中满足 < 条件表达式 > 的记录集。

❑ GROUP BY< 字段名 >：对查询结果进行分组，查询结果是按 < 字段名 > 分组的记
　录集。

❑ HAVING< 条件表达式 >：必须跟随 GROUP BY 使用，用来限制分组必须满足的条件。

❑ ORDER BY< 字段名 >：用于对查询结果进行排序，查询结果是按某一字段值排序的。

❑ ASC|DESC：必须跟在 ORDER BY 之后使用,DESC 表示降序，缺省或 ASC 表示升序。

SELECT 语句可以在简单查询、多表查询、嵌套查询和特定查询中使用。

（1）简单查询

简单查询是一种最简单的查询操作，其数据来源于一个表。

下面给出一些例题，帮助用户理解简单查询中的 SELECT 语句。这些 SELECT 语句的编辑和修改全部在"SQL 视图"窗口中进行。

例 3-18 下面是在"教学管理系统"数据库中的单个表内进行查询及相应的 SQL 语句示例。

① 查询"学生"表中的所有记录数据。

```
SELECT *
FROM 学生 ;
```

② 在"课程成绩"表中，查询有"成绩"大于 80 分的学生的学号。

```
SELECT  DISTINCT 学号
FROM 课程成绩
WHERE 成绩 >80;
```

注意 "DISTINCT 学号"表示去掉查询结果中的重复学号。

③ 从"教师"表中查询姓李的教师信息。

```
SELECT *
FROM 教师
WHERE  LEFT( 姓名 ,1)=" 李 ";
```

④ 在"课程成绩"表中查询成绩在 80 至 90 之间的学生信息。

```
SELECT *
FROM 课程成绩
WHERE 成绩 BETWEEN 80 AND 90;
```

注意 "成绩 BETWEEN 80 AND 90"可以用"成绩 >=80 AND 成绩 <=90 "代替。

⑤ 在"教师"表中查询具有高级职称的男教师，并显示姓名、职称和系别。

```
SELECT 姓名 , 职称 , 系别
FROM 教师
WHERE 性别 =" 男 " AND 职称 IN(" 副教授 "," 教授 ");
```

注意 "职称 IN(" 副教授 "，"教授 ")"、"(职称 =" 副教授 "OR 职称 =" 教授 ")"、"RIGHT（职称，2）=" 教授 ""和"职称 LIKE "* 教授 ""4 个表达式等价。

⑥ 在"课程"表中查询"课程名称"中包含有"学"的课程。

```
SELECT *
FROM 课程
WHERE INSTR( 课程名称 , " 学 ")<>0 ;
```

注意 "INSTR（课程名称，" 学 "）<>0"可以用"课程名称 LIKE "* 学 *""代替。

⑦ 计算每名教师的工龄，并显示姓名和工龄。

```
SELECT 性别 , ROUND((DATE()-[ 工作日期 ])/365,0) AS 工龄
FROM 教师 ;
```

注意 "ROUND（（DATE()-[工作日期]）/365，0）"与"YEAR（DATE()）-YEAR（工作日期）"等价。

⑧ 在"教师"表中，计算不同性别的教师人数，并显示性别和人数。

```
SELECT 性别 , COUNT ( 教师编号 )  AS 人数
FROM 教师
GROUP BY 性别 ;
```

⑨ 在"课程成绩"表中，计算每名学生的平均成绩，并显示平均成绩超过 80 分的学生学号和平均成绩。

```
SELECT 学号 , AVG ( 成绩 )  AS 平均成绩
FROM 课程成绩
GROUP BY 学号 HAVING AVG ( 成绩 >80) ;
```

注意　HAVING 子句必须跟在 GROUP BY 子句之后，用来限定分组必须满足的条件。

⑩ 在"课程成绩"表中，计算每名学生的平均成绩，并按平均成绩降序显示。

```
SELECT 学号 , AVG ( 成绩 )  AS 平均成绩
FROM 课程成绩
GROUP BY 学号
ORDER BY AVG ( 成绩 ) DESC ;
```

（2）多表查询

数据源来自多个表的查询称为多表查询。这种查询需要通过联接操作来完成。联接操作是通过相关表间的匹配而产生结果的。

下面给出一些例题，帮助用户理解多表查询中的 SELECT 语句。这些 SELECT 语句的编辑和修改同样在"SQL 视图"窗口中进行。

例 3-19　下面是在"教学管理系统"数据库中的多个表内进行查询及相应的 SQL 语句示例。

① 查询学生的选课情况，并显示学号、姓名、课程编号和成绩。

```
SELECT 学生 . 学号 , 学生 . 姓名 , 课程成绩 . 课程编号 , 课程成绩 . 成绩
FROM 学生 , 课程成绩
WHERE 学生 . 学号 = 课程成绩 . 学号 ;
```

② 查询学生的选课成绩，并显示学号、姓名、课程名称和成绩。

```
SELECT 学生 . 学号 , 学生 . 姓名 , 课程 . 课程名称 , 课程成绩 . 成绩
FROM 学生 , 课程 , 课程成绩
WHERE 学生 . 学号 = 课程成绩 . 学号 AND 课程成绩 . 课程编号 = 课程 . 课程编号 ;
```

③ 查询选修了课程但没有参加考试的学生的学号、姓名和课程名称。

```
SELECT 学生 . 学号 , 学生 . 姓名 , 课程 . 课程名称
FROM 学生 , 课程 , 课程成绩
WHERE 学生 . 学号 = 课程成绩 . 学号 AND 课程成绩 . 课程编号 = 课程 . 课程编号 AND 课程成绩 . 成绩
IS NULL ;
```

其中，"课程成绩 . 成绩 IS NULL"用于判断成绩是否为空，当成绩为空时，说明学生选修了该课程，但没有参加考试。

（3）嵌套查询

嵌套查询是指在查询语句 SELECT… FROM… WHERE 内再嵌入一个查询语句。将嵌入

在查询语句中的查询语句称为子查询。

子查询是一个用括号括起来的特殊条件，它完成关系运算。子查询可以代替 SELECT 语句字段列表中的表达式，或代替 WHERE 子句、HAVING 子句中的表达式。也就是说，在 WHERE 子句或 HAVING 子句的表达式中，可以使用由 SELECT 子查询提供的查询结果。

例 3-20 下面是在"教学管理系统"数据库中嵌套查询的 SQL 语句示例。

① 查找 5 学分课程的学生选课情况，并显示学号、课程编号和成绩。

```
SELECT 学号,课程编号,成绩
FROM 课程成绩
WHERE 课程编号 =(SELECT 课程编号 FROM 课程 WHERE 学分 =5);
```

先从"课程"表中检索出 5 学分课程的课程编号，再用检索出的课程编号作为查询条件，查找这门课程的学生选课情况。

此例中的子查询是相等条件子查询，只能返回一个值。如果返回多个值，则不能使用相等判断。此时，可以用"IN"代替"="。

② 查找 4 学分或 5 学分课程的学生选课情况，并显示学号、课程编号和成绩。

```
SELECT 学号,课程编号,成绩
FROM 课程成绩
WHERE 课程编号 IN(SELECT 课程编号 FROM 课程 WHERE 学分 =4 or 学分 =5);
```

此例中的子查询为使用 IN 短语的子查询。由于此查询要找两个不同学分相关课程的选课情况。因此，应使用"IN"在找出的结果中进一步选择。

③ 查找并显示"课程成绩"表中高于平均成绩的选课记录。

```
SELECT *
FROM 课程成绩
WHERE 成绩 >(SELECT AVG( 成绩 ) FROM 课程成绩 );
```

此例中的子查询为比较运算子查询。

④ 查找任何成绩大于 85 分的学生的姓名、性别、课程名称和成绩。

```
SELECT 学生 . 姓名,学生 . 性别,课程 . 课程名称,课程成绩 . 成绩
FROM 学生,课程成绩,课程
WHERE 学生 . 学号 = 课程成绩 . 学号 AND 课程成绩 . 课程编号 = 课程 . 课程编号
     AND 课程成绩 . 成绩 >= ANY(SELECT 成绩 FROM 课程成绩 WHERE 成绩 >85);
```

此例中的子查询为使用 ANY 短语的子查询。ANY 表示满足子查询结果的任意一条记录的比较条件时，即可作为主查询的记录。

如果用 ALL 代替 ANY，则此例中的子查询为使用 ALL 短语的子查询。ALL 表示只有当与子查询中所有记录的对应值相比较并且均符合要求时才算满足条件。

事实上，SELECT 语句的功能非常强，这里只介绍了最常用的几种，对于 SELECT 语句更为复杂的用法，可以参考 SQL 查询的帮助信息。

2. SQL 特定查询

SQL 的特定查询包括联合查询、传递查询、数据定义查询和子查询 4 种。

（1）联合查询

该查询是将两个以上的表或查询对应的多个字段记录合并为一个查询表中的记录。

（2）传递查询

该查询是直接将命令发送到 ODBC 数据库服务器中，由另一个数据库来执行查询。

（3）数据定义查询

该查询可以创建、删除或更改表，或者在当前数据库中创建索引。

（4）子查询

该查询是基于主查询的查询，一般可以在查询"设计网格"的字段行中输入 SQL SELECT 语句来定义新字段，或在"条件"行定义字段的查询条件。

3.7 操作实践

3.7.1 创建选择查询和交叉表查询

【实习目的】

1. 掌握查询向导的使用。

2. 掌握查询设计视图的使用。

3. 掌握创建计算查询的使用。

4. 掌握在查询中添加计算字段的方法。

5. 掌握创建交叉表查询的方法。

【实习内容】

1. 在"图书查询系统"数据库中，使用查询向导创建一个选择查询，查找并显示"读者信息表"中的"读者编号"、"姓名"、"性别"及"工作单位"4 个字段内容，并将查询命名为"读者查询"。

2. 在"图书查询系统"数据库中使用查询向导创建一个选择查询，查找并显示"读者信息表"和"借阅信息表"中的"读者编号"、"姓名"、"图书编号"和"借书日期"4 个字段的内容，并将查询命名为"读者借阅查询"。

3. 在"图书查询系统"数据库中，使用查询"设计视图"创建一个选择查询，查找并显示"读者信息表"、"借阅信息表"和"图书信息表"中的"姓名"、"工作单位"、"联系电话"、"书名"和"借书日期"5 个字段的内容，并将查询命名为"借阅记录查询"。

4. 在"图书查询系统"数据库中，使用查询设计视图创建一个选择查询，查找并显示"图书信息表"中，图书价格大于 30 元记录的"图书编号"、"书名"、"出版社"和"作者"，并将查询结果命名为"图书价格大于 30 元查询"。

5. 以"图书查询系统"数据库中的"图书信息表"和"图书类别表"为数据源，创建一个计算查询，以统计不同类别图书的数量，并将查询结果命名为"各类别图书数量统计查询"。

6. 以"图书查询系统"数据库中的"图书信息表"、"读者信息表"和"借阅信息表"为数据源，添加一个计算字段："超期天数 :Date( )-[借书日期]-[借书天数]"，统计读者所借图书的超期天数，并将查询结果命名为"超期天数查询"。

7. 以"图书查询系统"数据库中的"图书信息表"为数据源，以"出版社"字段为行标题，以"类别代码"为列标题，对"图书编号"字段进行数值统计，使用交叉表查询向导创建一个交叉表查询，将所建查询命名为"图书信息表 - 交叉表"。

8. 以"图书查询系统"数据库中的"借阅记录查询"为数据源，使用查询"设计视图"创建"借阅记录查询 _ 交叉表"。其中，"姓名"、"工作单位"、"联系电话"字段为交叉表的"行标题"，"书名"字段为交叉表的"列标题"，"借书日期"字段为交叉表的"值"。

【操作步骤 / 提示】

1）在"图书查询系统"数据库窗口，使用"创建 | 查询 | 查询向导"打开"新建查询"对话框→选择"简单查询向导"→ 在"简单查询向导"对话框的"表 / 查询"下拉列表框中选择"读者信息表"，并将"读者编号"、"姓名"、"性别"及"工作单位"4 个字段移到"选定字段"框，单击"下一步"按钮→在"请给查询指定标题"框中输入"读者查询"，单击"完成"按钮。

2）在"简单查询向导"对话框的"表 / 查询"列表框中依次选择并移动两个表中的字段，如图 3-28 所示→参照上题的提示完成之后的操作。

3）在"图书查询系统"数据库窗口，使用"创建 | 查询 | 查询设计"打开查询"设计视图"→从显示表对话框中将"读者信息表"、"借阅信息表"及"图书信息表"添加到"字段列表"区 →将"姓名"、"工作单位"、"联系电话"、"书名"和"借书日期"5 个字段添加到"设计网格"区，如图 3-29 所示→切换到"数据表视图"，显示查询结果→以"借阅记录查询"为名称保存。

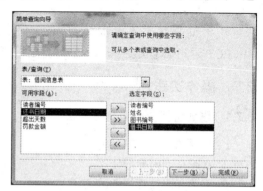

图 3-28　字段选定结果

图 3-29　确定查询所需字段

4）在"图书查询系统"数据库窗口，打开查询"设计视图"→将"图书信息表"添加到查询"设计视图"窗口的"字段列表"区→将有关字段添加到"设计网格"区并设置条件，如图 3-30 所示→切换到"数据表视图"，显示查询结果→以"图书价格大于 30 元查询"命名保存。

5）在"图书查询系统"数据库窗口，打开查询"设计视图"→将"图书信息表"和"图书类别表"添加到查询"设计视图"窗口的"字段列表"区→将有关字段添加到"设计网格"区→在"设计网格"区中插入一个"总计"行，并进行有关设置，如图 3-31 所示→切换到"数据表视图"，显示查询结果→以"各类别图书数量统计查询"命名保存。

图 3-30　查询"设计视图"

图 3-31　设置总计行

6）在"图书查询系统"数据库窗口，打开查询"设计视图"→ 将"读者信息表"、"借阅信息表"、"图书信息表"添加到"字段列表"区，在"设计网格"区添加有关字段及计算字段，如图 3-32 所示→切换到"数据表视图"，显示查询结果→以"超期天数查询"命名保存。

图 3-32　添加计算字段

7）在"图书查询系统"数据库窗口，使用"创建 | 查询 | 查询向导"→在"新建查询"对话框中选择"交叉表查询向导"→打开"交叉表查询向导"对话框，依据向导提示进行有

关设置，如图 3-33 所示→以"图书信息表－交叉表"为查询名称保存。

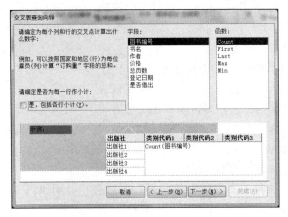

图 3-33　选择字段和函数

8）① 在"图书查询系统"数据库窗口，打开查询"设计视图"→使用"显示表"对话框将"借阅记录查询"添加到"字段列表"区，如图 3-34 所示→将"姓名"、"工作单位"、"联系电话"、"书名"和"借书日期"字段添加到"设计网格"区。

② 在"查询工具 / 设计"选项卡下，单击"查询类型"组中的"交叉表"，在"设计网格"区中添加"总计"行和"交叉表"行，进行有关设置，如图 3-35 所示→以"借阅记录查询_交叉表"命名保存。

图 3-34　添加查询数据源

图 3-35　设计交叉表中的字段

3.7.2　创建参数查询和操作查询

【实习目的】

1. 掌握参数查询的创建方法。

2. 掌握备份数据表的方法。

3. 掌握各种类型操作查询的创建方法。

【实习内容】

1. 以"图书查询系统"数据库中的"读者信息表"为数据源，创建参数查询，按输入的"读者编号"查找读者信息，并显示"读者编号"、"姓名"、"性别"、"办证日期"和"工作单位"。当运行该查询时，应显示提示信息："请输入读者编号："，并将所建的查询命名为"读者编号参数查询"。

2. 以"图书查询系统"数据库中的"图书信息表"为数据源，创建参数查询，按输入的"类别代码"和"出版社"查找图书信息，并显示"图书编号"、"书名"、"类别代码"、"出版社"和"作者"。当运行该查询时，应显示提示信息："请输入类别代码："和"请输入出版社："，并将所建的查询命名为"图书类别代码和出版社参数查询"。

3. 以"图书查询系统"数据库中的"图书信息表"和"图书类别表"为数据源,创建参数查询,按输入的"图书类别"查询图书信息,并显示"图书编号"、"书名"、"出版社"、"作者"和"图书类别"。当运行该查询时,应显示提示信息:"请输入图书类别:",并将所建的查询命名为"图书类别参数查询"。

4. 在图书查询系统数据库中,创建"图书信息表"和"图书类别表"的备份,相应的备份表名分别为"图书信息备份表"和"图书类别备份表",以便 5 ～ 8 题使用。

5. 创建生成表查询,名称为"高教南开 102 表查询"。要求:在"图书查询系统"数据库的"图书信息备份表"中,将"类别代码"是"102","出版社"为"高等教育出版社"或"南开大学出版社"的"图书编号"、"书名"、"类别代码"、"出版社"和"作者"等信息,以数据表"高教南开 102 生成表"的形式保存。

6. 创建一个查询,删除"图书类别备份表"内所有"类别代码"为 104 的记录,所建查询名为"删除类别代码 104 查询"。

7. 创建一个查询,将"图书信息备份表"内所有"出版社"为"高等教育出版社"的字段值更改为"高教出版社",所建查询名为"更新高等教育为高教查询"。

8. 创建一个查询,在"图书类别备份表"内,根据用户输入的"图书类别"和"调整天数"来对"借出天数"字段值进行调整,所建查询名为"更新借出天数带参数查询"。

9. 创建一个查询,将"图书信息表"内所有未借出的图书记录追加到一个与"图书信息表"结构相同、没有记录的"未借出图书表"中,所建查询名为"未借出图书表追加查询"。

【操作步骤 / 提示】

1)在"图书查询系统"数据库窗口,打开查询"设计视图"→使用"显示表"对话框,将"读者信息表"添加到"字段列表"区→将有关字段添加到"设计网格"区并进行设置,如图 3-36 所示→以"读者编号参数查询"名称保存→运行该查询,在弹出的"输入参数值"对话框中输入某个读者编号并单击"确定"按钮,显示查询结果。

图 3-36 单参数查询设置

2)打开查询"设计视图"→将"图书信息表"添加到"字段列表"区→将有关字段添加到"设计网格"区并进行设置,如图 3-37 所示→以"图书类别代码和出版社参数查询"为名保存查询。

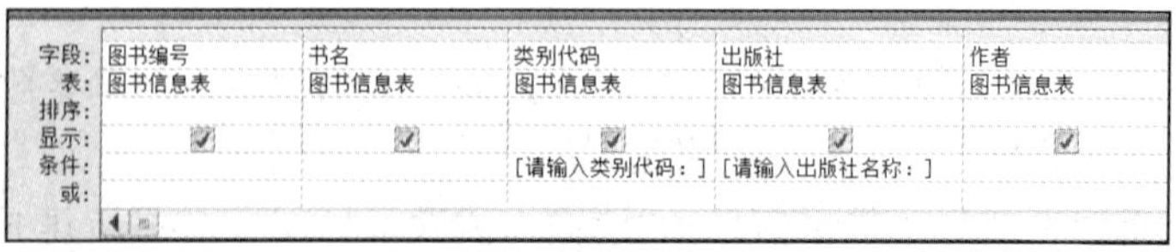

图 3-37 双参数查询设置

3)打开查询"设计视图"→将"图书信息表"和"图书类别表"添加到"字段列表"区→将"图书编号"等字段添加到"设计网格"区并进行有关的设置,如图 3-38 所示→以"图书类别参数查询"为名保存查询。

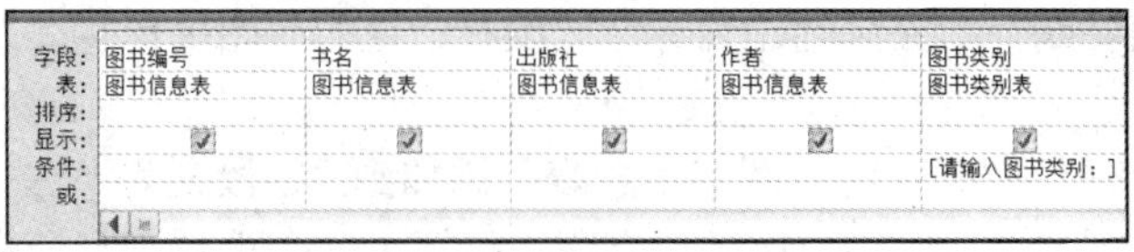

字段:	图书编号	书名	出版社	作者	图书类别
表:	图书信息表	图书信息表	图书信息表	图书信息表	图书类别表
排序:					
显示:	☑	☑	☑	☑	☑
条件:					[请输入图书类别:]
或:					

图 3-38　多表单参数查询的设置

4）方法 1：在导航窗格中，右击要复制的表（如，图书信息表）→在弹出的快捷菜单中选择"复制"→右击导航窗格表对象中的任意位置，在弹出的快捷菜单中选择"粘贴"命令→在打开的"粘贴表方式"对话框中进行适当设置，单击"确认"按钮。

方法 2：在数据库窗口的导航窗格中选择数据表→使用"文件 | 对象另存为"命令。

5）① 打开查询"设计视图"，将"图书信息备份表"添加到"字段列表"区→将有关字段添加到"设计网格"区并进行设置，如图 3-39 所示。

图书编号	书名	类别代码	出版社	作者
图书信息备份表	图书信息备份表	图书信息备份表	图书信息备份表	图书信息备份表
☑	☑		☑	☑
		"102"	"高等教育出版社" Or "南开大学出版社"	

图 3-39　"生成表"查询的设置

② 在"查询工具 / 设计"选项卡下，单击"查询类型"组中的"生成表"按钮→指定新表名称为"高教南开 102 生成表"→切换到"数据表视图"预览新表，若满意，则切换到设计视图，单击"结果"组中的"运行"按钮建立新表→用设计视图打开新建表，设置主键（生成的新表不继承源表的主键设置）→保存查询命名为"高教南开 102 表查询"。

6）① 打开查询"设计视图"→将"图书类别备份表"添加到"字段列表"区→选择查询类型为"删除"→依据题目要求进行设置，如图 3-40 所示。

② 以名称"删除类别代码 104 查询"保存→运行该查询，在"删除提示框"中选择"否"，不删除记录（若选择"是"，则删除类别代码为 104 的记录）。

7）① 打开查询"设计视图"，将"图书信息备份表"添加到"字段列表"区→选择查询类型为"更新"→依据题目要求进行设置，如图 3-41 所示。

图 3-40　设置删除查询

图 3-41　设置更新查询

② 以名称"更新高等教育为高教查询"保存→运行该查询→在"更新提示框"中选择"否"，不更新记录（若选择"是"，则更新记录）。

8）① 打开查询"设计视图"，将"图书类别备份表"添加到"字段列表"区中→选择查询类型为"更新"→依据题目要求进行设置，如图 3-42 所示。

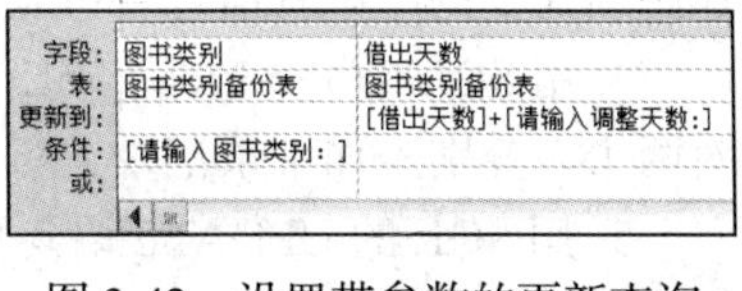

字段:	图书类别	借出天数
表:	图书类别备份表	图书类别备份表
更新:		[借出天数]+[请输入调整天数:]
条件:	[请输入图书类别:]	
或:		

图 3-42　设置带参数的更新查询

② 以名称"更新借出天数带参数查询"保存→运行该查询，依次输入"调整天数"（如，30）和"图书类别"（如，专业）→在"更新提示框"中选择"否"，不更新记录（若选择"是"，则更新记录）。

9）① 用"复制粘贴"的方法创建只有结构没有记录的"图书信息表"副本，命名为"未借出图书表"。

② 打开查询"设计视图"，将"图书信息表"添加到"字段列表"区→ 将"图书信息表"中的星号"*"拖曳到"设计网格"区的"字段"行第 1 列，再将"是否借出"字段添加到第 2 列中→选择查询类型为"追加"，在追加对话框中进行设置，如图 3-43 所示。

③ 单击"确定"按钮返回到"设计视图"，再按要求进行设置，如图 3-44 所示→以名称"未借出图书表追加查询"保存→运行该查询，在追加提示框中选择"是"，立即追加记录（若选择"否"，则不追加记录）。

图 3-43　追加对话框

图 3-44　追加查询设计网格

3.7.3　创建 SQL 查询

【实习目的】

1. 掌握应用 CREATE TABLE 语句定义表的基本方法。

2. 掌握应用 ALTER TABLE 语句修改表结构的基本方法。

3. 掌握应用 DROP TABLE 语句删除表的基本方法。

4. 掌握应用 INSERT、DELETE、UPDATE 等语句进行记录的插入、删除和更新的基本方法。

5. 熟练掌握 SQL 数据查询语句 SELECT 的基本结构。

6. 掌握 SELECT 语句中特殊运算符及聚合函数的使用。

7. 掌握 SELECT 语句中对数据进行分组和排序的方法。

8. 掌握多个表的连接查询。

9. 掌握 SELECT 语句的嵌套查询。

【实习内容】

1. 用 SQL 的 CREATE TABLE 语句，在"图书查询系统"数据库中创建一个"热点图书表"。该表的结构与"图书信息表"相同，参见表 2-16，设置"图书编号"为主键；再用 CREATE TABLE 语句创建一个"热点图书借阅表"，表结构与"借阅信息表"相同，参见表 2-19。

2. 用 SQL 的 ALTER TABLE 语句，修改"热点图书借阅表"的结构，增加一个文本型长度为 10 的"借阅编号"字段。

3. 先创建"读者信息表"的副本"读者信息备份表"，然后用 SQL 的 DROP TABLE 语句，删除新建立的"读者信息备份表"。

4. 用 SQL 的 INSERT 语句，为"热点图书表"和"热点图书借阅表"添加新记录（要求：对两个表分别添加 1 条记录，新记录的内容由读者自己给出）。

5. 用 SQL 的 UPDATE 语句更新"热点图书表"的数据，将"图书编号"为 21 的图书价格修改为 30.8 元。

6. 用 SQL 的 DELETE 语句删除"热点图书借阅表"中的"图书编号"为 11 的记录数据。

7. 简单查询。

1）用 SELECT 语句查询"读者信息表"中的读者编号、姓名、性别、工作单位等信息。

2）按要求进行查询，对相关 SELECT 语句填空，并上机操作验证。

8. 带特殊运算符的条件查询。

9. 计算查询。

10. 分组与计算查询。

11. 排序。

12. 连接查询。

13. 嵌套查询。

【操作步骤 / 提示 】

1）①在"图书查询系统"数据库窗口，打开查询"设计视图"，关闭显示表对话框，在"查询工具 / 设计"选项卡下的"结果"组中，单击"SQL 视图"按钮→在 SQL 视图窗口的空白区域，输入以下 SQL 语句：

```
CREATE TABLE 热点图书表
    (图书编号 Char(10) Primary Key, 书名 Char(20),
    类别代码 Char(5), 出版社 Char(20), 作者 Char(10),
    价格 Single, 页码 Int, 登记日期 Date, 是否借出 Logical);
```

②打开查询"设计视图"→在"查询工具 | 设计"选项卡的"查询类型"组中，单击"数据定义"，显示 SQL 视图窗口→在 SQL 视图的空白区域输入以下 SQL 语句：

```
CREATE TABLE 热点图书借阅表
    (读者编号 Char(10), 图书编号 Char(10), 借书日期 Date,
    还书日期 Date, 超出天数 Int, 罚款金额 Single);
```

2）下面是给"热点图书借阅表"增加"借阅编号"字段的 SQL 语句。

```
ALTER TABLE 热点图书借阅表 ＿＿＿＿＿ 借阅编号 CHAR(10);
```

请填空并运行，以便查看结果。

3）先建立"读者信息备份表"，再用 SQL 语句将其删除。

建立"读者信息备份表"→下面是删除"读者信息备份表"的 SQL 语句。

```
＿＿＿＿＿ 读者信息备份表;
```

请填空并运行，以便查看结果。

4）用 INSERT 语句进行记录的插入。

①下面是在"热点图书表"中添加新记录的 SQL 语句。

```
INSERT ＿＿＿＿＿ 热点图书表 VALUES("21"," 数据库技术及应用研究 ", "102", " 高等教育出版社 ",
＿＿＿＿＿ , ＿＿＿＿＿ , 325, ＿＿＿＿＿＿＿ , Yes);
```

请填空并运行，以便查看结果。

②下面是在"热点图书借阅表"中添加新记录的 SQL 语句。

```
INSERT ＿＿＿＿＿ 热点图书借阅表 (读者编号 , 图书编号 , 借书日期 ) ＿＿＿＿＿ ("1","11",#2015-
4-25#);
```

请填空并运行，以便查看结果。

5）下面是用 UPDATE 语句，更新"热点图书表"内"图书编号"为 21 的图书价格为 30.8 元的 SQL 语句。

```
UPDATE  热点图书表  _____  价格 =30.8  _____  图书编号 ="21";
```

填空→ 单击"查询工具 / 设计"选项卡"结果"组中的"运行"按钮，弹出更新记录提示框，单击"否"，不更新记录（若选择"是"，则更新记录）。

6）下面是用 DELETE 语句删除"热点图书借阅表"的有关数据的 SQL 语句。

```
DELETE  _____  热点图书借阅表  _____  图书编号 ="11";
```

填空→ 单击"查询工具 / 设计"选项卡"结果"组中的"运行"按钮，弹出删除记录提示框，单击"否"，不删除记录（若选择"是"，则删除记录）。

7）简单查询。

① 用 SELECT 语句查询"读者信息表"中的读者编号、姓名、性别、工作单位等信息的操作步骤如下：

第一步，在"图书查询系统"数据库窗口，打开查询"设计视图"，关闭显示表对话框。在"查询工具 / 设计"选项卡的"结果"组中单击"SQL 视图"按钮，进入 SQL 视图。

第二步，在"SQL 视图"空白区域输入下面的语句：

```
SELECT  读者编号 , 姓名 , 性别 , 工作单位
    FROM  读者信息表 ;
```

第三步，单击"查询工具 / 设计"选项卡"结果"组中的"运行"按钮，执行 SQL 语句，观察屏幕上显示的查询结果。

② 按要求进行查询，对下面的 SELECT 语句填空，并上机操作验证。

第一步，查询"读者信息表"中所有"工作单位"为"计控学院"的记录。

```
SELECT  *
FROM 读者信息表
WHERE_____
```

第二步，从"图书信息表"中查询所有的出版单位。

```
SELECT  _____  FROM 图书信息表
```

8）带特殊运算符的条件查询。

按要求进行查询，对下面的 SELECT 语句填空，并上机操作验证。

① 查询"读者信息表"中所有在 2015 年办证的记录。

```
SELECT_____
FROM 读者信息表
WHERE 办证日期 BETWEEN _____
```

② 查询"读者信息表"中姓"林"的读者记录。

```
SELECT
FROM 读者信息表
WHERE 姓名 _____
```

③ 查询"读者信息表"中科学出版社和南开大学出版社的图书。

```
SELECT 书名 , 作者 , 出版社 , 价格
FROM  图书信息表
WHERE 出版社 _____
```

9）计算查询。

按要求进行查询，对下面的 SELECT 语句填空，并上机操作验证。

① 从"图书信息表"中查询科学出版社所出图书的平均价格。

```
SELECT AVG ( _____ ) AS 平均价格
FROM 图书信息表
WHERE _____
```

② 统计"读者信息表"的读者人数。

```
SELECT _____ AS 读者人数
 FROM 读者信息表
```

10）分组与计算查询。

按要求进行查询，对下面的 SELECT 语句填空，并上机操作验证。

① 统计"图书信息表"按"类别代码"进行分组的图书数量。

```
SELECT 类别代码 _____ AS 书籍数量
FROM 图书信息表
GROUP BY _____
```

② 在"图书信息表"中查询各个出版社的图书的最高价格、平均价格和册数。

```
SELECT 出版社,MAX(价格),_____ , _____
FROM 图书信息表
_____ 出版社
```

③ 输出"图书信息表"中有两本以上（含两本）图书的出版社。

```
SELECT 出版社
FROM 图书信息表
GROUP BY 出版社 HAVING _____
```

11）排序。

按要求进行查询，对下面的 SELECT 语句填空，并上机操作验证。

① 查询读者信息表中所有性别为"男"，并按办证日期降序排列的记录。

```
SELECT *
FROM 读者信息表
WHERE _____
ORDER BY _____
```

② 查询"图书信息表"中价格最低的前两本图书。

```
SELECT _____ 书名,价格
FROM 图书信息表
ORDER BY _____
```

12）连接查询。

按要求进行查询，对下面的 SELECT 语句填空，并上机操作验证。

① 从"读者信息表"和"借阅信息表"中，查询所有借书的读者情况。

```
SELECT 读者信息表.读者编号, 姓名, 性别, 借书日期, 还书日期
```

```
FROM 读者信息表 ，借阅信息表
WHERE _____
```

② 从"图书信息表"、"读者信息表"和"借阅信息表"中，查询所有借书的读者所借图书的情况。

```
SELECT  DZ.读者编号，姓名，性别，TS.图书编号，书名，作者，借书日期，还书日期
FROM 读者信息表 AS DZ，图书信息表 AS TS，借阅信息表 AS JY
WHERE _____
```

13）嵌套查询。

按要求进行查询，对下面的 SELECT 语句填空，并上机操作验证。

① 从"图书信息表"和"图书类别表"中，查询图书类别为专业的信息。

```
SELECT 图书编号，书名，作者，出版社，价格，总页数
    FROM 图书信息表
    WHERE 类别代码 =
    (SELECT 类别代码
    FROM 图书类别表
WHERE _____ )
```

② 从"读者信息表"和"借阅信息表"中，查询 2014 年借阅图书的读者情况。

```
SELECT 读者编号，姓名，性别，联系电话，工作单位
    FROM 读者信息表
    WHERE 读者编号 IN
    ( SELECT  DISTINCT 读者编号
    FROM 借阅信息表
WHERE _____ )
```

3.8 思考练习与测试

一、思考题

1. 查询分别有哪些类型？各自的特点是什么？
2. 在 Access 中，查询常用的统计函数有哪些？
3. 如何确定查询的分组依据？
4. 交叉表查询的特点是什么？构成交叉表查询的数据源有哪 3 类字段？
5. 操作查询与选择查询的区别是什么？
6. SQL 语言的组成与功能是什么？
7. SQL 数据定义功能的核心命令动词有哪些？
8. SQL 数据操纵功能的核心命令动词有哪些？

二、练习题

1. 选择题

（1）在 Access 数据库中已经建立了"tBook"表，若要查找"图书编号"是"112266"和"113388"的记录，应在查询设计视图的"条件"行中输入（   ）。

    A. "112266" And "113388"   B. Not In（"112266"，"113388"）

    C. In（"112266"，"113388"）   D. Not（"112266"，"113388"）

（2）建立一个交叉表查询，在"交叉表"行上有且只能有一个的是（　　　）。

　　A. 行标题和值　　　　　　　　　　　　B. 行标题和列标题

　　C. 列标题和值　　　　　　　　　　　　D. 行标题、列标题和值

（3）若用已经建立的"tEmployee"表为数据源，计算每个职工的年龄（取整），那么正确的计算公式是（　　　）。

　　A. Date( )-[出生日期]/ 365　　　　　　B. Year(Date( ))-Year([出生日期])

　　C. (Date( )-[出生日期])/ 365　　　　　D. Year([出生日期])/ 365

（4）将表 A 中的记录添加到表 B 中，要求保持表 B 中原有的记录，可以使用的查询是（　　　）。

　　A. 追加查询　　　　B. 生成表查询　　　　C. 联合查询　　　　D. 传递查询

（5）在 Access 数据库中的"学生"表中有"学号"、"姓名"、"性别"和"入学成绩"等字段，现有以下 SELECT 语句：

```
SELECT 性别 , AVG( 入学成绩 ) FROM 学生 GROUP BY 性别
```

其功能是（　　　）。

　　A. 计算并显示所有学生的入学成绩的平均值

　　B. 按性别分组计算并显示入学成绩的平均值

　　C. 计算并显示所有学生的性别和入学成绩的平均值

　　D. 按性别分组计算并显示性别和入学成绩的平均值

（6）SQL 查询语句中，用来指定对选定的字段进行排序的子句是（　　　）。

　　A. ORDER BY　　　　B. FROM　　　　C. WHERE　　　　D. HAVING

（7）下列关于 SQL 语句的说法中，错误的是（　　　）。

　　A. INSERT 语句可以向数据表中追加新的记录

　　B. UPDATE 语句可更新数据表中已存在的数据

　　C. DELETE 语句可删除数据表中已存在的记录

　　D. SELECT…INTO 语句可将多个表或查询中的字段合并到查询结果的一个字段中

（8）如果表中有一个姓名字段，查找姓"王"的记录的条件是（　　　）。

　　A. Not " 王 *"　　　B. Like " 王 "　　　C. Like " 王 *"　　　D. " 王 "

（9）在查询中要统计记录的个数，应使用的函数是（　　　）。

　　A. SUM　　　　　　　　　　　　　B. COUNT（字段名）

　　C. COUNT（*）　　　　　　　　　　D. AVG

（10）如果在查询条件中使用统配符"[ ]"，其含义是（　　　）。

　　A. 错误的使用方法　　　　　　　　B. 统配不在括号内的任意字符

　　C. 统配任意长度的字符　　　　　　D. 统配方括号内的任一单个字符

2. 填空题

（1）操作查询共有 4 种类型，分别是删除查询、_____、追加查询和生成表查询。

（2）创建交叉表查询，必须对行标题和_____进行分组操作。

（3）在 SQL SELECT 语句中，用_____短语对查询的结果进行排序。

（4）在 SQL SELECT 语句中，用于实现选择运算的短语是_____。

（5）若要查找最近 20 天之内参加工作的职工记录，查询条件为_____。

三、测试题

1. 选择题

（1）在 Access 的数据库中已经建立了 Book 表，若查找"图书 ID"是 TP132.54 和 TP138.98 的记录，应在查询"设计视图"的准则行中输入（　　　）。

    A. "TP132.54" and "TP138.98"   B. NOT（"TP132.54"，"TP138.98"）

    C. NOT IN（"TP132.54"，"TP138.98"）   D. IN（"TP132.54"，"TP138.98"）

（2）可以计算当前日期所处年份的表达式是（　　　）。

    A. Day（Date）   B. Year（Date）   C. Year（Day（Date）） D. Day（Year（Date））

（3）假设图书表中有一个时间字段，查找 2006 年出版的图书的准则是（　　　）。

    A. Between #2006-01-01# And #2006-12-31#

    B. Between "2006-01-01" And "2006-12-31"

    C. Between "2006.01.01" And "2006.12.31"

    D. #2006.01.01# And #2006.12.31#

（4）下列逻辑表达式中，能正确表示条件"x 和 y 都不是奇数"的是（　　　）。

    A. x Mod 2=1 And y Mod 2=1   B. x Mod 2=1 or y Mod 2=1

    C. x Mod 2=0 And y Mod 2=0   D. x Mod 2=0 or y Mod 2=0

（5）查询最近 30 天的记录应使用（　　）作为准则。

    A. Between Date() And Date()+30   B. Between Date()-30 And Date()

    C. <=Date()-30   D. <Date()-30

（6）查询课程名称为 Access 的记录，在查询"设计视图"对应字段的准则中，错误的表达式是（　　　）。

    A. Access   B. "Access"   C. "*Access* "   D. Like "Access"

（7）关于通配符的使用，下列说法不正确的是（　　　）。

    A. 有效的通配符包括：问号（?），它表示问号所在的位置可以是任何一个字符；星号（*），它表示星号所在的位置可以是任何多个字符

    B. 使用通配符搜索星号、问号时，需要将搜索的符号放在方括号内

    C. 在一个"日期"字段下面的"准则"单元中使用表达式：Like "6/*/98"，系统会报错"日期类型不支持 * 等通配符"

    D. 在文本的表达式中可以使用通配符，例如可以在一个"姓"字段下面的"准则"单元中输入表达式："M*s"，查找姓为 Morris、Matters 和 Miller Peters 等的记录

（8）下列关于准则的说法，正确的是（　　　）。

    A. 对日期 / 时间型数据必须在两端加"[ ]"

    B. 同行之间为逻辑"与"关系，不同行之间为逻辑"或"关系

    C. NULL 表示数字 0 或空字符串

    D. 数字类型的条件需要加上双引号（""）

（9）若要查询某字段的值为 JSJ 的记录，在查询"设计视图"对应字段的准则中，错误的表达式是（　　　）。

    A. JSJ   B. "JSJ"   C. "* JSJ"   D. Like "JSJ"

（10）在 Access 数据库中，带条件的查询需要通过准则来实现，下面（　　　）选项不是准则中的元素。

    A. 字段名   B. 函数   C. 常量   D. SQL 语句

（11）在图书表中要查找图书名称中包含"等级考试"的图书，对应于"图书名称"字段

的正确准则表达式是（　　　）。

  A." 等级考试 "   B."* 等级考试 *"

  C. Like " 等级考试 "   D. Like "* 等级考试 *"

（12）假设某设备表中有一个 "设备名称" 字段，查找设备名称最后一个字为 "机" 的记录的准则是（　　　）。

  A. Right（[设备名称]，1）=" 机 " B. Right（[设备名称]，2）=" 机 "

  C. Right（"设备名称"，1）=" 机 " D. Right（"设备名称"，2）=" 机 "

（13）以下关于查询的叙述，错误的是（　　　）。

  A. 可以根据数据库表创建查询

  B. 可以根据已建查询创建查询

  C. 可以根据数据库表和已建查询创建查询

  D. 不能根据已建查询创建查询

（14）要在查找表达式中使用通配符通配一个数字字符，应选用的通配符是（　　　）。

  A. *   B. ?   C. #   D. !

（15）在一个 Access 的表中有字段 "专业"，要查找包含 "信息" 两个字的记录，正确的条件表达式是（　　　）。

  A. Like " 信息 *"   B. Like "* 信息 *"

  C. Lift（[专业]，2）=" 信息 " D. Mid（[专业]，1，2）=" 信息 "

（16）在右图中，与查询设计器的筛选标签中所设置的筛选功能相同的表达式是（　　　）。

  A. 课程成绩 . 成绩 >=80 AND 课程成绩 . 成绩 = <90

  B. 课程成绩 . 成绩 > 80 AND 课程成绩 . 成绩 <90

  C. 80<= 课程成绩 . 成绩 <=90

  D. 80< 课程成绩 . 成绩 <90

字段:	学号	成绩
表:	课程成绩	课程成绩
排序:		
显示:	☑	☑
条件:		Between 60 And 90
或:		

（17）下图所示的查询返回的记录是（　　　）。

字段:	学号	课程编号	成绩
表:	课程成绩	课程成绩	课程成绩
排序:			
显示:	☑	☑	☑
条件:			Not Between 60 And 100
或:			

  A. 成绩及格的记录   B. 成绩不及格的记录

  C. 所有记录   D. 以上说法均不正确

（18）下图显示的是查询 "设计视图" 的 "设计网络" 部分，从所显示的内容中可以判断出该查询要查找的是（　　　）。

字段:	学号	姓名	性别	出生日期
表:	学生	学生	学生	学生
排序:				
显示:	☑	☑	☑	☑
条件:			"女"	Year([出生日期])<1990
或:				

  A. 性别为 "女" 且 1990 年以前出生的学生记录

  B. 性别为 "女" 且 1990 年以后出生的学生记录

  C. 性别为 "女" 或者 1990 年以前出生的学生记录

  D. 性别为 "女" 或者 1990 年以后出生的学生记录

（19）下列关于查询 "设计视图" 的 "设计网络" 中行的作用的叙述，正确的是（　　　）。

A. "字段"表示可以在此添加或删除字段名

B. "显示"用于对查询的字段求和

C. "表"表示字段所在的表或查询的名称

D. "或"设置"或"条件来限定字段的选择

（20）利用表中的行和列来统计数据的查询是（　　　）。

    A. 选择查询　　　　B. 操作查询　　　　C. 交叉表查询　　　　D. 参数查询

（21）在创建交叉表查询时，用户需要指定（　　　）种字段。

    A. 1　　　　　　　　B. 2　　　　　　　　C. 3　　　　　　　　D. 4

（22）下列不属于操作查询的是（　　　）。

    A. 参数查询　　　　B. 生成表查询　　　　C. 更新查询　　　　D. 删除查询

（23）如果将所有学生的年龄增加一岁，应该使用（　　　）。

    A. 删除查询　　　　B. 更新查询　　　　C. 追加查询　　　　D. 生成表查询

（24）将表 A 的记录添加到表 B 中，要求保持表 B 中原有的记录，可以使用的查询是
（　　　）

    A. 选择查询　　　　B. 生成表查询　　　　C. 追加查询　　　　D. 更新查询

（25）右图显示的是查询"设计视图"的"设计网络"
部分，从此部分所示的内容中可以判断出要创建的查询类
型是（　　　）。

    A. 删除查询　　　　B. 生成表查询　　　　C. 选择查询　　　　D. 更新查询

（26）下面有关生成表查询的论述中正确的是（　　　）。

A. 生成表查询不是一种操作查询

B. 生成表查询可以利用一个或多个表中满足一定条件的记录来创建一个新表

C. 生成表查询将查询结果以临时表的形式存储

D. 对复杂的查询结果进行运算时经常应用生成表查询来生成一个临时表，生成表
中的数据是与原表相关的，不是独立的，必须每次生成后才能使用

（27）在下列有关查询基础知识的说法中不正确的是（　　　）。

A. 操作查询可以执行一个操作，如删除记录或修改数据

B. 选择查询可以用来查看数据

C. 操作查询的主要用途是对少量的数据进行更新

D. Access 提供了 4 种类型的操作查询：删除查询、更改查询、追加查询和生成表
查询

（28）如果在数据库中已有同名的表，那么要通过查询覆盖原来的表，应该使用的查询类
型是（　　　）。

    A. 生成表　　　　　B. 追加　　　　　　C. 删除　　　　　　D. 更新

（29）关于 SQL 查询，以下说法不正确的是（　　　）。

A. SQL 查询是用户使用 SQL 语句创建的查询

B. 在查询"设计视图"中创建查询时，Access 将在后台构造等效的 SQL 语句

C. SQL 查询可以用结构化查询语言来查询、更新和管理关系数据库

D. SQL 查询更改之后，可以用"设计视图"中所显示的方法显示，也可以从设计
网络中进行创建

（30）以下的 SQL 语句中，（　　　）语句用于创建表。

A. CREATE TABLE   B. CREATE INDEX

C. AlTER TABLE   D. DROP

（31）在 Access 中已经建立了"学生"表，表中有"学号"、"姓名"、"性别"和"入学成绩"等字段。执行如下 SQL 命令：

```
Select 性别,avg(入学成绩) From 学生 Group By 性别
```

结果是（　　）。

    A. 计算并显示所有学生的性别和入学成绩的平均值

    B. 按性别分组计算并显示性别和入学成绩的平均值

    C. 计算并显示所有学生的入学成绩的平均值

    D. 按性别分组计算并显示所有学生的入学成绩的平均值

（32）在 SQL 查询中，若要取得"学生"数据表中的所有记录和字段，其 SQL 语句为（　　）。

    A. SELECT 姓名 FROM 学生

    B. SELECT * FROM 学生

    C. SELECT 姓名 FROM 学生 WHERE 学号 = "02650"

    D. SELECT * FROM 学生 WHERE 学号 = "02650"

（33）以下关于 SQL 语句及其用途的叙述中，正确的是（　　）。

    A. CREATE TABLE 用于修改一个表的结构

    B. CREATE INDEX 为字段或字段组创建视图

    C. DROP 表示从数据库中删除表或者从字段、字段组中删除索引

    D. ALTER TABLE 用于创建表

（34）在 SQL 的 SELECT 语句中，用于实现选择运算的是（　　）。

    A. FOR   B. WHILE   C. IF   D. WHERE

（35）SQL 集数据查询、数据操纵、数据定义和数据控制功能于一体，动词 INSERT、DELETE、UPDATE 实现（　　）。

    A. 数据定义   B. 数据查询   C. 数据操纵   D. 数据控制

（36）SQL 语句不能创建的是（　　）。

    A. 报表   B. 视图   C. 数据表   D. 索引

（37）在 SQL 查询中可直接将命令发送到 ODBC 数据库服务器中的查询是（　　）。

    A. 传递查询   B. 联合查询   C. 数据定义查询   D. 子查询

（38）在 SELECT 语句中，"\"的含义是（　　）。

    A. 通配符，代表一个字符   B. 通配符，代表任意字符

    C. 测试字段是否为 NULL   D. 定义转义字符

2. 填空题

（1）如果要查询"学生"表中年龄在一定范围内的记录，要求用户使用查询时输入区间条件，那么应该采用的查询方式是_____。

（2）如果要将某表中的若干记录删除，应该创建_____查询。

（3）根据对数据源的操作方式和结果的不同，查询可以分为 5 类：选择查询、交叉查询、参数查询、_____和 SQL 查询。

（4）在 Access 中，要在查找条件中设置与任意一个数字字符匹配的条件，可使用的通配符是_____。

第4章 窗　体

本章主要介绍窗体概述、创建窗体、窗体的外观设计与使用和定制系统控制窗体，另外还给出了上机操作实践题及课后的思考练习与测试题。

4.1　窗体概述

4.1.1　窗体的概念和作用

1. 窗体的概念

窗体是 Access 数据库的重要对象之一，它既是管理数据库的窗口，也是用户与数据库交互的桥梁。窗体本身并不存储数据，但应用窗体可以直观、方便地对数据库中的数据进行输入、修改和查看。窗体中包含了多种控件，通过这些控件可以打开报表或其他窗体、执行宏或用 VBA 编写的代码程序。

2. 窗体的作用

窗体是人机对话的重要工具，是用户同数据库系统之间的主要操作接口，是创建数据库应用系统最基本的对象。有数据源的窗体中包含两类信息：一类是设计者在设计窗体时附加的一些提示信息；另一类是处理表或查询的记录，这类信息往往与所处理记录的数据密切相关，当有记录内容变化时，这些信息也随之变化。

窗体的主要作用如下：

1）输入和编辑数据。可以为数据库中的数据表设计相应的窗体作为输入或编辑数据的界面，实现数据的输入和编辑。

2）显示和打印数据。在窗体中可以显示或打印来自一个或多个数据表或查询中的数据，可以显示警告或解释信息。窗体中数据显示的格式相对于数据表或查询更加自由和灵活。

3）控制应用程序流程。窗体能够与函数过程相结合，通过编写宏或 VBA 代码完成各种复杂的处理功能，可以控制程序的执行。

4.1.2　窗体的类型

窗体有多种分类方法，按功能可将窗体划分为数据操作窗体、控制窗体、信息显示窗体和交互信息窗体 4 类。

（1）数据操作窗体

数据操作窗体主要用来对表或查询进行显示、浏览、输入、修改等操作。数据操作窗体又根据数据组织和表现形式的不同分为单窗体、数据表窗体、分割窗体、多项目窗体、数据透视表窗体和数据透视图窗体。

（2）控制窗体

控制窗体主要用来操作、控制程序的运行，它是通过选项卡、按钮、选项按钮等控件对象来响应用户请求的。

（3）信息显示窗体

信息显示窗体主要用来显示信息，以数值或者图表的形式显示信息。

（4）交互信息窗体

交互信息窗体可以是用户定义的，也可以是系统自动产生的。由用户定义的各种信息交互窗体可以接受用户输入、显示系统运行结果等；由系统自动产生的信息交互窗体通常用于显示各种警告、提示信息。

窗体还可以再详细地分为多种类型，常见的有 7 种：纵栏式窗体、表格式窗体、数据表窗体、主 / 子窗体、图表窗体、数据透视表窗体和数据透视图窗体。

4.1.3　窗体的视图

为了能够从不同的角度查看窗体的数据源和显示方式，Access 2010 为窗体提供以下 6 种视图。

（1）窗体视图

窗体视图是最终面向用户的视图，是用于输入、修改或查看数据的窗口，在设计过程中用来查看窗体运行的效果。窗体视图的示例见图 4-1。

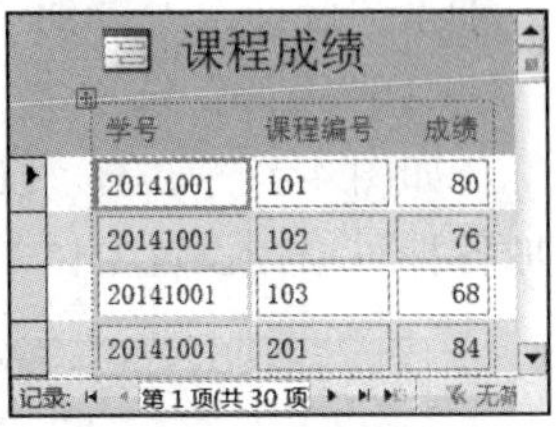

（2）数据表视图

数据表视图不仅是显示数据的视图，也是完成窗体设计后的结果。在该视图中，不但以表格形式显示表、窗体、查询中的数据，而且还可以编辑、添加、修改、查找或删除数据。数据表视图示例见图 4-2。

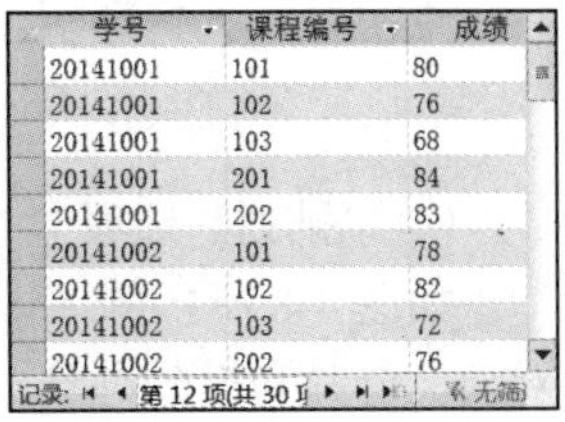

图 4-1　窗体视图示例

（3）数据透视表视图

数据透视表视图主要用于数据的分析和统计。通过指定行字段、列字段和总计字段来形成新的显示数据记录，从而以不同的方法分析数据。数据透视表视图示例见图 4-3。

（4）数据透视图视图

数据透视图视图是将数据的分析和汇总结果以图形化的方式直观显示出来，其作用是进行数据的分析和统计。数据透视图视图示例见图 4-4。

图 4-2　数据表视图示例

图 4-3　数据透视表视图示例

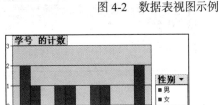

图 4-4　数据透视图视图示例

（5）布局视图

布局视图是 Access 2010 新增加的一种视图，是用于修改窗体最直观的视图。在布局视图中，可以修改窗体设计，也可以根据实际数据调整对象的尺寸和位置，还可以向窗体添加新对象，设置对象的属性。布局视图实际上是处于运行状态的窗体，因此用户看到的数据与窗体视图中的显示外观非常相似。布局视图示例见图 4-5。

（6）设计视图

设计视图用于窗体的创建和修改，用户可以根据需要向窗体中添加对象、设置对象属性，还可以调整窗体的版面布局。窗体设计完成后可以保存并运行。设计视图示例见图 4-6。

图 4-5　布局视图示例　　　　　　　　图 4-6　设计视图示例

在以上 6 种视图中，最常用的是窗体视图、布局视图和设计视图。不同类型的窗体具有不同的视图类型，窗体在不同视图中完成不同的任务，窗体的不同视图之间可以进行相互切换。

4.1.4　"窗体设计工具"选项卡

创建窗体时，会自动打开"窗体设计工具"上下文选项卡，该选项卡包括 3 个子选项卡，分别是"设计"、"排列"和"格式"。

（1）"设计"选项卡

如图 4-7 所示的"设计"选项卡主要用于设计窗体，使用其提供的控件可以向窗体中添加各种对象，设置窗体的主题、页眉和页脚以及切换窗体视图等。

图 4-7　"窗体设计工具 / 设计"选项卡

（2）"排列"选项卡

如图 4-8 所示的"排列"选项卡，主要用于设置窗体的布局，包括创建表的布局、插入对象、合并和拆分对象、设置对象的位置和外观等。

图 4-8　"窗体设计工具 / 排列"选项卡

（3）"格式"选项卡

如图 4-9 所示的"格式"选项卡，主要用于设置窗体中对象的格式，包括选定对象，设置对象的字体、背景、颜色，设置数字格式等。

其中的"设计"选项卡提供设计窗体时用到的主要工具，包括"视图"、"主题"、"控件"、"页眉 / 页脚"以及"工具" 5 个组，这些组的功能如表 4-1 所示。

图 4-9　"窗体设计工具 / 格式"选项卡

表 4-1　"设计"选项卡下各组的基本功能

组名称	功能
视图	直接单击视图按钮，可切换窗体视图和布局视图。单击视图下拉按钮，在弹出的下拉列表中，可以选择进入其他视图
主题	可设置整个系统的视角外观，包括"主题"、"颜色"和"字体"3 个按钮，单击每一个按钮，均可以在弹出的下拉列表中选择命令进行格式设置
控件	是设计窗体的主要工具，由多个控件组成。限于控件大小，在"控件"组中不能一屏显示出所有控件，单击"控件"组右侧下方的"其他"下拉按钮，可以打开"控件"对话框
页眉 / 页脚	用于设置窗体页眉 / 页脚和页面页眉 / 页脚
工具	提供设置窗体及控件属性等的相关工具，包括"添加现有字段"、"属性表"、"Tab 键次序"等按钮，单击"属性表"按钮，可以打开 / 关闭"属性表"窗格

4.2　创建窗体

创建窗体所需的数据源主要是表和查询。创建窗体有 3 种方法：自动创建窗体、利用窗体向导创建窗体和使用设计视图创建窗体。

自动创建窗体和利用窗体向导创建窗体都是根据系统引导完成创建窗体的过程，一般数据操作类的窗体都能由向导创建。使用设计视图创建窗体则根据用户需要自行设计窗体，常见的控制类窗体和交互信息类窗体只能在设计视图下手工创建。

在数据库窗口的"创建"选项卡的"窗体"组中，有多种用于创建窗体的功能按钮。其中包括"窗体"、"窗体设计"和"空白窗体"3 个主要按钮，还有"窗体向导"、"导航"和"其他窗体"3 个辅助按钮，如图 4-10 所示。

窗体组中各按钮的功能如下。

1）窗体。单击该按钮，便可以利用当前打开（或选定）的数据源（表或查询）自动创建窗体。

2）窗体设计。单击该按钮，可以进入窗体的"设计视图"。

图 4-10　"窗体"组

3）空白窗体。单击该按钮，可以快捷地创建一个空白窗体，在这个窗体上能够直接从字段列表中添加绑定型控件。

4）窗体向导。通过提供的向导，建立基于一个或多个数据源的不同布局的窗体。常见的布局有"纵栏表"窗体、"表格"窗体、"数据表"窗体及"两端对齐"窗体。

5）导航。用于创建具有导航按钮的窗体，也称为导航窗体，有如图 4-11 所示的 6 种不同布局格式，它们具有相同的创建方式。

6）其他窗体。可以创建如图 4-12 所示的特定窗体，包含"多个项目"窗体、"数据表"窗体、"分割窗体"、"模式对话框"窗体、"数据透视图"窗体和"数据透视表"窗体。

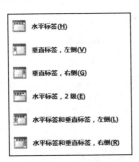

图 4-11　导航

图 4-12　其他窗体

4.2.1　自动创建窗体

Access 提供了多种自动创建窗体的方法。它们的基本步骤都是先在数据库窗口的导航窗格中选定一个表或查询，然后选用某种自动创建窗体的工具创建窗体。

1. 使用"窗体"按钮

这是一种创建窗体的快捷方法，创建的窗体为显示单个记录的窗体。

例 4-1　在"教学管理系统"数据库中，选择课程表为数据源，使用"窗体"按钮创建"课程"窗体。

操作步骤：

① 在"教学管理系统"数据库窗口的"导航"窗格中，选中"课程"表。

② 在"创建"选项卡下，单击"窗体"组中的"窗体"按钮，系统自动生成如图 4-13 所示的窗体。

③ 单击快速访问工具栏上的"保存"按钮，在弹出的"另存为"对话框中，用"课程"作为窗体名称保存。

2. 使用"多个项目"工具

"多个项目"是在窗体上显示多个记录的一种窗体。

例 4-2　在"教学管理系统"数据库中，选择课程成绩表为数据源，使用"多个项目"工具创建"课程成绩"窗体。

操作步骤：

① 在"教学管理系统"数据库窗口的"导航"窗格中，选中"课程成绩"表。

② 在"创建"选项卡下，单击"窗体"组中的"其他窗体"按钮，在弹出的下拉列表中选择"多个项目"选项。此时，系统自动生成如图 4-14 所示的窗体。

③ 单击快速访问工具栏上的"保存"按钮，在弹出的"另存为"对话框中，用"课程成绩"作为窗体名称保存。

图 4-13　使用"窗体"按钮创建的课程窗体

图 4-14　使用"多个项目"创建的课程成绩窗体

3. 使用"分割窗体"工具

"分割窗体"是用于创建一种具有两种布局形式的窗体。窗体上方是单一记录纵栏式布局方式，窗体下方是多个记录数据表布局方式。这种分割窗体便于浏览记录，既可宏观上浏览多条记录，又可微观上明细地浏览某条记录。

例 4-3　在"教学管理系统"数据库中，选择开班信息表为数据源，使用"分割窗体"工具创建"开班信息"窗体。

操作步骤：

① 在"教学管理系统"数据库窗口的"导航"窗格中，选中"开班信息"表。

② 在"创建"选项卡下，单击"窗体"组中的"其他窗体"按钮，在弹出的下拉列表中

选择"分割窗体"选项。此时，系统自动生成如图4-15所示的窗体。

　　③ 单击快速访问工具栏上的"保存"按钮，在弹出的"另存为"对话框中，用"开班信息"作为窗体名称保存。

4. 使用"模式对话框"工具

"模式对话框"窗体是一种交互信息窗体，带有"确定"和"取消"功能两个命令按钮。这类窗体的特点是，其运行方式是独占的，在退出窗体之前不能打开或操作其他数据库对象。

例4-4　创建一个如图4-16所示的"模式对话框"窗体。

操作步骤：

　　① 在"教学管理系统"数据库窗口的"创建"选项卡下，单击"窗体"组中的"其他窗体"按钮，弹出下拉列表。

　　② 在下拉列表中选择"模式对话框"选项，系统自动生成"模式对话框"窗体。

图4-15　使用"分割窗体"创建开班信息窗体

图4-16　"模式对话框"窗体

4.2.2　创建图表窗体

　　使用"其他按钮"工具可以创建图表窗体。这种窗体包括数据透视表窗体和数据透视图窗体，它们能够用更加直观的图表方式显示记录和各种统计分析的结果。

1. 创建数据透视表窗体

数据透视表是一种特殊的表，用于进行数据计算和分析。

　　例4-5　在"教学管理系统"数据库中，以学生表为数据源，创建计算各班级男女生人数的"数据透视表"窗体。

操作步骤：

　　① 在"教学管理系统"数据库窗口的导航窗格中选中"学生"表。

　　② 在"创建"选项卡下，单击"窗体"组中的"其他窗体"按钮，在弹出的下拉列表中选择"数据透视表"选项，打开数据透视表的设计界面，单击"显示/隐藏"组中的"字段列表"按钮，显示"数据透视表字段列表"，如图4-17所示。

图4-17　"数据透视表"设计窗口

　　③ 将"数据透视表字段列表"中的"班级"字段拖到"行字段"区域，将"性别"字段拖到"列字段"区域，选中"学号"字段，在右下角的下拉列表中选择"数据区域"，单击"添加到"按钮，如图4-18所示。

　　④ 单击快速访问工具栏上的"保存"按钮，在弹出的"另存为"对话框中用"各班男女人数数据透视表"作为窗体名称保存。

图4-18　"学生"数据透视表

　　数据透视表的内容可以导出到Excel，只需单击"数据透视表工具/设计"选项卡中"数据"组中的"导出到 Excel"按钮，系统将启动 Excel 并自动生成表格，以将其保存为 Excel 文件。

2. 创建数据透视图窗体

数据透视图是以图形的方式显示数据汇总和统计结果，可以直观地反映数据分析信息，形象地表达数据的变化。

例 4-6 在"教学管理系统"数据库中，以学生表为数据源，创建计算各班级男女生人数的"数据透视图"窗体。

操作步骤：

① 在"教学管理系统"数据库窗口的"导航"窗格中选中"学生"表。

② 单击"创建"选项卡"窗体"组中的"其他窗体"按钮，在弹出的下拉列表中选择"数据透视图"选项，打开数据透视图的设计界面，单击"显示 / 隐藏"组中的"字段列表"按钮，显示"图表字段列表"，如图 4-19 所示。

③ 在"图表字段列表"中，将"班级"字段拖到"分类字段"区域，将"性别"字段拖到"系列字段"区域，将"学号"字段拖到"数据字段"区域，关闭"图表字段列表"，如图 4-20 所示。

④ 单击快速访问工具栏上的"保存"按钮，在弹出的"另存为"对话框中用"各班男女人数数据透视图"作为窗体名称保存。

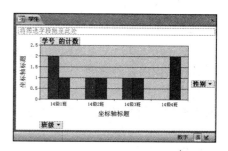

图 4-19 "数据透视图"设计窗口   图 4-20 "学生"数据透视图

4.2.3 使用"空白窗体"按钮创建窗体

在使用"空白窗体"按钮创建窗体的同时，系统自动打开用于窗体的数据源表，用户可以根据需要将表中的字段拖到窗体上，从而完成窗体创建的工作。

例 4-7 使用"空白窗体"按钮，创建基于"教师"表和"开班信息"表的窗体，用来显示所有教师的教师编号、姓名、职称、系别和教学班编号。

操作步骤：

① 在"教学管理系统"数据库窗口，单击"创建"选项卡"窗体"组中的"空白窗体"按钮，打开"空白窗体"，同时打开"字段列表"窗格。

② 单击"字段列表"窗格中的"显示所有表"链接，显示当前数据库的所有表；单击"教师"表左侧的"+"，展开"教师"表所包含的字段。

③ 依次双击"教师"表中的"教师编号"、"姓名"、"职称"和"系别"字段，以添加到空白窗体中，且立即显示"教师"表中的第一条记录。同时，"字段列表"窗格的布局从一个窗格变为两个小窗格："可用于此视图的字段"和"相关表中的可用字段"，如图 4-21 所示。

④ 在"相关表中的可用字段"小窗格中，单击"开班信息"表左侧的"+"，从展开的"开

班信息"表所包含的字段中，双击"教学班编号"，将其添加到窗体中。

⑤ 关闭"字段列表"窗格，调整控件布局，保存该窗体，窗体名称为"教师开班信息"，生成的窗体如图 4-22 所示。

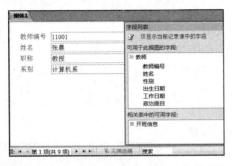 

图 4-21　添加字段后的空白窗体及字段列表　　　　图 4-22　"教师开班信息"窗体

4.2.4　使用向导创建窗体

使用向导创建窗体与自动创建窗体有所不同。使用向导创建窗体时，需要在创建过程中选择数据源，并且可以进行字段的选择，设置窗体的布局等。使用窗体向导可以创建数据浏览和编辑窗体，窗体的类型可以是纵栏式、表格式数据表，其创建的过程基本相同。

使用窗体向导不但可以创建基于一个数据源的窗体，而且也可以创建基于多个数据源的"主子窗体"。

例 4-8　使用窗体向导创建基于"学生"表和"课程成绩"表的主子窗体，用来显示所有学生的学号、姓名、课程编号和成绩。窗体名为"学生课程成绩"，子窗体名为"成绩"。

操作步骤：

① 在"教学管理系统"数据库窗口的"创建"选项卡下，单击"窗体"组中的"窗体向导"按钮，打开窗体向导的第 1 个对话框。

② 在"表 / 查询"下拉列表中，选择学生表，将学号、姓名字段添加到"选定字段"列表中；使用相同方法将课程表中的课程编号、成绩字段添加到"选定字段"列表中。选择结果如图 4-23 所示。单击"下一步"按钮打开窗体向导的第 2 个对话框。

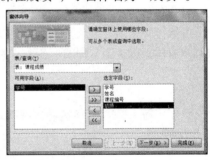

图 4-23　选定字段

③ 在"请确定查看数据的方式"列表框中，选择"通过学生"；选中"带有子窗体的窗体"单选按钮，设置结果如图 4-24 所示。单击"下一步"安钮，打开窗体向导第 3 个对话框。

④ 在"请确定子窗体使用的布局"框中，选中"数据表"单选按钮，如图 4-25 所示。单击"下一步"按钮，在打开的窗体向导的最后一个对话框中，指定窗体名称及子窗体名称分别为"学生课程成绩"和"成绩"。

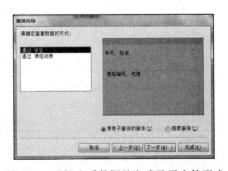

图 4-24　选择查看数据的方式及子窗体形式

⑤ 单击"完成"按钮，创建的窗体如图 4-26 所示。

在创建窗体的各种方法中，更多的时候是使用窗体设计视图来创建窗体，这种方法更自主、更灵活。

4.3 在设计视图中创建窗体

使用窗体向导可以快速地创建窗体，但只能创建一些简单窗体，这在实际应用中不能满足用户需求，而且某些类型的窗体无法用向导创建。例如，在窗体中添加各种按钮，打开 / 关闭 Access 数据库对象，实现数据检索等，这些功能只能通过自定义窗体来实现。利用窗体设计视图可以进行自定义窗体的创建。窗体设计视图不仅可以用来创建窗体，还可以对已有的窗体进行修改和编辑。

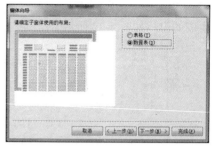

图 4-25 确定子窗体使用的布局

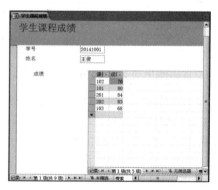

图 4-26 主子窗体的创建结果

4.3.1 窗体的设计视图

在数据库窗口"创建"选项卡下，单击"窗体"组中的"窗体设计"按钮，打开窗体的设计视图。窗体设计视图由多部分组成，每个部分称为一个"节"，默认情况下，窗体设计视图只显示如图 4-27 所示的主体节。若要显示其他节，可以用鼠标右键单击主体节的标题栏或空白区域，在弹出的快捷菜单中选择"窗体页眉 / 页脚"和"页面页眉 / 页脚"，以展开其他节，如图 4-28 所示。

1. 窗体的节

窗体设计区域用于设计窗体的细节，通常一个窗体由主体、窗体页眉、页面页眉、页面页脚及窗体页脚 5 个节构成，各个节的功能如表 4-2 所示。

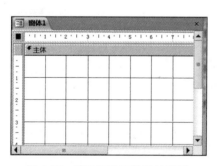

图 4-27 默认下的窗体设计视图

图 4-28 展开的窗体设计视图

表 4-2 窗体各节的功能

节名称	功能
窗体页眉	位于窗体的顶部，一般用于设置窗体的标题、窗体使用说明或打开相关窗体及执行其他功能的命令按钮。打印时，窗体页眉显示在第一页的顶部
页面页眉	一般用来设置窗体在打印时的页头信息。例如，标题、列标题、日期和页码等用户要在每一页的顶部显示的内容

（续）

节名称	功能
主体	通常用来显示记录数据，可以在屏幕或页面上只显示一条记录，也可显示多条记录
页面页脚	用来设置窗体在打印时的页脚信息。例如，日期、页码或要在每一页下方显示的内容
窗体页脚	位于窗体底部，用于显示对所有记录都要显示的内容、使用命令的操作说明等信息，也可以设置命令按钮，以便进行必要的控制

在窗体中合理地使用页眉和页脚可以增加窗体的美化效果，更能使窗体的结构和功能清晰，使用起来更方便、更舒适。

2. 控件

控件是放置在窗体中的图形对象，主要用于输入数据、显示数据、执行操作及修饰窗体。当打开窗体设计视图时，系统会自动显示"窗体设计工具"上下文选项卡，"控件"组位于"设计"子选项卡中。选择相应的控件并在窗体中拖动即可在窗体中添加相应的对象。

3. 为窗体添加数据源

当使用窗体对表的数据进行操作时，需要为窗体添加数据源，数据源可以是一个或多个表或查询。为窗体添加数据源的方法有以下两种。

（1）使用"字段列表"添加数据源

在数据库窗口的"创建"选项卡下，单击"窗体"组中的"窗体设计"按钮，系统会创建一个名为"窗体1"的窗体，并进入窗体设计视图。在"窗体设计工具／设计"选项卡下的"工具"组中，单击"添加现有字段"按钮，可以打开"字段列表"窗格，如图4-29 a 所示。单击"显示所有表"，列出当前数据库中的所有表，如图4-29 b 所示。单击表名称（例如，教师）左侧的"+"，可以展开该表所包含的字段，如图4-29 c 所示。

如果需要在窗体内使用一个控件来显示字段列表中的某字段值，可以将该字段拖到窗体内，系统会根据字段的数据类型自动创建相应类型的控件，并与此字段关联。例如，拖到窗体内的字段是"文本"型，表示将创建一个文本框来显示此字段值。需要说明的是，只有当窗体绑定了数据源后，"字段列表"才有效。

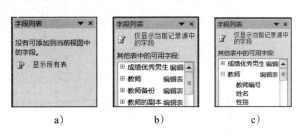

a)　　　　　　　　b)　　　　　　　　c)

图 4-29　"字段列表"窗格示例

例 4-9　依据"教学管理系统"数据库中的"学生"表，使用窗体设计视图，创建名称为"学生窗体"的窗体，该窗体包含"学号"、"姓名"、"性别"、"系别"、"班级"、"出生日期"和"简历"字段。

操作步骤：

① 在数据库窗口的"创建"选项卡下，单击"窗体"组中的"窗体设计"按钮，打开窗体设计视图。

② 在打开的"窗体设计工具／设计"选项卡下，单击"工具"组中的"添加现有字段"按钮，在窗体"设计视图"右侧出现"字段列表"窗格，单击"学生"表前面的"+"号，在展开的字段列表中，依次双击放置到设计视图中的"学号"、"姓名"、"性别"、"系别"、"班级"、"出生日期"和"简历"字段，这些字段以文本框的形式按顺序排列在主体节中，如图4-30 所示。

③ 切换到窗体视图，单击快速访问工具栏的"保存"按钮，在"另存为"对话框中输入

窗体的名称"学生窗体"，单击"确定"按钮完成窗体创建，结果如图4-31所示。

图4-30 使用"设计视图"创建窗体　　　图4-31 创建学生窗体的效果

（2）使用"属性表"添加数据源

使用"属性表"添加数据源的操作步骤如下。

① 打开窗体"设计视图"，在"窗体设计工具/设计"选项卡的"工具"组中，单击"属性表"按钮，打开"属性表"窗格，如图4-32所示。

② 在窗体的"属性表"窗格中，选择"数据"选项卡，单击"记录源"属性右侧框的下拉按钮，从弹出的下拉列表框中选择需要的表或查询。如果需要创建新的数据源，可以单击"记录源"右侧的按钮 ⋯，打开"查询生成器"窗口，如图4-33所示，与查询设计类似，用户可以根据需要创建新的数据源。

以上两种创建数据源的方法在数据源的选取上有一定的差别。使用"字段列表"添加的数据源只能是表，而使用"属性表"添加的数据源可以是表也可以是查询。

图4-32 "属性表"窗格

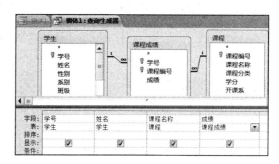

图4-33 "查询生成器"窗口

4.3.2 控件

控件是构成窗体的基本元素，在窗体中，数据的输入、查看、修改以及对数据库中各种对象的操作都是通过控件来实现的。用户要设计出满意的窗体，就需要熟练地掌握控件的基本知识。

1. 控件的定义和属性

控件是放置在窗体上的一个图形对象，窗体就像一个容器，它里面可以放置不同的控件。控件在窗体中起着显示数据、执行操作和修饰窗体的作用。例如，在窗体中使用文本框显示数据，使用命令按钮打开另一个窗体，使用线条或矩形来分隔与组织控件，以增强它们的可读性等。

控件的属性用来描述控件的特征或状态，例如，文本框的高度、宽度以及文本框中显示的信息，每个属性用一个属性名来标识。当控件的属性发生改变时，会影响到它的状态。

2. 控件的类型

根据控件的用途以及与数据源的关系，可以将控件分为绑定型、未绑定型和计算型 3 种类型。

（1）绑定型控件

控件与数据源的字段列表结合在一起，使用绑定型控件输入数据时，Access 自动更新当前记录中与绑定型控件相关联的表字段值。大多数允许输入信息的控件都是绑定型控件。可以和控件绑定的字段类型包括"文本"、"数值"、"日期"、"是/否"、"图片"和"备注"。

（2）未绑定型控件

控件与表中的字段无关联，当使用非绑定控件输入数据时，可以保留输入的值，但是不会更新表中字段的值。非绑定控件用于显示文本、图像和线条。

（3）计算型控件

计算型控件与含有数据源字段的表达式相关联，表达式可以使用窗体或报表中的数据源的字段值，也可以使用窗体或报表中其他控件内的数据。计算型控件属于非绑定型控件，所以，它不会更新表中的字段值。

3. 常用控件的功能

常用的窗体控件有 21 种，其控件名称和主要功能如表 4-3 所示。

表 4-3　常用控件的名称及功能

按钮	名称	主要功能
	选择	用于选择节、窗体、控件、移动控件或改变尺寸
	控件向导	用于打开或关闭"控件向导"
Aa	标签	用于显示说明性文本的控件，如窗体上的标题或指示文字
	文本框	用来显示、输入或编辑数据源数据以及显示计算结果或接受用户输入
	选项组	与复选框、选项按钮或切换按钮配合使用，可以显示一组可选项
	切换按钮	作为独立绑定到"是/否"字段，或作为未绑定控件与选项组配合使用
	选项按钮	作为独立绑定到"是/否"字段，或作为未绑定控件与选项组配合使用
	复选框	作为独立绑定到"是/否"字段，或作为未绑定控件与选项组配合使用
	组合框	该控件具有列表框和文本框的特性，既可以在文本框中输入，也可以在列表框中选择输入项，然后将值添加到基础字段中
	列表框	显示可以滚动的数值列表，供用户选择输入数据
	按钮	用于执行某些操作，如查找记录、打印记录或应用窗体筛选
	图像	用于在窗体或报表中显示静态图片
	未绑定图像	用于在窗体或报表中显示未绑定 OLE 对象（包括声音、图像、图形等）
	绑定图像	用于在窗体或报表中显示绑定 OLE 对象（包括声音、图像、图形等）
	插入分页符	用于在窗体或报表上开始新的一页
	选项卡	用于创建一个多页选项卡窗体或多页选项卡对话框
	子窗体/子报表	用于在窗体或报表中显示来自多个表的数据
＼	直线	用于在窗体或报表中突出相关的或特别重要的信息
	矩形	显示图形效果，例如在窗体中将一组相关的控件组织在一起
	ActiveX 控件	是由系统提供的可重用的软件组件。使用 ActiveX 控件可以很快地在窗体中创建具有特殊功能的控件
	超链接	创建指向网页、图片、电子邮件地址或程序的链接

4.3.3 窗体和控件的属性

窗体及其窗体上的各种控件都有着丰富的属性，这些属性反映了控件对象的状态和各个方面的特性。设置对象的属性是在对象的属性表中进行的。要对窗体或窗体上的某个对象设置属性，先要选中这个对象，然后在"窗体设计工具 / 设计"选项卡的"工具"组中，单击"属性表"按钮，打开"属性表"窗格，如图 4-34 所示。

窗体和控件的属性表分为"格式"、"数据"、"事件"、"其他"和"全部"5 个类别，分别对应"属性表"窗格中的同名选项卡。其中常用的属性类别是"格式"、"数据"和"事件"，而"全部"类别则把前面 4 个属性类别的所有属性项目集中在一起。

1. 格式属性

格式属性用来设置对象的外观，如高度、宽度和位置等。通常格式属性都设置了初始值，而其他属性通常没有，用户可以修改已有的属性值或添加属性值来改变所选对象的状态和行为。如表 4-4 所示的是窗体的常用格式属性。格式属性示例见图 4-34 a。

表 4-4　窗体的常用格式属性及其取值含义

属性名称	属性值	作用
标题	字符串	设置窗体标题所显示的文本
默认视图	连续窗体、单个窗体、数据表、数据透视表、数据透视图、分割窗体	决定窗体的显示形式
滚动条	两者均无、水平、垂直、水平和垂直	决定窗体是否具有滚动条或滚动条的形式
记录选定器	是 / 否	决定窗体是否具有记录选定器
浏览按钮	是 / 否	决定窗体是否具有记录浏览按钮
分割线	是 / 否	决定窗体是否显示窗体各个节间的分割线
自动居中	是 / 否	决定窗体显示时是否在 Windows 窗口中居中
控制框	是 / 否	决定窗体显示时是否显示控制框

2. 数据属性

窗体的数据属性组中的属性主要用来指定窗体的数据源以及可对数据进行的操作。在"记录源"属性中，可指定窗体所绑定的表或查询，另外还可以指定筛选和排序的字段，如表 4-5 所示。数据属性示例见图 4-32。

表 4-5　窗体常用的数据属性及其取值含义

属性名称	属性值	作用	属性名称	属性值	作用
记录源	表或查询	指明窗体的数据源	允许编辑	是 / 否	决定窗体运行时是否允许对数据进行编辑修改
筛选	字符串表达式	表示从数据源筛选数据的规则	允许添加	是 / 否	决定窗体运行时是否允许对数据进行添加
排序依据	字符串表达式	指定记录排序规则	允许删除	是 / 否	决定窗体运行时是否允许对数据进行删除

3. 事件属性

允许为一个对象发生的事件指定宏命令和编写事件过程代码。如一个命令按钮的"单击"事件发生，将触发与之关联的宏或事件过程运行，来完成特定的任务。

控件事件属性的设置将在宏的有关部分介绍。事件属性示例见图 4-34 b。

4. 其他属性

其他属性有："名称"和"Tab 键索引"等，"名称"属性用来设置控件的名称，使控件可以在其他地方被引用，但是窗体没有"名称"属性；"Tab键索引"属性用来设定控件的<Tab>键次序。示例见图4-34 c。

4.3.4　向窗体中添加控件

向窗体中添加控件的步骤如下：

1）在数据库窗口新建窗体或打开已有窗体的设计视图。

2）在"窗体设计工具/设计"选项卡下的"控件"组中，单击所需要的控件。

3）单击窗体的空白处将会

图4-34　属性表窗格的格式、事件和其他选项卡

在窗体中创建一个默认尺寸的对象，或者直接拖曳鼠标在鼠标画出的矩形区域内创建一个对象，还可以将数据源中字段列表中的字段直接拖曳到窗体中，用这种方法，可以创建绑定型文本框和与之关联的标签。

4）设置对象的属性。

在常用的21种窗体控件中，比较重要的是文本框、标签、选项组、组合框、列表框、按钮、复选框、选项按钮、切换按钮、选项卡、图像控件等。

1. 文本框控件

文本框控件既可以用来显示指定的数据，又可以用来输入或编辑数据。文本框控件分为3种类型：绑定型（结合型）、未绑定型（非结合型）和计算型。

绑定型文本框与表或查询中的字段相关联，用来显示其中的数据，并能对内容进行修改。在设计视图中，绑定型文本框显示表或查询中具体字段的名称。

未绑定型文本框并不链接到表或查询的字段，在设计视图中以"未绑定"字样显示，通常用来显示提示信息或接受用户数据输入。

计算型文本框用来放置计算表达式以显示表达式的结果。如在文本框中输入"=Date( )"，则此文本框为计算型文本框，并在文本框中显示当前系统日期。

2. 标签控件

使用标签控件主要是在窗体上显示一些说明和注释性的文字，此标签称为独立标签。另外，在创建除标签外的其他控件时，将同时创建一个标签到该控件上，此标签为附加标签，如文本框、组合框都有一个附加标签。

3. 选项组控件

选项组控件是一个容器控件，它里面可以放置选项按钮、复选框或切换按钮。选项组使选择某一组确定的值变得十分容易，因为只要单击选项组中所需的值，就可以为字段选定数据值。在选项组中每次只能选择一个选项。

如果选项组绑定了某个字段，则只有"组框架"本身绑定此字段，而不是"组框架"内的复选框、选项按钮或切换按钮。选项组可以设置为表达式或未绑定选项组，也可以在自定义对话框中使用未绑定选项组来接收用户的输入，然后根据输入的内容来执行相应的操作。

4. 组合框与列表框控件

组合框能够将一些内容罗列出来供用户选择。组合框分为绑定型与未绑定型两种。如果要保存在组合框中选择的值，一般创建绑定型组合框；如果要使用组合框中选择的的值来决定其控件的内容，就需要建立一个未绑定型组合框。

列表框也分为绑定型与未绑定型两种。绑定型列表框与表的一个字段链接起来，在"设计视图"中一定显示的是该字段的名称，而在"窗体视图"中，当选择下一条记录时，列表框的值也随着变化。在窗体上创建未绑定型列表框主要是为了通过选择列表框中的列表值来决定窗体上查询的内容。

窗体中的列表框可以包含一列或几列数据，用户只能从列表中选择值，而不能输入新值。

组合框控件是列表框和文本框的组合，其值可以通过输入或单击箭头从下拉列表中选择。

区别：组合框占用较少的空间，可以在其中输入新值，也可从列表中选择值。而列表框中不可以添加新值。列表框的列表随时可见，而组合框的列表在打开后才显示内容。

5. 命令按钮控件

通过单击窗体上的命令按钮控件，可以完成特定的操作，以控制程序的运行。如显示下一条记录、关闭窗口等。命令按钮执行的操作分为六大类：记录导航、记录操作、窗体操作、报表操作、应用程序和杂项。使用 Access 提供的"命令按钮向导"可以创建 30 多种不同类型的命令按钮。

6. 复选框、选项按钮和切换按钮

复选框、选项按钮和切换按钮控件作为单独的控件用来显示表或查询中的"是 / 否"值。当选中复选框或选项按钮时，设置"是"，否则为"否"。对于切换按钮，如果单击它，其值为"是"，否则为"否"。

7. 选项卡控件

当窗体中的内容较多而无法在一页全部显示时，可以使用选项卡进行分页，操作时只需单击选项卡上的标签，就可以在多个页面间进行切换。"选项卡控件"主要用于将多个不同格式的数据操作封装在一个选项卡中，或者说，它能够在一个选项卡中包含"多页数据操作"窗体，而且在每页窗体中又可以包含若干控件。

8. 图像控件

在窗体中用图像控件显示图片等，可以使窗体更加美观。图像控件包含图片、图片类型、超链接地址、可见性、位置及大小等属性。

4.3.5　控件的基本操作

在设置窗体过程中，需要调整控件的大小、排列或对齐控件，以使界面有序美观。调整控件的基本操作包括选择控件、移动控件、调整控件大小、删除控件、对齐控件和调整间距等。

1. 选择控件

要调整控件首先要选定控件。在选定控件后，控件的四周会出现 8 个小方块状的控制柄。其中，左上角的控制柄，由于作用特殊，所以比较大。使用控制柄，可以调整控件的大小、移动控件的位置。选定控件的操作有以下几种。

1）选择一个控件。用鼠标左键单击该对象。

2）选择多个不相邻控件。按住 Shift 键，用鼠标分别单击要选择的控件。

3）选择多个相邻控件。从空白处拖动鼠标左键拉出一个虚线框，虚线框所包围的控件全部被选中。

4）选择所有控件。按 Ctrl + A 组合键。

5）选择一组控件。在垂直标尺或水平标尺上，按下鼠标左键，这时出现一条竖直线（或

水平线），松开鼠标后，直线所经过的控件全部选中。

2. 移动控件

可以使用鼠标或键盘来移动控件。当使用鼠标移动控件时，首先选中要移动的一个或多个控件，然后按住鼠标左键移动。当鼠标放在所选中控件的左上角以外的其他地方时，会出现一个十字箭头，此时拖动鼠标即可移动选中的控件。这种移动是将相关联的两个控件同时移动。将鼠标放在所选中控件的左上角的控制柄上，拖动鼠标能独立地移动控件本身。

3. 调整控件大小

调整控件大小的方法有两种：使用鼠标和使用"属性表"窗格。

1）使用鼠标。将鼠标放在控件的控制柄上，待鼠标指针呈双向箭头形状时，沿箭头方向拖动可改变控件大小。当选中多个控件时，拖动鼠标可以改变多个控件的大小。

2）使用"属性表"窗格。打开"属性表"窗格，在"格式"选项卡的"高度"、"宽度"、"左"和"上边距"中输入所需的值。

4. 删除控件

先选中需要删除的控件，然后按 Del 或 Delete 键。

5. 对齐控件

当窗体中有多个控件时，控件的排列布局不仅直接影响窗体的美观，而且还影响工作效率。使用鼠标拖动来调整控件的对齐是常用的方法，但是这种方法效率低，很难达到理想的效果。对齐控件的快捷方法是使用系统提供的"控件对齐方式"命令。

操作步骤：

① 选中需要对齐的多个控件。

② 在"窗体设计工具 / 排列"选项卡下，单击"调整大小和排列"组中的"对齐"按钮，在弹出的下拉列表中，根据需要选择"对齐网格"、"靠左"、"靠右"、"靠上"及"靠下"中的一种对齐方式。

6. 调整间距

操作步骤：

① 选中需要调整水平或垂直间距的多个控件。

② 在"窗体设计工具 / 排列"选项卡下，单击"调整大小和排列"组中的"大小 / 空格"按钮，在弹出的下拉列表中，根据需要选择"水平相等"、"水平增加"、"水平减少"、"垂直相等"、"垂直增加"及"垂直减少"等按钮。

4.3.6　在窗体中创建各种控件

1. 创建文本框控件示例

例 4-10　在"教学管理系统"数据库中，创建"密码示例"窗体，在该窗体中添加两个文本框控件，用来显示当前系统日期和输入密码。

操作步骤：

① 单击"创建"选项卡的"窗体"组中的"窗体设计"按钮，打开窗体设计视图。

② 在"窗体设计工具 / 设计"选项卡的"控件"组中，单击"文本框"按钮，然后将光标移到窗体上，按住鼠标左键拖动鼠标画出一个大小适当的文本框，这时打开"文本框"向导对话框，如图 4-35 所示。

③ 在"文本框"向导对话框中，单击"下一步"按钮，打开"输入法模式设置"对话框，如图 4-36 所示。在此对话框中的"输入法模式设置"下拉列表中，有"随意"、"输入法开启"

和"输入法关闭"3 个可选项。如果在文本框中输入汉字,可选"输入法开启";如果在文本框中输入英文和数字,可选择"输入法关闭"或随意。

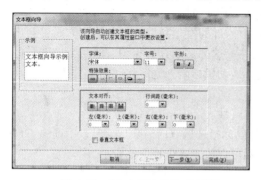   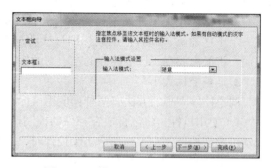

图 4-35 "文本框向导"对话框   图 4-36 "输入法模式设置"对话框

④ 在"输入法模式设置"对话框中,单击"下一步"按钮,打开"文本框准备就绪"对话框。在该对话框的"请输入文本框的名称"框中输入"输入密码",单击"完成"按钮,文本框创建完成,返回到设计视图中。

⑤ 用鼠标右键单击文本框控件,在弹出的快捷菜单中,选择"属性",打开"属性表"窗格,选择"数据"选项卡,单击"输入掩码"属性项右侧的"生成器"按钮,如图 4-37 所示。

⑥ 在打开的"输入掩码"向导对话框中,选择"密码",然后单击"完成"按钮,返回到文本框"属性表"窗格,在输入掩码框中显示属性值为"密码"。

图 4-37 "输入密码"文本框属性表

⑦ 仿照上述②～⑥的步骤,在窗体中添加第二个文本框,然后第二个文本框的"属性表"窗格中选择"全部"选项卡,在"名称"框和"控件来源"框中,分别输入属性值"当前日期"和表达式"=Date( )",设置"格式"属性为"长日期",如图 4-38 所示。

⑧ 在"窗体设计工具 / 设计"选项卡的"视图"组中单击"视图"按钮,把窗体从"设计视图"切换到"窗体视图",在"当前日期"文本框中显示当前系统日期(例如,2015 年 8 月 22 日)。在"输入密码"文本框中输入密码(例如,123456)后显示"******"。

图 4-38 "当前日期"文本框属性表

⑨ 单击快速访问工具栏上的"保存"按钮,在弹出的"另存为"对话框中,保存窗体名称为"密码示例",该窗体的效果如图 4-39 所示。

2. 创建标题示例

例 4-11 对"密码示例"窗体添加窗体标题为"密码举例"。

操作步骤:

① 打开"密码示例"窗体,切换到窗体"设计视图"。

② 在"窗体工具 / 设计"选项卡的"页眉 / 页脚"组中,单击"标题"按钮,则在窗体中自动添加"窗体页眉 / 页脚"节,同时在窗体页眉中立即显示窗体的默认标题"密码示例"。

③ 修改标题为"密码举例"，使用"窗体工具 / 格式"选项卡"字体"组中的有关工具按钮，将"密码举例"设置为隶书、加粗、20 磅，如图 4-40 所示。

图 4-39　"密码示例"窗体的效果

图 4-40　添加标题

3. 创建选项组控件示例

例 4-12　在"教学管理系统"数据库中，创建"教师信息查询"窗体，并在该窗体中添加教师"职称"选项组。为了将"职称"字段设计为选项组，需要先将包括"职称"在内的有关字段拖至窗体中，待选项组创建后再将"职称"字段从窗体中删除。

操作步骤：

① 在"教学管理系统"数据库窗口的"创建"选项卡的"窗体"组中，单击"窗体设计"按钮，创建"教师信息查询"窗体。

② 在"窗体设计工具 / 设计"选项卡的"工具"组中，单击"添加现有字段"按钮，打开"字段列表"窗格，在该窗格中展开所有表，从中找出"教师"表并单击其前面的"+"号，展开"教师"表的所有字段。

③ 将教师编号、姓名、性别、出生日期、工作日期、政治面目、职称、学历及联系电话等字段拖至窗体中，如图 4-41 所示。

图 4-41　"教师信息查询"窗体包含的字段

④ 单击"控件"组中的"选项组"按钮，在窗体上单击要放置选项组的左上角位置，打开选项组向导第 1 个对话框，在该对话框的"标签名称"框中分别输入"教授"、"副教授"、"讲师"、"助教"，结果如图 4-42 所示。

⑤ 单击"下一步"按钮，打开选项组向导第 2 个对话框，在该对话框中确定是否需要默认选项，选择"是"，并指定"讲师"为默认项，如图 4-43 所示。

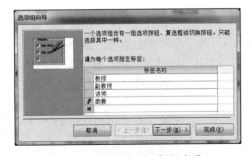

图 4-42　设置选项组标签名称

图 4-43　设置默认项

⑥ 单击"下一步"按钮，打开选项组向导第 3 个对话框，在该对话框中设置"教授"的

值为 1, "副教授"的值为 2, "讲师"的值为 3, "助教"的值为 4, 如图 4-44 所示。

　　⑦单击"下一步"按钮, 打开选项组向导第 4 个对话框, 在该对话框中选中"在此字段中保存该值", 并在右侧下拉列表中选择"职称"字段, 如图 4-45 所示。

　　⑧单击"下一步"按钮, 打开选项组向导第 5 个对话框, 在该对话框中选择"选项按钮"及"蚀刻"按钮样式, 如图 4-46 所示。

　　⑨单击"下一步"按钮, 打开选项组向导最后一个对话框, 在该对话框中的"请为选项组指定标题"文本框中输入选项组标题: "职称:", 然后单击"完成"按钮。

　　⑩删除窗体上已放置的"职称"字段控件, 然后对所建选项组进行调整, 结果如图 4-47 所示。

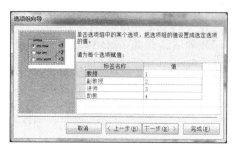

图 4-44　设置选项值

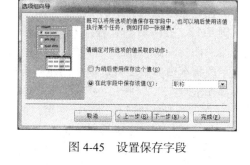

图 4-45　设置保存字段

图 4-46　选择选项组中使用的控制类型

图 4-47　创建"选项组"

4. 创建绑定型组合框控件示例

　　例 4-13　在前面建立的"教师信息查询"窗体中, 创建"政治面目"组合框。

　　创建绑定型组合框前, 需要确认窗体源中包含"政治面目"字段, 否则要将"政治面目"字段添加到窗体中, 待组合框创建完毕时再将其删除。此处的"教师信息查询"窗体中已经包含了"政治面目"字段。

　　操作步骤:

　　①在"教学管理系统"数据库窗口, 用设计视图打开"教师信息查询"窗体。

　　②在"窗体设计工具 / 设计"选项卡的"控件"组中单击"组合框"按钮, 在窗体上单击要放置"组合框"的位置, 打开"组合框向导"第 1 个对话框, 选择"自行键入所需的值"单选按钮, 如图 4-48 所示。

　　③单击"下一步"按钮, 打开"组合框向导"第 2 个对话框, 在该对话框中的"第 1 列"列表中依次输入"党员"、"群众", 如图 4-49 所示。

　　④单击"下一步"按钮, 打开"组合框向导"第 3 个对话框, 选择"将该数值保存在这个字段中"单选按钮, 并单击右侧的下拉按钮, 从打开的下拉列表中, 选择"政治面目"字

段，如图 4-50 所示。

⑤ 单击"下一步"按钮，打开"组合框向导"第 4 个对话框，在"请为组合框指定标签"文本框中输入"政治面目："作为该组合框的标签，单击"完成"按钮返回窗体设计视图。

⑥ 删除已放置"政治面目"的文本框，然后对所建组合框进行调整，如图 4-51 所示。

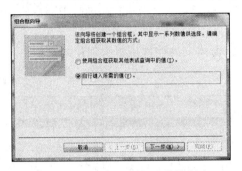

图 4-48　确定组合框获取数值方式

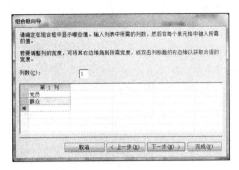

图 4-49　设置组合框中显示值

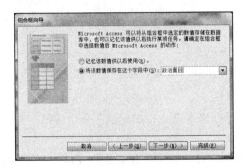

图 4-50　选择保存的字段

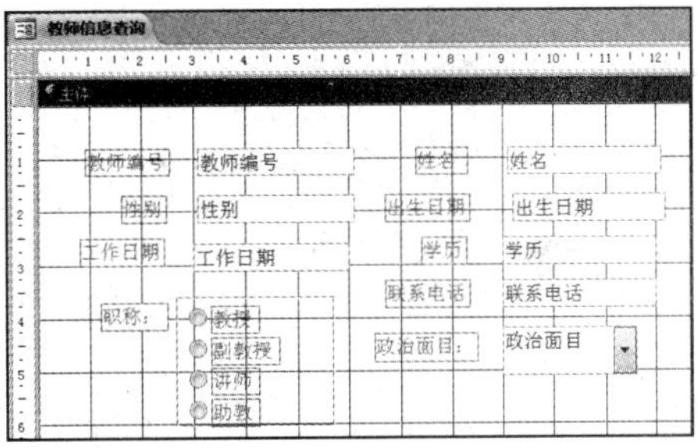

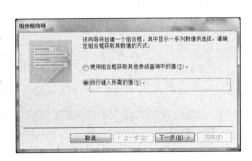

图 4-51　创建"组合框"

5. 创建绑定型列表框示例

例 4-14　在上面建立的"教师信息查询"窗体中，创建"学历"列表框。

创建绑定型列表框前，也需要确认窗体源中包含"学历"字段，否则要将"学历"字段添加到窗体中，待列表框创建完毕时再将其删除。此处的"教师信息查询"窗体中已经包含了"学历"字段。

操作步骤：

① 在"教学管理系统"数据库窗口，用设计视图打开"教师信息查询"窗体。

② 在"窗体设计工具 / 设计"选项卡的"控件"组中单击"列表框"按钮，在窗体上单击要放置"列表框"的位置，打开"列表框向导"第 1 个对话框，选择"自行键入所需的值"单选按钮，如图 4-52 所示。

③ 单击"下一步"按钮，打开"列表框向导"第 2 个对话框。在"第 1 列"列表中依次输入"博士"、"硕士"、"学士"，如图 4-53 所示。

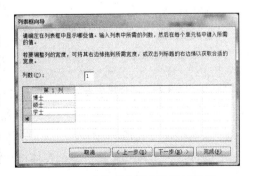

图 4-52　确定获取数值的方式

图 4-53　确定列表框中显示的数值

④ 单击"下一步"按钮，打开"列表框向导"第 3 个对话框，选择"将该数值保存在这个字段中"单选按钮，并单击右侧下拉按钮，从打开的下拉列表中，选择"学历"字段，如图 4-54 所示。

⑤ 单击"下一步"按钮，打开"列表框向导"最后一个对话框，在"请为列表框指定标签"文本框中输入"学历:"，作为该列表框的标签，然后单击"完成"按钮，返回窗体设计视图。

⑥ 删除已放置"学历"的文本框，并适当调整窗体上的控件位置，创建结果如图 4-55 所示。

图 4-54 设置保存的字段

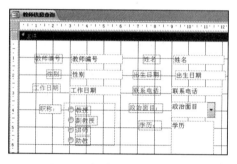

图 4-55 创建"学历"列表框

6. 创建命令按钮示例

例 4-15 在"教师信息查询"窗体中，使用向导创建一个"添加记录"命令按钮。

操作步骤:

① 在"教学管理系统"数据库窗口，用设计视图打开"教师信息查询"窗体。用鼠标右键单击主体节的空白位置，在弹出的快捷菜单中选择"窗体页眉 / 窗体页脚"命令。

② 在"窗体设计工具 / 设计"选项卡的"控件"组中单击"按钮"控件，在窗体页脚节的适当位置单击要放置"按钮"的位置，打开"命令按钮向导"第 1 个对话框，在"类别"列表框中选择"记录操作"，在"操作"列表框中选择"添加新记录"，如图 4-56 所示。

③ 单击"下一步"按钮，在打开的命令按钮向导第 2 个对话框中，选择"文本"单选按钮，并在其后的文本框中使用默认输入内容"添加记录"，如图 4-57 所示。

图 4-56 选择操作类别和动作

图 4-57 选择按钮形式

④ 单击"下一步"按钮，在打开的命令按钮向导第 3 个对话框中，为命令按钮指定名称为"添加记录"，如图 4-58 所示。

⑤ 单击"完成"按钮，返回窗体设计视图，创建命令按钮的结果如图 4-59 所示。

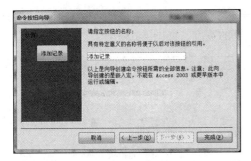

图 4-58   为命令按钮指定名称

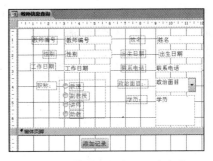

图 4-59   创建"添加记录"命令按钮

7. 创建选项卡控件示例

例 4-16 在"教学管理系统"数据库中创建"教师开课信息"窗体，窗体包含两部分，一部分是"教师信息统计"，另一部分是"教师开班信息统计"。使用"选项卡"分别显示两页内容。

操作步骤：

① 在"教学管理系统"数据库窗口，单击"创建"选项卡"窗体"组中的"窗体设计"按钮，打开窗体设计视图。单击快速访问工具栏上的"保存"按钮，在打开的"另存为"对话框中的"窗体名称"框内输入"教师开课信息统计"后，单击"确定"按钮。

② 在"窗体设计工具／设计"选项卡的"控件"组中单击"选项卡控件"按钮，在窗体主体节区域要放置"选项卡"的位置，拖曳鼠标画长宽适当的矩形框。

③ 单击"工具"组的"属性表"按钮，打开"属性表"窗格，单击选项卡"页1"，单击"属性表"窗格的"格式"选项卡，在"标题"属性行中输入"教师信息统计"，设置结果如图 4-60 所示。单击选项卡"页2"，按上述方法设置"页2"的"标题"属性为"教师开班信息统计"，设置结果如图 4-61 所示。

图 4-60   "页"格式属性设置

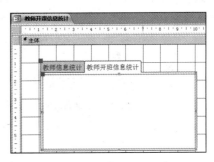

图 4-61   创建两个选项卡

④ 单击"控件"组中的"列表框"按钮，在窗体上单击要放置"列表框"的位置，打开列表框向导第 1 个对话框，选择"使用列表框获取其他表或查询中的值"单选按钮，如图 4-62 所示。

⑤ 单击"下一步"按钮，打开的列表框向导第 2 个对话框，在此对话框中，选择"视图"选项组中的"表"，然后从表的列表中选择"开班信息"，如图 4-63 所示。

⑥ 单击"下一步"按钮，打开列表框向导第 3 个对话框，在此对话框中选定列表框中的字段，这里将可用字段框中的"课程编号"、"开课学期"、"上课时间"、"上课地点"、"教师编号"字段移到"选定字段"框中，如图 4-64 所示。

⑦ 单击"下一步"按钮，打开列表框向导第 4 个对话框，在此对话框中，不选择用于排

序的字段，单击"下一步"按钮，打开列表框向导第5个对话框，在此对话框中列出了所选字段的列表，此时，拖动各列右边框可以改变列表框的宽度，如图4-65所示。

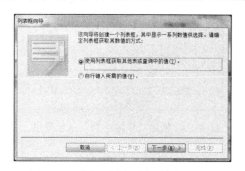

图4-62 确定列表框获取数值的方式

图4-63 选择列表框的数据源

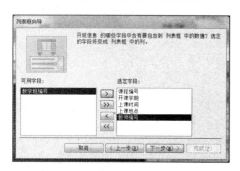

图4-64 选定列表框中的字段

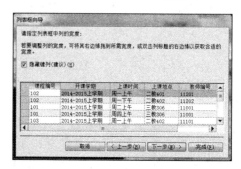

图4-65 设置列表框每列的宽度

⑧ 单击"下一步"按钮，打开列表框向导第6个对话框，在此对话框中选择保存的字段，这里选择"课程编号"，单击"下一步"按钮，在打开的对话框中单击"完成"按钮，结果如图4-66所示。

⑨ 删除列表框的标签"课程编号"，并适当调整列表框大小。切换到窗体视图，显示结果如图4-67所示。

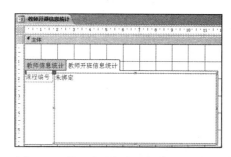

图4-66 在"选项卡中"创建"列表框"

图4-67 显示的"列表框"中数据

如果希望将列表框中的列标题显示出来，可在设计视图中，单击"属性表"窗格中的"格式"选项卡，在"列表题"属性行中选择"是"。

⑩ 仿照上面的操作，创建"教师信息统计"选项卡下的"列表框"。该列表框中的数据源为"教师"表，可用字段为"教师编号"、"姓名"、"性别"、"出生日期"、"职称"及"系别"。由于"教师编号"字段为"教师"表的主键，所以在"设置列表框每列的宽度"对话框中，不勾选"隐藏键列"复选框。此列表框中的数据显示结果如图4-68所示。

8. 创建图像控件示例

例 4-17 在"密码示例"窗体中创建"图像"控件。

操作步骤：

① 在"教学管理系统"数据库窗口的导航窗格中，用鼠标右键单击窗体对象列表中的"密码示例"，在弹出的快捷菜单中选择"设计视图"，打开"密码示例"窗体。

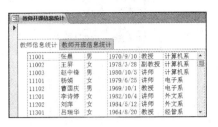

图 4-68　选项卡"列表框"中的数据

② 在"窗体设计工具 / 设计"选项卡的"控件"组中，单击"图像"按钮，在窗体上单击要放置图片的位置，打开"插入图片"对话框。

③ 在对话框中找到并选中所需的图片文件，单击"确定"按钮，关闭对话框，返回到窗体设计视图。在图片"属性表"窗格的"格式"选项卡下，适当设置"高度"及"宽度"，设置结果如图 4-69 所示。

图 4-69　创建"图像"控件

4.4 窗体的外观设计与使用

窗体整体布局直接影响窗体的外观，在窗体设计初步完成后，可以对窗体做进一步的修饰。例如，设置窗体背景、应用窗体主题、使用条件格式等。

4.4.1 窗体的外观设计

窗体作为数据库与用户交互式访问的界面，其外观设计除了要为用户提供信息，还应该色彩搭配合理、界面美观大方，使用户赏心悦目，提高工作效率。

1. 设置窗体背景

窗体背景作为窗体的属性之一，可以用来设置窗体运行时显示的窗体图案及图案显示方式。背景图案可以是 Windows 环境下各种图形格式的文件。

设置窗体背景的操作步骤如下：

1）在数据库窗口的导航窗格中，右击要设置"背景"的窗体，在弹出的快捷菜单中选择"设计视图"。

2）在"窗体设计工具 / 设计"选项卡的"工具"组中单击"属性表"按钮，打开"属性表"窗格。

3）设置窗体背景时常见的 3 种情况。

① 设置窗体背景为"图片"。在"属性表"窗格的"所选内容的类型："列表框中选择"窗体"对象→选择"格式"选项卡的"图片"属性并单击其右侧框中的 按钮→在打开的"插入图片"对话框中选择需要的图片，同时还可以设置"图片类型"、"图片缩放模式"和"图片对齐方式"等属性，示例见图 4-70。

② 设置窗体主体节的背景色。在"属性表"窗格的"所选内容的类型："列表框中选择"主体"对象→选择"格式"选项卡的"背景色"属性并单击其右侧框中的 按钮→在打开的"颜色"列表框中选择需要的颜色，同时还可以设置"特殊效果"等属性，示例见图 4-71。

③ 设置窗体某一控件的背景色。在"属性表"窗格的"所选内容的类型："列表框中选择某一控件对象（例如，标签 Label0）→选择"格式"选项卡的"背景色"属性并单击其右侧框中的 按钮→在打开的"颜色"列表框中选择需要的颜色，示例见图 4-72。

图 4-70　窗体背景属性

图 4-71　主体节背景属性

图 4-72　标签背景属性

4）切换到窗体视图，可以看到设置窗体背景的效果。

2. 主题的应用

"主题"是修饰和美化窗体的一种快捷方法，它是一套统一的设计元素和配色方案，可以使数据库中的所有窗体具有统一的色调。对某一数据库应用主题的操作步骤如下：

① 在数据库窗口，用"设计视图"打开某一个窗体。

② 在"窗体设计工具 / 设计"选项卡的"主题"组中包括"主题"、"颜色"和"字体"3个按钮。单击"主题"按钮，在弹出的下拉列表中有 44 套主题供用户选择，双击所需的主题即可应用该主题。

此时，当前数据库的所有窗体页眉节的背景外观颜色是一致的。

3. 条件格式的使用

除了使用"属性表"窗格设置控件的"格式"属性外，还可以根据控件的值，按照某个条件设置相应的显示格式。

例 4-18 在"教学管理系统"数据库的"教师开班信息"窗体中，应用条件格式，使子窗体中"教学班编号"为 1001 的用红色显示、1002 的用蓝色显示、1003 的用绿色显示。

操作步骤：

① 在"教学管理系统"数据库窗口的导航窗格中，右击"教师开班信息"窗体，在弹出的快捷菜单中，选择"设计视图"，打开该窗体，选中子窗体中绑定"教学班编号"的文本框控件。

② 单击"窗体设计工具 / 格式"选项卡"控件格式"组中的"条件格式"按钮，打开"条件格式规则管理器"对话框。

③ 在该对话框的"显示其格式规则"下拉列表中选择"教学班编号"，单击"新建规则"按钮，打开"新建格式规则"对话框，设置字段值等于1001 时，字体颜色为红色，单击"确定"按钮。重复此步骤，设置字段值等于 1002 时，字体颜色为蓝色；设置字段值等于 1003 时，字体颜色为绿色。设置结果如图 4-73 所示。

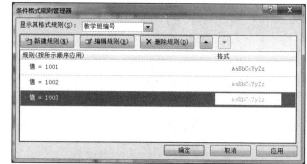

图 4-73　条件及条件格式设置结果

注意　一次最多可以设置 3 个条件及条件格式。

4. 提示信息的添加

为了使界面更加友好、清晰，需要为窗体中的一些字段数据添加帮助信息，也就是在状态栏中显示的提示信息。

例 4-19　为"教学管理系统"数据库的"教师开班信息"窗体的"教师编号"文本框控件添加为"唯一标识记录的数据，此数据不能重复"的提示信息。

操作步骤：

① 在"教学管理系统"数据库窗口的导航窗格中，右击"教师开班信息"窗体，在弹出的快捷菜单中，选择"设计视图"，打开该窗体。

② 右击要添加提示信息的字段控件"教师编号"文本框，在弹出的快捷菜单中，选择"属性"，打开"属性表"窗格，在该窗格的"其他"选项卡"状态栏文字"属性的右侧框中，输入提示信息："唯一标识记录的数据，此数据不能重复"。

③ 使用"窗体设计工具 / 设计"选项卡"视图"工具组中的"视图"按钮，将窗体切换到"窗体视图"。确认选中"教师编号"文本框为当前控件时，状态栏中就会显示出提示信息。

4.4.2　窗体的使用

在数据库窗口的导航窗格中，双击"课程成绩"窗体，以窗体视图的方式打开该窗体，在窗体中出现记录选择器和导航按钮，如图 4-74 所示。其中记录选择器用来改变或切换当前记录指针；导航按钮用来切换记录、添加记录和筛选记录等。

图 4-74　窗体中的记录选择器和导航按钮

1. 记录浏览

当窗体为纵栏式时，使用导航按钮可以进行记录的切换，其中，◄将记录指针指向第一条记录，◄将记录指针指向前一条记录，►将记录指针指向后一条记录，►将记录指针指向最后一条记录。

当窗体为表格式或数据表窗体时，使用记录选择器的按钮，可以直接进行记录的切换。

2. 记录添加

当窗体处于打开状态时，使用记录导航按钮►可以进行记录的添加。当单击该按钮时，窗体中出现一个空白记录，在各个字段中填入新的数据可以完成新记录的添加。

3. 记录排序和筛选

在窗体的布局视图、数据表视图和窗体视图中可以对记录进行排序，其操作方法是：单击需要排序的字段，然后在开始选项卡中选择排序和筛选组，再单击"升序"按钮或"降序"按钮即可。

记录的筛选可以在窗体视图或数据表视图中进行，和表的筛选类似，可以按选定内容筛选、按窗体筛选、高级筛选等。

4. 记录删除

当窗体中显示的是表中数据时，记录的删除可以在窗体视图或数据表视图中进行。

① 用窗体视图或数据表视图打开窗体。

② 将指针定位到要删除的记录，用鼠标右键单击"记录选择器"，并在弹出的快捷菜单中选择"剪切"命令（在数据表视图中为"删除记录"命令），或单击要删除记录的"记录选择器"（若要删除多条记录，可用鼠标在"记录选择器"中拖动选中多条记录），并在"开始"选项卡下，单击"记录"组中的"删除"按钮，打开确认删除对话框。

③ 单击"是"按钮，删除选中的记录，单击"否"按钮，取消删除。

说明：当窗体的数据源为查询时，不能在窗体中进行记录的添加和删除。

4.5 定制系统控制窗体

窗体是应用程序和用户之间的接口，其主要作用是可以将已经建立的数据库对象集成在一起，为用户提供一个可以进行数据库应用系统功能选择的操作控制界面。Access 提供的导航窗体可以方便地将各项功能集成起来，从而创建出具有统一风格的应用系统控制界面。

4.5.1 创建导航窗体

在导航窗体中，可以选择导航按钮的布局，也可以在所选布局上直接创建导航按钮，并通过这些按钮将已经建立的数据库对象集成在一起形成数据库应用系统。

例 4-20 依据表 4-6，创建"教务管理导航窗体"为系统控制窗体。

操作步骤：

① 打开"教学管理系统"数据库，在"创建"选项卡的"窗体"组中，单击"导航"按钮，在弹出的下拉列表中选择"水平标签和垂直标签，左侧"选项，进入导航窗体的布局视图。

② 在水平标签上添加一级功能。单击上方的"新增"按钮，输入"数据输入"。使用相同的方法创建"数据查询"按钮。

③ 在垂直标签上添加一级功能。在水平标签上单击"数据输入"按钮，再单击左侧的"新增"按钮，输入"打开学生表"。使用相同的方法创建"打开课程表"按钮；在水平标签上单击"数据查询"按钮，再单击左侧的"新增"按钮，输入"打开教师开班信息窗体"。使用相同的方法创建"打开学生课程成绩窗体"按钮。根据需要设置和调整窗体中控件的属性，如字体、高度和宽度等。设置结果如图 4-75 所示。

④ 将标签控件标题改为"教务管理"。单击标题为"导航窗体"文字的标签控件，单击"工具"组中的"属性表"按钮，在弹出的"属性表"窗格中，单击"格式"选项卡，在"标题"属性行中输入"教务管理"。

⑤ 将导航窗体标题栏上的标题改为"教务管理系统"。在"属性表"窗格中，单击上方对象下拉列表框右侧的下拉按钮，从弹出的下拉列表中选择"窗体"，单击"格式"选项卡，在"标题"属性行中输入"教务管理系统"。在窗体视图显示结果如图 4-76 所示。

⑥ 单击快速访问工具栏上的"保存"按钮，在弹出的"另存为"对话框的"窗体名称"文本框中，输入"教务管理导航窗体"，单击"确定"按钮。

表 4-6 教务管理导航窗体功能

水平标签项	数据输入	数据查询
垂直标签项	打开学生表	打开教师开班信息窗体
	打开课程表	打开学生课程成绩窗体

图 4-75 创建功能按钮

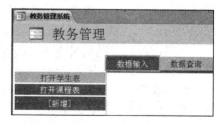

图 4-76 修改标题

4.5.2 设置启动窗体

对于所创建的"教务管理导航窗体"，每次启动时都需要在数据库窗口的导航窗格中，双击该窗体。如果希望在打开数据库时自动打开该窗体，那么需要设置启动属性。设置启动窗体的操作步骤如下：

① 在"教学管理系统"数据库窗口，单击"文件"选项卡，在左侧窗格中选择"选项"命令，打开"Access 选项"对话框。

② 设置窗口标题栏显示的信息。在该对话框的左侧选择"当前数据库",在右侧的"应用程序标题"框中输入"教务控制系统",这样在打开数据库时,在 Access 窗口的标题栏中会显示"教务控制系统"。

③ 设置自动打开的窗体。在"显示窗体"下拉列表中,选择"教务管理导航窗体",如图 4-77 所示。

④ 单击"确定"按钮,关闭"Access 选项"对话框。

说明:如果需要设置窗口图标,可以在图 4-77 中,单击"应用程序图标"右侧的"浏览"按钮,设置所需的图标来替代 Access 图标。还可以取消选中的"显示导航窗体"复选框,以便在重新打开数据库时,不再出现导航窗格。

图 4-77　"Access 选项"对话框

4.6　操作实践

4.6.1　利用自动窗体和向导创建窗体

【实习目的】

1. 利用自动创建窗体快速生成各种形式的窗体。

2. 掌握窗体向导的使用。

3. 利用"数据透视表"工具创建数据透视表窗体。

4. 利用窗体向导创建主 / 子窗体。

【实习内容】

1. 在"图书查询系统"数据库中,按要求创建窗体。

1)利用"窗体"按钮,创建基于"读者信息表"的"读者信息窗体"。

2)利用"多个项目"工具,创建基于"图书信息表"的"图书信息窗体"。

3)利用"数据表"工具,创建基于"借阅信息表"的"借阅信息窗体"。

4)利用"数据透视表"工具,创建基于"图书信息表",计算各出版社不同类别图书数量的"图书信息数据透视表窗体"。

2. 利用"空白窗体"按钮,创建基于"图书信息表",显示书名、出版社、价格的"图书价格窗体"。

3. 利用"窗体向导",创建基于"读者信息表"和"借阅信息表"的"主 / 子窗体",用来显示所有读者的读者编号、姓名、工作单位、联系电话、图书编号、借书日期、还书日期和超出天数。窗体名称为"读者信息主窗体",子窗体名称为"借阅信息子窗体"。

【操作步骤 / 提示】

1)在"图书查询系统"数据库中按要求创建窗体。

①选中"读者信息表"→ 利用"创建 | 窗体 | 窗体",系统自动生成窗体→用"读者信息窗体"作为窗体名称保存。

②选中"图书信息表"→利用"创建 | 窗体 | 其他窗体 | 多个项目",系统自动生成窗

体→用"图书信息窗体"作为窗体名称保存。

③选中"借阅信息表"→利用"创建|窗体|其他窗体|数据表",系统自动生成窗体→用"借阅信息窗体"作为窗体名称保存。

④选中"图书信息表"→利用"创建|窗体|其他窗体|数据透视表",打开数据透视表的设计界面→进行有关设置,结果如图4-78所示→用"图书信息数据透视表窗体"作为名称保存。

图 4-78 图书信息数据透视表

2)利用"创建|窗体|空白窗体",打开"空白窗体"窗口及"字段列表"窗格→将"图书信息表"中的"书名"、"出版社"和"价格"字段添加到空白窗体中→以"图书价格窗体"命名保存。

3)利用"创建|窗体|窗体向导",打开窗体向导对话框→依据提示进行有关操作,如图4-79～图4-82所示(主窗体名称为"读者信息主窗体",子窗体名称为"借阅信息子窗体")。

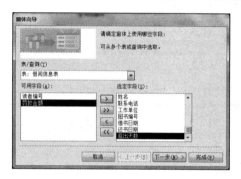

图 4-79 选定字段

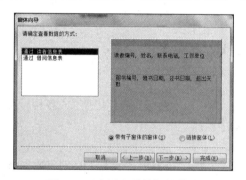

图 4-80 选择查看数据的方式

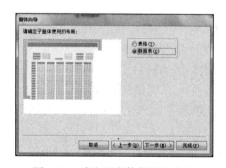

图 4-81 确定子窗体使用的布局

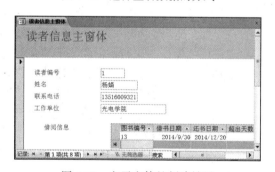

图 4-82 主子窗体的创建结果

4.6.2 窗体控件的应用

【实习目的】

1. 向窗体中添加标签和文本框控件。

2. 使用组合框向导向窗体中添加组合框控件。

3. 使用列表框向导向窗体中添加列表框控件。

4. 使用命令按钮向导向窗体中添加命令按钮控件。

5. 熟悉有关窗体属性和控件属性的设置方法。

【实习内容】

1. 依据"图书查询系统"数据库中的"图书信息表"，使用窗体设计视图，创建"图书信息浏览窗体"，该窗体包含"图书编号"、"书名"、"作者"、"价格"和"登记日期"5 个字段。

2. 为"图书信息浏览窗体"添加"隶书、加粗、20 磅"的"浏览图书信息"标题。

3. 为"图书信息浏览窗体"添加一个"是否借出"选项组。

4. 为"图书信息浏览窗体"添加"出版社"组合框。

5. 为"图书信息浏览窗体"添加 3 个命令按钮，分别用来执行添加记录、保存记录和关闭窗体的操作。

【操作步骤/提示】

1）在"图书查询系统"数据库窗口，利用"创建 | 窗体 | 窗体设计"，打开窗体设计视图→打开的"字段列表"窗格，将"图书信息表"中的字段"图书编号"、"书名"、"作者"、"价格"和"登记日期"添加到"主体"节中→用名称"图书信息浏览窗体"保存窗体。

2）在"图书信息浏览窗体"的设计视图中，右击"主体"节的空白区域→选中快捷菜单中的"窗体页眉/页脚"，给设计视图添加"窗体页眉"节→给窗体页眉节添加"标签"控件并输入标题"浏览图书信息"，设置字体字形→保存添加标题的设置。

3）① 在"图书信息浏览窗体"的设计视图中，从"字段列表"框中，将"是否借出"字段拖到"主体"节中，并保存修改结果→在窗体设计窗口的"主体"节"登记日期"控件下方，添加"选项组"控件，弹出选项组向导对话框→依据提示进行有关设置，如图 4-83～图 4-87 所示。

图 4-83　"选项组向导"对话框 1

图 4-84　"选项组向导"对话框 2

图 4-85　"选项组向导"对话框 3

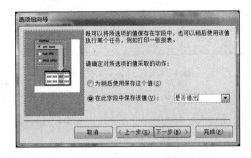

图 4-86　"选项组向导"对话框 4

② 适当调整"选项组"控件的位置，在"主体"节中，删除①中添加的"是否借出"字段控件，结果如图 4-88 所示。

图 4-87　"选项组向导"对话框 5

图 4-88　添加选项组

4）① 用"设计视图"打开"图书信息浏览窗体"→从"字段列表"框中，将"出版社"字段拖到"主体"节中，保存修改结果→在窗体主体节上放置"组合框"控件，打开"组合框向导"对话框→依据提示进行相应的设置，如图 4-89 ～图 4-91 所示。

② 在"组合框向导"最后一个对话框的"请为组合框指定标签"文本框中输入"出版社"，单击"完成"按钮，返回窗体设计视图→在主体节中，删除①中放置的"出版社"字段控件，然后对所建组合框进行调整，创建结果如图 4-92 所示。

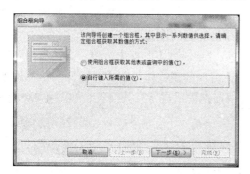

图 4-89　确定组合框获取数值方式

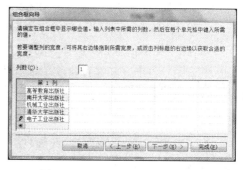

图 4-90　设置组合框中的显示值

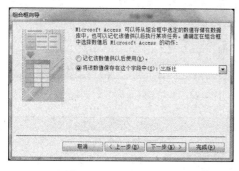

图 4-91　选择保存的字段

图 4-92　创建组合框

5）① 用"设计视图"打开"图书信息浏览窗体"→在"窗体页脚"节的适当位置添加命令按钮控件，打开"命令按钮向导"对话框→依据提示进行相应的设置，如图 4-93 ～图 4-96 所示。

② 重复上述步骤，分别创建其他两个命令按钮，其中第二个命令按钮的类别为"记录操作"，选定的操作是"保存记录"，显示的文本是"保存记录"。第三个命令按钮的类别是"窗体操作"，选定的操作是"关闭窗体"，显示的文本是"退出"，结果如图 4-97 所示；

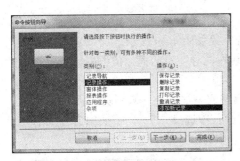

图 4-93　选择操作类别和动作　　　　　　　图 4-94　选择按钮形式

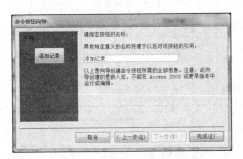

图 4-95　为命令按钮指定名称

图 4-96　创建"添加记录"命令按钮

4.6.3　创建多选项卡窗体和定制系统控制窗体

【实习目的】

1. 掌握多选项卡窗体的创建。

2. 学会定制系统控制窗体。

【实习内容】

1. 在"图书查询系统"数据库中，创建"图书信息浏览窗体"窗体的备份，命名为"图书借阅窗体"，在该窗体中创建包含两页的选项卡，一页显示图书信息，另一页显示借阅信息。其中标题为"图书信息"的选项卡显示"图书信息浏览窗体"主体节中的所有控件信息，标题为"借阅信息"的选项卡显示"借阅记录查询"中的所有借阅记录。

图 4-97　添加命令按钮的窗体设计视图

2. 依据表 4-7，创建名为"图书查询导航窗体"的系统控制窗体。

表 4-7　图书查询导航窗体功能

水平标签项	窗体查询	报表输出	退出
垂直标签项	读者信息窗体维护	打开未借出图书报表	
	图书信息窗体维护	打开借阅信息报表	

【操作步骤/提示】

1）① 在"图书查询系统"数据库窗口的导航窗格中，选择"图书信息浏览窗体"，用复制、粘贴的方法，创建该窗体的窗体副本，命名为"图书借阅窗体"。

② 用"设计视图"方式打开"图书借阅窗体"，删除"窗体页眉/窗体页脚"节→拖动鼠标选中"主体"节中的所有控件后按 Ctrl+X 组合键。

③ 在窗体"主体"节区域的左上角放置"选项卡"控件，拖曳鼠标画长宽适当的矩形框→单击选项卡的第 1 页，再按 Ctrl+V 组合键，将步骤②选定的所有控件粘贴到第一个页面上。

④ 打开选项卡第1页标签的"属性表"窗格，有关属性设置如图4-98所示→对选项卡第2页标签的"标题"属性设置为"借阅信息"，设置结果如图4-99所示。

⑤ 给选项卡第2页添加"列表框"，打开"列表框向导"对话框，依据提示进行有关的设置，如图4-100～图4-103所示。

⑥ 在图4-104中删除"姓名"标签，并适当调整列表框大小→在设计视图中，单击"属性表"窗格中的"格式"选项卡，在"列表题"属性行中选择"是"，切换到窗体视图，显示结果如图4-105所示→保存对"图书借阅窗体"的修改。

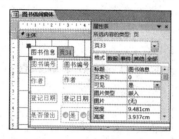

图4-98　"页"格式属性设置

图4-99　创建的选项卡

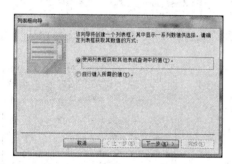

图4-100　确定列表框获取数值的方式

图4-101　选择列表框的数据源

图4-102　选定列表框中的字段

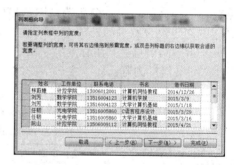

图4-103　设置列表框每列的宽度

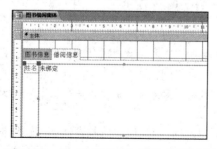

图4-104　在"选项卡中"创建"列表框"

图4-105　显示的"列表框"中数据

2）创建图书查询系统控制导航窗体的操作。

① 打开"图书查询系统"数据库，使用"创建 | 窗体 | 导航"，弹出下拉列表，从中选择"水平标签和垂直标签，左侧"，进入导航窗体的布局视图。

② 在水平标签上添加"窗体维护"、"报表输出"和"退出"按钮。

③ 选择"窗体维护"按钮，在左侧添加"读者信息窗体维护"和"图书信息窗体维护"按钮；选择"报表输出"按钮，在左侧添加"打开未借阅图书报表"和"打开借阅信息报表"按钮。设置结果如图 4-106 所示。

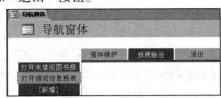

图 4-106　创建功能按钮

④ 将"标签"控件标题改为"图书查询管理"→将导航窗体标题栏上的标题改为"图书查询系统"，如图 4-107 所示→ 用"图书查询导航窗体"为名称保存。

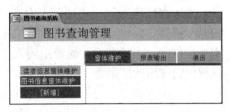

图 4-107　修改标题

4.7　思考练习与测试

一、思考题

1. 按数据的显示方式可以将窗体分为哪几类？试叙它们各自的特点。

2. 窗体设计视图由几个节组成？各节的作用是什么？

3. 窗体的数据源有哪些？如果要指定窗体的数据源，需要设置哪个属性？

4. 标签的作用是什么？其常用属性有哪些？

5. 文本框和标签有什么不同？文本框的常用事件和方法有哪些？

6. 命令按钮的默认和取消属性有什么作用？

7. 列表框和组合框有何区别？它们的常用属性有哪些？

8. 选项按钮和复选框的 Value 属性值有哪些？对应的状态分别是什么？

9. 如何通过选项组实现选项按钮的单选操作？

10. 如何更改选项卡的页数和页的顺序？

二、练习题

1. 选择题

（1）在窗体中，用来输入和编辑字段数据的交互控件是（　　　）。

　　　A. 文本框　　　B. 标签　　　C. 复选框　　　　D. 列表框

（2）在 Access 中已经建立了"雇员"表，其中有可以存放照片的字段，在使用向导为该表创建窗体时，"照片"字段所使用的默认控件是（　　　）。

　　　A. 图像框　　　B. 绑定对象框　　C. 非绑定对象框　　　D. 列表框

（3）用来显示与窗体关联的表或查询中字段值的控件类型是（　　　）。

　　　A. 绑定型　　　B. 计算型　　　C. 关联型　　　　D. 未绑定型

（4）若将已经创建的"系统界面"窗体设置为启动窗体，应使用的对话框是（　　　）。

　　　A. Access 选项　　B. 启动　　　C. 打开　　　　D. 设置

（5）要改变窗体文本框的输出内容，应设置的属性是（　　　）。

　　　A. 标题　　　　　B. 查询条件　　C. 控件来源　　　　D. 记录源

（6）如果在文本框内输入数据后，按 <Enter> 键或按 <Tab> 键，输入焦点可立即移至下一指定文本框，则应设置（　　　）。

  A. "制表位" 属性   B. "Tab 键索引" 属性

  C. "Enter 键行为" 属性   D. "自动 Tab 键" 属性

（7）Access 的控件对象可以设置某个属性来控制对象是否可用。以下能够控制对象是否可用的属性是（　　　）。

  A. Default   B. Cancel   C. Enabled   D. Visible

（8）假设已在 Access 中建立了包含书名、单价和数量 3 个字段的销售表，以该表为数据源创建的窗体中，有一个计算销售总金额的文本框，其控件来源应为（　　　）。

  A. [单价]*[数量]   B. =[单价]*[数量]

  C. [销售]![单价]* [销售]! [数量]   D. =[销售]![单价]* [销售]! [数量]

（9）在已建立的 "教师" 表中有 "出生日期" 字段，以此表为数据源，创建 "教师基本信息" 窗体。假设当前教师的出生日期为 "1970-06-16"，若在窗体 "出生日期" 标签右侧文本框控件的 "控件来源" 属性中输入表达式：=Str(Month([出生日期])) + " 月 "，则在该文本框控件内显示的结果是（　　　）。

  A. "06"+" 月 "   B. 1970-06-16 月   C. 06 月   D. 6 月

（10）在打开数据库应用系统过程中，若想终止自动运行的启动窗体，应按住（　　　）键。

  A. Ctrl   B. Shift   C. Alt   D. Alt+Shift

2. 填空题

（1）能够唯一标识某一控件的属性是＿＿＿＿＿＿＿＿。

（2）分别运行使用 "窗体" 按钮和使用 "多个项目" 工具创建的窗体，将窗体最大化后显示记录最多的窗体是使用＿＿＿＿＿＿＿创建的窗体。

（3）控件的类型可以分为绑定型、未绑定型与计算型。绑定型控件主要用于显示、输入、更新数据表中的字段；未绑定型控件没有＿＿＿＿＿＿＿，可以用来显示信息、线条、矩形或图像；计算型控件用表达式作为数据源。

（4）在创建主 / 子窗体之前，必须设置＿＿＿＿＿＿＿之间的关系。

（5）在 Access 数据库中，如果窗体上输入的数据总是取自表或查询中的字段数据，或者取自某固定内容的数据，可以使用＿＿＿＿＿＿＿＿控件来完成。

三、测试题

1. 选择题

（1）下列不属于按功能划分窗体类型的是（　　　）。

  A. 数据操作窗体   B. 信息显示窗体   C. 联合式窗体   D. 交互信息窗体

（2）在（　　　）视图下，用户设计窗体时调整控件也可以看到数据。

  A. 设计   B. 布局   C. 窗体   D. 页面

（3）窗体控件的类型可分为（　　　）。

  A. 绑定型、非绑定型、对象型   B. 计算型、非计算型、对象型

  C. 对象型、绑定型、计算型   D. 绑定型、非绑定型、计算型

（4）下列关于控件的说法中错误的是（　　　）。

  A. 控件是窗体上用于显示数据和执行操作的对象

  B. 在窗体中添加的对象都称为控件

  C. 控件的类型可以分为：绑定型、非绑定型、计算型、非计算型

D. 控件都可以在窗体设计视图中的"窗体设计工具 / 设计"选项卡下的控件组中看到

（5）窗体的下列控件中与数据表中的字段没有关系的是（　　　）。

  A. 文本框   B. 复选框   C. 标签   D. 组合框

（6）Access 数据库中，主要用来输入或编辑文本型或数字型字段数据、位于"窗体设计工具 / 设计"选项卡下的"控件"组中的一种交互式控件是（　　　）。

  A. 标签控件 B. 组合框控件 C. 复选框控件 D. 文本框控件

（7）主要针对控件的外观或窗体的显示格式而设置的是属性表窗格中的（　　　）选项卡下的属性。

  A. 格式   B. 数据   C. 事件   D. 其他

（8）能够接受数字型数据输入的窗体控件是（　　　）。

  A. 图形   B. 文本框   C. 标签   D. 命令按钮

（9）要改变窗体上文本框控件的数据源，应在属性表窗格的"数据"选项卡下设置（　　　）属性。

  A. 记录源   B. 控件来源   C. 筛选查询   D. 默认值

（10）假设已在 Access 中建立了包含"姓名"、"基本工资"和"奖金"3 个字段的职工表，以该表为数据源创建的窗体中，有一个计算实发工资的文本框，其控件来源为（　　　）。

  A. 基本工资 + 奖金   B. [基本工资]+[奖金]

  C. = 基本工资 + 奖金   D. = [基本工资]+[奖金]

（11）执行 x=InputBox（"请输入 x 的值"）时，在弹出的对话框中输入 12，在列表框 List1 中选中第一个列表项，假设该列表项的内容为 34，使 y 的值是 1234 的语句是（　　　）。

  A. y=Val(x)+Val (List1.List(0))   B. y=Val(x)+Val (List1.List(1))

  C. y=Val(x)&Val (List1.List(0))   D. y=Val(x)&Val (List1.List(1))

（提示：列表框的 List 属性是一个数组，List1.List(0) 表示下标为 0 的数组元素）

（12）以下有关"选项组"控件的叙述中错误的是（　　　）。

  A. 如果"选项组"结合到某个字段，实际上是组框架本身而不是组框架内的复选框、选项按钮或切换按钮结合到该字段上

  B. "选项组"可以设置为表达式

  C. 使用"选项组"，只要单击"选项组"中所需的值，就可以为字段选定数据值

  D. "选项组"不能接受用户的输入

（13）为窗体中的命令按钮设置单击鼠标时发生的动作，应在其"属性表"窗格的（　　　）选项卡下选择设置。

  A. 格式   B. 事件   C. 方法   D. 数据

（14）可以连接数据源中 OLE 类型字段的控件是（　　　）。

  A. 非绑定对象框 B. 绑定对象框 C. 文本框   D. 组合框

（15）下列不属于窗体"格式"属性的是（　　　）。

  A. 记录选择器 B. 记录源   C. 分隔线   D. 浏览按钮

（16）下列属于窗体"事件"属性的是（　　　）。

  A. 建立   B. 激活   C. 筛选   D. 加载

（17）要想在窗体视图中显示窗体时，窗体中没有记录选择器，应在窗体属性表窗格的"格式"选项卡下，将"记录选择器"属性值设置为（　　　）。

A. 是　　　　　　　B. 否　　　　　　　C. 有　　　　　　　D. 无

（18）下面关于列表框和组合框的叙述中不正确的是（　　　）。

　　A. 列表框可以包含一列或几列数据

　　B. 可以在列表框中输入新值，而组合框不能

　　C. 可以在组合框中输入新值，而列表框不能

　　D. 组合框不可以包含多列数据

（19）在 Access 中已建立了"学生"表，其中有可以存放学生相片的"照片"字段。在使用向导为该表创建窗体时，"照片"字段所使用的默认控件是（　　　）。

　　A. 图像框　　　　B. 图片框　　　　　　C. 非绑定对象框　　D. 绑定对象框

（20）下面不是文本框的"事件"属性的是（　　　）。

　　A. 更新前　　　　B. 退出　　　　　　C. 加载　　　　　　D. 单击

2. 填空题

（1）在表格式窗体、纵栏式窗体和数据表窗体中，显示记录按列分隔，每列的左边显示字段名，右边显示字段内容的窗体是_____。

（2）窗体的设计视图由多个部分组成，每个部分为一个"节"，默认情况下设计视图中只显示_____。

（3）窗体的数据源可以是_____。

（4）如果加载一个窗体，先触发的事件是_____。

第5章 报　　表

本章主要介绍报表的基本概念与组成、创建报表、报表的编辑和报表的打印与导出，另外还给出了上机操作实践题及课下的思考练习与测试题。

5.1 报表的基本概念与组成

5.1.1 报表的基本概念

报表是 Access 数据库的对象之一，它根据指定规则打印输出格式化的数据信息。例如，学院的学生信息表、教师信息表等。

1. 报表的功能

报表的功能包括：可以以格式化形式输出数据；可以对数据分组，进行汇总；可以包含子报表及图表数据；可以打印输出标签、发票、订单和信封等多种样式的报表；可以进行计数、求平均、求和等统计计算；可以嵌入图像或图片来丰富数据显示形式。

2. 报表的视图

报表操作有 4 种视图，如图 5-1 所示。

1）报表视图。用于显示报表，可以对报表中的记录进行筛选、查找等操作。

2）打印预览视图。可以让用户提前观察报表的打印效果，也可以按不同的缩放比例对报表进行预览，还可以对页面进行设置。

3）布局视图。是 Access 2010 新增加的一种视图，实际上是处在运动状态的报表。在布局视图中可以移动各个控件的位置，重新进行控件布局，根据实际数据调整列宽和位置，向报表添加分组级别和汇总选项。

4）设计视图。用于设计和修改报表的结构，添加控件和表达式，设置控件的各种属性、美化报表，报表设计完成后保存在数据库中。

3. 报表的数据来源

报表的数据来源与窗体相同，可以是已有的数据表、查询或者是新建的 SQL 语句，但通过报表只能查看数据，而不能通过报表修改或输入数据。

4. 报表的组成

图 5-2 所示的是一个打开的报表设计视图示例，可以看出报表由报表页眉、页面页眉、主体、页面页脚和报表页脚 5 部分区域组成。

图 5-1　报表视图

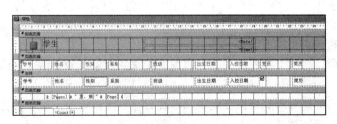

图 5-2　报表组成示例

这 5 个区域具有不同的用途，可以根据需要向相应的区域中添加控件进行灵活设计。

在设计报表时可以添加表头和注脚，也可以对报表中的控件设置格式，例如字体、字号、颜色、背景等，还可以使用剪贴画、图片等对报表进行修饰。这些功能与窗体相似。

5. 报表的类型

根据主体区域内字段数据的显示位置，Access 系统提供了 4 种类型的报表，分别是纵栏式报表、表格式报表、图表报表和标签报表。

1）纵栏式报表。该类报表也称为窗体报表，一般在一页的主体节区内以垂直方式显示一条或多条记录。这种报表可以安排显示一条记录的区域，也可以同时显示"一对多"关系的多方的多条记录的区域，甚至包含合计。

2）表格式报表。该类报表以整齐的行和列的形式显示记录数据，通常一行显示一条记录，一页显示多条记录。

表格式报表与纵栏式报表不同，字段标题信息不能安排在每页的主体节，而是要安排在页面页眉节区。可以在表格式报表中设置分组字段、显示分组统计数据。

3）图表报表。该类报表是指包含图表显示的报表类型。在报表中使用图表可以更直观地表示数据之间的关系。

4）标签报表。该类报表是一种特殊类型的报表，它以标签形式显示报表。

5.1.2　报表设计区

报表的内容是以"节"为单位划分的，一个完整的报表包括报表页眉、页面页眉、组页眉、主体、组页脚、页面页脚和报表页脚 7 个部分，每个部分称为 1 个"节"。

创建新的报表时，空的报表设计视图只显示页面页眉、主体和页面页脚 3 个节；若要显示报表页眉和报表页脚两个节，可先用鼠标右键单击设计视图的空白位置，再在弹出的快捷菜单中选择"报表页眉/页脚"命令即可。另外，根据需要，还可以使用功能区的"报表设计工具/设计"选项卡"分组和汇总"组中的"分组和排序"按钮来设置"组页眉"或"组页脚"节。

1. 报表页眉节

该节中的全部内容只能输出在报表的开始处。在报表页眉中，一般是以大号字体将报表的标题放在报表顶端的一个"标签"控件中。在图 5-2 所示的报表页眉节内，标题文字为"学生"，放在标签控件中。

在报表中，可以通过设置控件格式属性来改变显示效果，也可以在报表页眉中输出任何内容。如在图 5-2 所示的报表页眉节中，除了标题外，还可以将当前的系统日期及系统时间分别放在两个标签控件中，输出结果见图 5-3。

2. 页面页眉节

该节中的文字或控件一般输出在每页的顶端，通常用来显示数据的列标题。

在图 5-2 所示的页面页眉节内，放置的标题为"学号"、"姓名"、"性别"等标签控件，会输出在如图 5-3 所示的报表每页顶端，作为数据的列标题。在报表的首页，这些列标题输出在报表页眉的下方。

可以给每个控件的文本标题加上特殊的效果，如颜色、字体种类和字体大小等。

一般说来，报表的标题放在报表页眉中，该标题输出时，仅在第一页的开始位置出现。如果将标题移动到页面页眉中，则在每一页上都将输出报表的标题。

3. 组页眉节

主要安排文本框或其他类型控件，以便输出分组字段等数据信息。

4. 主体节

主体节用来定义报表中最主要的数据输出内容和格式，将针对每条记录进行处理，各字段数据均要通过文本框或其他控件（主要是复选框和绑定对象框）绑定显示，可以包含通过计算得到的字段数据。

图 5-3　报表打印预览示例

5. 组页脚节

主要安排"文本框"或其他类型控件，用于输出分组统计数据。组页眉和组页脚可以根据需要单独设置使用。

6. 页面页脚节

打印在每页的底部，用来显示本页的汇总说明，报表的每一页都有一个页面页脚。

页面页脚一般包含页码或控制项的合计内容，数据显示安排在"文本框"或其他一些类型控件中。

7. 报表页脚节

该节中的信息一般是在所有的"主体"和"组页脚"输出完成后才会出现在报表的最后面。通过在"报表页脚"节安排"文本框"或其他一些类型的控件，输出整个报表的"计算汇总"或其他的统计信息。

注意　在报表的设计视图中，各个节的大小是可以改变的。可以将鼠标放在节的底边框（改变高度）或右边框（改变宽度）上，待鼠标指针呈"十字双向箭头"形状时，沿箭头方向上下拖动鼠标，改变节的高度或左右拖动鼠标改变节的宽度。

5.2　创建报表

创建报表的方法与创建窗体的方法很相似，也使用控件来组织和显示数据。Access 2010 提供了 5 种创建报表的工具，分别是"报表"、"空报表"、"报表向导"、"报表设计"、"标签"。

1）报表。利用当前选定的表或查询自动创建一个报表。

2）空报表。以布局视图的方式创建一个空白报表，通过将选定的数据表字段添加进报表中建立报表。

3）报表向导。启动报表向导，帮助用户按照向导既定的步骤和提示创建报表。

4）报表设计。在报表设计视图下，通过添加各种控件，自己设计一个报表。

5）标签。使用标签向导，对当前选定的表或查询创建标签式的报表，适合打印标签、名片等。

5.2.1 用"报表"工具创建报表

使用"报表"工具创建报表是一种快捷的创建方法，系统不提供任何信息。报表以"表格式"显示表或查询中的所有字段和记录数据。

例 5-1 使用"报表"工具创建以"教学管理系统"数据库的"学生"表为数据源的报表，报表的名称为"学生报表"。

操作步骤：

① 在"教学管理系统"数据库的"导航"窗格中选中"学生"表。

② 在"创建"选项卡下的"报表"组中，单击"报表"按钮，屏幕显示系统自动生成的报表。此时系统进入"布局视图"，主窗口中的功能区切换为"报表布局工具"，使用这些工具可以对报表进行简单的编辑和修饰。

由于生成的报表在一行中不能给出一个人的全部信息，这时就需要调整报表中每列的宽度。将光标移到字段分隔线上，待光标形状呈"↔"时，按住鼠标左键左右拖动，适当调整列宽，系统自动生成的报表如图 5-3 所示。

③ 单击快速访问工具栏上的"保存"按钮，在弹出的"另存为"对话框中用"学生报表"作为报表名称保存。

④ 在"报表布局工具 / 设计"选项卡下的"视图"组中，单击"视图"按钮，在弹出的视图列表中，选择"打印预览"，进入"打印预览"视图。

此时，若要返回布局视图，可以在"打印预览"选项卡下，单击"关闭预览"组中的"关闭打印预览"按钮。

5.2.2 用"空报表"工具创建报表

创建空报表是指首先创建一个空白报表，然后将选定的数据字段添加到报表中。使用这种方法创建报表时，其数据源只能是表。

例 5-2 使用"空报表"工具创建由"教师"表中的"教师编号"、"姓名"、"性别"和"系别"字段组成的"教师基本信息报表"。

操作步骤：

① 在"教学管理系统"数据库窗口的"创建"选项卡下，单击"报表"组中的"空报表"按钮，打开如图 5-4 所示的报表布局视图，同时屏幕右侧自动显示"字段列表"窗格。

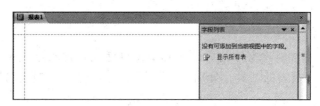

图 5-4　空报表的布局视图

② 在"字段列表"窗格中先单击"显示所有表"，再单击"教师"表前面的"＋"号，展开"教师"表的字段。

③ 依次双击窗格中的"教师编号"、"姓名"、"性别"和"系别"字段，将它们添加到布局视图窗口，结果如图 5-5 所示。

④ 单击快速访问工具栏的"保存"按钮，在弹出的"另存为"对话框的"报表名称"框中输入"教师基本信息报表"，然后单击"确定"按钮，切换到"打印预览"视图，可以看到

报表的输出结果。

5.2.3　用"报表向导"创建报表

使用"报表向导"创建报表时，向导会提示用户选择报表的样式和布局，指定报表包含的字段和内容等。用"报表向导"可以创建基于多个表或查询的报表。

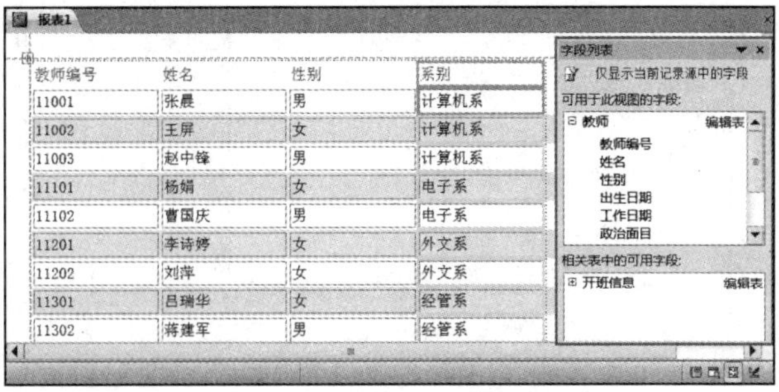

例 5-3　使用"报表向导"创建由"学生"表和"课程成绩"表中的学号、

图 5-5　向报表中添加字段

姓名、班级、课程编号和成绩字段组成的"学生成绩报表"。

操作步骤：

① 在"教学管理系统"数据库窗口的"创建"选项卡下，单击"报表"组中的"报表向导"按钮，打开"请确定报表上使用哪些字段"对话框。

② 在"表 / 查询"下拉列表中选择"学生"表，从"可用字段"列表框中，将"学号"、"姓名"和"班级"字段添加到"选定字段"列表框中。

继续在"表 / 查询"下拉列表中选择"课程成绩"表，并将"课程编号"和"成绩"字段添加到"选定字段"列表框中，如图 5-6 所示。

③ 单击"下一步"按钮，打开"请确定查看数据的方式"对话框（当选定的字段来自多个数据源时，报表向导才有这个步骤）。如果数据源之间是一对多的关系，一般选择从"一"方的表来查看数据，如果是多对多的关系，可以选择从任何一方查看数据。这里根据题意选择通过"学生"表查看数据，如图 5-7 所示。

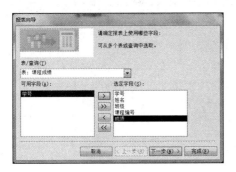

图 5-6　确定报表上使用的字段

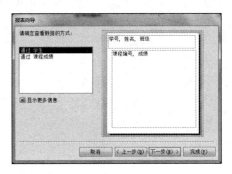

图 5-7　确定数据查看方式

④ 单击"下一步"按钮，打开"是否添加分组级别"对话框。这里不添加分组，如图 5-8 所示。

⑤ 单击"下一步"按钮，打开"请确定明细信息使用的排序次序和汇总信息"对话框。在该对话框中可以最多选择 4 个字段对记录进行排序（当数据源中含有数字型字段时，还可以进行汇总），这里用"成绩"进行升序排序，如图 5-9 所示。

单击"汇总选项"按钮，在汇总选项对话框，选择"平均"复选框，如图 5-10 所示。单击"确定"按钮，返回"报表向导"对话框。

⑥ 单击"下一步"按钮，打开"请确定报表的布局方式"对话框。设置报表的"布局"和"方向"，这里保持默认设置，左边的预览框显示效果，如图 5-11 所示。

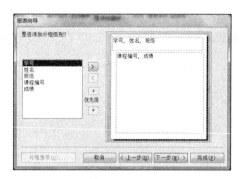

图 5-8　添加分组字段

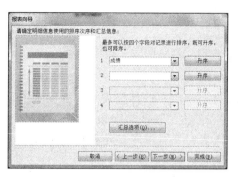

图 5-9　选择排序字段

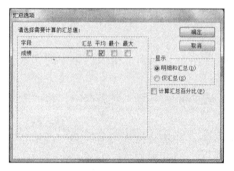

图 5-10　汇总选项对话框

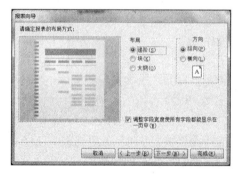

图 5-11　设置报表的布局和方向

⑦ 单击"下一步"按钮，打开"请为报表指定标题"对话框。在"请为报表指定标题"的文本框中输入"学生成绩报表"，选择"预览报表"单选按钮，如图 5-12 所示。

⑧ 单击"完成"按钮，在"打印预览"视图方式下打开报表，如图 5-13 所示。

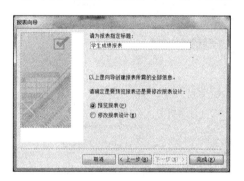

图 5-12　指定报表标题

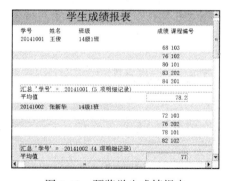

图 5-13　预览学生成绩报表

5.2.4　用"报表设计"工具创建报表

利用"报表向导"创建报表很方便，但创建出来的报表形式和功能往往不能满足用户的要求，这时可以通过"报表设计"对报表进一步修改，或者直接创建一个新的报表。使用"报表设计"工具创建报表时，首先显示一个新报表"设计视图"窗口，在这个窗口中用户可以根据自己的意愿对报表进行设计。

例 5-4　以"教师聘任"表为数据源，利用"报表设计"工具创建名为"教师聘任纵栏式报表"。

操作步骤：

① 在"教学管理系统"数据库窗口的"创建"选项卡下，单击"报表"组中的"报表设计"按钮，弹出如图 5-14 所示的报表"设计视图"窗口并自动创建"报表 1"空报表。

② 单击"报表设计工具 / 设计"选项卡"工具"组中的"添加现有字段"按钮，弹出"字段列表"窗格，单击"教师聘任"表左侧的加号"+"，显示该表字段，如图 5-15 所示。

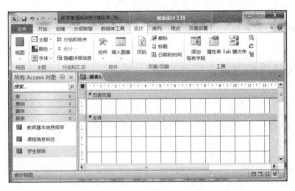

图 5-14　报表"设计视图"窗口

图 5-15　字段列表窗格

③ 分别双击"教师聘任"表中的各个字段，将其添加到报表 1 的"主体"节中，调整字段位置后如图 5-16 所示。

④ 切换到"打印预览"视图的效果如图 5-17 所示。

⑤ 单击快速访问工具栏中的"保存"按钮，将报表保存为"教师聘任纵栏式报表"。

例 5-5　以"教师聘任"表为数据源，利用"报表设计"工具创建名为"教师聘任表格式报表"。

操作步骤：

① 在"教学管理系统"数据库窗口的"创建"选项卡下，单击"报表"组中的"报表设计"按钮，弹出报表"设计视图"窗口并自动创建"报表 1"空报表。

② 在"报表设计工具 / 设计"选项卡下的"工具"组中，单击"添加现有字段"按钮，弹出"字段列表"窗格，单击"教师聘任"表左侧的加号"+"，显示该表字段。

③ 分别双击"教师聘任"表中的各个字段，将其添加到报表 1 的"主体"节中。

④ 先在报表 1 的"设计视图"中选定所有字段名称标签，然后在"报表设计工具 / 排列"选项卡下的"表"组中，单击"表格"按钮；调整各字段控件的位置后的报表"设计视图"如图 5-18 所示。

图 5-16　调整位置后的报表"设计
视图"

图 5-17　纵栏式报表"打印预览"
视图

图 5-18　调整各字段控件位置后的表格式报表"设计视图"

⑤ 切换到"打印预览"视图，如图 5-19 所示。

⑥ 单击快速访问工具栏中的"保存"按钮，将报表保存为"教师聘任表格式报表"。

例 5-6 依据"学生"表、"课程"表及"选课成绩"表，使用"报表设计"工具创建名为"学生选课成绩报表"的报表，该报表包含"学号"、"姓名"、"课程名称"、

图 5-19 表格式报表"打印预览"视图

"学分"和"成绩"字段（以新建的 SQL 语句为报表的数据源），并且在报表顶端有"学生选课成绩报表"的标题。

操作步骤：

① 在"教学管理系统"数据库窗口的"创建"选项卡下，单击"报表"组中的"报表设计"按钮，打开报表"设计视图"窗口。

② 在"报表设计工具 / 设计"选项卡下的"工具"组中，单击"属性表"按钮，弹出如图 5-20 所示的"属性表"窗格。

③ 在"属性表"窗格中的"数据"选项卡下，单击"记录源"属性右侧的按钮 ⋯，打开如图 5-21 所示的"查询生成器"窗口。

图 5-20 属性表窗格

图 5-21 查询生成器

④ 在打开的"显示表"对话框中，依次双击"课程"表、"学生"表和"课程成绩"表，将它们添加到查询生成器窗口的上半部分，关闭"显示表"对话框。然后依次选择需要输出的"学号"、"姓名"、"课程名称"、"学分"和"成绩"字段，将它们添加到查询生成器窗口下半部分的设计网格中，结果如图 5-22 所示。

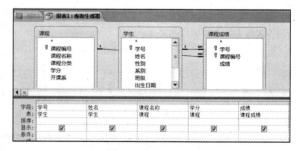

⑤ 在"查询工具 / 设计"选项卡下的"关闭"组中，单击"关闭"按钮，弹出如图 5-23 所示的"是否保存对 SQL 语句

图 5-22 查询设计器

的更改并更新属性？"对话框，单击"是"按钮，关闭查询生成器，返回到报表"设计视图"，如图 5-24 所示（SELECT 语句为报表的数据来源）。

图 5-23　"是否保存对 SQL 语句的更改并更新？"对话框

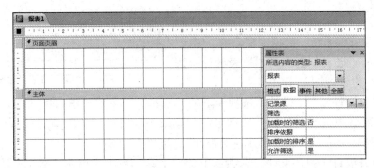

图 5-24　设置 SQL 语句为记录源

⑥ 关闭"属性表"窗格后，单击功能区"页眉 / 页脚"组中的"标题"按钮，在报表设计窗口会新增"报表页眉"节和"报表页脚"节。其中的"报表页眉"节如图 5-25 所示。此时修改标题"报表 1"为"学生选课成绩报表"并可以根据需要设置相关的属性。

⑦ 在"报表设计工具 / 设计"选项卡下的"工具"组中，单击"添加现有字段"按钮，弹出如图 5-26 所示的"字段列表"窗格。将字段列表中的字段依次拖拽到"主体"节中，删除字段前用于显示字段名称的标签并适当调整位置。

在"报表设计工具 / 设计"选项卡下的"控件"组中，单击"标签"按钮，在"页面页眉"节中添加 5 个标签，分别输入"学号"、"姓名"、"课程名称"、"学分"、"成绩"。

⑧ 单击"确定"按钮，根据需要适当调整控件位置，设置相关属性等，设置结果如图 5-27 所示。

图 5-25　设计报表页眉

图 5-26　报表"标题"及"字段列表"窗格

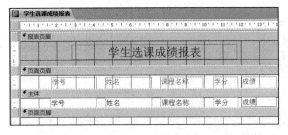

图 5-27　完成的"学生选课成绩报表"设计视图

⑨ 切换到"打印预览"视图，即可显示学生选课成绩的信息，如图 5-28 所示。

例 5-7 以"教师授课情况查询"为报表的数据来源，使用"报表设计"工具创建名为"教师授课情况报表"。要求在报表页眉节添加一个标签控件，名称为"bTitle"，标题为"教师授课信息表"。

图 5-28　预览"学生选课成绩报表"

操作步骤：

① 在"教学管理系统"数据库窗口的"创建"选项卡下，单击"报表"组中的"报表设计"按钮，打开报表"设计视图"窗口。

② 在"报表设计工具／设计"选项卡下的"工具"组中，单击"属性表"按钮，在弹出的"属性表"窗格中选择"数据"选项卡的"记录源"属性，单击该属性右侧的下拉按钮，在弹出的下拉列表中选择"教师授课情况查询"，如图 5-29 所示。

③ 在"报表设计工具／设计"选项卡下的"工具"组中，单击"添加现有字段"按钮，弹出"字段列表"窗格，依次双击"教师编号"、"姓名"和"课程名称"3 个字段，将它们添加到"主体"节中；选择"教师编号"标签后按"Ctrl + X"键，用鼠标右键单击"页面页眉"节中的空白处，在弹出的快捷菜单中选择"粘贴"将"教师编号"标签移到"页面页眉"节；用同样的方法将"姓名"标签和"课程名称"标签，从"主体"节移到"页面页眉"节中；适当调整各个文本框和标签的位置及"主体"节和"页面页眉"节的高度，如图 5-30 所示。

图 5-29　数据源为查询

图 5-30　向报表添加字段

④在"报表设计工具／设计"选项卡下的"页眉／页脚"组中，单击"标题"按钮，自动增加"报表页眉"节并且在该节中，自动添加标题为"报表 1"的标签。

⑤ 选中并用鼠标右键单击标签，在弹出的快捷菜单中选择"属性"打开属性表窗格，在"全部"选项卡的"名称"属性右侧框中输入"bTitle"，在"标题"属性右侧框中输入"教师授课信息表"，如图 5-31 所示。

图 5-31　报表设计结果

⑥ 单击快速访问工具栏的"保存"按钮，在"另存为"对话框中，以"教师授课情况报表"为名称保存。

5.2.5　创建标签报表

标签是一种特殊的报表，它是以记录为单位，创建格式完全相同的独立报表，主要应用于制作信封、打印工资条、学生成绩单等。使用 Access 提供的标签向导，创建标签报表。

例 5-8　以"教学管理系统"数据库中的"课程"表为数据源，创建名为"课程信息标签"的标签报表。

操作步骤：

①　在"教学管理系统"数据库窗口的导航窗格中选中"课程"表。

②　在"创建"选项卡下的"报表"组中，单击"标签"按钮，打开"标签向导"对话框，完成"请指定标签尺寸"、"度量单位"、"标签类型"和"按厂商筛选"的选择，这里保持默认设置不变，如图 5-32 所示。

③　单击"下一步"按钮，打开"请选择文本的字体和颜色"对话框。这里也保持默认的"文本外观"设置不变，如图 5-33 所示。

④　单击"下一步"按钮，打开"请确定邮件标签的显示内容"对话框。在"原型标签"列表框中输入"课程编号："，并在"可用字段"列表框中双击"课程编号"字段，将其移到"原型标签"文本框中；类似地将"课程名称"、"课程分类"、"学分"和"开课系"字段从"可用字段"列表框中移到"原型标签"列表框中，如图 5-34 所示。

⑤　单击"下一步"按钮，打开"请确定按哪些字段排序"对话框。从"可用字段"列表框中，将"课程编号"字段移到"排序依据"列表框中作为排序依据，如图 5-35 所示。

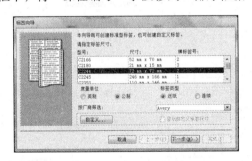

图 5-32　标签向导对话框

图 5-33　文本外观设置

图 5-34　确定标签内容

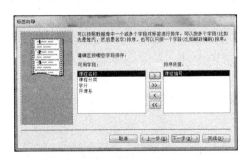

图 5-35　确定排序字段

⑥　单击"下一步"按钮，打开"请指定报表名称"对话框。在报表名称文本框中输入"课程信息标签"，同时选择"修改标签设计"单选按钮，如图 5-36 所示。

⑦　单击"完成"按钮进入"设计视图"，调整好报表的尺寸与布局。单击快速访问工具栏的"保存"按钮，将报表以"课程信息标签"名称保存。切换到"打印预览"视图，最终效果如图 5-37 所示。

图 5-36 指定报表的名称

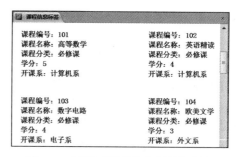

图 5-37 预览"课程信息标签"报表

5.2.6 创建图表报表

图表报表是 Access 特有的一种报表，它通过图表的形式反映数据源数据的关系，使数据的表现形式更直观、形象。Access 2010 没有提供图表向导功能，但可以使用"图表"控件来创建图表报表。

例 5-9 以"教学管理系统"数据库中的"学生"表为数据源，创建名为"各系男女学生人数统计图表"的图表报表。

操作步骤：

① 在"教学管理系统"数据库窗口的"创建"选项卡下，单击"报表"组中的"报表设计"按钮，打开报表"设计视图"窗口。

② 在"报表设计工具 / 设计"选项卡下的"控件"组中，单击"图表"按钮，然后在"主体"节中显示图表的位置单击，弹出"图表向导"对话框。

③ 在"图表向导"对话框中的"视图"选项组中，选定"表"单选按钮，然后在"请选择用于创建图表的表或查询"列表框中选择"学生"表，如图 5-38 所示。

图 5-38 选择创建图表的表或查询

④ 单击"下一步"按钮，打开"请选择图表数据所在的字段"对话框，在"可用字段"列表框中将"系别"和"性别"字段添加到"用于图表的字段"列表框中，如图 5-39 所示。

⑤ 单击"下一步"按钮，打开"请选择图表的类型"对话框，这里选择"柱形图"，如图 5-40所示。

图 5-39 选择图表数据所在的字段

⑥ 单击"下一步"按钮，打开"请指定数据在图表中的布局方式"对话框，将右侧的"系别"和"性别"字段按钮拖曳到左侧图表示例中的相应位置，如图 5-41 所示。

⑦ 单击"下一步"按钮，打开"请指定图表的标题"对话框。在"请指定图表标题"标签下方的文本框中，输入"各系男女学生人数统计图表"，如图 5-42 所示。

⑧ 单击"完成"按钮，切换到"报表视图"，显示结果如图 5-43 所示。

⑨ 单击快速访问工具栏上的"保存"按钮，将报表以"各系男女学生人数统计图表"为名字保存。

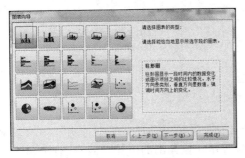

图 5-40　选择图表类型

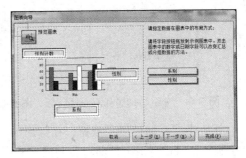

图 5-41　指定图表布局

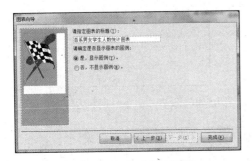

图 5-42　指定图表的标题

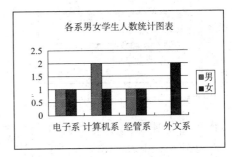

图 5-43　预览图表报表

5.3　报表的编辑

在报表的实际应用中，除了显示和打印原始数据外，还要对报表进行一些编辑操作，常见的编辑操作包括：报表记录的排序与分组，在报表中添加日期时间和页码，设置在输出报表时显示或隐藏报表页眉、页脚和页面页眉、页脚，在报表中绘制线条和矩形以及在报表中使用计算控件等。

5.3.1　报表记录的排序与分组

1. 报表记录的排序

在默认情况下，报表中的记录是按照自然顺序，即数据输入的先后顺序排列显示的。在实际应用中，经常需要按照某个指定的顺序排列记录数据。

在报表向导中，最多可以按 4 个字段进行排序，且排序依据只能是字段而不能是表达式。在报表设计视图中，可以设置超过 4 个字段或表达式对记录进行排序。

例 5-10　复制"教师管理系统"数据库中的"学生报表"，生成其副本"学生报表排序"；对"学生报表排序"，先按"性别"升序排列，然后对同性别再按"出生日期"降序排列。

操作步骤：

① 在"教师管理系统"数据库窗口的导航窗格中用鼠标右键单击"学生报表"，在弹出的快捷菜单中选择"复制"，再在导航窗格的空白位置用鼠标右键单击，在弹出的快捷菜单中选择"粘贴"，对复制得到的报表用"学生报表排序"命名。

② 打开"学生报表排序"，进入设计视图。在"报表设计工具 / 设计"选项卡的"分组和汇总"组中单击"分组和排序"按钮，屏幕下方出现如图 5-44 所示的"分组、排序和汇总"区域；单击"添加排序"按钮，弹出如图 5-45 所示的"字段列表"窗格；选择"性别"，屏幕下方"分组、排序和汇总"区中的显示结果如图 5-46 所示。

图 5-44 分组、排序和汇总区

图 5-45 字段列表

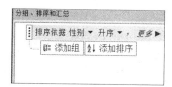
图 5-46 "性别"为排序字段

③ 单击"添加排序"按钮,在弹出的"字段列表"窗格中选择"出生日期",结果如图 5-47 所示;单击"出生日期"右侧的"升序"下拉按钮,在弹出的下拉列表中选择"降序",屏幕下方的"分组、排序和汇总"区中的显示结果如图 5-48 所示。

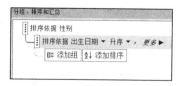
图 5-47 "出生日期"为排序字段

图 5-48 设置"出生日期"为降序字段

④ 单击快速访问工具栏上的"保存"按钮保存报表;切换到"打印预览"视图,可得到如图 5-49 所示的报表。

注意 在一个报表中最多可以对 10 个字段或字段表达式进行排序,但在"报表向导"中,最多只能设置 4 个字段,且排序依据只能是字段,而不能是字段表达式。

图 5-49 报表排序效果

2.报表记录分组

分组是指设计报表时按选定的某个(或几个)字段值是否相等而将记录划分成组的过程。操作时,先要选定分组字段,然后将字段值相等的记录归为同一组,将字段值不等的记录归为不同组。通过分组可以实现同组数据的汇总输出。

例 5-11 复制"教师管理系统"数据库中的"学生报表",生成其副本"学生报表分组";对"学生报表分组"按"党员"字段数据进行分组统计。

操作步骤:

① 对"教学管理系统"数据库窗口导航窗格中的"学生报表"进行复制操作,生成其副本"学生报表分组"。

② 打开"学生报表分组",进入设计视图。在"报表设计工具 / 设计"选项卡的"分组和汇总"组中单击"分组和排序"按钮,屏幕下方出现"分组、排序和汇总"区域。单击"添加组"按钮,弹出"字段列表"窗格。选择"党员",出现"党员页眉"节。

③ 用鼠标右键单击"党员页眉"节空白处,在弹出的快捷菜单中选择"属性",打开属性表窗格。将"党员页眉"对应的"组页眉 0"中的"高度"属性设置为 1cm,如图 5-50 所示。

④ 将原来"页面页眉"节中的"党员"标签移到"党员页眉"节中,"主体"节内的"是否党员"复选框移至"党员页眉"节,如图 5-51 所示。

图 5-50 添加组、调整"党员页眉"节高度 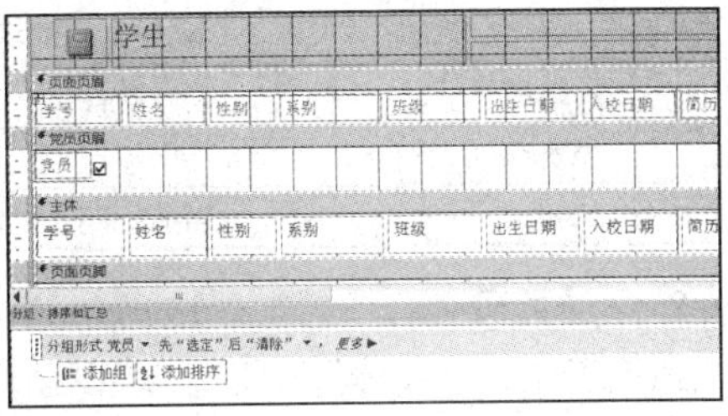　　　图 5-51 设置"党员页眉"和相关格式

⑤ 单击快速访问工具栏上的"保存"按钮保存报表，切换到"打印预览"视图，报表显示效果如图 5-52 所示。

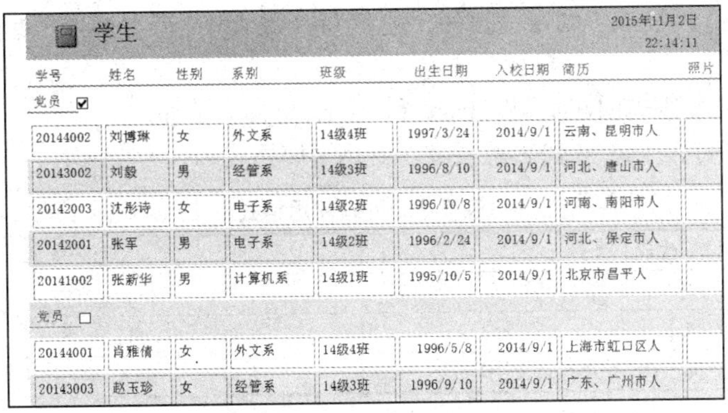

图 5-52 报表分组效果

5.3.2 在报表中添加日期、时间和页码

在用"报表"工具和"报表向导"生成的报表中，系统自动在报表页脚处生成显示日期和页码的文本框控件。如果是在报表的"设计视图"下自定义生成的报表，可以通过系统提供的"日期和时间"对话框为报表添加日期和时间，通过页码对话框为报表添加页码。

1. 添加日期和时间

在报表"设计视图"中给报表添加日期和时间的操作步骤如下：

① 在"报表设计工具/设计"选项卡下的"页眉/页脚"组中，单击"日期和时间"按钮，弹出"日期和时间"对话框。

② 在"日期和时间"对话框中，选择"包含日期"和"包含时间"选项组中所需的显示格式单选项，如图 5-53 所示。

③ 单击"确定"按钮，即可自动在"报表页眉"节中添加日期和时间控件。

如果报表中没有报表页眉，表示日期和时间的控件将被放置在报表的主体中，可以用鼠标将其拖曳到报表中的指定位置。

此外，也可以在报表上添加一个文本框，通过设置其"控件源"属性为日期或时间的计算表达式，例如"=date()"或"=Time()"，来显示日期与时间。该控件位置可以安排在报表的任何节的区域中。Access 常用的日期和时间函数见表 5-1。

图 5-53 "日期和时间"对话框

表 5-1　报表中常用的日期和时间函数

函数名	功能	函数名	功能
Year	当前年	Time	当前时间
Date	当前日期	Now	当前日期和时间

2. 添加页码

在报表"设计视图"中，添加页码的操作步骤如下：

① 在"报表设计工具 / 设计"选项卡下的"页眉 / 页脚"组中，单击"页码"按钮，弹出的"页码"对话框，如图 5-54 所示。

② 在"页码"对话框中，根据需要选择相应的页码格式、位置和对齐方式等选项。

③ 设置完成后，单击"确定"按钮，系统将在报表中指定的位置上插入页码。

此外，也可用表达式创建页码，Page 和 Pages 是内置变量，[Page] 代表当前页号，[Pages] 代表总页数。常用页码格式如表 5-2 所示。

图 5-54　"页码"对话框

表 5-2　页码常用格式

代码	显示文本
=" 第 "&[Page]& " 页 "	第 N（当前页）页
=[Page] &"/" &[Pages]	N/M（页码 / 总页码）
=" 第 "&[Page]& " 页，共 "&[Pages] &" 页 "	第 N 页，共 M 页

5.3.3　显示或隐藏报表页眉、页脚和页面页眉、页脚

在报表的"设计视图"中打开"属性表"窗格，在"所选内容的类型"下拉列表中选择要隐藏的"报表页眉"或"报表页脚"或"页面页眉"或"页面页脚"节后，设置所选节的"格式"选项卡下的"可见"属性为"否"，则在输出时隐藏所选节的信息；若可见属性为"是"，则在输出时显示所选节的信息。

例 5-12　输出"教学管理系统"数据库对象"学生报表"时，隐藏"报表页眉"信息。

操作步骤：

① 在"教学管理系统"数据库窗口的导航窗格中，右击"学生报表"，弹出快捷菜单，选择"设计视图"打开"学生报表"。

② 在"报表设计工具 / 设计"选项卡"工具"组中，单击"属性表"按钮，打开"属性表"窗格，在"所选内容的类型"下拉列表中选择"报表页眉"，然后将"格式"选项卡的"可见"属性设置为"否"，如图 5-55 所示。

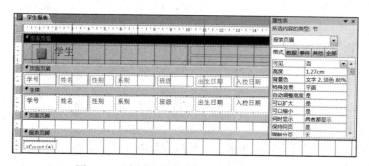

图 5-55　"报表页眉"的"可见"属性设置

③ 切换到"打印预览"视图，就看不到"报表页眉"的信息了，如图 5-56 所示。

学号	姓名	性别	系别	班级	出生日期	入校日期	党员	简历
20141001	王俊	男	计算机系	14级1班	1996/8/12	2014/9/1	☐	湖北、襄阳市人
20141002	张新华	男	计算机系	14级1班	1995/10/5	2014/9/1	☑	北京市昌平人
20141003	林芳	女	计算机系	14级1班	1996/5/28	2014/9/1	☐	天津市南开区人
20142001	张军	男	电子系	14级2班	1996/2/24	2014/9/1	☑	河北、保定市人
20142003	沈彤诗	女	电子系	14级2班	1996/10/8	2014/9/1	☑	河南、南阳市人

图 5-56　隐藏"报表页眉"的效果

5.3.4　绘制线条和矩形

在报表设计中，可以通过添加线条或矩形来修饰版面，以达到一个更好的显示效果。

（1）在报表上绘制线条的操作

① 在报表的"设计视图"中，单击"报表设计工具 / 设计"选项卡"控件"组右侧下方的"其他"按钮▾，打开控件列表框，如图 5-57 所示。

② 在控件列表框中选择"直线"按钮，单击报表内需要绘制线条的位置，则可以创建默认大小的线条。此时的线条自动处于被选定状态，周边有小方块形状的控制柄。用户通过拖动控制柄的方式来改变线条的长短或方向。

③ 单击"报表设计工具 / 格式"选项卡"控件格式"组右侧的"形状轮廓"按钮，在弹出的"形状轮廓"窗格中设置线条"颜色"或"线条宽度"或"线条类型"，如图 5-58 所示。

图 5-57　控件列表框

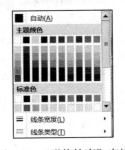

图 5-58　"形状轮廓"窗格

（2）在报表上绘制矩形的操作

① 在报表的"设计视图"中，打开控件列表框并选择"矩形"按钮。

② 单击报表内需要绘制矩形的位置，可以创建默认大小的矩形。此时的矩形自动处于被选定状态，周边有小方块形状的控制柄，用户可通过拖动控制柄的方式来改变矩形大小。

③ 单击"报表设计工具 / 格式"选项卡"控件格式"组右侧的"形状轮廓"按钮，在弹出的"形状轮廓"窗格中设置矩形边框线条的"颜色"、"线条宽度"或"线条类型"。

5.3.5　使用计算控件

在报表中添加计算控件，以便对报表中包含的数据进行计数、求平均值等统计分析操作。

1. 在报表中添加计算控件

计算控件的控件来源是计算表达式，当表达式的值发生变化时，会重新计算结果并输出。文本框是最常用的计算控件。

注意 计算控件的"控件来源"必须是以等号开头的计算表达式。

例 5-13 依据"教师管理系统"数据库中的"课程"表，生成含有"课程编号"、"课程名称"及"学分" 3 个字段的名称为"课程学分均值计算报表"的报表，要求在"报表页脚"节中添加文本框控件并输入"=Avg([学分])"，与其相关联的标签标题为"平均学分为:"。

操作步骤:

① 对"教师管理系统"数据库窗口，单击"创建"选项卡"报表"组中的"报表设计"按钮，弹出报表"设计视图"窗口并自动创建"报表 1"空报表。

② 单击"报表设计工具 / 设计"选项卡"工具"组中的"添加现有字段"按钮，弹出"字段列表"窗格，单击"课程"表左侧的加号"+"，显示该表字段。

③ 分别双击"课程"表中的"课程编号"、"课程名称"、"学分" 3 个字段，将其添加到报表 1 的"主体"节中并适当调整位置，如图 5-59 所示。

④ 在"主体"节中选定所有标签控件，单击"报表设计工具 / 排列"选项卡"表"组中的"表格"按钮，调整各字段的位置。

⑤ 单击"报表设计工具 / 设计"选项卡"页眉页脚"组中的"标题"按钮，向设计视图添加"报表页眉"和"报表页脚"节，修改报表页眉节中的默认标题为"课程平均学分"。

⑥ 单击"报表设计工具 / 设计"选项卡"控件"组中的"文本框"控件，再单击"报表页脚"节中的适当位置，在添加的未绑定"文本框"内输入" =Avg([学分])"，并将与其相关联的"标签"标题更改为"平均学分为:"，效果如图 5-60 所示。

图 5-59 向主体节添加字段

图 5-60 添加计算控件

⑦ 单击快速访问工具栏的"保存"按钮，以"课程学分均值计算报表"为名称保存。

⑧ 切换到"打印预览"视图，显示课程学分的计算效果。

2. 报表统计计算

在报表设计中，可以根据需要进行各种类型的统计计算并输出显示，操作方法就是使用计算控件设置其控件源为合适的统计计算表达式。操作主要有以下两种形式。

（1）主体节内添加计算字段

在主体节内添加计算控件，对每条记录的若干字段值进行求和或求平均值时，只要设置计算控件的控件源为不同字段的计算表达式即可。

（2）在组页眉 / 组页脚节区内或报表页眉 / 报表页脚节区内添加计算字段

在组页眉 / 组页脚区内或报表页眉 / 报表页脚节区内添加计算字段，对某个字段的一组记录或所有记录进行求和或求平均统计计算时，这种形式的统计计算一般是对报表字段列的纵向记录数据进行统计，而且要使用 Access 提供的如表 5-3 所示的常用函数来完成相应计算操作。

表 5-3　报表中的常用函数

函数名	功能
Avg	在指定的范围内，计算指定字段的平均值
Count	计算指定范围内的记录个数

（续）

函数名	功能
First	返回指定范围内多条记录中的第一条记录指定的字段值
Last	返回指定范围内多条记录中的最后一条记录指定的字段值
Max	返回指定范围内的多条记录中的最大值
Min	返回指定范围内的多条记录中的最小值
Sum	计算指定范围内的多条记录指定字段值的和

如果是进行分组统计并输出结果，则统计、计算控件应该布置在"组页眉 / 组页脚"节区内的相应位置，然后使用统计函数设置控件源。

5.4　报表的打印与导出

5.4.1　打印报表

创建报表的主要目的是为了在打印机上输出。在打印输出时，需要根据报表和纸张的实际情况进行页面设置，通过系统的打印预览功能查看报表的显示效果，符合用户的要求时，可以在打印机上输出。

1. 页面设置

报表页面的设置内容包括设置打印纸的尺寸、页边距及列等信息。报表的页面设置需要使用 Access 的"页面设置"功能实现，具体操作步骤如下：

① 选择需要进行页面设置的报表，打开其"设计视图"。

② 在"报表设计工具 / 页面设置"选项卡下的"页眉布局组"中，单击"页码设置按钮"，打开"页面设置"对话框。

③ 设置相应的参数。

（1）设置页边距

在"页面设置"对话框中，单击"打印选项"选项卡，设置页边距的相关参数，如图 5-61 所示。

在"页边距"选项区域中输入所打印数据和页面的上下左右 4 个方向的边距，可以在"示例"区域中看到实际打印的效果。

图 5-61　设置"页边距"

如果选择了"只打印数据"复选框，则报表打印时只显示数据库中字段的数据或是计算而来的数据，不显示分隔线、页眉页脚等信息。这个选项一般用于将数据打印到已定制好的纸张上。

（2）设置页面

在"页面设置"对话框中，单击"页"选项卡，设置页面的相关参数，如图 5-62 所示。

使用该对话框，可以设置打印方向、纸张大小、纸张来源以及选择打印机。

（3）设置列

在"页面设置"对话框中，单击"列"选项卡，设

图 5-62　设置"页"

置列的相关参数，如图 5-63 所示。

在"网格设置"选项区域中，设置报表的列数、行间距、列间距；在"列尺寸"选项区域中，可以设置列的宽度、高度；如果是多列报表，可以在"列布局"选项组中，设置列的布局为"先列后行"或"先行后列"两种方式。

对报表进行页面设置时，经过重新设置的参数将保存在相应的报表中，在报表预览或打印输出时，这些参数将会发生作用。

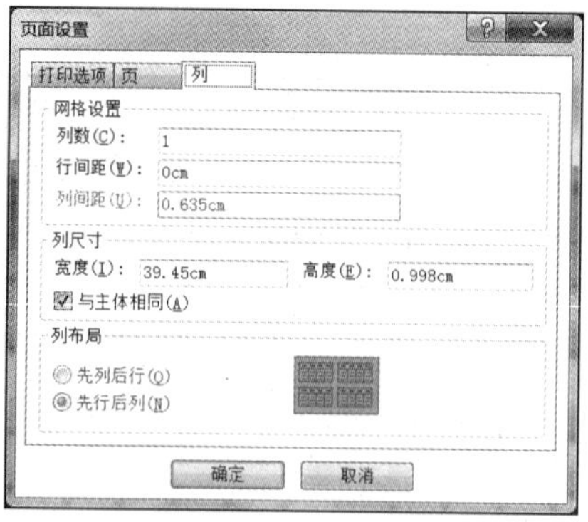

2. 打印报表

打印报表是指在纸上输出报表。在打印之前，首先确认使用的计算机是否连接有打印机，并且已经安装了打印驱动程序，还要根据报表的大小选择适合的打印纸。

图 5-63 "设置"列

常用的两种打印方法如下。

（1）使用文件选项卡下的打印命令

① 在数据库窗口的导航窗格中，选定"报表"对象列表中要打印的某个报表。

② 在"文件"选项卡下的左侧窗格中单击"打印"命令，然后单击右侧窗格中的"打印"按钮，打开如图 5-64 所示的"打印"对话框。

③ 指定打印机名称、打印范围以及打印份数，然后单击"确定"按钮。

（2）使用"打印预览"视图下的"打印"按钮

① 在数据库窗口的导航窗格中，选定"报表"对象列表中要打印的某个报表。

② 在所选定的报表对象上，用鼠标右键单击，在弹出的快捷菜单中选择"打印预览"命令，打开报表"打印预览"视图。

③ 在"打印预览"选项卡下，单击"打印"组中的"打印"按钮，打开如图 5-64 所示的"打印"对话框。

图 5-64 "打印"对话框

④ 指定打印机名称、打印范围以及打印份数，然后单击"确定"按钮。

5.4.2 导出报表

在 Access 2010 中，可以将报表导出为 Excel 文件、文本文件、PDF 或 XPS 文件、XML 文档格式、Word 文件、HTML 文档等文件格式，导出类型如图 5-65 所示。

图 5-65 报表导出类型

例 5-14　将"教学管理系统"数据库中的"学生选课成绩报表"导出为"学生选课成绩报表 .PDF"文件。

操作步骤：

① 在"教学管理系统"数据库窗口内的导航窗格中，选中"学生选课成绩报表"。

② 在"外部数据"选项卡下的"导出"组中，单击" PDF 或 XPS"按钮，弹出"发表为 PDF 或 XPS"对话框。指定文件存放的位置、文件名以及保存类型，如图 5-66 所示。

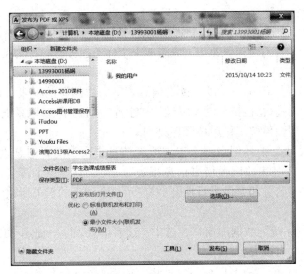

图 5-66　"发布为 PDF 或 XPS"对话框

③ 单击"发布"按钮。在 Adobe Reader 窗口显示发布结果，如图 5-67 所示。

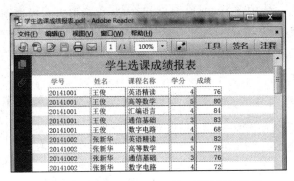

图 5-67　在 Adobe Reader 窗口显示发布结果

5.5　操作实践

报表的创建与操作

【实习目的】

1. 掌握用"报表"工具创建报表。
2. 掌握使用"报表设计"创建报表。
3. 掌握报表的排序、分组技术，并会运用常用的汇总函数。
4. 掌握使用文本框控件在报表中进行计算的方法。

【实习内容】

1. 以"图书查询系统"数据库中的"读者信息表"为数据源，使用"报表"工具自动创建报表，报表名为"读者信息报表"。

2. 以"图书查询系统"数据库中的"未借出图书表"为数据源，使用"报表设计"工具创建纵栏式报表，报表名为"未借阅图书报表"

3. 以"借阅信息表"为数据源，利用"空报表"工具创建一个报表，报表名为"借阅信息报表"。

4. 以"借阅记录查询"为数据源，使用"报表设计"工具创建"表格式"报表，报表名为"借阅查询报表"。要求在"报表页眉"节添加一个标签控件，名称为"BTitle"，标题为"借阅记录一览表"。

5. 使用"报表向导"创建一个以"读者信息表"为数据源的报表，报表名为"读者性别单位排序报表"，显示的信息包括"读者编号"、"姓名"、"性别"、"联系电话"和"工作单位"。要求先按性别升序排列，再按工作单位降序排列。

6. 使用"报表设计"工具创建一个以"读者信息表"、"借阅信息表"和"图书信息表"为数据源的报表，报表名为"读者借书信息报表"。要求显示每个读者的"读者编号"、"姓名"、"图书编号"、"书名"和"借书日期"，并显示每个读者的借书册数。

【操作步骤 / 提示】

1）在"图书查询系统"数据库窗口，选中"读者信息表"→使用"创建|报表|报表"→用"读者信息报表"作为报表名称保存。

2）在"图书查询系统"数据库窗口，使用"创建|报表|报表设计"，打开报表"设计视图"窗口→打开"字段列表"窗格，将"未借出图书表"中的所有字段添加到"主体"节中，如图5-68所示→保存报表并命名为"未借阅图书报表"。

3）在数据库窗口，使用"创建|报表|空报表"显示报表布局视图，并自动显示"字段列表"窗格→从"字段列表"窗格中，将"借阅信息表"中的字段"读者编号"、"图书编号"、"借书日期"和"还书日期"添加到布局视图窗口，如图5-69所示→保存报表，并命名为"借阅信息报表"。

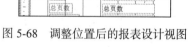

图 5-68 调整位置后的报表设计视图

图 5-69 向报表中添加字段

4）① 在"图书查询系统"数据库窗口，打开报表"设计视图"窗口→打开"属性表"窗格，设置"记录源"属性为"借阅记录查询"，如图5-70所示。

② 打开"字段列表"窗格，将"姓名"、"工作单位"、"联系电话"、"书名"和"借书日期"5个字段的"文本框"控件添加到"主体"节中，将相应的"标签"控件添加到"页面页眉"节，适当调整布局，如图5-71所示。

图 5-70 数据源为查询

图 5-71 向报表中添加字段并调整布局

③ 给报表"设计视图"窗口添加"报表页眉"节，此时自动添加一个"标签"控件→打开"属性表"窗格，按要求对标签的"名称"属性和"标题"属性进行设置，如图 5-72 所示。

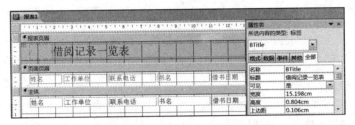
图 5-72 报表设计结果

④ 保存所创建的报表，命名为"借阅查询报表"

5）在"图书查询系统"数据库窗口，单击"创建"选项卡的"报表"组中的"报表向导"按钮，打开报表向导对话框，依据提示进行有关设置，如图 5-73～图 4-76 所示→预览报表并保存，命名为"读者性别单位排序报表"。

图 5-73 选择报表数据源

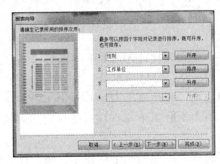
图 5-74 确定排序字段

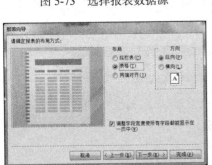
图 5-75 报表布局方式

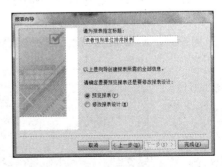
图 5-76 报表标题

6）① 在"图书查询系统"数据库窗口打开报表"设计视图"窗口。

② 打开"属性表"窗格，如图 5-77 所示→单击"记录源"属性右侧的 按钮，打开查询生成器，同时也打开"显示表"对话框，如图 5-78 所示。

图 5-77 属性表窗格

图 5-78 查询生成器

③ 从"显示表"对话框中，将"读者信息表"、"借阅信息表"和"图书信息表"添加到查询生成器中的"字段列表"区→将需要输出的字段添加到"设计网格"区中，结果如图 5-79 所示。

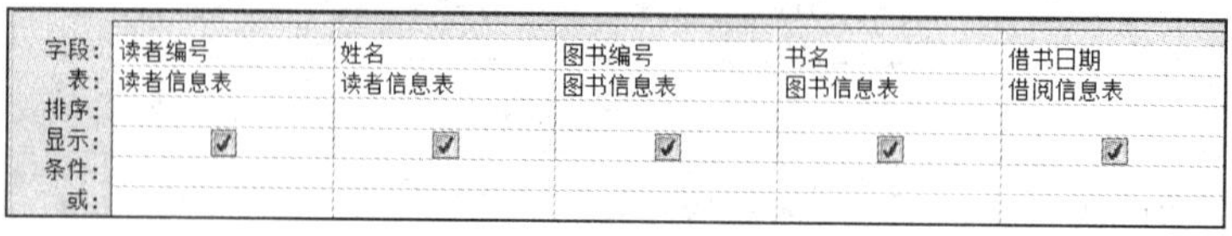

字段	读者编号	姓名	图书编号	书名	借阅日期
表	读者信息表	读者信息表	图书信息表	图书信息表	借阅信息表
排序					
显示	✓	✓	✓	✓	✓
条件					
或					

图 5-79 查询设计器

④ 关闭查询生成器，在报表"设计视图"窗口增加"报表页眉"节和"报表页脚"节→在报表页眉节输入报表标题"读者借书信息报表"，并设置字体字号，如图 5-80 所示。

⑤ 在报表设计区域的下方添加"分组、排序和汇总"窗口→单击"添加组"按钮，在弹出的"表达式"对话框中选择"读者编号"作为分组依据，在报表设计区域会增加"读者编号页眉"节，如图 5-81 所示。

图 5-80 设计报表页眉

⑥ 打开"字段列表"窗格，将"读者编号"和"姓名"字段拖拽到"读者编号页眉"节中，将"图书编号"、"书名"和"借书日期"拖曳到"主体"节中，并调整相应节的高度和字段的位置，如图 5-82 所示。

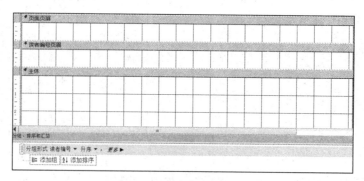

图 5-81 添加分组

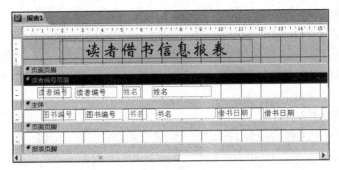

图 5-82　添加相应字段后的设计视图

⑦ 单击"分组、排序和汇总"窗口中的"更多"按钮→从"无页脚节"下拉列表中选择"有页脚节",此时在报表设计区域会增加"读者编号页脚"节→在"读者编号页脚"节中添加一个"标签"并输入"借书册数"→再给"读者编号页脚"节中添加一个"文本框"并输入"=Count([读者编号])"→单击功能区"页眉/页脚"工具组中的"页码"按钮,选择"第N页,共M页"格式和"页面底端(页脚)"位置,为报表添加页码,如图 5-83 所示。

⑧ 保存创建的报表,命名为"读者借书信息报表"。

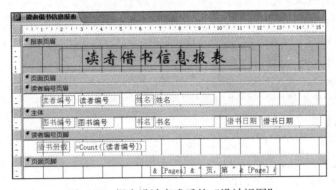

图 5-83　报表设计完成后的"设计视图"

5.6　思考练习与测试

一、思考题

1. 报表与窗体的区别是什么?

2. 报表的视图有几种? 如何切换?

3. 报表的设计视图由几个节组成? 各节的作用是什么?

4. 报表的创建方式有哪些? 各有什么特点?

5. 报表的数据源有哪些? 需要设置哪个属性?

6. 如何给报表添加页码和日期?

7. 如何给报表添加分组字段和排序字段?

二、练习题

1. 选择题

(1) 以下描述中正确的是(　　　)。

    A. 报表只能输入数据　　　　　　　　B. 报表只能输出数据

    C. 报表可以输入和输出数据　　　　　D. 报表不能输入和输出数据

（2）要实现报表的分组统计，正确的操作区域是（　　　）。

    A. 报表页眉或报表页脚区域　　　　　　B. 页面页眉或页脚页脚区域

    C. 主体区域　　　　　　　　　　　　　D. 组页眉或组页脚区域

（3）关于设置报表数据源，下列叙述中正确的是（　　　）。

    A. 可以是任意对象　　　　　　　　　　B. 只能是表对象

    C. 只能是查询对象　　　　　　　　　　D. 只能是表对象或查询对象

（4）要设置只在报表最后一页主体内容之后输出的信息，正确的设置是（　　　）。

    A. 报表页眉　　　　B. 报表页脚　　　　C. 页面页眉　　　　D. 页面页脚

（5）在报表设计中，以下可以作为绑定控件显示字段数据的是（　　　）。

    A. 文本框　　　　　B. 标签　　　　　　C. 命令按钮　　　　D. 图像

（6）要设置在报表的每一页的底部都输出的信息，需要设置（　　　）。

    A. 报表页眉　　　　B. 报表页脚　　　　C. 页面页眉　　　　D. 页面页脚

（7）在报表中，要计算"数学"字段的最高分，应将控件的"控件来源"属性设置为
（　　　）。

    A. =Max（[数学]）B. Max（数学）　　C. = Max[数学]　　D. =Max（数学）

（8）要实现报表按某字段分组统计输出，需要设置（　　　）。

    A. 报表页脚　　　　B. 该字段组页脚　　C. 主体　　　　　　D. 页面页脚

（9）要显示格式"页码 / 总页数"的页码，应当设置文本框的控件来源属性是（　　　）。

    A. [Page]/[Pages]　　　　　　　　　　B. =[Page]/[Pages]

    C. [Page]& "/ 总 " &[Pages]　　　　　　D. = [Page]& "/ 总 " &[Pages]

（10）如果设置报表上某个文本框的"控件来源"属性为"=2*3+1"，则打开报表视图时，
该文本框显示信息是（　　　）。

    A. 为绑定　　　　　B. 7　　　　　　　C. 2*3+1　　　　　D. 出错

（11）在报表中将大量数据按不同的类型分别集中在一起，称为（　　　）。

    A. 数据筛选　　　B. 合计　　　　　　C. 分组　　　　　　D. 排序

（12）报表的数据来源不能是（　　　）。

    A. 表　　　　　　　B. 查询　　　　　　C. SQL 查询　　　　D. 窗体

（13）报表不能完成的工作是（　　　）。

    A. 分组数据　　　B. 汇总数据　　　　C. 格式化数据　　　D. 输入数据

（14）在报表设计时，如果要统计报表中某个字段的全部数据，计算表达式应放在
（　　　）。

    A. 组页眉 / 组页脚　　　　　　　　　　B. 页面页眉 / 页面页脚

    C. 报表页眉 / 报表页脚　　　　　　　　D. 主体

（15）在报表设计的工具栏中，用于修饰版面以达到良好输出效果的控件是（　　　）。

    A. 直线和矩形　　　B. 直线和圆形　　　C. 直线和多边形　　D. 矩形和圆形

2. 填空题

（1）完整的报表设计通常由报表页眉、＿＿＿＿＿、＿＿＿＿＿、＿＿＿＿＿、＿＿＿＿＿、＿＿＿＿＿和组页脚 7 部分组成。

（2）Access 的报表对象的数据源可以设置为＿＿＿＿＿。

（3）报表数据的输出不可缺少的内容是＿＿＿＿＿。

（4）计算控件的来源属性一般设置为＿＿＿＿＿开头的计算表达式。

（5）要在报表上显示格式为"4 / 总 15 页"的页码，则计算控件的控件来源应设置为_____
____。
（6）要设计出带表格线的报表，需要向报表中添加_____控件来完成表格线显示。
（7）Access 的报表要实现排序和分组统计操作，应通过设置_____属性来进行。

三、测试题

1. 选择题

（1）用来查看报表页面数据输出形态的视图是（　　　）
　　A. 设计视图　　　　B. 打印预览　　　　C. 报表视图　　　　D. 布局视图

（2）在报表视图中，能够预览显示结果，并且又能够对控件进行调整的视图是（　　　）
　　A. 设计视图　　　　B. 打印预览　　　　C. 报表视图　　　　D. 布局视图

（3）下列关于报表功能的叙述不正确的是（　　　）
　　A. 可以呈现各种格式的数据
　　B. 可以分组组织数据，进行汇总
　　C. 可以包含子报表与图表数据
　　D. 可以进行计数、求平均、求和等统计计算

（4）使用（　　　）创建报表时会提示用户输入相关的数据源、字段和报表版面格式等信息。
　　A."报表"工具　　B."报表向导"　　C."图标向导"　　D."标签向导"

（5）在设计报表时，如果要统计报表中某个字段的全部数据，计算表达式应放在（　　　）
　　A. 主体　　　　　　　　　　　　B. 页面页眉 / 页面页脚
　　C. 报表页眉 / 报表页脚　　　　　D. 组页眉 / 组页脚

（6）用于实现报表的分组统计数据的操作区域是（　　　）
　　A. 报表的主体区域　　　　　　　B. 页面页眉或页面页脚区域
　　C. 报表页眉或报表页脚区域　　　D. 组页眉或组页脚区域

（7）在报表设计中，用来绑定控件显示字段数据的最常用的计算控件是（　　　）
　　A. 标签　　　　　B. 列表框　　　　C. 文本框　　　　D. 选项按钮

（8）在报表设计过程中，不适合添加的控件是（　　　）
　　A. 标签控件　　　B. 图像控件　　　C. 文本框控件　　　D. 选项组控件

（9）报表的一个文本框的"控件来源"属性为"=IIF（（[Page] MOD 2=0），" 页 "& [Page]，
" ")"，下列说法中，正确的是（　　　）。
　　A. 显示奇数页码　　B. 显示偶数页码　　C. 显示当前页码　　D. 显示全部页码

（10）要使所打印的报表每页显示 3 列记录，在设置时应选择（　　　）
　　A. 工具箱　　　　B. 页面设置　　　　C. 属性表　　　　D. 字段列表

（11）在下列叙述中，正确的是（　　　）
　　A. 在窗体和报表中均不能设置组页脚
　　B. 在窗体和报表中均可以根据需要设置组页脚
　　C. 在窗体中可以设置组页脚，而在报表中不能设置组页脚
　　D. 在窗体中不能设置组页脚，而在报表中可以设置组页脚

（12）使用报表"设计视图"创建一个分组统计报表的操作包括：
　　① 指定报表的数据来源
　　② 计算汇总信息

③ 创建一个空白报表

④ 设置报表排序和分组信息

⑤ 添加或删除各种控件

正确的操作步骤为（   ）

        A.③②④⑤①   B.③①⑤④②   C.③①②④⑤   D.①③⑤④②

（13）排序时如果选取了多个字段，则输出结果是（   ）

        A.按设定的优先次序依次进行排序   B.按最右边的列开始排序

        C.按从左向右的优先次序依次排序   D.无法进行排序

（14）在以下关于报表数据源设置的叙述中，正确的是（   ）。

        A.只能是表对象   B.只能是查询对象

        C.可以是表对象或查询对象   D.可以是任意对象

（15）如果设置报表上某个文本框的"控件来源"属性为"=3*2+7"，则预览此报表时，该文本框显示信息是（   ）。

        A.13   B.3*2+7   C.未绑定   D.出错

（16）报表页脚的作用是（   ）。

        A.用来显示报表的标题、图形或说明性文字

        B.用来显示整个报表的汇总说明

        C.用来显示报表中的字段名称或对记录的分组名称

        D.用来显示本页的汇总说明

（17）在报表的设计视图中，区段被表示成带状形式，称为（   ）。

        A.主体   B.节   C.主体节   D.细节

（18）可以设置分组字段以显示分组统计数据的报表是（   ）。

        A.纵栏式报表   B.图表报表   C.标签报表   D.表格式报表

（19）报表的页面页眉主要用来（   ）。

        A.显示记录数据

        B.显示报表的标题、图形或说明文字

        C.显示报表中字段名称或对记录的分组名称

        D.显示本页的汇总说明

（20）要计算报表中学生的年龄最小值，应把"控件来源"属性设置为（   ）。

        A.=Min（年龄）   B.Min（年龄）   C.=Min（[年龄]）   D.Min（[年龄]）

第6章 宏

本章主要介绍宏的基础知识、建立宏、通过事件触发宏和宏的编辑、运行与调试，另外还给出了上机操作实践题及课下的思考练习与测试题。

6.1 宏概述

6.1.1 宏的概念

1. 宏的基本概念

宏是由一个或多个操作组成的集合，其中每个操作都能自动执行，并实现特定的功能。通过宏，能够自动执行重复任务，使用户更方便、快捷地操纵 Access 数据库系统。在 Access 中，可以在宏中定义各种操作，如打开或关闭窗体、显示与隐藏工具栏等。通过直接执行宏，或者使用包含宏的用户界面，可以完成许多复杂的操作，而无须编写程序。

2. 宏的分类

在 Access 中，宏可以分为：操作序列宏、宏组和含有条件操作的条件宏。

（1）操作序列宏

操作序列宏又称为独立宏或者简单宏，一般只包含一条或多条操作和一个或多个"注释"。宏在执行时按照顺序一条一条地执行，直到操作执行完毕。

（2）宏组

宏组是指一个宏文件中包含多个宏，这些宏都是独立的，互不相关。通常，将功能相近或操作相关的宏组织在一起构成宏组，这可以为设计数据库应用程序带来方便。

（3）条件宏

条件宏是指宏中的某些操作带有条件，当执行宏时，这些操作只有在满足条件时才能得以执行。

6.1.2 常用宏操作

宏操作是宏的最基本内容。Access 2010 提供了 80 多种宏操作命令，根据宏的用途，可以将常用的宏操作大致分为几大类，具体如表 6-1 所示。

表 6-1　常用的宏操作列表

功能分类	宏操作	操作说明
窗口管理	CloseWindows	关闭指定 Access 窗口，若没有指定窗口，则关闭活动窗口
	MaximizeWindow	最大化活动窗口
	MinimizeWindow	最小化活动窗口
	MoveAndSizeWindows	移动活动窗口或调整其大小
	RestoreWindow	将最大化窗口或最小化窗口恢复至原始大小
宏命令	CancelEvent	取消引起该宏操作的事件
	OnError	指定宏出现错误时如何处理
	RemoveTempVar	删除通过 SetTempVar 操作创建的单个临时变量
	SetLocal	将本地变量设置为特定值

(续)

功能分类	宏操作	操作说明
宏命令	SetTempVar	创建一个临时变量并将其设置为特定值
	RunCode	运行一个指定的 Visual Basic 函数程序
	RunMacro	运行指定的宏
	StopAllMacros	终止当前所有宏的运行
	StopMacro	终止当前正在运行的宏
	RunMenuCommand	运行一个 Access 菜单命令
筛选/查询/排序	ApplyFilter	在表、窗体或报表中应用筛选、查询或 SQL 的 WHERE 子句，限制或排序来自表、窗体以及报表的记录
	FindNextRecord	依据 FindRecord 查找满足指定条件的下一条记录
	FindRecord	在表、查询或窗体中查找满足指定条件的第一条记录
	OpenQuery	打开查询
	Requery	指定的控件重新从数据源中读取数据
	RefreshRecord	刷新当前记录
	ShowAllRecords	删除活动表、查询结果或窗体中已应用过的筛选
数据库对象	GoToControl	将焦点移到被激活的数据表或窗体的指定字段或控件上
	GoToRecord	在表、查询或窗体中，添加新记录或将光标移到指定的记录上
	OpenForm 命令	打开窗体
	OpenReport	打开报表
	OpenTable	打开数据表
	PrintObject	打印当前对象
数据输入操作	SaveRecord	保存当前记录
	DeleteRecord	删除当前记录
系统命令	Beep	使计算机发出"嘟嘟"的声音
	CloseDatabas	关闭当前数据库
	QuitAccess	退出 Access 时选择一种保存方式
用户界面命令	AddMenu	创建全局菜单栏、全局快捷菜单、窗体或报表的自定义菜单栏、窗体或报表的自定义快捷菜单
	MessageBox	显示包含警告信息或其他信息的消息框
	SetDisplayedCategories	将指定的数据库对象数据输出为 .exls 或 .txt 格式
	SetMenuItem	设置自定义菜单中命令的状态：有效、无效、可选或不可选

6.1.3 宏的设计视图

宏的创建需要在宏的设计视图下进行。即使创建不同类型的宏，打开宏的设计视图的方法大体上也是一样的。下面以"独立宏"的设计视图为例来做介绍。

在"教学管理系统"数据库窗口的"创建"选项卡下，单击"宏与代码"组中的"宏"按钮，打开宏的设计视图。在工作区上，显示"宏设计器"窗格和"操作目录"窗格，并在功能区上显示"宏工具"下的"设计"上下文选项卡，如图 6-1 所示。

在"宏设计器"窗格中，显示带有"添加新操作"占位符的组合框，在该组合框的左侧还显示了一个绿色➕号。

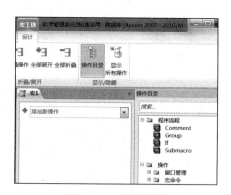

图 6-1　宏设计视图

在"操作目录"窗格中，以树形结构分别列出"程序流程"、"操作"和"在此数据库中"3个目录及其下层子目录或部分宏对象。单击"＋"展开按钮，展开下一层子目录或部分宏对象，此时"＋"变成"－"；单击"－"，折叠按钮，隐藏已展开的下一层子目录或部分宏对象，之后"－"又变成"＋"。下面介绍"操作目录"窗格中的内容。

（1）程序流程

该目录下包括 Comment、Group、If 和 Submacro。

Comment：宏运行时不执行的信息，用于提高宏代码的可读性，称为注释。

Group：允许操作和程序流程在已命名、可折叠、未执行的块中分组，以使宏的结构更清晰、可读性好。

If：通过条件表达式的值来控制操作的执行，如果条件表达式的值为"True"，则执行相应逻辑块内的操作，否则就不执行相应逻辑块内的操作。

Submacro：用于在宏内创建子宏，每一个子宏都需要指定其子宏名。一个宏可以包含若干个子宏，而一个子宏又可以包含若干个操作。

（2）操作

主要实现对数据库的各种具体操作。该目录包括"窗口管理"、"宏命令"、"筛选/查询/搜索"、"数据导入导出"、"数据库对象"、"数据输入操作"、"系统命令"和"用户界面命令"8个子目录，各个目录下的常见宏操作见表6-1。

（3）在此数据库中

列出当前数据库中已有的宏对象。

宏操作是创建宏的资源。在创建宏的过程中，用户可以很方便地通过操作目录窗格搜索和添加所需的宏操作。

向"宏设计器"中添加宏操作的方法有以下几种。

1）从"添加新操作"组合框的下拉列表中选择。

2）在"操作目录"窗格中双击要添加的宏操作。

3）从"操作目录"窗格中将要添加的宏操作拖曳到"宏设计器"窗格。

宏通常由宏操作和参数组成，在向"宏设计器"添加宏操作时，系统会自动展开与该宏操作相关的操作参数区域。例如，与 OpenForm 操作相关的操作参数区域，如图6-2所示。

操作参数用来控制操作执行的方式，不同的宏操作具有不同的操作参数。

在使用宏操作时，除了正确使用宏操作的名称外，还应根据需要设置相应的参数。因此用户在使用宏操作时要详细了解各个操作参数的含义。

图6-2　操作参数区域示例

6.1.4　设置宏的操作参数

在"宏设计器"窗格的"添加新操作"组合框中选择某个宏操作，可以在展开的操作参数区域中，设置与这个宏操作相关的参数。下面简要介绍设置操作参数的方法。

1）可以在操作参数区域中的参数框中键入数值，也可以从参数框的下拉列表框中选择某个设置。

2）从数据库窗口的导航窗格内，拖曳某个对象（例如，"教师"表）到"宏设计器"窗格的"添加新操作"框中，此时系统不仅自动添加宏操作，而且还在展开的操作参数区域中自动设置适当的参数。

3）如果在操作中有调用数据库对象名的参数，就可以将对象从数据库窗口的导航窗格内拖曳到"宏设计器"窗格中的参数框中，从而由系统自动设置宏操作及其对应的对象类型参数。

4）可以用前面加等号"="的表达式来设置操作参数。

6.2 建立宏

建立宏的过程主要包括指定宏名、添加宏操作命令、设置操作参数及提供注释说明信息等。当宏建成之后，可以选择多种方式运行宏和调试宏。

用户根据需要可以创建独立宏、宏组和条件操作宏等。

1. 创建独立宏

操作序列宏又称为独立宏，将显示在数据库窗口导航窗格中的"宏"列表中。如果在应用程序的很多位置重复使用宏，则可以建立独立宏。创建"独立宏"的操作如下：

① 在数据库窗口的"创建"选项卡下的"宏与代码"组中，单击"宏"按钮，弹出宏的设计视图窗口。

② 在宏的设计视图窗口，单击"添加新操作"组合框的下拉按钮，在弹出的列表框中，选择要使用的某个宏操作命令，在系统自动展开的操作参数区域内设置操作参数。

③ 若需添加更多的宏操作命令，可以重复步骤②。

④ 单击快速访问工具栏上的"保存"按钮，命名并保存设计好的宏。

例 6-1 在"教学管理系统"数据库中创建名称为"打开窗体宏"的宏，其功能是打开"学生课程成绩"窗体。

操作步骤：

① 在"教学管理系统"数据库窗口的"创建"选项卡下，单击"代码与宏"组中的"宏"按钮，弹出宏的设计视图窗口。

② 单击"添加新操作"组合框的下拉按钮，在弹出的下拉列表框中选择宏操作命令OpenForm，展开操作参数区域，或者在右边的"操作目录"窗格中，双击"操作"下方的"数据库对象"列表中的宏操作命令 OpenForm，如图 6-3 所示。

③ 在操作参数区域中选择"窗体名称"为"学生成绩管理"，选择"视图"为"窗体"，选择"窗口模式"为"普通"，如图 6-4 所示。

图 6-3　操作目录窗格

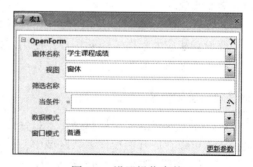

图 6-4　设置操作参数

④ 单击快速访问工具栏的"保存"按钮，在弹出的"另存为"对话框的"宏名称"框中，输入"打开窗体宏"后，单击"确定"按钮。

⑤ 在"宏工具 / 设计"选项卡下的"工具"组中，单击"运行"按钮，运行刚刚创建的

"打开窗体宏"。

2.创建宏组

可将相关的操作分为一组，并为该组指定一个有意义的名称，从而提高宏的可读性。将相关的几个宏组织在一起，就构成了一个宏组。"宏组"不会影响操作的执行方式，也不能单独调用或运行。分组的目的是标识一组操作，帮助用户一目了然地了解宏的功能。

创建"宏组"有下面两种情况。

1）如果要分组的宏操作已经存在于宏中，创建宏组的操作如下：

① 在"宏设计器"窗格中，选择要进行分组的宏操作（按住 Ctrl 键并分别单击要进行分组的宏操作）。

② 用鼠标右键单击所选的宏操作，在弹出的快捷菜单中单击"生成分组程序块"项。

③ 在生成的"Group"块顶部的框中，键入"宏组"名称，即可完成分组。

2）如果宏操作不存在于宏中，创建宏组的操作如下：

① 在数据库窗口的"创建"选项卡下，单击"宏与代码"组中的"宏"按钮，打开宏的设计视图。

② 将 Group 块从"操作目录"窗格拖曳到"宏设计器"窗格的"添加新操作"框中，在生成的 Group 块顶部的框中，键入宏组名称。

③ 单击"添加新操作"组合框的下拉按钮，显示宏操作列表，从中选择要使用的宏操作，展开操作参数区域，并在该区域中设置相应的参数。

④ 重复步骤②和③，添加其他的宏操作。

⑤ 单击快速访问工具栏上的"保存"按钮，命名并保存设计好的宏组。

保存"宏组"时，指定的名字是"宏组"的名字，这个名字也是显示在数据库窗口导航窗格中的宏和"宏组"列表中的名字。调用"宏组"中宏的格式为：宏组名 . 宏名。

注意   Group 块中可以包含其他 Group 块，最多可嵌套 9 层。

例 6-2   在"教学管理系统"数据库中创建名称为"宏组 Group"的宏组，包含"宏 1"和"宏 2"两个宏。其中"宏 1"的功能是打开"教师"表，打开表前要发出"嘟嘟"声，关闭前要有消息框提示操作；"宏 2"的功能是打开和关闭"教师授课情况查询"，打开查询前发出嘟嘟声，关闭前要有消息框提示操作。

操作步骤：

① 在"教学管理系统"数据库窗口，单击"创建"选项卡下"宏与代码"组中的"宏"按钮，打开宏的设计视图。

② 在"操作目录"窗格中，把"程序流程"目录下的"Group"拖曳到"宏设计器"窗格的"添加新操作"框中，在"Group"文本框中，输入"宏 1"。

③ 在"添加新操作"组合框中选择操作 Beep。

④ 在"添加新操作"组合框中选择操作 OpenTable，展开操作参数区域，在该区域选择"表名称"为"教师"，"数据模式"为"只读"。

⑤ 在"添加新操作"组合框中选择操作 MessageBox，展开操作参数区域，在该区域设置"消息"为"单击"确定"按钮关闭教师表！"

⑥ 在"添加新操作"组合框中选择操作 RunMenuCommand，展开操作参数区域，在该区域选择"命令"为"Close"。

⑦ 重复步骤②和③，其中在重复步骤②时，在"Group"文本框中，输入"宏 2"。

⑧ 在"添加新操作"组合框中选择操作 OpenQuery，展开操作参数区域，在该区域选择"查询名称"为"教师授课情况查询"，"数据模式"为"只读"。

⑨ 重复步骤⑤和⑥，其中第⑤步的"消息"设置为"单击"确定"按钮关闭教师授课情况查询！"。

⑩ 单击快速访问工具栏的"保存"按钮，在"宏名称"文本框中输入"宏组 Group"。设计结果如图 6-5 所示。

在"教学管理系统"数据库窗口的导航窗格中双击"宏组 Group"或在导航窗格中用鼠标右键单击"宏组 Group"，再在弹出的快捷菜单中单击"运行"，用这两种方式均可依次执行组中的"宏 1"和"宏 2"。

3. 创建条件宏

在数据处理过程中，如果希望只是在满足指定条件

图 6-5　宏组设计

时才执行宏的一个或多个操作，则要使"If"块进行程序流程控制。条件宏中的条件可以是任意逻辑表达式。运行条件宏时，只有满足了这些条件，才会执行相应的操作。

向宏中添加 If 块的操作如下：

① 从"添加新操作"组合框的下拉列表中选择 If 操作，或从"操作目录"窗格拖曳 If 操作到"宏设计器"窗格中。

② 在 If 块顶部的"条件表达式"框中，输入一个决定何时执行该块的表达式，该表达式的计算结果必须是 True 或 False。

③ 向 If 块添加操作的方法是，从显示在该块中的"添加新操作"组合框的下拉列表中选择操作，或将操作从"操作目录"窗格拖曳到 If 块中。

注意　在输入条件表达式时，可能会引用窗体或报表上的控件值，引用的语法如下：

Forms！［窗体］！［控件名］或［Forms］！［窗体］！［控件名］
Reports！［报表名］！［控件名］或［Reports］！［报表名］！［控件名］

若要引用控件属性，则在控件名后添加"．属性"。例如：

Reports！［报表名］！［控件名］．属性

例 6-3　创建一个名为"学生 If 宏"的条件宏，其功能是，当向"学生"表中添加或更新记录时，如果学生"姓名"中未输入相关信息，则弹出一个"学生姓名不能为空"的消息框。

此例中应先创建一个"学生 Form"窗体，然后再创建条件宏，即"学生 If 宏"。

操作步骤：

① 创建"学生 Form"窗体。在"教学管理系统"数据库窗口的导航窗格中选中"学生"表。在"创建"选项卡下的"窗体"组中，单击"窗体"按钮，新建一个显示"学生"表记录的窗体。单击快速访问工具栏的"保存"按钮，在弹出的"另存为"对话框中，输入窗体名称"学生 From"，如图 6-6 所示，然后单击"确定"按钮保存新建的窗体。

② 在"创建"选项卡下"宏与代码"组中，单击"宏"按钮，打开宏的设计视图。

③ 在"添加新操作"组合框的下拉列表中选择操作 OpenForm，展开操作参数区域。在

该区域设置"窗体名称"为"学生 Form","数据模式"设置为"编辑",如图 6-7 所示。

图 6-6　创建新窗体　　　　　　　　　图 6-7　条件宏的第一个操作

④ 在"添加新操作"组合框中选择 If 操作,显示出该操作的参数设置区域,在 If 块顶端框中输入"Forms![学生 Form]![姓名] is null",或者单击 If 命令后面的"调用生成器"按钮，弹出"表达式生成器"对话框。在该对话框的"表达式元素"框中,展开"教学管理系统 .accdb/Forms/ 所有窗体",选中"学生 Form";在"表达式类别"框中,双击"字段列表";在"表达式值"框中选择"姓名",然后在生成的表达式后面输入"Is Null",如图 6-8 所示。单击"确定"按钮,返回宏的设计视图。

⑤ 添加 If 命令。在 If 块的内部"添加新操作"组合框中选择操作 MessageBox,展开操作参数区域,在该区域设置"消息"为"学生姓名不能空","类型"选择"警告?","标题"设置为"教学管理系统",如图 6-9 所示。

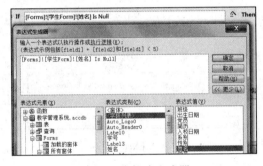

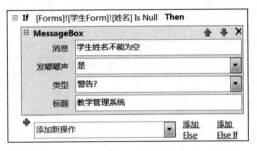

图 6-8　表达式生成器　　　　　　　　图 6-9　创建条件宏的 MessageBox 命令

⑥ 保存宏。单击快速访问工具栏上的"保存"按钮,输入宏名"学生 If 宏",然后单击"确定"按钮保存宏。

⑦ 将创建的条件宏绑定到事件(事件将在 6.3 节中介绍)。打开"学生 Form"窗体的设计视图;在"窗体设计工具 / 设计"选项卡下的"工具"组中,单击"属性表"按钮,打开"属性表"窗格。在该窗格的"事件"选项卡下,单击"更新前"属性框的下拉按钮,在弹出的列表中选择"学生 If 宏",如图 6-10 所示。

⑧ 运行宏。双击导航窗格中的"学生 If 宏",运行结果为打开"学生 Form"窗体,当用户更新一条记录数据时,如果学生姓名文本框中的内容为空,则当单击"保存"按钮保存更新结果时,会弹出一个警告消息框,提示"学生姓名不能为空",如图 6-11 所示。

4. 创建自动运行宏

若需要打开 Access 数据库时自动执行一个或一系列的操作,则将宏名保存为 AutoExec 即可。在打开数据库时,Access 首先自动查找该数据库是否存在名为 AutoExec 的宏,如果找到,就自动运行它。

例 6-4　创建一个名为 AutoExec 的宏,其功能是,当打开"教学管理系统 .accdb"时,弹出一个"欢迎进入"的消息框，消息为：您已经进入教学管理系统，请单击"确定"按钮关闭此框。

图 6-10　条件宏绑定事件

图 6-11　运行结果

操作步骤：

① 在"教学管理系统"数据库窗口的"创建"选项卡下的"宏与代码"组中，单击"宏"按钮，打开宏的设计视图。

② 在"宏设计器"窗格的"添加新操作"组合框中选择操作 MessageBox，并展开操作参数区域。在操作参数区域设置"消息"为：您已经进入教学管理系统，请单击"确定"按钮关闭此框，"类型"选择"信息"，"标题"设置为"欢迎进入"，如图 6-12 所示。

③ 单击快速访问工具栏上的"保存"按钮，用宏名" AutoExec"保存后，关闭当前数据库。

④ 重新打开"教学管理系统"数据库，宏 AutoExec 自动执行，弹出一个如图 6-13 所示的消息框，单击"确定"按钮关闭该消息框。

图 6-12　创建自动运行宏的 MessageBox 命令

图 6-13　AutoExec 宏的运行结果

注意　运行宏是按宏名进行调用的。命名为 AutoExec 的宏在打开该数据库时会自动运行。要想取消自动运行，打开数据库时按住 Shift 键即可。

6.3　通过事件触发宏

在实际的应用系统中，设计完成的宏更多地是通过窗体、报表或查询产生的"事件"触发并投入运行。

1. 事件的概念

事件（Event）是在数据库中进行的一种特殊操作，是对象所能辨识和检测的动作。当此动作发生在某一个对象上时，其对应的事件便会被触发。例如，单击鼠标、打开窗体或者打印报表等。

事件是预先定义好的活动，也就是说，一个对象拥有哪些事件是由系统本身定义的，至于事件被引发后要执行什么内容，则由用户为此事件编写的宏或事件过程决定。事件过程是为响应由用户或程序代码引发的事件或由系统触发的事件而运行的过程。

宏运行的前提是有触发宏的事件发生。在窗体、报表和查询中与"宏"相关的主要事件如下：

- ❏ Enter：进入。发生在控件实际接收焦点之前。此事件在 GotFocus 事件之前发生。
- ❏ GotFocus：获得焦点。当一个控件、一个没有激活的控件或有效控件的窗体接收焦点时发生。
- ❏ LostFocus：失去焦点。当窗体或控件失去焦点时发生。
- ❏ Exit：退出。正好在焦点从一个控件移动到同一窗体上的另一个控件之前发生。此事件发生在 LostFocus 事件之前。
- ❏ Open：打开。当窗体或报表打开时发生。
- ❏ Load：加载。当打开窗体且显示了它的记录时发生。
- ❏ Resize：调整大小。当窗体大小发生变化或窗体第一次显示时发生。
- ❏ Activate：激活。当窗体或报表成为激活窗口时发生。
- ❏ Current：成为当前。当焦点移到某条记录时或重新查询窗体数据源时发生。
- ❏ Unload：卸载。当窗体关闭，并且它的记录被卸载，从屏幕上消失之前发生。
- ❏ Close：关闭。当关闭的窗体或报表从屏幕上消失时发生。
- ❏ Deactivate：停用。当不同的但同为一个应用程序的 Access 窗口成为激活窗口时，在此窗口成为激活窗口之前发生。

通常在对数据库的窗体进行打开、关闭、移动和数据处理操作时，将发生与窗体相关的事件。由于窗体的事件比较多，因此在打开窗体时，将按照下列顺序发生相应的事件：

打开→加载→调整大小→激活→成为当前

如果窗体中没有活动的控件，在窗体的"激活"事件发生之后仍会发生窗体的"获得焦点"事件，但是该事件将在"成为当前"事件之前发生。

在关闭窗体时，将会按照下列顺序发生相应的事件：

卸载→停用→关闭

如果窗体中没有活动的控件，在窗体的"卸载"事件发生之后仍会发生窗体的"失去焦点"事件，但是该事件将在"停用"事件之前发生。

引发事件的不仅仅是用户的操作，程序代码或操作系统都有可能引发事件。

2. 通过响应事件属性运行宏

通过响应事件属性运行宏，既可以将宏直接嵌入在窗体、报表或控件的事件属性中，又可以先建立独立宏，然后将它绑定到相应的事件属性中。

（1）将宏嵌入到事件属性中

称直接嵌入到事件属性中的宏为"嵌入宏"。嵌入宏存储在窗体、报表或控件的事件属性中，它不作为对象显示在导航窗格中的宏对象列表中，通过引发事件来运行嵌入宏。

例 6-5 在"教学管理系统"数据库中，新建一个显示"教师"表记录的窗体"教师 Form"。在该窗体中创建一个嵌入宏，每当数据更新后，弹出一个消息框，显示"当前记录已经更新"。

此例中应先创建一个"教师 Form"窗体，然后创建对该窗体的数据进行处理时显示的嵌入宏。

操作步骤：

① 创建"教师 Form"窗体。在"教学管理系统"数据库窗口的导航窗格中选中"教师"表。在"创建"选项卡下的"窗体"组中，单击"窗体"按钮，新建一个显示"教师"表记录的窗体，单击"保存"按钮，在弹出的"另存为"对话框中输入窗体名称"教师 From"，然后单击"确定"按钮，保存新建的窗体。

② 打开窗体"教师 From"的设计视图。在"窗体设计工具 / 设计"选项卡下的"工具"组中，单击"属性表"按钮，打开属性表窗格，在该窗格"事件"选项卡下的"更新后"属性框右侧，单击生成器按钮 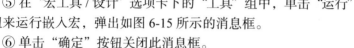，弹出"选择生成器"对话框，如图 6-14 所示。

③ 创建嵌入宏。在"选择生成器"对话框的列表框中选择"宏生成器"，然后单击"确定"按钮，打开"宏生成器"窗格。

④ 在"添加新操作"组合框中选择操作 MessageBox，在展开的操作参数区域内，设置"消息"为"当前记录已经更新"，"类型"为"信息"，"标题"为"教学管理系统"。

⑤ 在"宏工具 / 设计"选项卡下的"工具"组中，单击"运行"按钮来运行嵌入宏，弹出如图 6-15 所示的消息框。

⑥ 单击"确定"按钮关闭此消息框。

图 6-14　选择生成器对话框

⑦ 单击"宏工具 / 设计"选项卡下"关闭"组中的"保存"按钮，再单击该组中的"关闭"按钮返回到窗体设计视图。

（2）将宏绑定到事件属性中

依据需要，先建立独立宏，然后将它绑定到相应的事件属性中，通过引发事件运行绑定的独立宏。

例 6-6　在"教学管理系统"数据库中，新建一个名为"事件绑定宏"的窗体。该窗体主体节中只有一个标题为"运行打开窗体宏"的命令按钮，当单击该按钮时，引发"打开窗体宏"，显示学生课程成绩信息。

操作步骤：

① 在"教学管理系统"数据库窗口的"创建"选项卡下，单击"窗体"组中的"窗体设计"按钮，新建一个空白窗体。单击"窗体设计工具 / 设计"选项卡下"控件"组中的"按钮"，再在主体节适当位置单击，在弹出的"命令按钮向导"对话框中，单击"取消"按钮，关闭该对话框。

② 选中主体节中的命令按钮，在"窗体设计工具 / 设计"选项卡下的"工具"组中，单击"属性表"按钮，打开属性表窗格，在该窗格的"格式"选项卡下，设置"标题"属性为"运行打开窗体宏"；在"事件"选项卡下的"单击"属性右侧组合框中选择"打开窗体宏"，如图 6-16 所示。

图 6-15　"记录已经更新"消息框　　　　　　　图 6-16　绑定宏示例

③ 单击快速访问工具栏上的"保存"按钮，在弹出的"另存为"对话框中，以"事件绑定宏"为窗体名称保序。

④ 切换到窗体视图，单击命令按钮，运行"打开窗体宏"，显示学生课程成绩信息。

6.4　宏的编辑、运行与调试

宏可以包含在宏对象中，也可以嵌入在窗体、报表或控件的事件属性中。宏对象在导航窗格中的"宏"列表下显示，嵌入宏则不显示。下面简单介绍宏的编辑、运行与调试。

1. 编辑宏

在宏生成器中可以根据需要对宏操作进行移动、复制和删除等编辑操作。

1）移动宏操作：在操作列表中选中要移动的宏操作，单击操作名称右侧的"上移"按钮☝或"下移"按钮⬇，将宏操作调整至合适位置。

2）复制宏操作：在操作列表中选中要复制的宏操作，单击鼠标右键，从快捷菜单中选择"复制"命令，然后在复制到的位置上单击鼠标右键，从快捷菜单中选择"粘贴"命令。

3）删除宏操作：在操作列表中选中要删除的宏操作，单击操作名称右侧的"删除"按钮✕。

2. 运行宏

宏可以通过 3 种方式运行，可根据实际情况选择合适的方式。

1）直接运行：在宏生成器中，单击"宏工具/设计"选项卡"工具"组中的"运行"按钮，或者在数据库窗口的导航窗格中，直接双击宏对象名称，都可以让独立宏直接运行。

2）在宏或 VBA 模块中运行：如果在某个宏中包含 RunMacro 的宏操作，就可以在此宏中运行另一个宏；如果在某个 VBA 代码模块的语句中包含形如"DoCmd.RunMacro <宏名>"的代码，则能够运行指定的宏。

3）通过响应事件属性运行：可以将宏直接嵌入在窗体、报表或控件的事件属性中，也可以先建立独立宏，然后将其绑定到相应的事件属性中。

3. 调试宏

宏运行前，可以单击"宏工具/设计"选项卡"工具"组中的"单步"按钮，进入宏的调试模式，限定每次执行一个宏操作。执行每个宏操作后将出现一个对话框，显示关于操作的信息，以及由于执行操作而出现的任何错误代码，如图 6-17 所示。

图 6-17　"单步执行宏"对话框

对话框中各按钮的功能如下：

❏ 单步执行：查看关于宏中的下一个操作信息。

❏ 停止所有宏：停止正在运行的所有宏。下一次运行宏时，单步执行模式仍有效。

❏ 继续：退出单步执行模式并继续运行宏。

6.5　宏的操作实践

【实习目的】

1. 掌握宏设计器的使用，熟悉常用的宏操作命令。

2. 掌握宏的创建过程。

3. 掌握条件宏的创建过程。

4. 掌握通过事件触发宏的创建过程。

【实习内容】

1. 创建"打开读者信息窗体"宏和"打开图书信息窗体"宏，分别用于打开相应的窗体，并通过"图书查询导航窗体"中的相应菜单选项触发宏，完成窗体的打开。

2. 创建"打开未借阅图书报表"宏和"打开借阅信息报表"宏，分别用于打开相应的报表，并通过"图书查询导航窗体"中的相应菜单选项触发宏，完成报表的打开。

3. 创建"关闭图书查询导航窗体"宏，用于关闭"图书查询导航窗体"，并通过单击"图书查询导航窗体"中的"退出"菜单选项触发宏。

4. 在"图书查询系统"数据库中，创建一个如图 6-18 所示的"密码验证窗体"。该窗体包括一个文本框控件（用来输入密码）、一个标签控件和一个命令按钮控件（用来验证密码）。使用条件宏检验用户输入的密码（例如，123456），如果正确，打开"图书查询导航窗体"；如果不正确，则提示"密码错误，请重新输入！"。

【操作步骤 / 提示】

1）① 在"图书查询系统"数据库窗口，单击"创建 | 代码与宏 | 宏"按钮→在打开的宏设计窗口选择宏操作并设置参数，如图 6-19 所示→以"打开读者信息窗体"为宏的名称保存。

图 6-18　密码验证窗体设计视图

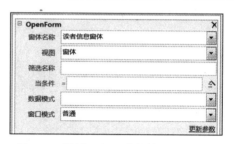

图 6-19　设计"打开读者信息窗体"宏

② 仿照上面的方法创建"打开图书信息窗体"宏。

③ 用设计视图打开"图书查询导航窗体"→打开"读者信息窗体维护"导航菜单项的属性表窗格→设置"事件"选项卡的"单击"属性为"打开读者信息窗体"宏。

④ 仿照步骤③，将"打开图书信息窗体"宏设置成单击"图书信息窗体维护"菜单项的事件宏。

2）① 打开宏设计窗口→在该窗口选择宏操作并进行参数设置，如图 6-20 所示→以"打开未借阅图书报表"为宏的名称保存。

② 仿照上面的方法创建"打开借阅信息报表"宏。

③ 在"图书查询导航窗体"的设计视图窗口，打开"未借阅图书报表输出"菜单项的属性表窗格→设置"事件"选项卡的"单击"属性为"打开未借阅图书报表"宏。

图 6-20　设计"打开未借阅图书报表"宏

④ 仿照步骤③，将"打开借阅信息报表"宏设置成单击"借阅信息报表输出"菜单项的事件宏→保存对窗体设计视图的修改。

3）① 打开宏设计窗口→在该窗口选择宏操作并进行参数设置，如图 6-21 所示→以"关闭图书查询导航窗体"为宏的名称保存。

② 在"图书查询导航窗体"的设计视图窗口，打开"退出"菜单项的属性表窗格→设置"事件"选项卡的"单击"属性为"关闭图书查询导航窗体"宏→保存对窗体设计的修改。

图 6-21　设计"关闭图书查询导航窗体"宏

4）① 使用窗体设计视图创建一个如图 6-18 所示的"密码验证窗体"。

② 单击"创建|宏与代码|宏"按钮，打开宏设计窗口→在"添加新操作"组合框中选择宏操作 If→打开条件"表达式生成器"对话框→在该对话框中生成条件表达式，如图 6-22 所示→单击"确定"按钮返回宏设计窗口。

③ 在"添加新操作"组合框中选择宏操作并进行参数设置，如图 6-23 所示。

④ 仿照上面的操作，设置第 2 个 If，如图 6-24 所示。

⑤ 在"添加新操作"组合框中选择 OpenForm，并进行参数设置，如图 6-25 所示→单击"保存"按钮，保存宏的名称为"登录密码验证"。

图 6-22 "表达式生成器"对话框

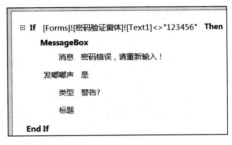

图 6-23 登录密码错误设置

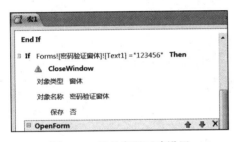

图 6-24 登录密码正确设置

图 6-25 打开窗体设置

⑥ 使用设计视图打开"密码验证窗体"→打开"确定"按钮的"属性表"窗格→设置"事件"选项卡下的"单击"属性为"登录密码验证"宏→保存对窗体设置的修改。

6.6 思考练习与测试

一、思考题

1. 什么是宏？宏的主要功能是什么？

2. 运行宏的方式有哪些？

3. 在创造条件宏时，引用窗体中控件的语法格式是什么？

4. 打开指定窗体和打开指定表的宏操作分别是什么？

二、练习题

1. 选择题

（1）要限制宏命令的操作范围，可以在创建宏时定义（　　　）。

　　A. 宏操作对象　　　　　　　　　　B. 宏条件表达式

　　C. 宏操作目标　　　　　　　　　　D. 窗体或报表的控件属性

（2）OpenForm 基本操作的功能是打开（   ）。

    A. 表　　　　　　　B. 窗体　　　　　　C. 报表　　　　　　D. 查询

（3）在设计条件宏时，对于连续重复的条件，要替代重复条件，可以使用（   ）。

    A. …　　　　　　　B. =　　　　　　　C. ,　　　　　　　D. ;

（4）在宏表达式中，要引用报表 test 上控件 txtName 的值，可使用的引用是（   ）。

    A. txtName　　　　　　　　　　　B. test! txtName

    C.Reports! test! txtName　　　　　　D. Reports! txtName

（5）对于 VBA 的自动运行宏，应当命名为（   ）。

    A. AoutExec　　　B. AoutExe　　　C. autoKeys　　　D. AoutExec.bat

（6）显示包含警告信息或其他信息的消息框宏命令是（   ）。

    A. RunMacro　　　B. Requery　　　C. Beep　　　　　D. MessageBox

（7）有关宏操作的叙述中，错误的是（   ）。

    A. 宏的条件表达式中不能引用窗体或报表的控件值

    B. 所有宏操作都可以转化为相应的模块代码

    C. 使用宏可以启动其他应用程序

    D. 可以利用宏组来管理相关的一系列宏

（8）有关条件宏的叙述中，错误的是（   ）。

    A. 条件为真时，执行该行中对应的宏操作

    B. 宏在遇到条件内有省略号时，终止操作

    C. 如果条件为假，则跳过该行中对应的宏操作

    D. 宏的条件内为省略号表示该行的操作条件与其上一行的条件相同

（9）创建宏时至少要定义一个宏操作，并要设置对应的（   ）。

    A. 条件　　　　　　B. 命令按钮　　　C. 宏操作参数　　　D. 注释信息

（10）在创建条件宏时，如果要引用窗体上的控件值，正确的表达式引用是（   ）。

    A. [窗体名]![控件名]　　　　　　B. [窗体名].[控件名]

    C. [Form]![窗体名]![控件名]　　　D. [Forms]! [窗体名]![控件名]

（11）在宏的设计窗口中，可以隐藏的列是（   ）。

    A. 宏名和参数　　　B. 条件　　　　　C. 宏名和条件　　　D. 注释

（12）有关宏的叙述中，错误的是（   ）。

    A. 宏是一组操作代码的组合

    B. 宏具有控制转移功能

    C. 建立宏时通常需要添加宏操作并设置宏参数

    D. 宏操作没有返回值

（13）如果不指定对象，Close 基本操作关闭的是（   ）。

    A. 正在使用的表　　　　　　　　　B. 当前正在使用的数据库

    C. 当前窗体　　　　　　　　　　　D. 当前对象（窗体、查询、宏）

（14）运行宏，不能修改的是（   ）。

    A. 窗体　　　　　　B. 宏本身　　　　C. 表　　　　　　　D. 数据库

（15）发生在控件接收焦点之前的事件是（   ）。

    A. Enter　　　　　　B. Exit　　　　　C. GotFocus　　　　D. LostFocus

2. 填空题

（1）宏是一个或多个_____的集合。

（2）如果要建立一个宏，希望执行该宏后，首先打开一个表，然后打开一个窗体，那么在该宏中应该使用_____和_____两个操作命令。

（3）在宏的表达式中还可能引用到窗体或报表上的控件值。要引用窗体控件的值，可以用式子_____；要引用报表控件的值，可以用式子_____。

（4）实际上，所有的宏操作都可以转换为相应的模块代码，这可以通过_____来完成。

（5）由多个操作构成的宏，执行时按_____依次执行。

（6）定义_____有利于数据库中宏对象的管理。

（7）对于 VBA 的自动运行宏，必须命名为_____。

三、测试题

1. 选择题

（1）在 Access 中，由一个或多个操作（每个操作能实现特定的功能）构成的集合称为（   ）。

    A. 窗体　　　　　　B. 报表　　　　　　C. 查询　　　　　　D. 宏

（2）以下关于宏的说法不正确的是（   ）。

    A. 宏一次能够完成多个操作　　　　B. 每个宏命令都是由动作名和操作参数组成的

    C. 宏是用编程的方法来实现的　　　　D. 可以由很多宏命令组成在一起构成宏

（3）用于运行宏的宏操作命令是（   ）。

    A. RunCode　　　　B. RunMacro　　　　C. Requery　　　　D. Quit

（4）下列关于自动宏的叙述中，正确的是（   ）。

    A. 打开数据库时不需要执行自动宏，需同时按住 Alt 键

    B. 打开数据库时不需要执行自动宏，需同时按住 Shift 键

    C. 若设置了自动宏，则打开数据库时必须执行自动宏

    D. 打开数据库时只有满足事先设定的条件时，才执行自动宏

（5）打开选择查询或交叉表查询的宏操作的命令是（   ）。

    A. OpenReport　　　B. OpenTable　　　C. OpenForm　　　D. OpenQuery

（6）打开一个报表，应使用的宏操作是（   ）。

    A. OpenReport　　　B. OpenTable　　　C. OpenForm　　　D. OpenQuery

（7）运行 Visual Basic 的函数过程时，应使用的宏操作是（   ）。

    A. RunCommand　　B. RunMacro　　　C. RunCode　　　D. RunVBA

（8）用于实施控件重新查询的宏操作是（   ）。

    A.GoToRecord　　　B. FindRecord　　　C. RestoreWindow　　D. Requery

（9）用于查找满足指定条件的下一条记录的宏操作是（   ）。

    A. FindRecord　　　B. FindNextRecord　C. RefreshRecord　　D. Requery

（10）要限制宏操作的范围，可以在创建宏时定义（   ）。

    A. 宏操作对象　　　B. 宏操作参数　　　C. 宏条件表达式　　D. 宏操作备注

（11）在宏的操作序列中，如果既包含带条件的操作，又包含无条件的操作，则没有指定条件的操作会（   ）。

    A. 不执行　　　　　B. 有条件执行　　　C. 无条件执行　　　D. 出错

（12）在一个宏中可以包含多个操作，在运行宏时将按（ ）顺序来运行这些操作。

    A. 从上到下   B. 从下到上   C. 随机   D. A 和 B 都可以

（13）宏组 M1 依次包含 Macro1 和 Macro2 两个子宏，以下叙述中错误的是（ ）。

    A. 创建宏组的目的是方便对宏的管理

    B. 可以用 RunMacro 宏操作调用子宏

    C. 调用 M1 中 Macro1 的正确形式是 M1.Macro1

    D. 如果调用 M1，则顺序执行 Macro1 和 Macro2 两个子宏

（14）在宏的参数中，要引用窗体 F1 上的 Text1 文本框的值，则应该使用的表达式是（ ）。

    A. [Forms]![F1]![Textl]   B. Text1

    C. [F1].[Text1]   D. [Forms]-[F1]-[Textl]

（15）打开窗体时，触发事件的顺序是（ ）。

    A. 打开→加载→激活→调整大小→成为当前

    B. 加载→打开→调整大小→激活→成为当前

    C. 打开→加载→调整大小→激活→成为当前

    D. 加载→打开→成为当前→调整大小→激活

（16）关闭窗体时，触发事件的顺序是（ ）。

    A. 卸载→停用→关闭   B. 关闭→停用→卸载

    C. 停用→关闭→卸载   D. 卸载→关闭→停用

（17）发生在控件失去焦点时的事件是（ ）。

    A. Enter   B. GotFoucs   C. Exit   D. LostFoucs

（18）在宏的调试中，可以配合使用"宏工具 / 设计"选项卡下"工具"选项组中的（ ）按钮。

    A. 调试   B. 条件   C. 单步   D. 运行

（19）以下不是宏的运行方式的是（ ）。

    A. 直接运行宏

    B. 为窗体或报表的事件响应而运行宏

    C. 为查询事件响应而运行宏

    D. 为窗体或报表上的控件的事件响应而运行宏

（20）要在一个窗体中某个按钮的单击事件上添加动作，可以创建的宏是（ ）。

    A. 只能是独立宏   B. 只能是嵌入宏

    C. 独立宏或数据宏   D. 独立宏或嵌入宏

（21）以下关于宏的叙述中，错误的是（ ）。

    A. 宏是 Access 的数据库对象之一   B. 可以将宏对象转换为 VBA 程序

    C. 不能在 VBA 程序中调用宏   D. 宏比 VBA 程序更安全

第 7 章 VBA 编程基础

本章主要包括 VBA 模块简介、VBA 程序设计基础、VBA 流程控制语句、面向对象程序设计的基本概念、过程调用和参数传递、VBA 程序错误处理与调试和 VBA 数据库编程简介。另外还给出了上机操作实践及课下的思考练习与测试题。

7.1 VBA 模块简介

VBA 模块是由声明、语句和过程组成的集合，用 VBA（Visual Basic for Application）语言编写，作为一个已命名的单元存储在一起。在 Access 中，模块是将 VBA 声明和过程作为一个单元进行保存的集合体。在 VBA 的编程环境下，通过模块的组织和 VBA 代码设计，可以提高 Access 数据库的处理能力，解决复杂问题。

7.1.1 VBA 的编程环境

通过 Access 自带的向导工具，能够创建表、窗体、报表和宏等基本组件。但是，由于创建过程完全依赖于 Access 内在的、固有的程序模块，这样虽然方便了用户的使用，但是同时也降低了所建系统的灵活性，对于数据库中一些复杂问题的处理则难以实现，所以为了满足用户更为广泛的需求，Access 为用户提供了自带的编程语言 VBA。

VBA 和 Visual Basic 极为相似，同样是使用 Basic 语言来作为语法基础的可视化高级语言。它们都使用了对象、属性、方法和事件等概念，只不过中间有些概念所定义的群体内容稍稍有些差别。这是由于 VBA 是应用在 Office 产品内部的编程语言，具有明显的专用性。由于 VBA 也采用 Basic 语言作为语法基础（只是和 Basic 有极小的差异），所以就使得初学者在编程的过程中感到十分轻松，这也可以说是 VBA 的优点之一。

VBA 采用的是面向对象的编程机制和可视化的编程环境，用 VBA 语言编写的代码将保存在 Access 中的一个模块里，并通过类似于在窗体中激发宏的操作启动这个模块，从而实现相应的功能。

VBA 程序是使用 VB 编辑器（Visual Basic Editor，VBE）编写的，单位是子过程和函数过程，它们在 Access 中以模块形式组织和存储。

在 Access 2010 中，进入 VBE 窗口的方式有 3 种。

1. 直接进入

在数据库中的"数据库工具"选项卡下，单击"宏"组中的"Visual Basic"，如图 7-1 所示。

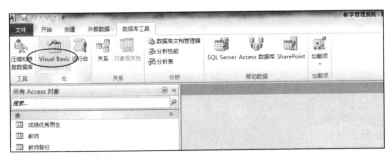

图 7-1 "数据库工具"选项卡

2. 创建模块进入

在"创建"选项卡下的"宏与代码"组中，单击"Visual Basic"选项，如图 7-2 所示。

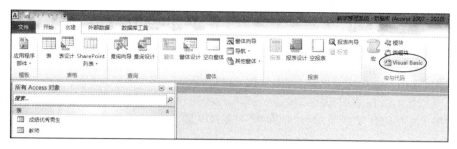

图 7-2 "创建"选项卡

3. 通过窗体和报表等对象的设计进入

通过窗体和报表等对象的设计，进入 VBE 窗口有两种方法：一种是通过控件的事件响应进入，即在控件的"属性表"窗格中，选择"事件"选项卡下"单击"属性框右侧的 按钮，在弹出的"选择生成器"对话框中选择"代码生成器"进入，如图 7-3 所示；另一种是在窗体或报表设计视图的"窗体设计工具 / 设计"或"报表设计工具 / 设计"选项卡下，单击"工具"组中的"查看代码"按钮进入，如图 7-4 所示。

不论用哪种方法进入，都可以打开 VBE 窗口。

图 7-3 选择代码生成器

图 7-4 "查看代码"按钮

4. VBE 窗口的组成

VBE 窗口主要由菜单栏、工具栏、工程资源管理窗口、属性窗口、代码窗口、立即窗口、本地窗口和监视窗口等组成，如图 7-5 所示。

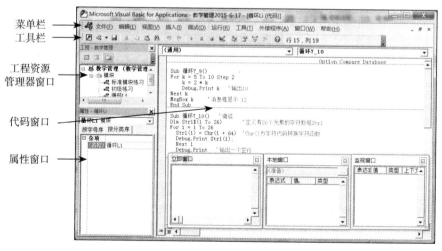

图 7-5 VBE 窗口

（1）工程资源管理窗口

单击"视图"下拉菜单中的"工程资源管理器"，即可打开工程资源管理器窗口。在该窗口的列表框中，列出了应用程序所用的模块以及类对象，双击其中的一个模块，与该模块对应的代码窗口就会显示出来。

另外，在该窗口列表框上方有"查看代码"、"查看对象"和"切换文件夹"3 个按钮，单击"查看代码"按钮显示相应的代码窗口，单击"查看对象"按钮显示相应的对象窗口。

（2）属性窗口

单击"视图"下拉菜单中的"属性窗口"，即可打开属性窗口。在属性窗口中列出了所选对象的全部属性，可以按照"按字母序"和"按分类序"两种方法查看。用户可以在属性窗口中设置或修改对象的属性。

（3）代码窗口

单击"视图"下拉菜单中的"代码窗口"，即可打开代码窗口。在代码窗口中，可以编辑 VBA 程序代码，也可以打开多个代码窗口来查看各个模块的代码，还可以在代码窗口之间进行代码的复制操作。在代码窗口中，关键字和普通代码分别以不同的颜色显示。

代码窗口包含两个组合框，左边是"对象"组合框，列出了所有可用的对象名称，右边是"过程"组合框，列出了所选择对象的所有事件过程。

（4）立即窗口

单击"视图"下拉菜单中的"立即窗口"，即可打开立即窗口。立即窗口是用来快速计算表达式的值、完成简单方法的操作和进行程序测试工作的窗口。在立即窗口中，可以使用如下语句显示表达式的值。

1）Debug.Print < 表达式 >

例如，在立即窗口输入"Debug.Print　5+3"并按回车键，显示结果为 8。

2）Print < 表达式 >

例如，在立即窗口输入"Print　7 Mod 2"并按回车键，显示结果为 1。

3）? < 表达式 >

例如，在立即窗口输入"? Date( )"并按回车键，结果为系统当前日期。

（5）本地窗口

单击菜单栏中的"视图/本地窗口"，即可打开本地窗口。在本地窗口中，可以自动显示当前过程中的所有变量声明和变量值。

（6）监视窗口

单击"视图"下拉菜单中的"监视窗口"，即可打开监视窗口。监视窗口用于调试 VB 过程，通过在监视窗口中添加监视表达式，可以动态地了解一些变量或表达式的值的变化情况，判断代码是否正确。

7.1.2　模块的分类

在 Access 中，模块分为标准模块和类模块两种类型。窗体和报表的特定模块一般称为窗体模块和报表模块，属于类模块。

1. 标准模块

标准模块是代码的集合，包含的过程不与窗体、报表或控件等对象相关联，是数据库对象使用的公共过程，保存在数据库窗口中。

标准模块中只能存储通用过程，不能存储事件过程。通用过程可以被窗体模块或报表模块中的事件或其他过程调用。创建标准模块时通常有以下两种方法：

1）在 Access 数据库窗口中的"创建"选项卡下，单击"宏与代码"组中的"模块"命令。

2）在 VBE 窗口，单击"插入"菜单项，在弹出的下拉菜单中选择"模块"命令或者在"工程资源管理器窗口"用鼠标右击，从弹出的快捷菜单中选择"插入"级联菜单中的"模块"命令。

无论用上面那种方法，都可以创建一个标准模块并进入 VBE 窗口的模块代码区域。

例 7-1   在"教学管理系统"数据库窗口，创建标准模块并在代码窗口中输入如图 7-6 所示的程序代码，并以"模块 1"命名保存。

操作步骤：

① 在"教学管理系统"数据库窗口的"创建"选项卡下，单击"宏与代码"组中的"模块"按钮，进入 VBE 窗口的模块代码区域。在该区域输入如图 7-6 所示的程序代码。

② 单击 VBE 窗口工具栏的"保存"按钮，在弹出的"另存为"对话框中，用"模块 1"命名保存。

图 7-6   新建标准模块示例

2. 类模块

类模块是包含代码和数据的集合，可以看作没有物理表示的控件，总是与某一特定的窗体或报表相关联。

Access 的类模块按照形式不同可以划分为两大类：系统对象类模块（如，窗体对象类模块和报表对象类模块）和用户定义类模块。

（1）系统对象类模块

在窗体或报表的设计视图环境下，可以用两种方法进入相应的模块代码区域。

① 用"设计视图"方式打开窗体或报表，在"窗体设计工具 / 设计"或"报表设计工具 / 设计"选项卡下，单击"工具"组中的"查看代码"按钮进入。

② 在为窗体或报表创建事件过程时，系统会自动进入相应的模块代码区域。

图 7-7 所示的是在"成绩"窗体内，标题为"打开课程窗体"按钮所对应的"单击"事件过程窗体对象类模块的代码。

窗体对象类模块和报表对象类模块分别与某一特定窗体或报表相关联，通常包含与窗体或报表相关的事件过程，用于响应窗体或报表上的事件，如单击某个命令按钮所对应的事件过程。在 Access 数据库中，每当新建一个窗体或报表对象时，Access 就自动创建一个与之关联的窗体或报表模块，并将窗体或报表及其控件的事件过程存储在相应的模块中。

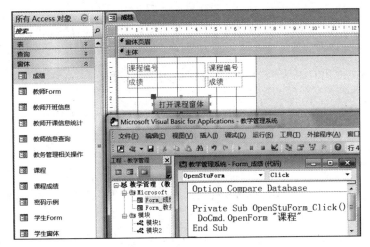

图 7-7　窗体对象类模块代码区

（2）用户定义类模块

在打开的 VBE 窗口，单击"插入"下拉菜单中的"类模块"命令，进入类模块代码区域，如图 7-8 所示。

外部引用用户定义类模块时，一般使用 new 操作符创建该类模块的对象实例，然后通过对象实例使用公共变量、属性和过程方法等类模块内容。在类模块中，为新建类添加属性时需要用到 Property 过程。该过程有三种类型：get、let 和 set。其中 get 用于定义属性的读过程；let 用于定义非对象类型属性的写过程；set 用于定义对象类型属性的写过程。

图 7-8　用户定义类模块的代码区

说明： 由于引用用户定义类模块比较复杂，本节不做详细介绍，有兴趣的读者可以借助 VBE 窗口工具栏的"帮助"菜单，阅读有关的帮助信息。

7.1.3　在模块中加入过程

过程是模块的主要组成单元，过程分为两种类型：Sub 子过程和 Function 函数过程。

一个模块包含一个声明区且可以包含一个或多个子过程（以 Sub 开头）或函数过程（以 Function 开头）。模块的声明区域用于声明模块使用的变量等项目。

1. Sub 过程

Sub 过程又称为子过程，执行一系列操作，无返回值。定义格式如下：

```
Sub <过程名>( )
    [<程序代码>]
End Sub
```

在定义格式中，方括号内的项为可选项。调用 Sub 过程有两种方法：一是直接引用过程名，二是在过程名前加上 Call。

2. Function 过程

Function 过程又称为函数过程，简称函数，执行一系列操作，有返回值。定义格式如下：

```
Function < 函数名 > ( ) [As < 返回值的类型 >]
    [< 程序代码 >]
End Function
```

函数过程不能使用 Call 来调用，需要直接引用函数过程名，并由接在函数过程名后的括号所辨认。

说明：过程分为有参数过程和无参数过程，这里的过程都是无参数过程，有参数的过程将在后面 7.5 节中介绍。

7.1.4 在模块中执行宏

在模块的过程定义中，使用 Docmd 对象的 RunMacro 方法可以执行设计好的宏，其调用格式为：

```
DoCmd.RunMacro MacroName[,RepeatCount][,RepeatExpression]
```

其中，DoCmd 对象方法的概念将在 7.4.1 中介绍；MacroName 表示当前数据库中宏的有效名称；RepeatCount 可选项用于计算宏运行次数的整数值；RepeatExpression 可选项是数值表达式，在每一次运行宏时进行运算，结果为 false（或 0）时，停止运行。如，DoCmd.RunMacro"AutoExec"表示可以运行宏 AutoExec，如图 7-9 所示。

注意 MacroName 要加双引号！！！

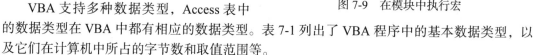

图 7-9　在模块中执行宏

7.2　VBA 程序设计基础

7.2.1 数据类型和数据库对象

1. VBA 中的基本数据类型

VBA 支持多种数据类型，Access 表中的数据类型在 VBA 中都有相应的数据类型。表 7-1 列出了 VBA 程序中的基本数据类型，以及它们在计算机中所占的字节数和取值范围等。

（1）标准数据类型

VBA 的数据类型如表 7-1 所示。

表 7-1　VBA 的数据类型

数据类型	类型标识	符号	字段类型	取值范围
整型	Integer	%	字节 / 整数	−32768 ～ 32767 之间的整数
长整型	Long	&	长整数 / 自动编号	−2147483648 ～ 2147483647 之间的整数
单精度	Single	!	单精度数	负数：−3.402823E38 ～ −1.401298-45 正数：1.401298E-45 ～ 3.402823E38
双精度	Double	#	双精度数	负数：−1.79769313486232E308 ～ −4.94065645841247E-324 正数：4.94065645841247E-324 ～ 1.79769313486232E308
货币型	Currency	@	货币型	−922337203685477.5808 ～ 922337203685477
日期型	Date	无	日期 / 时间	1000 年 1 月 1 日到 9999 年 12 月 31 日
字符串型	String	$	文本	0 ～ 65535 个字符
布尔型	Boolean	无	是 / 否	True 或 False
变体型	Variant	无	不定	由最终的数据类型决定

说明：① 从能否进行算术运算的角度可以把数据类型分为两类：数值型和非数值型。数值型包括整型、长整型、单精度、双精度和货币型；非数值型包括字符串型、日期型等。

② 布尔型（Boolean）数据只有两个值：True 和 False。布尔型数据转换为数值型数据时，True 转换为 −1，False 转换为 0；将数值型转换为布尔型数据时，0 转换为 False，非 0 转换为 True。

③ 日期型数据（Date）用于表示、存储日期和时间数据，日期型常量用 "#" 作为定界符，例如，2016 年 5 月 22 日可表示为 #2016-5-22# 或 #2016/5/22#。

④ 变体型数据（Variant）是一种特殊的数据类型，除了定长字符串类型及用户自定义类型外，可以包含其他任何类型的数据。变体型数据还可以包含 Empty、Error、Nothing 和 Null 类特殊值。

VBA 规定，如果没有使用 Dim...As[数据类型] 显示声明或使用符号来定义变量的数据类型，则默认为变体型。变体型十分灵活，但是最大的缺点在于缺乏可读性，也就是说，无法通过查看代码明确其数据类型。

（2）用户定义数据类型

应用过程中可以定义一种包含一个或多个 VBA 标准数据类型的数据，这就是用户定义数据类型。

用户定义数据类型在 Type...End Type 关键字之间定义，定义格式如下：

```
Type [数据类型名]
    <域名> As <数据类型>
    <域名> As <数据类型>
    ...
End Type
```

例如，使用 Type 语句定义一个教师信息数据类型 NewTeacher：

```
Type NewTeacher
    txtID As String*8          '教师编号，8 位定长字符串
    txtName As String          '姓名，变长字符串
    txtSex As String*1         '姓别，1 位定长字符串
    txtAge As Integer          '年龄，整型
End Type
```

该 Type 语句定义了一种类型名为 NewTeacher 的数据类型，用该类型声明的变量包含 4 部分，每部分都是一个变量，称为 NewTeacher 类型变量的分量。

分量的引用方式为 "< 变量名 >.< 分量名 >"。

Type 定义语句必须放在代码窗口的通用声明部分，然后就可以在模块的其他地方使用 NewTeacher 类型声明变量和使用该变量中的分量。

例 7-2　编写一个子过程 tea，其功能是使用 NewTeacher 类型声明变量 NewTea，并依次给教师编号、姓名、性别和年龄赋值：20160001、李明、男、30，并在立即窗口显示教师编号和姓名。

操作步骤：

① 在 "教学管理系统" 数据库窗口的导航窗格中，双击 "模块 1"，进入 VBE 窗口，在模块代码区域编写子过程 tea 的代码：

```
Public Sub tea( )                    '子过程名为 tea
```

```
    Dim NewTea as NewTeacher        ' 声明一个 NewTeacher 类型的变量 NewTea
    NewTea. txtID ="20160001"       ' 为变量 NewTea 的分量赋值
    NewTea.txtName=" 李明 "
    NewTea.txtSex=" 男 "
    NewTea.txtAge=30
Debug.Print NewTea.txtID, NewTea.txtName ' 在立即窗口输出 NewTea 的前两个分量
End Sub
```

② 在立即窗口分别执行命令"call tea"和"tea"的显示结果如图 7-10 所示。

注意　可以用关键字 With 简化程序中重复的部分。例如，在子过程 tea 中，给变量 NewTea 赋值的 4 条语句可以用下面的语句代替。

```
With NewTea
    .txtID="20160001"
    .txtName=" 李明 "
    .txtSex=" 男 "
    .txtAge=30
End With
```

图 7-10　调用过程 tea

2. VBA 中的数据库对象

在 Access 2010 中，如数据库、表、查询、窗体和报表等，也有对应的 VBA 对象数据类型，这些对象数据类型由引用的数据库所定义，常用的 VBA 对象数据类型和对象库中所包含的对象如表 7-2 所示。

表 7-2　VBA 支持的数据库对象类型

对象数据类型	对象库	对应的数据库对象类型
数据库，Database	DAO3.6	使用 DAO 时用 Jet 数据库引擎打开的数据库
连接，Connection	ADO2.1	ADO 取代了 DAO 的数据库连接对象
窗体，Form	Access9.0	窗体，包括子窗体
报表，Report	Access9.0	报表，包括子报表
控件，Control	Access9.0	窗体和报表上的控件
查询，QueryDef	DAO3.6	查询
表，TableDef	DAO3.6	数据表
命令，Command	ADO2.1	ADO 取代了 DAO.QueryDef 对象
结果集，DAO.Recordset	DAO3.6	表的虚拟表示或 DAO 创建的查询结果
结果集，ADO.Recordset	ADO2.1	ADO 取代了 DAO.Recordset 对象

7.2.2　常量与变量

1. 常量

常量是指在程序运行的过程中，其值不能被改变的量。使用常量可以增加代码的可读性，并且使代码更加容易维护。在 Access 2010 中，常量的类型有 3 种：直接常量、符号常量和系统常量。

（1）直接常量

从直接书写的字面形式就可以判别数据值和数据类型的常量称为直接常量，又称字面常量。如，20、−18 为整型常量，1.234、−3.45 为实型常量，VBA 程序、男为字符串常量，#2016-5-1#、#2016/7/1# 为日期常量。

（2）符号常量

在程序中，若某个常量被多次使用，则可以使用一个符号来代替该常量，这样不仅易于

书写，而且有效地改进了程序的可读性和可维护性。

在 VBA 中使用关键字 Const 声明符号常量，其格式如下：

```
Const <符号常量名> =<常量值>
```

如：

```
Const PI=3.1415926        '定义了符号常量 PI 代表 3.1415926
Const CONPROV="首都北京"   '定义了符号常量 CONPROV 代表 "首都北京"
```

说明：

① 符号常量名一般用大写字母表示，以便与变量名区分。

② 如果符号常量定义在模块声明区，且所有模块的过程都能使用该变量，那么通常在前面加上 Global 或 Public。如，Public Const PI=3.14。

③ 如果符号常量定义在事件的过程中，该符号常量只在本过程中可用。

④ 定义符号常量时不能指明数据类型，系统自动按存储效率最高的方式确定其类型。

（3）系统常量

VBA 系统预先定义的常量称为系统常量，它们在代码中可以直接使用。例如，True、False、Yes、No、Off 和 Null 等。

另外，还有以 "vb" 或 "ac" 开头的系统常量，如 vbOK、vbYes、acForm 等，前者来自 VB 对象库，后者来自 Access 对象库。在 VBE 窗口的 "视图" 下拉菜单中，单击 "对象浏览器"，即可在打开的对象浏览器窗口查看这些系统常量。

2. 变量

变量是指在程序运行过程中值会发生变化的量。变量的实质是内存中的临时存储单元，一个变量对应一块内存空间，该内存空间中存储的数据值是可变化的。

在程序中使用变量存放数据值可能发生变化的数据，如一些输入、输出数据或中间运算结果。Access 数据表中的字段就是一种变量，称为字段变量。

1）变量的三要素：变量名、变量数据类型、变量的值。

2）变量的命名要服从命名规则。

3）对变量进行声明时可以使用类型说明符、Dim 语句和 DefType 语句。

（1）变量的命名规则

❏ 由字母、汉字、数字或下划线组成，以英文字母或汉字开头。

❏ 不能包含空格以及除下划线之外的标点符号。

❏ 不能用 VBA 的关键字（如，Dim、if）和保留字（如，str）。

❏ 字符个数不得多于 255 个。

❏ 在变量名中不区分英文字母的大小写。

例如，map、ab_1、成绩、boy1 等都是合法的变量名，但是 6b、ab-1、a.1、if 是不合法的变量名。

说明：

① 变量命名时最好遵守 "见名知义" 原则，例如，name、age、sum 等。

② 常量名的命名规则与变量名的命名规则相同。

（2）显式变量（用 Dim 语句声明变量）

格式为：

```
Dim <变量名>[ as <数据类型>]
```

说明：

① 方括号部分为可选项，若不选，则默认变量为变体型。变体型变量比其他类型的变量会占用更多的内存资源。例如：

```
Dim i   ' i 为变体型，可以存储任何类型的数据
```

② 可以用 Dim 同时定义多个变量，变量之间用西文逗号分隔开，每一个变量都应该用 as 声明类型。例如：

```
Dim a1 as integer , a2 as string
```

③ 用 Dim 定义的变量是局部变量，会按照数据类型自动设置默认值。

（3）隐含型变量

❑ 隐式声明在使用一个变量之前并不先声明这个变量。这个变量只在当前过程中有效，类型为变体型。

❑ 用户可以通过将一个值指定给变量名的方式来建立隐含型变量。例如：

```
NewVar=1234,'NewVar 为变体变量，值是 1234
```

（4）使用类型说明符声明变量类型

在变量名后加 VBA 的类型说明符，这隐式地声明了变量类型。例如：

```
Dim   a1%=123,a2!=2.5,'a1 为整型变量,a2 为单精度类型变量
```

这里既没有显式声明，也没有加类型说明符，而是隐式地声明了变体类型变量。例如：

```
Dim a3=100,'a3 是变体类型，值是 100
```

（5）变量的初始化

声明而未赋初值的变量的值为：

❑ 数值型变量初始化为 0。

❑ 字符型变量为零长度字符串。

❑ 变体型变量初始化为 Empty。

（6）数据库对象变量

1）标准数据库对象。

Access 建立的数据库对象及其属性均可看成 VBA 程序代码中的变量及对其指定的值加以引用。例如，Access 中窗体与报表对象的引用格式为：

```
Forms! 窗体名称 ! 控件名称 [. 属性名称 ]
Reports! 报表名称 ! 控件名称 [. 属性名称 ]
```

说明： 关键字 Forms 和 Reports 分别表示窗体和报表对象集合，用感叹号 "!" 分隔开对象名称和控件名称。若 "属性名称" 部分缺省，则为控件基本属性。

注意　如果对象名称中含有空格或标点符号，则要用括号把名称括起来。

下面举例说明含有学生编号信息的文本框操作：

```
Forms! 学生窗体 ! 学号 ="20141001"
Forms! 学生窗体 ![ 学　号 ]="20141001"  ' 对象名称含空格时用 [ ]
```

此外，还可以使用 Set 关键字来建立控件对象的变量：

```
Dim txtName As Control              ' 定义控件类型变量
```

```
Set txtName= Forms！学生窗体！姓名   '指定引用窗体控件对象
txtName=" 王俊 "                    '操作对象变量
```

2）特殊数据库对象。

❑ 本地窗口打开时，自动生成一个名为"Me"的特殊模块变量。对于类模块，定义为 Me。Me 是对象的引用，即引用当前模块中当前类的实例。

❑ Me 变量不需要专门定义，直接使用即可。

例如，用代码定义"学生窗体"中"Lab"标签的标题属性，用以下两种方法的效果是一样的：

①标准方法：Forms! 学生窗体 !Lab.Caption="学生信息浏览"

②常用方法：Me!Lab.Caption="学生信息浏览"

（7）变量的作用域和生命周期

1）变量的作用域。

变量的作用域是变量在程序中起作用的范围，分 3 个层次，从低到高依次为：局部、模块、全局。

局部变量　又称为本地变量，仅在声明变量的过程中有效。在过程和函数内部用 Dim 声明或不用声明直接使用的变量都是局部变量。局部变量在本地拥有最高级，当存在同名的模块变量时，模块变量被屏蔽。

模块变量　模块变量在所声明模块的所有函数和所有过程中都有效，变量定义在模块所有过程的起始位置，通常是窗体变量或标准块变量。

全局变量　又称为公共变量，定义在标准模块的所有过程之中，在所有模块的所有过程和函数中都有效。定义格式如下：

```
public < 变量名 > [as < 数据类型 >]
```

2）变量的生命周期。

变量的生命周期是指变量从首次出现到变量消失的代码执行时间。变量首次出现是指声明变量并为其分配存储控件，变量消失是指变量所在的程序执行完毕。

❑ **局部变量**：生命周期从过程或函数被调用开始到运行结束。

❑ **全局变量**：生命周期从声明开始到 Access 应用程序结束。

❑ 对于过程中用 Dim 定义的变量，每次调用它过程时都重新开始计算生命周期，过程结束时该变量立即消失。

❑ 用 static 代替 Dim 定义变量，可以在过程实例间保留局部变量的值。用 static 定义的变量称为**静态变量**，作用范围与 Dim 相同，在整个模块执行时一直存在。

3. 数组

（1）数组的概念

数组是由一组具有相同数据类型的变量（称为数组元素）构成的集合。为了识别数组中不同的元素，数组元素可以通过下标来访问，数组下标默认从 0 开始。

说明：

①数组要先定义后使用，VBA 不允许隐式声明数组。

②同一过程中的数组名不能与其他变量重名。

（2）声明一维数组

声明数组就是指定数组名、数组元素下标的上界和下界、数组元素的数据类型，有两种格式。

格式 1

```
Dim <数组名>(<下标上界>)[ as <数据类型>]
```

例如：Dim a(6) as integer 声明了有 7 个元素的数组 a，元素下标为 0 ～ 6，每个元素的默认值均为 0。

格式 2

```
Dim <数组名>(<下标下界> to <下标上界>)[ as <数据类型>]
```

例如：Dim b（1 to 6）as string 声明了有 6 个元素的数组 b，元素下标为 1 ～ 6，每个元素的默认值均为空串。

说明：

① 数组下标的上界、下界为常数，如果不指定下标的下界，则下界的默认值为 0。

② 如果使用 as 语句定义数组类型，同一数组中只能存放相同类型的数据。如果不指定数组的数据类型，则默认的数据类型为变体型。

③ 可以使用 VBA 提供的 Array 函数来初始化数组，其格式如下：

```
<数组名>=Array(<数组元素值>)        ' 数组元素值是用逗号分隔的给数组元素赋值的列表
```

Array 函数初始化的数组必须是变体型，且不需要提前声明；如果提前声明，却又不能指定数组的大小，则会出错。如，在立即窗口执行下面语句：

```
x = Array("汽车", "火车", "飞机", "轮船") '元素 x(0) 赋值 "汽车"，…，x(3) 赋值 "轮船"
y = Array( 3, 5, 7, 9 )                 '元素 y(0) 赋值 3，…，y(3) 赋值 9
? x(0), x(3), y(0), y(3)                '显示 "汽车   轮船      3      9"
```

（3）声明多维数组

在声明数组时，如果指定了多个用 "," 号分隔的数组下标，则这样的数组称为多维数组，常见的多维数组是二维数组，其声明格式如下：

```
Dim <数组名>(<下标 1>, <下标 2>) [as <数据类型>]
```

其中，<下标 1> 称为行下标，<下标 2> 称为列下标。

例如：Dim c（3,4）as integer 声明有 20 个元素的数组 c，行下标为 0 ～ 3，列下标为 0 ～ 4；Dim d（1 to 3, 2 to 4）as integer 声明有 9 个元素的数组 d，行下标为 0 ～ 3，列下标为 2 ～ 4。

（4）动态数组

在定义数组时可以不指定下标，而改在程序运行需要时再指定，即数组元素的数量是可动态改变的。

定义一个动态数组的方法如下：

① 先用 Dim 定义数组，例如，Dim NewArray( ) as integer。

② 然后用 ReDim 声明数组大小，例如，ReDim NewArray(9, 9)。

（5）使用数组

声明数组后，每个数组元素都被当作单个变量使用。

❑ 一维数组元素的引用格式：<数组名>(<下标>)

❑ 二维数组元素的引用格式：<数组名>(<下标 1>, <下标 2>)

例如，可以引用前面声明的数组：

❑ a（2）表示引用一维数组 a 的第 3 个元素，数组下标下界为 0。

❑ b（2）表示引用一维数组 b 的第 2 个元素，数组下标下界为 1。

❑ c（1，2）表示引用二维数组 c 的第 2 行第 3 列的元素，数组行、列的下标下界均为 0。

例 7-3 编写过程 arr，其功能是，声明数组 a 有 7 个元素及数组 c 有 20 个元素，并输出数组 a 的第 1、2、7 三个元素值和数组 c 的第 1、20 两个元素值。

操作步骤：

① 在"教学管理系统"数据库窗口的导航窗格中，双击"模块 1"进入 VBE 窗口，在模块代码区域输入子过程 arr 的代码：

```
Public Sub arr( )
    Dim a(6) As Integer, c(3,4) As Integer
    Debug.Print a(0),a(1),a(6)          '输出数组 a 的第 1、2、7 三个元素的初值 0
    Debug.Print c(0,0),c(3,4)           '输出数组 c 的第 1、20 两个元素的初值 0
    a(0)= 1:a(1)= 2:a(6)= 7             '给数组 a 的第 1、2、7 三个元素赋值
    c(0,0)= 1:c(3,4)= 20                '给数组 c 的第 1、20 两个元素赋值
    Debug.Print a(0),a(1),a(6)          '输出数组 a 的第 1、2、7 三个元素的当前值
    Debug.Print c(0,0),c(3,4)           '输出数组 c 的第 1、20 两个元素的当前值
End Sub
```

② 将插入光标移到过程 arr 代码区，按 F5 键运行，在立即窗口显示输出效果。

7.2.3 常用标准函数

函数实际上是系统事先定义好的内部程序，用来完成特定的功能。VBA 提供了大量的内部函数，供用户编程时使用。

函数调用形式为：函数名（＜参数表＞）或函数名（ ）。其中，

❑ 参数可以是常量、变量或表达式，函数可以没有参数，也可以有一个或多个参数，多个参数之间用西文逗号分隔。

❑ 每个函数被调用时，都会有一个返回值。

❑ 根据函数的不同，参数与返回值都有特定的数据类型与之对应。

内置函数按其功能可分为：算术函数、字符串函数、日期 / 时间函数、类型转换函数、输入框函数和消息框函数、选择函数和数据验证函数。

1. 算术函数

（1）绝对值函数：Abs（＜表达式＞）

返回数值表达式的绝对值。例如：

```
Abs (-1) =1
```

（2）向下取整函数：Int（＜数值表达式＞）

返回数值表达式向下取整的结果，参数为负值时，返回小于等于参数值的第一个负数。例如：

```
Int (1.5) =1, Int (-1.5) =-2。
```

（3）取整函数：Fix（＜数值表达式＞）

返回数值表达式的整数部分，参数为负值时，返回大于等于参数值的第一个负数。例如：

```
Fix (1.5) =1, Fix (-1.5) =-1。
```

（4）四舍五入函数：Round（＜数值表达式＞[，＜表达式＞]）

按照指定的小数位数进行四舍五入运算的结果。[< 表达式 >] 是进行四舍五入运算时小数点右边应保留的位数。例如：

```
Round（1.255，1）=1.3，Round（1.245，1）=1.2，Round（1.345）=1
```

（5）开平方函数：Sqr（< 数值表达式 >）

计算数值表达式的平方根。例如：

```
Sqr（16）=4
```

（6）产生随机数函数：Rnd（< 数值表达式 >）

返回 0 ～ 1 之间的随机数，其为单精度类型。

Rnd(x) 说明：

❑ 当 x ＞ 0 时，每次产生不同的随机数，可以直接写 Rnd，省略括号和参数。

❑ 当 x=0 时，产生最近生成的随机数。

❑ 当 x ＜ 0 时，每次产生相同的随机数。

例如：

```
Int（100*Rnd）              ' 可产生 0 ～ 99 之间的随机整数
Int（101*Rnd）              ' 可产生 0 ～ 100 之间的随机整数
Int（100*Rnd+1）            ' 可产生 1 ～ 100 之间的随机整数
Int（(b-a+1)*Rnd+a）        ' 可产生 a ～ b 之间的随机整数，a 和 b 为整数
```

2. 字符串函数

（1）字符串检索函数

格式为

```
InStr（[Start, ]<Str1>, <Str2>[, Compare]）
```

检索子字符串 Str2 在字符串 Str1 中最早出现的位置，返回一个整型数。其中 Start 为可选参数，是数值式，设置检索的起始位置，如果省略此步，则从第一个字符开始检索。Compare 也为可选参数，指定字符串的比较方法，值可以为 1、2 和 0（默认）。指定 0 作为二进制比较，指定 1 作为不区分大小写的文本比较，指定 2 作为基于数据库中信息的比较。如果指定了 Compare 参数，则一定要有 Start 参数。

注意　如果 Str1 的长度为零，或 Str2 表示的字符串检索不到，则 InStr 返回 0；如果 Str2 的长度为零，InStr 返回 Start 的值。

例如：

```
Str1="12345678", Str2="56"
N=InStr(Str1,Str2)              ' 返回 5
N=InStr(2,"abcdDCBA","a",1)     ' 返回 8
```

（2）字符串长度检测函数

格式为

```
Len（< 字符串表达式 > 或 < 变量名 >）
```

返回字符串所含字符个数。

注意　定长字符串的长度是定义时的长度，与字符串实际值无关。

例如：

```
Dim str As String*10
```

```
Dim i
str="123"
i=123
len1=Len("1234567")          '返回 7
len2=Len(123)                '出错，因为括号里边的 123 没加双引号
len3=Len(i)                  ' 因为 i 为变量，故返回 3
len4=Len(" 教学管理系统 ")      '返回 6
len5=Len(str)                '返回 10 而不是 3，因 str 的定义长度 10 与其实际值无关
```

（3）字符串截取函数

1）Left（<字符串表达式>，<N>）

从字符串的左边起截取 N 个字符。

2）Right（<字符串表达式>，<N>）

从字符串的右边起截取 N 个字符。

3）Mid（<字符串表达式>，<N1>，<N2>）

从字符串左边第 N1 个字符起，截取 N2 个字符。

例如：

```
Str1=" 天津市滨海新区 "
Str=Left(Str1,3)          '返回 " 天津市 "
Str=Right(Str1,4)         '返回 " 滨海新区 "
Str=Mid(Str1,4,2)         '返回 " 滨海 "
```

（4）替换字符函数

格式为

```
Replace (<String>, <Stringtoreplace>, <replacementstring>[, start[, count[,
compare]]])
```

例如：

```
str1=Replace(" 全国英语四级考试 "," 四 "," 六 ")          '返回 " 全国英语六级考试 "
```

（5）生成空格字符函数

格式为

```
Space（<数值表达式>）
```

返回数值表达式的值指定的空格字符数。

例如：

```
str1=Space(3)             '返回 3 个空格字符
```

（6）大小写转换函数

1）Ucase（<字符串表达式>）

将字符串中小写字母转换成大写字母。

2）Lcase（<字符串表达式>）

将字符串中大写字母转换成小写字母。

例如：

```
str=Ucase("aBcDE")        '返回 "ABCDE"
Str=Lcase("aBcDE")        '返回 "abcde"
```

（7）删除空格函数

1）LTrim（< 字符串表达式 >）

删除字符串的开始空格。

2）RTrim（< 字符串表达式 >）

删除字符串的尾部空格。

3）Trim（< 字符串表达式 >）

删除字符串的开始和结尾空格。

例如：

```
str="    ab   c    de    "
Str1=LTrim(str)    '返回 "ab   c   de    "
Str2=RTrim(str)    '返回 "    ab   c   de"
Str3=Trim(str)     '返回 "ab   c   de"
```

3. 日期 / 时间函数

（1）获取系统日期和时间函数

Date()：返回当前系统日期。

Time()：返回当前系统时间。

Now()：返回当前系统日期和时间。

例如：

```
D=Date()    '返回系统日期，如 2016-05-25
T=Time()    '返回系统时间，如 10:10:10
N=Now()     '返回系统日期和时间，如 2016-05-25  10:10:10
```

（2）截取日期分量函数

Year（< 表达式 >）：返回日期表达式年份的整数。

Month（< 表达式 >）：返回日期表达式月份的整数。

Day（< 表达式 >）：返回日期表达式日期的整数。

Weekday（< 表达式 >[，W]）：返回 1 ～ 7 的整数，表示星期几。

例如：

```
D=#2016-05-25#
YY=Year(D)        '返回 2016
MM=Month(D)       '返回 5
DD=Day(D)         '返回 25
WD=WeekDay(D)     '返回 3，因为 2016-02-05 为星期三
```

（3）截取时间分量函数

Hour（< 表达式 >）：返回时间表达式的小时数（0 ～ 23）。

Minute（< 表达式 >）：返回时间表达式的分钟数（0 ～ 59）。

Second（< 表达式 >）：返回时间表达式的秒数（0 ～ 59）。

例如：

```
T=#10:11:12#
HH=Hour(T)        '返回 10
MM=Minute(T)      '返回 11
SS=Second(T)      '返回 12
```

4.类型转换函数

（1）字符串转换成字符代码函数

格式为

```
Asc(<字符串表达式>)
```

返回字符串首字符的 ASCII 值。例如：

```
a=Asc("Abcd")        '返回 65
```

（2）字符代码转换成字符函数

格式为

```
Chr(<字符代码>)
```

返回与字符代码相关的字符。例如：

```
a=Chr(65)            '返回 A
```

（3）数字转换成字符串函数

格式为

```
Str(<数值表达式>)
```

将数值表达式转换成字符串。当数值表达式为正数时，返回的字符串有一个前导空格，表示有一个正号。例如：

```
a=Str(99)            '返回 " 99",有一个前导空格
a= Str(-99)          '返回 "-99"
```

（4）字符串转换成数字函数

格式为

```
Val(<字符串表达式>)
```

将数字字符串转换成数值型数字。例如：

```
a=Val("10")                '返回 10
a=Val("1    0    0")       '自动去掉空格,返回 100
a=Val("1abc2d45")          '字符串的第 2 个字符不是数字,返回 1
```

注意 数字串转换时可自动将字符串中的空格、制表符和换行符去掉，当遇到它不能识别为数字的第一个字符时，停止读入字符串。

（5）字符串转换成日期函数

格式为

```
DateValue(<字符串表达式>)
```

将字符串转换成日期值。例如：

```
D=DateValue("February 25,2016")  '返回 2016-2-25
```

（6）Null 值转换函数

格式为

```
Nz(表达式或字段值[,指定值])
```

将表达式或字段的空值 Null 进行转换，当表达式的值为数值时转换为 0，当表达式的值为字符串时转换为空字符串，也可以转换为指定值。

例如，在立即窗口执行下面两条命令：

```
a = Null
? 2 + Nz(a),2+Nz(a,2),"66"+ Nz(a),"66"+ Nz(a,"12")
      2       4       66       6612                '立即窗口显示的结果
```

5. 输入框函数与消息框函数

（1）输入框函数（InputBox）

```
InputBox(<提示信息>[,<标题>][,<默认值>])  '[ ] 内的项为可选项
```

功能：显示一个输入对话框，函数返回值是在对话框中输入的字符串。

说明：函数返回值是用户在对话框内的文本框中输入的字符串类型的值。如果用户按了 Cancel 按钮，则返回值将为空字符串。如果返回值需要参加算术运算，则用 Val 函数将其转换为数值型数据。

图 7-11　在输入框中输入数据示例

例 7-4　在"立即窗口"依次执行下面语句，体会 inputbox 函数的用法：

输入 x=inputbox（"请输入学生成绩："，"输入成绩"），在弹出的输入框中键入数值（如 86），如图

图 7-12　输入框函数的返回值为 string 类型

7-11 所示，单击"确定"按钮，关闭输入框，系统将 string 类型 86 赋给变量 x。

? x,Val(x) 用于显示两个 86，前者为 string 类型、后者为数值类型，如图 7-12 所示。

（2）消息框函数（MsgBox）

```
MsgBox(<提示信息>[,<按钮及图标组合值>][,<标题>])  '[ ] 内的项为可选项
```

功能：MsgBox 函数在执行时会弹出一个消息框，消息框中按钮及图标的样式由"按钮及图标组合值"确定，函数返回一个代表用户处理消息框中按钮情况的整数值。

说明：

❑ 消息框中按钮及图标样式值的说明见表 7-3。

❑ MsgBox 函数的返回值实际就是用户按的那个按钮的值，表 7-4 是值的说明。

❑ MsgBox 语句：若不关心 MsgBox 函数的返回值，也可以采用 MsgBox 语句输出，其语法格式如下：

```
MsgBox <提示信息>[,<按钮及图标组合值>][,<标题>]    '[ ] 内的项为可选项
```

MsgBox 语句的参数意义与 MsgBox 函数相同，独立成句，无返回值。

表 7-3　消息框中按钮及图标样式值

系统常量值	系统常量	描述
0	vbOKOnly	只显示 OK 按钮
1	vbOKCancel	显示 OK 及 Cancel 按钮
2	vbAbortRetryIgnore	显示 Abort、Retry 及 Ignore 按钮

（续）

系统常量值	系统常量	描述
3	vbYesNoCancel	显示 Yes、No 及 Cancel 按钮
4	vbYesNo	显示 Yes 及 No 按钮
5	vbRetryCancel	显示 Retry 及 Cancel 按钮
16	vbCritical	显示 Critical Message 图标
32	vbQuestion	显示 Warning Query 图标
48	vbExclamation	显示 Warning Message 图标
64	vbInformation	显示 Information Message 图标

表 7-4　单击消息框中按钮的返回值

返回值	含义	返回值	含义
1	单击 OK 按钮（确定）	5	单击 Ignore 按钮（忽略）
2	单击 Cancel 按钮（取消）	6	单击 Yes 按钮（是）
3	单击 Abort 按钮（异常终止）	7	单击 No 按钮（否）
4	单击 Retry 按钮（重试）		

例 7-5　在立即窗口依次执行下面的语句，体会 MsgBox 语句与 MsgBox 函数的用法。

```
MsgBox    "提示信息",64+1,"标题文本"    '显示图 7-13 所示消息框，关闭消息框，无返回值
a=MsgBox（"提示信息",64+1,"标题文本"）   '显示图 7-13 所示消息框，单击"确定"按钮，返回值
赋给a
? a                    '显示 a 的值为1，如图 7-14 所示
a=MsgBox（"提示信息",64+1,"标题文本"）   '显示如图 7-13 所示消息框，单击"取消"按钮，返回
值赋给a
? a                    '显示 a 的值为2，如图 7-14 所示
```

图 7-13　消息框

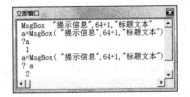

图 7-14　MsgBox 使用示例

说明：在此示例中"64+1"可以用"vbInformation+vbOKCancel"代替。

6. 选择函数

（1）IIF 函数

格式为 IIF（<表达式 1>，<表达式 2>，<表达式 3>）。

功能：根据条件选择函数的返回值。当 <表达式 1> 的值为 True 或非零时，函数值为 <表达式 2> 的值；当 <表达式 1> 的值为 False 或 0 时，函数值为 <表达式 3> 的值。例如：

```
? Iif(3>5,6,9),Iif(8, "good", "bad")    '在立即窗口执行时显示9  "good"
```

（2）Choose 函数

格式为 Choose（<索引值>，<表达式 1>[，<表达式 2>，…[，<表达式 n>]]）。

功能：根据索引值选择函数的返回值，索引值为 1 ～ n。例如：

```
? Choose(2, "red", "green", "blue", "black") '在立即窗口执行时显示 "green"
```

（3）Switch 函数

格式为 Switch（<表达式 1>，<值 1>，<表达式 2>，<值 2>，…，<表达式 n>，<值 n>）。

功能：从左至右检查各个表达式的值，遇到第一个值为非零（或 True）表达式时，其后面的值就是函数的返回值。例如：

```
? Switch(3>5, "red",4>6, "green",8>6, "blue")  '在立即窗口执行时显示 "blue"
```

7. 数据验证函数

数据验证函数主要用于对表达式或控件中的数据进行类型判断，返回值的类型均为 Boolean 型，常见的验证函数如表 7-5 所示。

表 7-5　常见的数据验证函数

函数名	函数功能及返回值
IsNumeric(<表达式>)	验证表达式的运算结果是否是数值。是数值，则返回 True
IsDate(<表达式>)	验证表达式是否可以转换成日期。可转换，则返回 True
IsNull(<表达式>)	验证表达式是否为无效数据（Null）。是无效数据，则返回 True
IsEmpty(<变量名>)	验证变量是否没有初始化。未初始化，则返回 True
IsArray(<变量名>)	判断变量是否为一个数组，是数组，则返回 True
IsError(<表达式>)	验证表达式是否为一个错误值。是错误值，则返回 True
IsObject(<变量名>)	判断标识符是否表示对象变量。是对象变量，则返回 True

例如：

```
? IsNumeric("3+2"), IsNumeric(3+2)            '在立即窗口执行时显示 False   True
? IsDate(2016/7/12), IsDate(#2016/7/12#+10)   '在立即窗口执行时显示 False   True
```

7.2.4　运算符和表达式

运算符是表示实现某种运算功能的符号。在 VBA 中，按运算的操作对象和操作结果的不同，可以将运算符分成 4 种类型：算术运算符、关系运算符、逻辑运算符和连接运算符。

1. 算术运算符

算术运算符用来进行数学计算。VBA 提供了完备的数学运算符，可以进行复杂的数学运算。其中"－"运算符在单目运算（单个操作数）中取负号运算，在双目运算（两个操作数）中取减号运算。运算优先级指的是表达式中有多个运算符时，各运算执行的先后顺序。表 7-6 按优先级从高到低的顺序列出了常用的算术运算符。

表 7-6　常用的算术运算符

运算符	说明	优先级	实例	结果
^	指数运算符	1	8^（1/3）	2
－	负号运算符	2	－（5）	－5
*	乘法运算符	3	3*3	9
/	除法运算符	3	10/3	3.33333333333333
\	整除运算符	4	14\3	4
Mod	取余数运算符	5	10 Mod 3 －10 Mod 3	1 －1
+	加法运算符	6	1+5	6
-	减法运算符	6	2－1	1

注意　算术运算符两边的操作数应是数值型，若是数字字符型或逻辑型，则自动转换成

数值型后再运算。例如：

```
? 20-True          '在立即窗口执行时显示 21，原因是逻辑值 True 转换成了数值 -1
```

2. 关系运算符

关系运算符是双目运算符，用来确定两个表达式之间的关系，其优先级低于算术运算符，各个关系运算符的优先级是相同的，结合顺序为从左到右。关系运算符与运算数构成关系表达式，关系表达式的最后结果为布尔值。关系运算符常用于条件语句和循环语句的条件判断部分。表 7-7 列出了常用的关系运算符。

表 7-7   VBA 中的关系运算符

运算符	说明	实例	结果
=	相等运算符	"abcd"="abc"	False
<>	不等运算符	"3" <> "4"	True
>	大于运算符	"a" > "b"	False
<	小于运算符	10 < 3	False
> =	大于或等于运算符	10 >= 3	True
< =	小于或等于运算符	10 < =3	False

说明：

① 当比较的两个操作数是数值型时，直接比较大小。

② 当比较的两个操作数是字符型时，按字符的 ASCII 码值比较，从左到右依次进行。

③ 汉字大于西文字符。

④ 关于通配符 "?"、"*"、"#" 的说明："?" 表示任意一个字符，"*" 表示任意多个字符，"#" 表示任意一个数字（0～9）。

3. 逻辑运算符

逻辑运算符除 Not 是单目运算符外，其余都是双目运算符。逻辑运算符用于判断运算数之间的逻辑关系。表 7-8 列出了常用逻辑运算符（T 为 True，F 为 False）的功能。

表 7-8   逻辑运算符

运算符	说明	优先级	实例	结果
Not	取反运算符（运算数为假时，结果为真，反之结果为假）	1	Not F Not T	T F
And	与运算符（运算数均为真时，结果才为真）	2	T And T F And T T And F F And F	T F F F
Or	或运算符（运算数中有一个为真时结果为真）	3	T Or T F Or T T Or F F Or F	T T T F

例 7-6   判断闰年的条件是下面的两个条件之一。

① 能被 4 整除，但不能被 100 整除的年份都是闰年。

② 能被 100 整除，又能被 400 整除的年份都是闰年。

设变量 y 表示年份，请写出判断 y 是否是闰年的表达式。

答：条件①的布尔表达式为：

```
y mod 4=0 and y mod 100<>0
```

条件②的布尔表达式为：

```
y mod 100=0 and y mod 400=0
```

将两个表达式用 or 连接起来：

```
(y mod 4=0 and y mod 100<>0) or (y mod 100=0 and y mod 400=0)
```

则可作为判断闰年的完整条件。

4. 字符串连接运算符

字符串连接运算符用来连接两个字符串，它有两种符号："＆"和"＋"。在用"＆"时注意，变量和运算符"＆"之间要添加一个空格。

注意 ①"＋"运算符在作为连接运算符时要求操作数必须是字符型，如果两个操作数都是数值型，则自动转为加法运算。

② 若一个操作数为数字字符型，另一个操作数为整型，则先将数字字符自动转为数值型，再进行加法运算。若一个为数字字符型，另一个为非数字字符型，则会出错，而"＆"运算符则不会出错。

例如：

```
? "123"+1          '在立即窗口执行时显示 124
? "123"+"1"        '在立即窗口执行时显示 "1231"
? "abc"+1          '在立即窗口执行时显示出错信息
? "abc"+"1"        '在立即窗口执行时显示 "abc1"
? 123 & 1          '在立即窗口执行时显示 "1231"
```

5. 日期运算符

日期运算符有"＋"和"－"两种。

执行格式为 <日期>+<数值> 或 <日期>-<数值> 的语句，会得到一个新的日期，其中 <数值> 的单位是"天"；执行格式为 <日期>-<日期> 的语句，会得到两个日期相差的天数。

例如：

```
? #2016-5-15#+10          '在立即窗口执行时显示 #2016-5-25#
? #2016-5-15#-10          '在立即窗口执行时显示 #2016-5-5#
? #2016-5-15#-#2016-3-15#          '在立即窗口执行时显示数值 61
```

6. 表达式

（1）表达式的组成

表达式是由常量、变量、运算符、函数和圆括号组成的。根据表达式结果的数据类型，可把表达式分为数值表达式、字符表达式和逻辑表达式等。

（2）书写规则

① 运算符不能相邻，如，$a + -b$ 是错误的。

② 不能省略运算符，如 a 乘以 b 应写成 $a*b$，不能写成 ab。

③ 括号必须成对出现，均使用圆括号。

④ 表达式从左至右写在同一行中，不能出现上标或下标，如 4^2 的正确写法是 $4\text{^}2$。

⑤ 将数学表达式中的符号写成 VBA 可以表示的符号。

例如：数学中的一元二次方程求根公式 $\dfrac{-b+\sqrt{b^2-4ac}}{2a}$ 的正确 VBA 表达式为

```
(-b+Sqr(b^2-4*a*c))/(2*a)。
```

（3）优先级

在同一个表达式中，各类运算符的优先顺序由高到低依次为：括号( )→算术运算符→字符串连接运算符→关系运算符→逻辑运算符。

使用括号可以改变运算优先顺序，强制表达式的某些部分优先运算。所有的括号和运算符都必须是英文格式的字符。

7.3 VBA 流程控制语句

VBA 程序是语句的集合，语句是一条能够完成某项操作的命令，可以包含关键字、运算符、变量、常数和表达式。程序用来告诉计算机完成指定任务。

（1）语句分类

语句按功能分为两大类：声明语句和执行语句。

❑ 声明语句：用来定义变量、常量、过程，并指定数据类型。

❑ 执行语句：进行赋值操作、调用过程、实现各种流程控制。

（2）程序的 3 种结构

程序有 3 种基本结构：顺序结构、选择结构、循环结构。

❑ 顺序结构：按语句排列顺序依次执行。

❑ 选择结构：又称为条件结构，根据不同条件选择执行不同的操作。

❑ 循环结构：重复执行某段代码。

（3）程序书写规则

❑ 一条语句一行写不下时，使用续行符 "_" 作为第一行的结尾，并将剩余语句写在下一行。

❑ 语句较短时可以将几条语句写在一行，语句之间用西文冒号分隔。

❑ 如果一行语句输入完成后显示为红色，表示该语句存在错误。

❑ 尽量使用提示信息。

❑ 代码中的英文字母不区分大小写。

（4）注释语句

注释语句是非执行语句，用来提高程序的可读性，不被解释和编译。注释语句显示为绿色。

格式 1：

```
Rem <注释内容>
```

说明：对于用 Rem 引导的注释语句，如果放在其他语句后面，之间用西文冒号分隔。

格式 2：

```
'<注释内容>
```

说明：对于用单引号引导的注释语句，放在其他语句后面时无须使用冒号分隔。

（5）声明语句

声明语句是用来定义常量、变量、数组和过程的。定义这些时，也定义了初始值、生命周期、作用域等内容。

❑ 初始值由数据类型决定，如：integer, string。

❑ 生命周期由定义的位置决定，如：局部、模块、全局。

❑ 作用域由定义时所使用的关键字决定，如：dim、public。

例 7-7　编写一个代码如下的子过程 testRem，并将其保存在模块 2 中。

```
Public Sub testRem()
    Dim a As Integer, b As Integer: Rem 定义两个整型变量
        a = 1:  b = 2        '给两个变量赋值
        a = a + b            '将两个变量的和赋给 a
        Rem 用消息框显示结果
    MsgBox "a+b=" & a, vbInformation, "消息框"
End Sub
```

操作步骤：

① 在"教学管理系统"数据库窗口的"创建"选项卡下，单击"宏与代码"组中的"模块"按钮，进入 VBE 窗口的模块代码区域。在该区域输入子过程 testRem 的程序代码。

② 单击 VBE 窗口工具栏的"保存"按钮，在弹出的"另存为"对话框中，用"模块 2"命名保存。

③ 把插入光标移到子过程 testRem 内，按 F5 键运行该过程，显示 a+b=5 的消息框。

7.3.1　赋值语句

赋值语句用于在程序中为变量赋值，也可以在立即窗口中使用。语法格式为 [Let] < 变量名 >=< 表达式 >。

功能：先计算表达式的值，然后将该值赋给赋值号 "=" 左边的变量。例如：

```
Dim txtName as string       '声明变量 txtName 为字符串
txtName="Jame"              '将 "Jame" 赋给赋值号左边的变量 txtName
Debug.Print txtName
```

说明：

① Let 是可选项，格式中的等号（=）称为"赋值号"，与数学中的等号意义不同。如表达式 a=a+1 在数学中不能用，在赋值语句中常用。

② 赋值号左边只能是变量名，不能是常量和表达式。

③ 赋值号两边要类型匹配，例如，执行表达式 a%="abc"，会提示错误，因为该操作要把字符串赋值给整型变量，但它们的类型不匹配。

7.3.2　条件语句

分支结构使 VBA 能够根据条件判断结果做相应的决策，根据条件表达式的值来选择程序运行语句。条件语句主要有以下一些结构。

1. If … Then 语句（单分支结构）

语句格式为：

```
If <表达式> Then
    <语句块>
End If
```

功能：表达式为条件表达式，若表达式的值为真，则执行语句块，否则就跳过语句块，继续向下执行。单分支结构流程图如图 7-15 所示。

例 7-8   创建一个使用单分支语句的子过程 testIf，功能是求两个数中的最大数。

```
Public Sub testIf()
    Dim a As Integer, b As Integer        '声明 a、b 为整型变量
    a=Val(InputBox("请输入 a 的值: "))      '给 a 赋值
    b=Val(InputBox("请输入 b 的值: "))      '给 b 赋值
        If a<b then
            a=b    ' b 值大于 a 值时，将 b 的值赋给 a
        End If
    Debug.Print    "a、b 的最大值是 "& a
End Sub
```

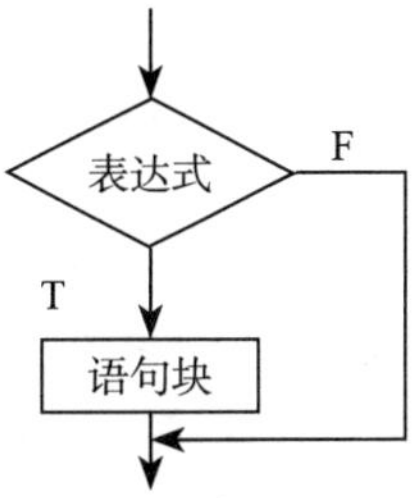

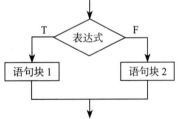

图 7-15   单分支结构流程图

操作步骤：

① 在"教学管理系统"数据库窗口的导航窗格中，双击"模块 2"进入 VBE 窗口，在模块代码区域输入子过程 testIf 的代码。

② 把插入光标移到子过程 testIf 内，按 F5 键运行该过程，假如依次在输入框中输入 a 的值（10），b 的值（5），则在立即窗口显示"a、b 的最大值是 10"。

注意   单分支结构也有下面的格式：

```
If <表达式> Then <语句>
```

2. If…Then…Else 语句（双分支结构）

语句格式为：

```
If <表达式> Then
    <语句块 1>
Else
    <语句块 2>
End If
```

功能：先判断表达式的真假结果。若为真，则执行语句块 1，然后转去执行后续语句；若为假，则直接执行语句块 2，然后也转去执行后续语句。双分支结构流程图如图 7-16 所示。

例 7-9   创建一个使用双分支语句，求两个数中最大数的子过程 testIfT。

```
Public Sub testIfT()
    Dim a As Integer, b As Integer, c As Integer
    a=Val(InputBox("请输入 a 的值: "))        '给 a 赋值
    b=Val(InputBox("请输入 b 的值: "))        '给 b 赋值
    If a<b Then
        c=b                    '用 c 存放 a 和 b 中的最大值
    Else
        c=a
    End If
    Debug.Print        "a、b 的最大值是 "& c
    End Sub
```

图 7-16   双分支结构流程图

操作步骤：

操作步骤与例 7-8 相似，故略去。

注意   语句块中可以包含 If 语句，称为 If 语句的嵌套，嵌套的深度没有限制。

3. If … Then … ElseIf 语句（多分支结构）

语句结构为：

```
If <表达式 1> Then
    <语句块 1>
ElseIf <表达式 2 > Then
    <语句块 2>
    ......
    [Else
        <语句块 n> ]
End If
```

功能：多分支结构在执行时，按照表达式的先后顺序进行判断，一旦表达式的判断结果为真，就执行其下面的语句块，该语句块执行结束后，直接转去执行 End If 的后续语句。多分支结构流程图如图 7-17 所示。

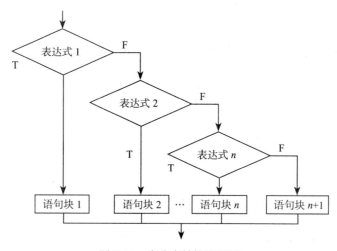

图 7-17　多分支结构流程图

例 7-10　创建一个代码如下的子过程 testIfTE，功能是输出两个数的大小关系。

```
Public Sub testIfTE( )
    Dim a As Integer, b As Integer
    a=Val(InputBox("请输入 a 的值: "))        '给 a 赋值
    b=Val(InputBox("请输入 b 的值: "))        '给 b 赋值
    If a<b then
        Debug.Print        "a 小于 b"
    ElseIf a>b then
        Debug.Print        "a 大于 b"
    Else
        Debug.Print        "a 等于 b"
    End If
End Sub
```

操作步骤：

操作步骤与例 7-8 相似，故略去。

说明：

①不管有几个分支，程序执行了一个分支后，就不再执行其余分支。

② ElseIf 不能写成 Else If。

③当多分支中有多个表达式同时满足时，则只执行第一个与之匹配的语句块。

4. Select Case … End Select 语句

语句格式为：

```
Select Case <表达式>
    Case <表达式1>
        <语句块1>
    Case <表达式2>
        <语句块2>
        …

    Case <表达式n>
        <语句块n>
    [Case Else
        <语句块n+1>]
End Select
```

功能：首先计算 Select Case 后面的表达式值，然后从上至下依次判断该值是否与 Case 后的表达式匹配，找到第一个符合的 Case 语句后，执行其后的语句块，然后跳出 Select Case 结构，而不再判断其后是否还有相匹配的 Case 语句。当在所有的 Case 语句中找不到匹配的语句时，若存在 Case Else 语句，则执行其后的语句块 *n*+1；若不存在 Case Else 语句，则退出 Select Case 结构。Select Case 语句的流程图如图 7-18 所示。

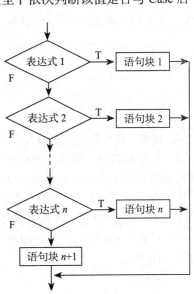

说明：

①只能选择多个分支中的一个来执行，执行了第一个符合条件的分支以后，即使有其他分支符合条件也不再执行。

② Select Case 后面的表达式通常是一个变量的名字。

③ Select Case 与 End Select 要成对出现。

④ Case 后面的表达式有 4 种写法：

❑ 单一数值。

❑ 一行并列数值，相邻两个数值之间用西文逗号分隔。

图 7-18　Select Case 语句的流程图

❑ <数值1> to <数值2>，前一个值必须比后一个值小。

❑ 用 is 开头的简单条件式，如 is>10。不允许复杂条件式。

例 7-11　创建一个代码如下的子过程 testSc，功能是判断一个字符的属性。

```
Public Sub testSc()
    Dim tagA As String, tagB As String
    tagA = InputBox("请输入一个字符: ")              '输入的字符为字符串类型
    Select Case tagA
        Case "A" To "z": tagB = "英文字母"
        Case "0" To "9": tagB = "数字字符"
        Case "!", "?", ":", ".", ";": tagB = "标点符号"
```

```
        Case "+", "-", "*", "/": tagB = "算术运算符"
        Case Else: tagB = "特殊字符"
    End Select
    Debug.Print tagB
End Sub
```

操作步骤：

操作步骤与例 7-8 相似，故略去。

7.3.3 循环语句

循环语句可以实现重复执行一行或几行程序代码，当某一程序段需要反复执行时，可用循环结构实现。循环结构对应有两类循环语句：

1）先判断后执行的循环语句（当型循环结构）。

2）先执行后判断的循环语句（直到型循环结构）。

1. For…Next 语句

For…Next 语句能够重复执行程序代码区域特定次数，循环中有一个计数器变量，变量的值随每执行一次循环增加或减少。

For…Next 是当型循环结构，先判断后执行，其格式如下：

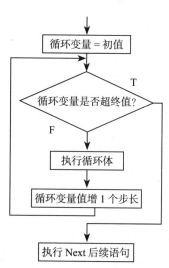

```
For <循环变量>=<初值> To <终值> [Step <步长>]
    <语句块1>    ' 称 For 与 Next 之间的部分为循环体
    [Exit For]
    [<语句块2>]
Next [<循环变量>]
```

功能：将初值赋给循环变量，判断循环变量的值是否超过终值，若没有超过，则执行循环体，遇到 Next 时，循环变量的值自动增加一个步长，然后再转去跟终值进行比较，一直这样重复执行，直到循环变量的值超过终值时退出循环，继而转去执行 Next 的后续语句。若循环体中含有 Exit For 语句，且当执行时遇到 Exit For 语句，就立即退出当前循环。For 循环流程图如图 7-19 所示。

图 7-19 For 循环流程图

说明：

① 循环变量必须为数值型。

② 步长一般为正，初值小于终值；若为负，则初值大于终值；缺省步长为 1。

③ For 与 Next 之间的部分可以是一句或多条语句，称为循环体。

④ Exit For 表示当遇到该语句时，退出循环体，执行 Next 的后续语句。循环次数 =int（（终值 − 初值）/ 步长 + 1）。

⑤ 退出循环后，循环变量的值保持为退出时的值。

⑥ 在循环体内可多次引用循环变量，但不要对其赋值，否则影响结果。

⑦ "超过"有两种含义，即大于或小于。当步长为正值时，检查循环变量的值是否大于终值，若大于终值，则终止循环，否则执行循环体；而当步长为负值时，判断循环变量的值是否小于终值，若小于终值，则终止循环，否则执行循环体。

例 7-12　在下面的过程中，当循环结束时，变量 i 和 sum 的值分别是多少？

```
Public Sub testFor()
    Dim i As Integer, sum As Integer
    sum = 0
      For i = 1 To 10 Step 2
          sum = sum + i
          i = i + 2
      Next i
      Debug.Print i, sum
End Sub
```

结论：循环结束时，变量 i 的值是 13，变量 sum 的值是 15。

分析如下：

第一步：初始值 i=1，sum=0

　　　　　sum=0+1=1，i=1+2=3

　　　　　step 2　i=i+2=5

第二步：i=5 ＜ 10，循环继续，sum=1+5=6，i=5+2=7

　　　　　step 2　i=i+2=9

第三步：i=9 ＜ 10，循环继续，sum=6+9=15，i=9+2=11

　　　　　step 2　i=i+2=13

第四步：i=13 ＞ 10，结束循环

例 7-13　用 For 循环求 1+2+3···+100 的和。

在模块中添加 testFor2 子过程，代码如下：

```
Public Sub testFor2()
    Dim i As Integer, sum As Integer
    sum = 0                      '和变量 sum 的初始值为 0
      For i = 1 To 100           '步长为 1 时，step 1 可省去
          sum = sum + i          '将变量 i 的值累加到 sum 中
      Next i                     'Next 后面的循环变量 i 可以省去
      Debug.Print sum      '    在立即窗口输出 sum 值
End Sub
```

操作步骤：

① 在"教学管理系统"数据库窗口的导航窗格中，双击"模块 2"进入 VBE 窗口，在模块代码区域输入子过程 testFor2 的代码。

② 把插入光标移到子过程 testFor2 内，按 F5 键运行该过程，在立即窗口显示 5050。

注意　若用下面的 For 循环程序段替换此例中的 For 循环程序段，效果相同。

```
For i = 100 To 1 Step -1  '步长为 -1
    sum = sum + i              '将变量 i 的值累加到 sum 中
Next i
```

2. Do ··· Loop 循环（不知道循环次数的条件型循环）

用于控制循环次数未知的循环结构，语法形式有两种：Do While···Loop（当型）和 Do··· Loop While（直到型）。

（1）形式 1（当型）

```
Do [While|Until <条件>]
```

```
<语句块 1>                    ' Do 与 Loop 之间的部分称为循环体
    [Exit Do]
    [<语句块 2>]
Loop
```

Do [While|Until]…Loop 循环的程序流程如图 7-20 和图 7-21 所示。

功能：对于 Do While…Loop 语句，先判断条件是否为真，若为真，则执行循环体，当执行完循环体后，重新返回 Do While 判断条件，以决定是否进行下一次循环。依次进行下去，当条件为假时，就跳出循环，执行 Loop 的后续语句。

对于 Do Until…Loop 语句，先判断条件是否为假，若为假，则执行循环体，当执行完循环体后，重新返回 Do Until 判断条件，以决定是否进行下一次循环。依次进行下去，当条件为真时，就跳出循环，执行 Loop 的后续语句。

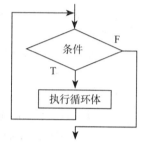

图 7-20　Do While … Loop
的执行流程

说明：从它们的执行流程图 7-20 和图 7-21 可以看出，两者的共同特点都是先判断条件后执行循环体，所以这种形式的循环有可能由于一开始条件不满足而一次也不执行。

例 7-14　用 Do While…Loop 循环求 1+2+3…+100 的和。

在模块中添加 testDoW 子过程，代码如下：

```
Public Sub testDoW( )
    Dim sum As Integer, i As Integer
    sum = 0                      '和变量 sum 初始化为 0
    i = 1                        '循环变量 i 初始化为 1
    Do While i <= 100
      sum = sum + i              '将变量 i 的值累加到 sum 中
      i = i + 1                  'i 自身加 1
    Loop
    Debug.Print sum              '在立即窗口输出 sum 的值
End Sub
```

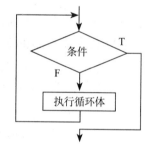

图 7-21　Do Until … Loop 的
执行流程

操作步骤：

① 在"教学管理系统"数据库窗口的导航窗格中，双击"模块 2"进入 VBE 窗口，在模块代码区域输入子过程 testDoW 的代码。

② 把插入光标移到子过程 testDoW 内，按 F5 键运行该过程，在立即窗口显示 5050。

注意　若用 Do Until …Loop 循环编写，则循环语句改写如下：

```
Do Until i > 100
    sum = sum + i '将变量 i 的值累加到 sum 中
    i = i + 1       'i 自身加 1
Loop
```

（2）形式 2（直到型）

```
Do
    <语句块 1>        ' Do 和 Loop 之间的部分称为循环体
    [Exit Do]
    [<语句块 2>]
Loop [While|Until <条件>]
```

DO…Loop [While|Until] 循环的程序流程如图 7-22 和图 7-23 所示。

功能：对 Do…Loop While 语句，当执行完循环体时，判断 Loop While 后面的条件，若该条件为真，则返回 Do 继续执行下一次循环，否则就跳出循环，而执行 Loop While 的后续语句。

对 Do…Loop Until 语句，当执行完循环体时，判断 Loop Until 后面的条件，若该条件为假，则返回 Do 继续执行下一次循环，否则就跳出循环，执行 Loop Until 的后续语句。

说明：从它们的执行流程可以看出，两者的共同特点是先执行循环体，然后判断条件，所以这种形式的循环至少执行一次。

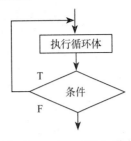

图 7-22   Do … Loop While 执行流程

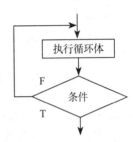

图 7-23   Do … Loop Until 执行流程

例 7-15   用 Do…Loop While 循环求 $n!=1 \times 2 \times \cdots \times n$ 的阶乘值。

在模块中添加 testDoLw 子过程的代码：

```
Public Sub testDoLw( )
    Dim num As String, n As Integer, i As Integer
        n = Val(InputBox("请输入变量 n 的值: "))  '从输入框中得到 n 的值
        num = 1                                    '阶乘变量 num 初始化为 1
        i = 1                                      '循环变量 i 初始化为 1
        Do
            num = num * i                          '计算 i 的阶乘
            i = i + 1                              'i 自身加 1
        Loop While i <= n
        Debug.Print num                            '在立即窗口输出 num, 即 n! 值
End Sub
```

操作步骤：

① 在"教学管理系统"数据库窗口的导航窗格中，双击"模块 2"进入 VBE 窗口，在模块代码区域输入子过程 testDoLw 的代码。

② 把插入光标移到子过程 testDoLw 内，按 F5 键运行该过程。若在输入框中输入 5，则在立即窗口显示 120。

若用 Do…Loop Until 循环编写，则循环部分改写为：

```
Do
    num = num * i   '计算变量 i 的阶乘
    i = i + 1       'i 自身加 1
Loop Until i > n
```

说明：

① 当省略了 While|Until 条件子句，即循环结构仅由 Do…Loop 关键字构成时，表示无条件循环，这时循环体内应该有 Exit Do 语句，否则为死循环（出现死循环时，按 Esc 键退出）。

② Exit Do 语句表示当遇到该语句时，退出循环，执行 Loop 的下一条语句。

例 7-16   求 1+2+3+…+100 的和，利用 Exit Do 语句结束 Do 循环。

在模块中添加 testExitD 子过程的代码：

```
Public Sub testExitD( )
    Dim sum As Integer, i As Integer
        sum = 0                              '和变量 sum 初始化为 0
        i = 1                                '循环变量 i 初始化为 1
        Do While True                        '条件表达式的值为永真
            If i > 100 Then Exit Do          '当 i>100 时, 结束 Do 循环
            sum = sum + i
            i = i + 1
        Loop
        Debug.Print sum                      '在立即窗口输出 sum 的值
End Sub
```

操作步骤:

① 在"教学管理系统"数据库窗口的导航窗格中,双击"模块 2"进入 VBE 窗口,在模块代码区域输入子过程 testExitD 的代码。

② 把插入光标移到子过程 testExitD 内,按 F5 键运行该过程,在立即窗口显示 5050。

3.While…Wend 语句

While…Wend 循环与 Do While…Loop 结构类似,但不能在 While…Wend 循环中使用 Exit Do 语句,故一般不使用此种循环语句。下面仅给出 While…Wend 语句的格式。

```
While <条件表达式>
    <循环体>
Wend
```

4. 多重循环

如果一个循环语句的循环体中嵌套了另一个循环结构,则称为多重循环。这种嵌套循环对 For 循环和 Do…Loop 循环均适用。

下面是一个二重 For 循环的程序段:

```
For i=1 To 5           '外层循环, 因为 i 为循环变量, 故称为 i 循环
    <语句块 1>
    For j=1 To 10 '内层循环, 因为 j 为循环变量, 故称为 j 循环
        <语句块 2>
    Next j
    <语句块 3>
Next i
```

说明:

① 从整体上说,这是一条 For 循环语句(i 循环),其循环体由<语句块 1>、j 循环和<语句块 3>这 3 部分组成。

② 程序执行从 i 循环开始,i 每取一个值,其循环体的这 3 部分语句都要依次执行一遍。也就意味着在 i 的每次循环中,<语句块 2>都要执行 10 次。因此在执行该程序段时,<语句块 1>和<语句块 3>执行了 5 次,而<语句块 2>执行了 50 次。

例 7-17 使用 For 和 Do While 二重循环,输出下面格式的九九乘法表。

1*1=1

1*2=2 2*2=4

…

1*8=8 2*8=16 3*8=24 4*8=32 5*8=40 6*8=48 7*8=56 8*8=64

1*9=9 2*9=18 3*9=27 4*9=36 5*9=45 6*9=54 7*9=63 8*9=72 9*9=81

在模块中添加子过程 testJJB 的代码：

```
Public Sub testJJB( )
    Dim i As Integer, j As Integer, z As Integer
        For i = 1 To 9              '外层循环：i 控制行数，共 9 行
            j = 1                   'j 控制列数，每行都从第 1 列开始
            Do While j <= i         '内层循环：控制每行中的输出列
                z = i * j
                Debug.Print j & "*" & i & "=" & z & " ";   '句尾的分号";"用于使下次
                                                            输出的结果接上次输出的结果

                j = j + 1
            Loop                    '内层循环终端
            Debug.Print ""          '换行输出
        Next i                      '外层循环终端
End Sub
```

操作步骤：

① 在"教学管理系统"数据库窗口的导航窗格中，双击"模块 2"进入 VBE 窗口，在模块代码区域输入子过程 testJJB 的代码。

② 把插入光标移到子过程 testJJB 内，按 F5 键运行该过程，在立即窗口显示下三角形式的九九乘法表。

7.4　面向对象程序设计的基本概念

Access 内部嵌入的 VBA 功能强大，采用目前流行的面向对象机制和可视化编程环境。

7.4.1　对象、属性和方法

1. 对象

Access 采用面向对象的程序开发环境，在 Access 数据库窗口可以方便地访问和处理表、查询、窗体、报表、宏和模块对象。

在自然界中，一个对象就是一个实体，如一辆汽车或某一个人就是一个对象。每个对象都具有一些属性，能互相区分（如汽车的类型、铭牌、颜色等），即属性可以定义对象的一个实例。例如，一辆宝马汽车和一辆奥迪汽车就分别定义了汽车对象的两个不同实例。

2. 属性

属性是对象的特征。如汽车有颜色和型号属性，按钮有标题和名称属性。对象的类别不同，属性会有所不同。同类别对象的不同实例，属性也有差异。例如，同是命令按钮，名称属性是不允许相同的，但是标题属性却可以相同。

Access 中"对象"可以是单一对象，也可以是对象集合。属性描述了对象的性质，其引用方式为"对象.属性"。例如，Label1.Caption 表示"标签"控件对象的标题属性。数据库对象的属性均可以在各自的"设计视图"中，通过"属性表"窗格进行浏览和设置。

3. 方法

方法是对象能够执行的动作，决定了对象能够完成什么事。不同对象有不同的方法。例如汽车可以行走，人可以说话等。一般情况下，每个对象都具有多个方法。

方法描述了对象的行为，其引用方式为"对象.行为"。例如，DoCmd 对象的 OpenForm 方法可以打开"学生窗体"，其语句为：DoCmd.OpenForm "学生窗体"。

4. DoCmd 对象方法

VBA 中提供了很多可以与 Access 应用程序配合使用的对象，如 DoCmd、Application、Forms、Reports 等。在 VBA 编程环境窗口的"视图"下拉菜单中，单击"对象浏览器"，就可在打开的"对象浏览器"窗口中查阅上述对象。其中 DoCmd 对象提供的方法如图 7-24 所示。

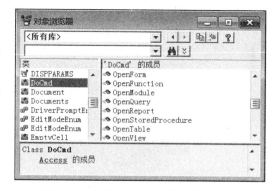

DoCmd 对象的主要功能是通过调用其内部的方法实现 VBA 编程中对 Access 的操作。在图 7-24 所示的对象浏览器窗口，选择某个方法后按 F1 键，就可以查看该方法的帮助信息。

下面主要介绍 DoCmd 对象的常用方法。

1）用 DoCmd 对象的打开方法能够打开 Access 的各类对象。

① 打开窗体的语法格式如下：

图 7-24　查看 DoCmd 对象提供的方法

```
DoCmd.OpenForm <窗体名称>[,<视图>][,<筛选名称>][,<Where 条件>][,<数据模式>][,<窗口模式>]
```

例如，用 DoCmd 对象的 OpenForm 方法打开"课程"窗体，其语句为

```
DoCmd.OpenForm  "课程"
```

或者

```
DoCmd.OpenForm  "课程",,,,acReadOnly      '用只读数据模式打开
```

说明： DoCmd 对象的方法大都需要参数，有些是必需的，有些是可选的，被忽略的参数取缺省值。在调用这些方法时，如果只指定后面的参数而不指定前面的参数，则要用逗号分隔，给前面的参数留出位置。

② 打开报表的语法格式如下：

```
DoCmd.OpenReport <报表名称>[,<视图>][,<筛选名称>][,<Where 条件>][,<窗口模式>]
```

例如，用 DoCmd 对象的 OpenReport 方法打开"学生报表"，其语句为

```
DoCmd.OpenReport  "学生报表", acViewPreview
```

③ 打开数据表的语法格式如下：

```
DoCmd.OpenTable <表名称>[,<视图>][,<数据模式>]
```

例如，用 DoCmd 对象的 OpenTable 方法打开"学生"表，其语句为

```
DoCmd.OpenTable  "学生", acViewPreview
```

④ 打开查询的语法格式如下：

```
DoCmd.OpenQuery <查询名称>[,<视图>][,<数据模式>]
```

例如，用 DoCmd 对象的 OpenQuery 方法打开"统计男女生人数"查询，其语句为

```
DoCmd.OpenQuery  "统计男女生人数"
```

2）用 DoCmd 对象的关闭方法能够关闭 Access 的各类对象。格式如下：

```
DoCmd.Close [<对象类型>][,<对象名称>][,<保存方式>]
```

对象类型有 acTable（表）、acQuery（查询）、acForm（窗体）、acReport（报表）等取值，保存方式有 acSavePrompt（提示保存，默认值）、acSaveYes（保存）、acSaveNo（不保存）等取值。如果省略所有参数，则表示关闭当前窗体。

例如，用 DoCmd 对象的 Close 方法关闭"课程"窗体，其语句为

```
DoCmd.Close acForm  "课程"
```

如果"课程"窗体就是当前窗体，则可使用语句：

```
DoCmd.Close
```

例如，用 DoCmd 对象的 Close 方法关闭"学生报表"并保存，其语句为

```
DoCmd.Close acReport  "学生报表", acSaveYes
```

3）用 DoCmd 对象的 RunMacro 方法能够运行宏对象，格式如下：

```
DoCmd.RunMacro <宏对象名>][,<重复次数>][,<重复表达式>]
```

当缺省后两个参数时，该宏只运行一次。宏对象名的格式为字符串。

例如，用 DoCmd 对象的 RunMacro 方法运行"打开窗体宏"，其语句为

```
DoCmd.RunMacro  "打开窗体宏"
```

4）用 DoCmd 对象的 RunSQL 方法能够执行 SQL 语句，格式如下：

```
DoCmd.RunSQL <SQL 语句>
```

例如，用 DoCmd 对象的 RunSQL 方法在"教师聘任"表中插入一条记录（"11103"，"张玉杰"，"教授"，#2013-10-1#），其语句块为

```
Dim strSQL As String
strSQL=" INSERT INTO 教师聘任 ( 教师编号 , 姓名 , 职称 , 聘任日期 )
VALUES( '11001','张玉杰','教授', #2013-10-1#)"
DoCmd.RunSQL strSQL
```

7.4.2 事件和事件过程

1. 事件

事件是对象能够识别的动作。如按钮可以识别单击事件、双击事件等。在类模块每一个过程的开始行，都显示对象名和事件名，如：Private Sub OpenStuReport_Click()。

2. 过程

过程是由代码组成的单元，包含一系列计算语句和执行语句。每一个过程都有一个名字，过程名不能与所在模块的模块名相同。过程有两种类型：Sub 过程（无返回值），Function 过程（有返回值）。

例 7-18 在"教学管理系统"数据库窗口的"成绩"窗体上放置两个命令按钮，其中一个标题为"打开课程窗体"、名称为"OpenStuForm"，然后创建命令按钮的"单击"事件响应过程。

操作步骤：

① 在"教学管理系统"数据库窗口，用设计视图打开"成绩"窗体，在窗体上添加一个命令按钮，将其命名为"OpenStuForm"、标题设置为"打开课程窗体"，如图 7-25 所示。

图 7-25 添加了按钮的"成绩"窗体

② 选择"OpenStuForm"命令按钮，并用鼠标右键单击，在弹出的快捷菜单中选择"属性"，在打开的属性表窗格"事件"选项卡下，将"单击"属性设置为"事件过程"，以便运行代码，如图 7-26 所示。

③ 选择"单击"属性栏右侧的生成器按钮 [...]，即进入成绩窗体的类模块代码编辑区。在打开的代码编辑区里，可以看见系统已经为该命令按钮的"单击"事件自动创建了事件过程的模板，如图 7-27 所示。

图 7-26 设置"单击"事件属性

此时，只需要在模板中添加 VBA 代码，这个事件过程代码即可作为命令按钮的"单击"事件响应代码，如图 7-28 所示。

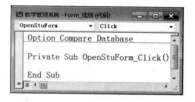

图 7-27 事件过程代码编辑区

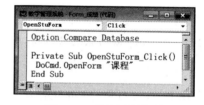

图 7-28 事件过程代码

④ 按 Alt+F11 键回到窗体"设计视图"，切换到"窗体视图"并单击"打开课程窗体"命令按钮，激活命令按钮的"单击"事件，系统会调用设计好的事件过程来响应"单击"事件的发生，弹出"课程"窗体。响应代码的运行效果如图 7-29 所示。

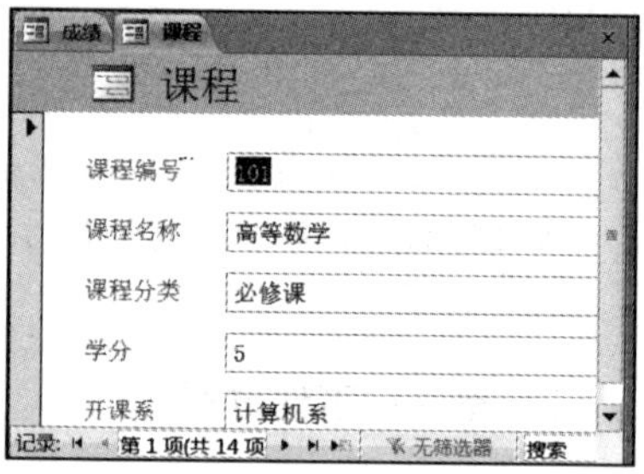

例 7-19 在"教学管理系统"数据库中，新建一个名为"教务管理相关操作"的窗体，在该窗体的设计视图主体节内，添加一个选项组控件和两个命令按钮控件，要求如下：

1）选项组内有 4 个选项，对应值分别为 1、2、3、4，相应标签分别为"学生基本信息"、"男女人数统计"、"学生课程成绩"及"教师授课信息"，选项组的标题为"请选择"，名称为 FraReader。

图 7-29 事件过程代码的运行效果

2）两个命令按钮的标题分别为打开和关闭，名称分别为 CmdOpen 和 CmdClose。

3）使用 DoCmd 方法实现学生表、统计男女人数查询、学生课程成绩窗体、教师授课情况报表的打开与关闭操作。

操作步骤：

① 新建窗体。在"教学管理系统"数据库窗口的"创建"选项卡下，单击"窗体"组中的"窗体设计"按钮，在设计视图的主体节做如下操作：

第一步，在"窗体设计工具 / 设计"选项卡的"控件"组中单击"选项组"按钮，在窗体主体节左上角的适当位置单击，打开选项组向导第 1 个对话框。

第二步，在该对话框的"标签名称"框中分别输入学生基本信息、男女人数统计、学生课程成绩及教师授课信息；单击"下一步"按钮，打开选项组向导第 2 个对话框。

第三步，在该对话框中确定是否需要默认选项，选择"否"，单击"下一步"按钮，打开选项组向导第 3 个对话框。

第四步，在该对话框中设置选项组的 4 个选项的对应值分别为 1、2、3、4，单击"下一步"按钮，打开选项组向导第 4 个对话框。

第五步，在该对话框中选择"选项按钮"及"蚀刻"按钮样式，单击"下一步"按钮，打开选项组向导最后一个对话框。

第六步，在该对话框中的"请为选项组指定标题"文本框中输入"请选择"，单击"完成"按钮。

第七步，在"窗体设计工具 / 设计"选项卡的"控件"组中单击"按钮"控件，在窗体主体节选项组控件下方的适当位置单击，打开命令按钮向导对话框，在该对话框中单击"取消"按钮返回，修改按钮的标题为"打开"。仿此操作在刚添加的命令按钮右侧再添加一个命令按钮并修改其标题为"关闭"。

第八步，保存窗体名为"教务管理相关操作"，如图 7-30 所示。

② 设置对象属性。

第一步，选择选项组控件，在"窗体设计工具 / 设计"选项卡的"工具"组中，单击"属性表"按钮，打开属性表窗格，在该窗格的"其他"选项卡下修改选项组控件名称为 FraReader。

第二步，分别单击两个命令按钮，在相对应的属性表窗格中"其他"选项卡下修改命令按钮的名称为 CmdOpen 和 CmdClose。

③ 添加代码。

图 7-30 "教务管理相关操作"窗体

第一步，在打开的属性表窗格中"所选内容类型"下拉列表里选择 CmdOpen，在"事件"选项卡下，将"单击"属性设置为"事件过程"并单击属性栏右侧的生成器按钮 ，进入窗体的类模块代码编辑区，在系统为打开命令按钮的"单击"事件自动创建的事件过程模板中，添加如图 7-31 的下半部所示的 VBA 代码。

第二步，类似地，在属性表窗格中"所选内容类型"下拉列表里选择 CmdClose，在"事件"选项卡下，将关闭按钮的"单击"属性设置为"事件过程"并单击生成器按钮 ，进入窗体的类模块代码编辑区，添加相应的 VBA 代码，如图 7-31 上半部所示。

④ 按 Alt+F11 返回到窗体"设计视图"，切换到"窗体视图"，选择选项组中的某个"单选"按钮（如，"男女人数统计"），单击"打开"命令按钮，激活打开按钮的"单击"事件，打开"统计男女人数"查询，再切换到教务管理相关操作"窗体视图"，单击"关闭"按钮，激活关闭按钮的"单击"事件，关闭"统计男女人数"查询。

图 7-31 "教务管理相关操作"代码

7.5 过程调用和参数传递

7.5.1 过程调用

过程是用来执行特定任务的一段独立的程序代码，这段代码能被反复调用。VBA 的模块以过程为单元组成。前面介绍的过程是无参数过程，下面将介绍有参数过程。

1）VBA 的过程根据是否返回值分为两类：Sub 过程和 Function 过程。

❑ Sub 过程只执行操作，不返回值，不能用在表达式中，调用时就像使用基本语句一样。

❑ Function 过程又称为用户自定义函数，执行操作后返回结果，常用在表达式中，调用时就像使用基本函数一样。

2）过程名是标识符，不要与模块名重名，否则在调用时会出现混乱。同一模块中，Sub 过程也不要与 Function 过程重名。

3）过程不能嵌套定义，但可以嵌套调用。

1. Sub 过程

Sub 过程是包含在 Sub 和 End Sub 之间的一组代码，调用 Sub 过程时只执行其中的操作，不返回值。Sub 过程又称为子过程，简称过程。

（1）定义 Sub 过程的格式

```
Sub < 过程名 >(< 形参 1> As < 数据类型 >[,< 形参 2> As < 数据类型 >]…)
    < 语句块 >
End Sub
```

（2）调用 Sub 过程

格式 1：

```
Call < 过程名 >(< 实参 1>[,< 实参 2>]…)          'Call 方式调用过程
```

格式 2：

```
< 过程名 > < 实参 1>[,< 实参 2>]…                '直接方式调用过程
```

说明：

① 形参即形式参数，可以是变量名或数组名，只能是简单变量，不能是常量、数组元素、表达式。若有多个参数时，相邻两个参数之间用西文逗号分隔，形参没有具体的值。

② 实参即实际参数，可以是常量或已经赋值的变量，其个数、类型和顺序应该与被调用过程的形参相匹配。

③ 用格式 1 调用 Sub 过程时必须加括号，用格式 2 调用 Sub 过程时可以不加括号。

④ 用 Exit Sub 语句可立即从 Sub 过程中退出。

⑤ 定义 Sub 过程时，即使无任何参数，也必须包含空括号 "( )"。

⑥ 在 Sub 之前可以用 Public 或 Private 或 Static 定义过程作用域。

⑦ 标准模块中的过程可以被所有对象调用，类模块中的过程只在本模块中有效。

例 7-20 在 "教学管理系统" 数据库窗口进行如下操作：

1）建立标准模块，名为 "模块 3"，并在该模块中定义 OpenForms 过程，该过程有一个 String 型参数 strFormName。其功能是，当参数不为空时，用 DoCmd 方法打开由参数指定的窗体。

2）在 "模块 3" 中定义 OpenF 过程，即用 Call 方式调用 OpenForms 过程，实参为 "课程"。运行此过程打开 "课程" 窗体。

3）在 "模块 3" 中定义 OpenFC 过程，即用直接方式调用 OpenForms 过程，实参为 "学

生窗体"。运行此过程打开"学生窗体"。

操作步骤：

① 在"教学管理系统"数据库窗口的"创建"选项卡下，单击"宏与代码"组中的"模块"按钮，进入 VBA 编程环境并创建新模块；单击 VBA 编程环境窗口工具栏上的"保存"按钮，在弹出的"另存为"对话框中用"模块3"为名称保存；在"模块3"的模板中输入 OpenForms 过程的 VBA 代码，如图 7-32 所示。

② 在模板中定义 OpenF 过程，如图 7-32 所示。

③ 在模板中定义 OpenFC 过程，如图 7-32 所示。

④ 移插入光标到 OpenF 过程中的任意位置，按 F5 键，运行该过程，打开"课程"窗体，如图 7-32 所示。

⑤ 移插入光标到 OpenFC 过程中的任意位置，按 F5 键，运行该过程，打开"学生窗体"，如图 7-32 所示。

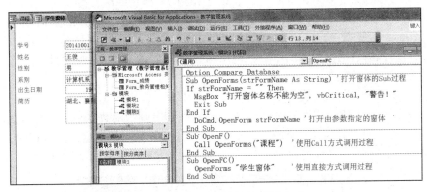

图 7-32　Sub 过程调用的两种方式

2. Function 过程

可以使用 Function 语句定义一个新函数过程、接受参数、返回的变量类型及运行该函数过程的代码。Function 过程又称为函数过程，简称为函数。

（1）定义 Function 过程的格式

```
Function  <函数名>(<形参1>[,<形参2>]…)  [As <返回值类型>]
    <语句块>
    [<函数名>=<表达式>]        '表达式的值为函数的返回值
End Function                   'Function 与 End Function 之间的部分称为函数体
```

说明：

① 若缺省"As <返回值类型>"，则返回值类型由实际返回值确定。

② 参数多于1个时，相邻两个参数之间用西文逗号分隔。

③ 函数的返回值是通过在函数体内给函数名赋值的语句实现的，在函数体内最后一次对函数名的赋值就是函数的返回值。如果没有这个赋值语句，则函数返回默认值：数值型函数为0、字符型函数为空串，Variant 函数为 Empty。

④ 使用 Exit Function 语句可以强制中断函数的调用。

⑤ 在 Function 之前可以用 Public 或 Private 或 Static 定义过程的作用域。

（2）调用 Function 过程

Function 过程调用语句既可以独立使用，也可以出现在表达式中。

1）独立使用的调用语句

格式 1：

```
Call <函数名>([实参表])    'Call方式调用函数
```

格式 2：

```
<函数名>([实参表])         '直接方式调用函数
```

2）在表达式中使用的调用语句

格式：

```
<函数名>([实参表])
```

过程名在赋值号右端或在表达式中。

说明：

①函数调用时的实参类型、个数、顺序要与相应的形参相匹配。

②在表达式中调用函数时，无论函数是否有参数，函数名后都必须加空括号"( )"。

例 7-21 定义函数 Area，其功能是计算并输出圆的面积；再建立一个过程 Diao-YongArea，将输入的数据作为圆的半径，调用函数 Area 计算并输出圆的面积。

操作步骤：

① 在"模块 3"中建立函数 Area，如图 7-33 所示。

② 在"模块 3"中建立过程 DiaoYongArea，并在其中调用函数 Area，如图 7-33 所示。

③ 把插入光标移到过程 DiaoYongArea 中的任意位置，按 F5 键运行该过程时，若随机输入 5 作为圆的半径，则在立即窗口显示圆的面积值为 78.53982，如图 7-33 所示。

图 7-33 使用直接方式调用函数过程

例 7-22 定义函数 fun，其功能是判断一个数的奇偶性；再建立一个过程 testFun，对输入的数据调用函数 fun 判断其奇偶性，并在立即窗口中显示判断结果。

操作步骤：

① 在"模块 3"中建立函数 fun，用以判断一个数的奇偶性，如图 7-34 所示。

② 在"模块 3"中建立过程 testFun，对随机输入的一个整数调用函数 fun，并在立即窗口显示该数的奇偶性判断结果，如图 7-34 所示。

③ 把插入光标移到过程 testFun 中的任意位置，按 F5 键运行该过程时，若随机输入 25，则在立即窗口中显示"25 是奇数"，如图 7-34 所示。

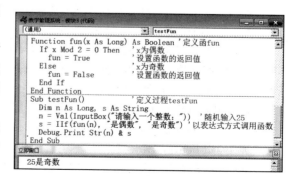

图 7-34 使用表达式方式调用函数过程

7.5.2 参数传递

当实参是变量名时，既可以用传值方式传递参数，也可以用传地址方式传递参数。

1. 参数的值传递（单向传递）

如果在过程的形参前面加 Byval 说明符，则参数的传递方式为"传值"。值传递的含义是在过程中另外开辟存储单元来存放从实参传过来的值，一旦过程结束，所开辟的存储单元被释放，该单元的数据改变不会被保留下来。

2. 参数的地址传递（双向传递）

如果在过程的形参前面添加 Byref 说明符，则参数的传递方式为"传地址"。参数的地址传递是默认选项，即不加任何说明符时，参数的传递方式是传地址。

地址传递的含义是在过程中的形参与主调方的实参指向同一个存储单元，在过程中可对存储单元的值做修改，当过程结束后，该值会成为实参的当前值。

地址传递通常用在 Sub 过程中。

例 7-23　在"教学管理系统"数据库中，新建一个名称为"传值和传地址"的窗体，在该窗体的设计视图主体节内，添加一个命令按钮控件。要求如下：

1）命令按钮的标题为"测试传值传址"，名称为"test_ByRef_ByVal"。

2）创建该命令按钮的"单击"事件响应 VBA 代码，该代码包含如下 3 个过程：

①被调过程 GetDataVal 的功能是传值；②被调过程 GetDataRef 的功能是传地址；③主调过程 test_ByRef_ByVal_Click 的功能是调用两个被调过程并在消息框中显示测试结果。

操作步骤：

① 在"教学管理系统"数据库窗口的"创建"选项卡下，单击"窗体"组中的"窗体设计"按钮，打开新建窗体的设计视图，单击快速访问工具栏的"保存"按钮，在弹出的"另存为"对话框中，以名称"传值和传地址"保存窗体。

② 在"窗体设计工具 / 设计"选项卡下的"控件"组中，单击"按钮"控件，再单击"主体"节的适当位置，弹出"命令按钮向导"对话框，单击"取消"按钮返回窗体设计视图，如图 7-35 所示。

③ 用鼠标右键单击命令按钮，在弹出的快捷菜单中选择"属性"，打开属性表窗格；在"格式"选项卡下，设置"标题"属性为"测试传值传址"；在"其他"选项卡下，设置"名称"属性为"test_ByRef_ByVal"；在"事件"选项卡下，设置"单击"属性为"事件过程"，再单击属性栏右侧的生成器按钮 ，进入"传值和传地址"窗体的类模块代码编辑区。在代码编辑区里，添加 VBA 代码，如图 7-36 所示。

图 7-35　建立"测试传值传址"窗体

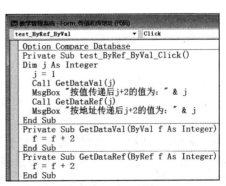

图 7-36　"测试传值传址"的 VBA 代码

④ 按 Alt+F11 组合键返回窗体设计视图，切换到"窗体视图"并单击"测试传值传址"命令按钮，效果分别如图 7-37 和图 7-38 所示。

图 7-37 传值测试效果　图 7-38 传址测试效果

7.5.3 计时事件

VBA 提供的时间控件可以实现"定时"功能，但 VBA 并没有直接提供事件控件，而是通过设置窗体的"计时器间隔（TimerInterval）"属性与添加"计时触发（Timer）"事件来完成类似的"定时"功能。

例 7-24 使用计时事件在窗体的一个标签上实现自动计数操作（从 1 开始），要求窗体打开时便开始计数，单击窗体上的按钮，则停止计数，再单击一次按钮，继续计数。

操作步骤：

① 在"教学管理系统"数据库窗口创建名称为"计时触发"的窗体，在窗体设计视图的主体节中添加两个标签和一个命令按钮，要求如下：

❏ 一个标签的标题属性为"计时："（宋体、16 磅、加粗），名称为默认。

❏ 另一个标签的标题属性为"1"（宋体、16 磅、加粗），名称为：LNum。

❏ 命令按钮的标题属性为"OK"，名称为：bOK。

② 打开窗体属性表窗格，在"事件"选项卡下，设置"计时器间隔"属性值为 1000 并选择"计时器触发"属性为"[事件过程]"，如图 7-39 所示。单击其后的按钮 ，进入窗体的类模块 VBA 代码编辑区，在编辑区内添加 VBA 代码。

图 7-39 "计时触发"窗体及窗体属性

```
Option Compare Database
Dim flag As Boolean                                  '标志量，用于存储按钮的单击动作
Private Sub Form_Timer()                             '计时器触发事件
    If flag = True Then                              '根据标记量确定是否进行屏幕更新
        Me!LNum.Caption = Me!LNum.Caption + 1        '标签更新
    End If
End Sub
```

注意 "计时器间隔"属性值以毫秒为计量单位。

③ 按 Alt+F11 组合键返回窗体设计视图，在窗体属性表窗格的"事件"选项卡下选择"打开"属性为"[事件过程]"，单击其后的按钮 ，进入窗体的类模块 VBA 代码编辑区，在编辑区内添加 VBA 代码。

```
Private Sub Form_Open(Cancel As Integer)'窗体打开事件
    flag = True                          '设置窗体打开时标志量的初始状态为 True
End Sub
```

④ 按 Alt+F11 组合键返回窗体设计视图，单击"bOK"按钮，在属性表窗格的"事件"选项卡下选择"单击"属性为"[事件过程]"，单击其后的按钮 ，进入窗体类模块 VBA 代码编辑区，在编辑区内添加 VBA 代码。

```
Private Sub bOK_Click()    '单击按钮事件
```

```
        flag = Not flag
End Sub
```

⑤ 按 Alt+F11 组合键返回窗体设计视图，保存对窗体设计的更改后关闭窗体。

⑥ 在数据库窗口的导航窗格中，打开"计时触发"窗体，便可开始计数。

7.6　VBA 程序错误处理与调试

在编写和运行应用程序的过程中，避免出现错误，这些错误主要分为语法错误、逻辑错误和运行错误。

语法错误通常是指单词拼写、参数引用、格式书写错误以及使用无效的自变量或者是漏掉了那些需要成对使用的指令的某部分（如 If 语句和循环结构成分缺失等）引发的错误。在 VBA 编程环境下，系统能在用户书写代码时自动检查出语法错误。

对于逻辑错误，系统通常不会给出明确的错误信息。过程中可能没有语法错误，甚至运行无误，然而得到的却是错误的结果。逻辑错误非常难查找并且很隐秘。

运行错误是程序运行时发生的、导致程序无法继续执行的错误。如程序试图访问用户计算机上某个并不存在的文件或者设备，或者未检测用户权限就对系统进行没有授权的操作等，这都会引发运行错误。对于在程序运行时出现的错误，可以用错误处理程序来处理。

另外，VBA 还提供了若干调试工具，可以用来对代码进行调试，查看代码中的错误。

7.6.1　VBA 错误处理语句的结构

错误处理程序放置在程序中可能出错的语句处，当程序运行中出现错误时，系统就会根据错误处理程序的指令运行。

错误处理程序有以下 3 种语句：

1）On Error GoTo <标号>：<标号> 可以是任何行标签或行号。如果发生一个运行时错误，则程序会跳到"标号"所指位置的代码处，激活错误处理程序。

2）On Error Resume Next：遇到错误发生时忽略错误，继续执行下一条语句。

3）On Error GoTo 0：取消当前过程中任何已启动的错误处理程序。即使过程中包含编号为 0 的行，它也不把 0 行指定为处理错误的代码的起点。如果没有 On Error GoTo 0 语句，在退出过程时，错误处理程序会自动关闭。

如果在 On Error GoTo <标号> 或 On Error Resume Next 语句之后使用一条 On Error GoTo 0 语句，则会取消对运行时错误的处理。

例 7-25　编写一个 Sub 过程，其功能是利用 On Error GoTo 语句处理运行时的错误。

```
Private Sub errhandle()
    On Error GoTo ProcLine           ' 程序跳到 ProcLine 标签位置
    Debug.Print 1 / 0                ' 产生分母为 0 的错误
    MsgBox "除法运算。", ,            " 提示信息 "
    Exit Sub
ProcLine:                            ' 错误处理
    MsgBox "发生了" & Err.Number & "号错误:" & Err.Description & Chr(13) & Chr(13)
 & "结束程序:", ,                     " 错误处理 "
    Resume Next                      ' 强制代码从产生错误的语句的下一行继续执行
End Sub
```

运行该程序，VBA 捕获到错误后，就跳到 ProcLine 标签指定的代码行，且显示如图 7-40

所示的消息框，然后再返回到出错语句的下一行继续执行，显示如图 7-41 所示的消息框。

7.6.2 VBA 程序的调试

在应用程序中查找并修改错误的过程称
为调试（Debug）。VBA 编辑器提供了许多调
试工具和调试方法。

（1）逐句运行 VBA 代码

逐句运行代码的意思是每次只运行一条

图 7-40 "错误处理"消息框   图 7-41   提示消息

语句，这样就可以允许用户检查过程里的每
一条语句的运行情况。方法是单击"调试"菜单中的"逐语句"命令或按下 F8 快捷键，以执
行 VBA 的每条语句，直到碰到关键字 End Sub 为止。如果你不希望逐句运行 VBA 代码的话，
可随时按下 F5 键来运行过程中剩余的代码。

（2）使用断点

通过设置断点，可以让程序运行到指定位置时暂停，以便查看当前程序的执行情况。

设置断点的方法是将光标移至目标代码行后单击"调试"菜单中的"切换断点"命令（或
按下 F9 键或单击代码行左侧的灰色边界条）。当过程运行到此处时立即会显示代码窗口。此
时用户可以通过按 F8 键来逐语句运行代码，分析过程代码、检查执行暂停时变量的值，还可
以在立即窗口里键入语句来进行各种各样的测试等。VBA 允许用户在一个过程里设置任意多
个断点，这样你就可以随心所欲地暂停和继续过程的执行了。

当运行完某个过程后，VBA 不会自动删除断点。我们可以选择"调试"菜单中的"清除
所有断点"命令或者按下 Ctrl+Shift+F9 组合键清除所有断点。另外关闭文件时，所有断点也
将被自动清除。

（3）添加监视表达式

程序中的许多错误是由于变量未获得预期的值而导致的。如果你想监测程序中某个变量
或者表达式的值，那么可以添加一个监视表达式。方法是选中要监视的变量或表达式，单击
"调试"菜单中的"添加监视"命令，确认后，就会在代码窗口下方显示一个监视窗口，在此
窗口中，可以随时监视变量或表达式的值。

在监视窗口里，单击所要清除的变量或表达式并且按下 Delete 键，清除当前的监视。

例 7-26 在过程 testDoLw 中添加语句"Debug.Print i,num"并在该语句设置断点；调试
5！的代码。

操作步骤：

① 在 VBA 代码编辑窗口打开过程 testDoLw，添加"Debug.Print i,num"语句，单击该
语句左侧的灰色边界条设置断点，如图 7-42 所示。

② 选中表达式"i<=n"，在"调试"下拉菜单中单击"添加监视"，在弹出的"添加监视"
对话框中设置 i<=n 为监视表达式，单击"确定"按钮，显示监视窗口，如图 7-42 所示。

③ 运行该过程，在弹出的输入框中输入变量 n 的值 5；使用"视图"菜单打开本地窗口
和立即窗口；依次按 F5 键继续运行，在"立即窗口"中显示出变量 i 和 num 的值，如图 7-42
所示；在"本地窗口"中显示出所有变量的值和类型，如图 7-42 所示。

（4）操纵书签

如果希望快速地定位到代码中的指定位置，则可以通过设置书签来实现。使用内置的书
签功能，用户可以轻易地标记需要浏览的位置。设置书签的方法是，将插入点移动到定义为

书签的语句中的任意位置，单击"编辑"菜单中的"书签"，选择"切换书签"命令，那么当前语句左侧边界上会出现一个蓝色的圆角矩形，再次运行此命令将撤销当前的书签设置。如果要清除代码中的所有书签，可运行"编辑"菜单中的"书签"，选择"清除所有书签"命令。

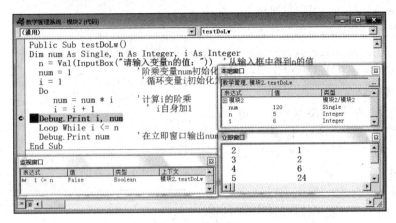

图 7-42　监视窗口

（5）终止 VBA 过程

我们可以随时中断运行中的 VBA 过程，具体如何做呢？除了按 Esc 键、设置断点、添加监视表达式等方法外，VBA 还提供了以下两种中断过程的方法：一是按 Ctrl+Break 组合键；二是通过插入 Stop 语句来实现。当过程被终止时，断点便发生了，VBA 此时会记住所有变量和语句的值。

注意　将下述语句加入到过程代码中，可以防止别人中断你的过程：

```
Application.EnableCancelKey = xlDisabled
```

7.7　VBA 数据库编程简介

在 Access 数据库应用系统中，前台用户操作界面和后台数据库是分离的，用户通过操作界面来操作和管理数据库。这样一方面保证了数据库的安全，另一方面也能使不熟悉数据库的用户使用数据库。前台应用程序是由 VBA 代码实现的，这就需要能在 VBA 代码中访问和操作后台数据库。

数据访问接口是应用程序和数据库之间的桥梁，应用程序通过数据访问接口访问数据库。要开发具有实用价值的数据库应用程序，就需要熟悉 VBA 提供的三种数据库访问接口：DAO（Data Access Objects，数据访问对象）、ADO（ActiveX Data Object，ActiveX 数据对象）和 ODBC（Open Database Connectivity，开放数据库互联）。

其中，ODBC 是微软公司开放服务结构中有关数据库的一个组成部分，它建立了一组规范，并提供了一组对数据库访问的标准 API（应用程序编程接口），用于访问多种数据库管理系统的数据。由于 ODBC 是基于过程而不是面向对象的，因此具有一定的局限性。

本节不涉及 ODBC，仅叙述 DAO 和 ADO 的基础知识。

7.7.1　数据库访问对象

DAO 是微软第一个面向对象的数据库接口，它提供了一个访问数据库对象的模型，允许开发者通过 ODBC 操纵本地或远程数据库的数据，实现对数据库的操作。

1. 在设计 Access 模块时使用 DAO 对象

首先要增加一个对象库的引用。Access 2010 引用对象库的设置方式为：先进入 VBA 编程环境，打开"工具"菜单并单击选择"引用（R）…"菜单项，打开"引用"对话框，如图 7-43 所示。从"可使用的引用"列表框中选中"Microsoft Office 14.0 Access database Engine Object Library"选项并单击"确定"按钮。

2. DAO 模型结构

- ❑ DBEngine 对象：表示 Microsoft Jet 数据库引擎。它是 DAO 模型的最上层对象，包含并控制 DAO 模型中的其余全部对象。
- ❑ Workspace 对象：表示工作区。
- ❑ Database 对象：表示操作的数据库对象。

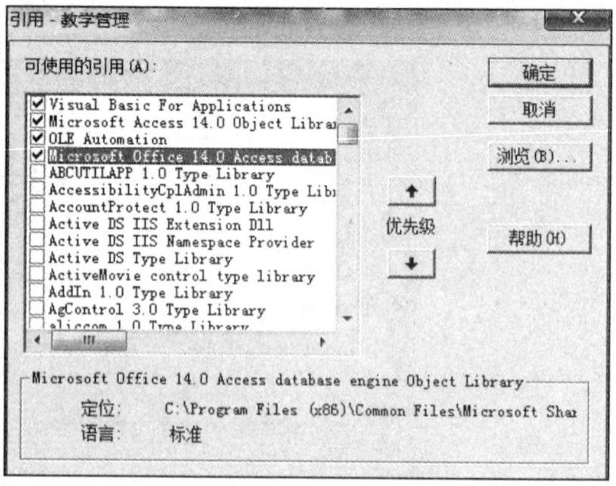

图 7-43　DAO 对象库引用对话框

- ❑ RecordSet 对象：表示数据操作返回的记录集。
- ❑ Field 对象：表示记录集中的字段数据信息。
- ❑ QueryDef 对象：表示数据库查询信息。
- ❑ Error 对象：表示数据提供程序出错时的扩展信息。

7.7.2　ActiveX 数据对象

ADO 是目前微软公司所支持的进行数据库操作的最有效和最简单直接的方法。ADO 编程模型定义一组对象，用于访问和更新数据源，它提供了一系列方法，用以完成以下任务：连接数据源、查询记录、添加记录、更新记录、删除记录、检查建立连接或执行命令时可能产生的错误。

1. ADO 对象模型

（1）在设计 Access 模块时使用 ADO 对象

首先要增加一个对象库的引用。Access 2010 引用对象库的设置方式为：先进入 VBA 编程环境，打开"工具"菜单并单击选择"引用（R）…"菜单项，打开"引用"对话框，如图 7-44 所示。

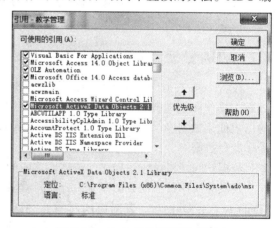

图 7-44　ADO 对象库引用对话框

从"可使用的引用"列表框中选中"Microsoft ActiveX Data Object 2.1 Library"选项并单击"确定"按钮。

（2）ADO 的 3 个成员对象

- ❑ Connection 对象（连接对象）：建立应用程序与数据源的连接。
- ❑ Command 对象（操作命令对象）：在创建数据连接的基础上，利用 Command 对象实现对数据源的查询、删除、编辑修改以及更新操作。
- ❑ RecordSet 对象（记录集对象）：执行数据访问命令或 SQL 命令得到动态记录集，它被缓存在内存中。

（3）ADO 的 3 个集合对象

❏ Errors 集合对象：它依赖于 Connection 对象的使用，表示数据提供程序出错时的扩展信息。

❏ Parameters 集合对象：它依赖于 Command 对象的使用。

❏ Field 集合对象：它依赖于 RecordSet 对象的使用，表示记录集中的字段数据信息。

说明：

① 要使用 ADO 中的对象，必须先建立相应的对象变量，对象变量的建立是使用类类型声明的。声明格式如下：

```
Dim < 对象变量 > As new < 对象类类型 >
```

如，要声明一个 Connection 类型的对象 cnn，可以使用以下语句：

```
Dim cnn As new ADODB. Connection
```

ADODB. Connection 是 ADO 中 Connection 对象的类类型，该类类型是在 " Microsoft ActiveX Data Object 2.1 Library" 库中定义的，在模块设计中要使用 ADO 的各个组件对象，因此必须增加对 ADO 库的引用。

② 基本类型变量用于存放基本类型的数据，给基本类型变量赋值时使用 " ＝ " 号。而对象变量里面包含多个属性值，同类型对象变量之间在赋值时传递的是引用，要用 Set 语句实现，格式为：

```
Set < 对象 1>=< 对象 2>
```

该语句使对象 1 指向对象 2，此时引用对象 1 就相当于引用对象 2。例如：

```
Dim rs As new ADODB.RecordSet      ' 创建一个记录集对象，并为对象分配内存空间
Set rs=Nothing                     ' 回收记录集对象变量占有的内存空间
```

③ 记录集对象 RecordSet 用于临时映射数据库表或查询得到的记录集，它是一个由记录组成的集合，其结构类似于数据表。记录集中第一条记录之前的部分称为头部（BOF），最后一条记录之后的部分称为尾部（EOF），记录指针在记录集的头部和尾部之间移动。

假设有记录集对象变量 rs，则其属性 rs.BOF 为 True 时，表明记录指针指向了记录集的头部；属性 rs.EOF 为 True 时，表明记录指针指向了记录集的尾部。属性 rs.RecordCount 表示记录集对象中的记录数目。

在 ADO 对象模型中，Connection 对象和 Command 对象都可以打开 RecordSet 对象。

2. 记录集对象的常用方法

1）记录指针移动：MoveFirst、MoveLast、MovePrevious、MoveNext

2）检索记录：Find、Seek

3）增加新记录：AddNew

4）更新记录：Update

对记录集进行插入、删除、修改操作后，要调用记录集对象的 Update 方法对后台数据库的内容进行相应的更新。

5）删除记录：Delete

6）关闭连接或关闭记录集：Close

当用 Connection 对象打开一个数据库连接和用 RecordSet 对象打开一个记录集后，后台

数据库及相关数据表便处于开启状态，为保证数据安全，在应用完成后要及时调用各自的 Close 方法关闭它们。

3. 记录集字段的引用方法

记录集中的字段可以通过字段序号（从 0 开始编号）或字段名引用。假设 RecordSet 对象 rs 的第一个字段名为学号，则引用该字段的方式有：rs.Fields（"学号"）、rs.Fields（0）、rs.Fields.Item（0）、rs.Fields.Item（"学号"）、rs（0）、rs（"学号"）。其中前两种方式最常用。

由于记录集中的字段不再是简单变量，而是对象变量，所以对于记录集中的字段只能"引用"，要使用 set 语句向 Field 对象传递引用。

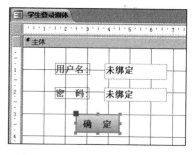

例 7-27 利用"教学管理系统"数据库中的数据表"学生"，学生的"姓名"字段和"学号"字段分别代表了学生的用户名和密码。新建"学生登录窗体"，分别添加"txtStuName"和"txtStuNum"文本框，其设计视图如图 7-45 所示。

图 7-45 学生登录窗体设计视图

在登录时将输入的用户名和密码与学生表中的数据逐个比较，如果找到相同的记录，则说明该用户是合法用户，于是打开"课程"窗体，否则给出提示，等待重新输入，3 次输入错误，则退出。

① 为"确定"按钮添加"单击"事件，代码如下：

```
Dim RS As ADODB.Recordset
Dim strSQL As String
Set RS = New ADODB.Recordset              '创建记录集对象
Dim name As String, pass As String
Static count As Integer
  If IsNull(Trim(Me.txtStuName)) Or IsNull(Trim(Me.txtStuNum)) Then
     DoCmd.Beep
     MsgBox "用户名和口令不能为空！", vbCritical, "提示操作"
  Else
     count = count + 1
     name = Me!txtStuName
     pass = Me!txtStuNum
     If count <= 3 Then
        name = Trim(Me.txtStuName)
        pass = Trim(Me.txtStuNum)
        MsgBox name
     strSQL = "Select * from 学生 where 姓名='" & name & "' and 学号='" & pass & "'"
     RS.Open strSQL, CurrentProject.AccessConnection, adOpenKeyset
      If Not RS.EOF Then            '找到匹配的用户名和密码
      DoCmd.OpenForm "课程"         '打开课程窗体
      count = 0                     '使用次数清零
      Else
      MsgBox "用户名或密码错误！" + Chr(13) + Chr(10) + "还有" & 3 - count & "次
机会", vbCritical, "错误提示"          '显示消息框
        If 3 - count = 0 Then
           MsgBox "请确认用户和密码后再登录", vbCritical, "警告"
           DoCmd.Close                '退出系统
        Else
           Me!txtStuName.SetFocus     '使文本框获得焦点，准备重新输入
```

```
        End If
      End If
    End If
  End If
```

② 输入学生表中没有的记录，测试结果如图 7-46 所示。

③ 输入学生表中含有的记录，测试结果如图 7-47 所示。

图 7-46 测试错误

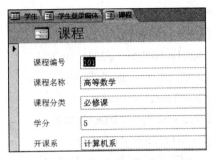

图 7-47 测试正确

7.8 操作实践

7.8.1 模块、数据类型与表达式

【实验目的】

1. 熟悉 VBA 的编程环境。

2. 熟悉模块对象的分类，初步认识在 VBE 中编写程序的步骤。

3. 掌握 Access 2010 支持的基本数据类型。

4. 掌握常量、变量、函数和表达式的书写规则和使用方法。

【实验内容】

1. 编写一个 VBA 程序，显示 "We love Peking!"。

2. 在窗体上创建一个"显示当前日期时间"按钮，单击该按钮，便能执行程序代码，显示当前系统日期时间。

3. 在立即窗口显示常量值。

```
? 18、? 3.54e5、? 3.54e-2、? 5%、? "18"、? "hello"、? """hello"""、? False、?
True、? #5/25/1998、? #5-25-98#、? #03/03/16 15:20:36#、? #2016/3/3#
```

4. 在立即窗口中显示变量值。

```
a=123.456 : b="xyz456"
? "a=",a
? "b=",b
? "a="&a
? "b="&b
```

5. 在立即窗口中完成下面各题，并分析运行的结果。

1）填写算术表达式的结果。

? 3^3, 9/2   结果为＿＿＿、＿＿＿

? 9\2, 10 mod 3   结果为____、____

? 10 mod -3, -10 mod -3   结果为____、____

? 3+True, 3+False   结果为____、____

2）填写关系表达式的结果。

? 6>5, 6>=5   结果为____、____

? 6=5, 6<>5   结果为____、____

? "a" ="A", "abc" >"ab"   结果为____、____

? "张" <"刘"   结果为_____

? #2014-10-20# < #2015-10-20#   结果为_____

3）填写逻辑表达式的结果。

? Not True，Not False   结果为____、____

? 6>3 And 8>5，True Or 5>8   结果为____、____

? True Or False And True   结果为_____

4）填写数学函数表达式的结果。

? Abs（10-18），abs（18-10）   结果为____、____

? Sgn（10-18），Sgn（18-10）   结果为____、____

? Round（4.56），Round（1.2345，3）   结果为____、____

? Round（1.2345，2），Round（1.2345，4）   结果为____、____

? 3+Int（1.56），Int（−1.3）   结果为____、____

? Fix（6.7），Fix（−6.7）   结果为____、____

5）填写字符串函数表达式的结果。

? Left（"Access 数据库"，3）   结果为_____

? Right（"Access 数据库"，3）   结果为_____

? Mid（"Access 数据库"，2，3）   结果为_____

? Ltrim（"Access 数据库"）   结果为_____

? Rtrim（"Access 数据库"）   结果为_____

? Trim（"Access 数据库"）   结果为_____

? Len（"Access 数据库"）   结果为_____

? Len（""）   结果为_____

6）填写日期/时间函数表达式的结果。

? Now()   结果为_____

? Date()   结果为_____

? Time()   结果为_____

? Year（#2016/9/25#）   结果为_____

? Month（#2016/9/25#）   结果为_____

? Day（#2016/9/25#）   结果为_____

? Hour（#16:32:45 PM#）   结果为_____

? Minutc（#16:32:45 PM#）   结果为_____

? Second（#16:32:45#）   结果为_____

7）填写转换函数表达式的结果。

? Ucase（"help"）　　　　　　　　　结果为＿＿＿＿＿＿

? Lcase（"ABCd"）　　　　　　　　　结果为＿＿＿＿＿＿

? Chr（68）　　　　　　　　　　　　结果为＿＿＿＿＿＿

? Val（"2.34xy"）　　　　　　　　　结果为＿＿＿＿＿＿

? Asc（"abc"）　　　　　　　　　　　结果为＿＿＿＿＿＿

6. 将数学表达式 $\dfrac{a+b}{\dfrac{1}{c+5}-\dfrac{1}{2}cd}$ 写成 Access 2010 能够识别的表达式，并计算当 $a=3$，$b=4$，$c=5$，$d=2$ 时表达式的值为多少？

7. 已知变量 Money 存储的值是某个班的班费，若要在立即窗口中输出：二班班费……元，如何书写表达式？

8. 随机产生一个大写字母的表达式是什么？请在立即窗口中验证。

9. 发送快递时，若包裹重量不超过 1kg，快递费为 12 元，若超过 1kg，则超重部分每千克收费 10 元，写出计算超过 1kg 以后快递费的表达式。假设用变量 weight 表示重量，请在立即窗口中给出重量值，以进行验证。

10. 已知三角形的三条边长分别是 a、b、c，请写出判断这三条边能够组成三角形的条件。如果可以组成三角形，则输出结果为 True，否则为 False。请在立即窗口中给出 a、b、c 的值，进行验证。

11. 判断你的生日是一个星期中的第几天，并且输出：我的生日是星期 *。请在立即窗口中给出自己的生日（假如，出生日期为 #2000/10/10#），以进行验证。

12. 按照年月日的形式输出今天的日期，请在立即窗口中进行验证。

【操作步骤 / 提示】

1）① 在"图书查询系统"数据库窗口，使用"创建 | 宏与代码 | 模块"打开 VBE 窗口并自动建立一个新模块，如图 7-48 所示。

② 单击"插入"下拉菜单中的"过程"命令，在弹出的"添加过程"对话框中输入过程名：WeLovePeking，如图 7-49 所示，单击"确定"按钮，在模块 1 中建立一个子过程 WeLovePeking()。

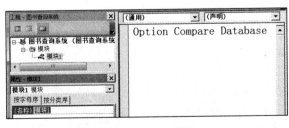

图 7-48　VBE 窗口

图 7-49　"添加过程"对话框

③ 在子过程中输入语句 MsgBox（"We Love Peking!"），如图 7-50 所示。

④ 当光标在过程体内时，按 F5 键或者单击"运行"下拉菜单中的"运行子过程 / 用户窗体"命令，弹出显示运行结果的消息框，如图 7-51 所示。

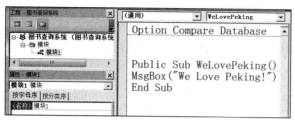
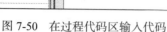

图 7-50　在过程代码区输入代码　　　　　　　　图 7-51　运行结果

⑤ 单击 VBE 窗口工具栏的"保存"按钮，在弹出的"另存为"对话框中，用默认的"模块 1"名称保存。

2）① 在"图书查询系统"数据库窗口，使用"创建 | 窗体 | 窗体设计"新建一个窗体并在其主体节中放置一个"按钮"控件。

② 使用"窗体设计工具 / 设计"选项卡下"工具"组中的"属性表"按钮→在弹出的属性表窗格中，修改命令按钮的"标题"为"显示当前日期时间"，修改窗体的"标题"为"显示当前日期时间"。

③ 在属性表窗格中"所选内容的类型"组合框中选择命令按钮→在"事件"选项卡下的"单击"属性框右侧的组合框中选择"[事件过程]"如图 7-52 所示，单击 按钮→在模块代码编辑区中，编写命令按钮的单击事件过程对应的程序代码，如下：

```
Private Sub Command0_Click()
MsgBox ("显示当前日期时间为 " & Now())
End Sub
```

④ 按 Alt+F11 键返回数据库窗口，切换到窗体视图，单击窗体中的按钮，显示系统的日期时间，如图 7-53 所示。

图 7-52　命令按钮的"单击"事件属性设置　　　　　图 7-53　程序运行结果

⑤ 以"显示当前日期时间"为名保存窗体。

3）在"图书查询系统"数据库窗口，使用"创建 | 宏与代码 | 模块"→打开 VBE 窗口→单击"视图"下拉菜单中的"立即窗口"命令→在打开的立即窗口中输入"? 18"并按回车键，可看到结果显示在该命令行的下方。类似地，也可在立即窗口显示其他常量，如图 7-54 所示。

4）本题与上题的操作类似，在立即窗口输入"a=123.456 : b="xyz456""并按回车键，分别给变量 a 和 b 赋值，然后输入"? "a=", a"并按回车键，可看到结果显示在该命令的下方。类似地，可以在立即窗口显示其他常量，如图 7-55 所示。

5）本题与上面两题的操作类似。

6）先在立即窗口给变量 a、b、c 赋值，然后输出达式"(a+b) / ((1/ (c+5)) − (1/2*c*d))"的值。

7）先在立即窗口给变量 Money 赋值，然后输出表达式""二班班费："& Str（Money）&"元""的值。

8）大写字母 A 的 AscII 码为 65，Z 的 AscII 码为 90；可以使用 Rnd() 函数、Int() 函数和 Chr() 函数；要生成 [x，y] 范围内的随机整数，可以使用公式 Int $((y-x+1) *Rnd+x)$。

9）在立即窗口使用表达式"Val（InputBoxox（"请输入包裹重量："））"给变量 weight 随机赋值，然后使用"IIF（weight<=1，"12 元"，str（12+（weight-1）*10）&"元"）"输出任意重量的包裹的快递费。

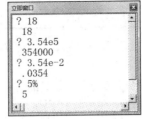
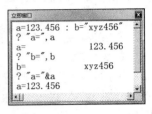

图 7-54　立即窗口显示常量　　图 7-55　立即窗口显示变量

10）在立即窗口使用表达式"Val（InputBoxox（"请输入三角形的一个边长:"））"分别给三角形的三条边 a、b、c 赋值。然后依据三角形的任意两条边长的和大于第三边，构造 IIF() 函数的参数，具体如下：

```
IIF((a+b)>c And (a+c)>b And (b+c)>a, True, False)
```

11）使用 Str() 和 Weekday() 函数，并注意 VBA 中认为星期日是一个星期的第一天。可以考虑在立即窗口使用的表达式中包含"Str(Weekday（出生日期）-1)"。

12）使用 Date()、Year()、Month() 和 Day() 函数，在立即窗口使用的参考表达式如下：

```
Year(Date()) & "年" & Month(Date()) & "月" & Day(Date()) & "日"
```

7.8.2　顺序与选择结构程序设计

【实验目的】

1. 掌握 VBA 程序语句的正确书写形式。
2. 掌握 If 条件语句的使用方法，能利用其解决简单的应用问题。
3. 掌握 Select Case 语句的使用方法，能利用其解决简单的应用问题。
4. 掌握 VBA 过程的创建方法，能够利用 VBA 过程解决简单的应用问题。

【实验内容】

1. 编写一个子过程，求半径为 R 的圆的面积和周长。
2. 请填空完成下面的代码，以随机产生一个三位数，然后按照逆序输出。

```
Public Sub Test72_2 ()
    Dim n, a, b, c, m As Integer
    n = Int(Rnd() * 900 + 100)    '[x,y]中随机生成的三位数为 int(Rnd*(y-x+1)+100)
    a = _____                     '求 n 的个位数
    b = n \ 10 Mod 10              '求 n 的十位数
    c = _____                     '求 n 的百位数
    m = a * 100 + b * 10 + c       'm 为 n 的逆序三位数
    Debug.Print n, m               '在立即窗口显示 n 和 m
End Sub
```

3. 编写一个子过程，从键盘输入 x 和 y 的两个值，然后比较它们的大小，使得 x 大于 y。
4. 编写一个个人收入调节税的子过程，假定税率如表 7-9 所示。

表 7-9 税率表

税率	0.2	0.15	0.1
收入	Money > 5000	5000 > Money > 1000	Money < 1000

5. 编写一个子过程，根据输入的分数，给出相应的等级。

【操作步骤 / 提示】

1）① 在"图书查询系统"数据库窗口的导航窗格中，
双击"模块 1"进入 VBE 窗口，在模块代码区域输入子过程
Test72_1 的代码。

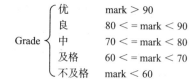

$$Grade \begin{cases} 优 & mark > 90 \\ 良 & 80 <= mark < 90 \\ 中 & 70 <= mark < 80 \\ 及格 & 60 <= mark < 70 \\ 不及格 & mark < 60 \end{cases}$$

```
Public Sub Test72_1()
    Const PI = 3.14159
    Dim r As Single, s As Single, c As Single
    r = Val(InputBox("请输入圆的半径: "))          '从键盘输入圆的半径
    s = PI * r ^ 2
    c = 2 * PI * r
    MsgBox ("圆的面积为: " & s & ";周长为: " & c)  '在消息框中显示圆的面积及周长
End Sub
```

② 把插入光标移到子过程体内，按 F5 键运行该过程，假设在输入框中输入 5，则在弹出
的消息框中显示相应的圆的面积和周长值。

2）求一个三位数的个位数，可以考虑其被 10 除的余数；求一个三位数的百位数，可以
考虑其被 100 整除的结果。

3）在"图书查询系统"数据库窗口的导航窗格中，双击"模块 1"进入 VBE 窗口，在
模块代码区域输入子过程 Test72_3 的代码。其中，过程体内包含的 If 语句可选下面两种方法
之一。

方法一：

```
If x<y Then
    t=x
    x=y
    y=t
End If
```

方法二：

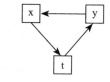
图 7-56 两个数的交换流程

```
If x<y Then t=x:x=y:y=t
```

当 x<y 为 True 时，变量 x 要与变量 y 交换，则要借助中间变量 t，如图 7-56 所示。

4）在"图书查询系统"数据库窗口的导航窗格中，双击"模块 1"进入 VBE 窗口，在模
块代码区域输入子过程 Test72_4 的代码。代码中可以使用的 If-ElseIf 语句如下：

```
If Money>5000 Then
    Tax = Money * 0.2      ' 变量 Tax 为应缴的税款
ElseIf Money > 1000 Then
        Tax = Money * 0.15
    Else
        Tax = Money * 0.1
End If
```

5）在"图书查询系统"数据库窗口的导航窗格中，双击"模块 1"进入 VBE 窗口，在模

块代码区域输入子过程 Test72_5 的代码。代码中有 3 个空格，请填空并调试。

```
Public Sub Test72_5()          '用多分支编写
    Dim mark As Integer
    Dim Grade As String
    mark = Val(InputBox("please input the mark:(0--100)"))
    Select Case _____
        Case Is >= 90
            Grade = "优"
        Case 80 To 89
            Grade = "良"
        Case 70 To 79
            Grade = "中"
        Case 60 To 69
            Grade = "及格"
        Case Else
        _____
    End Select
    MsgBox "输入成绩的等级是：" & _____
End Sub
```

7.8.3 循环结构程序设计

【实验目的】

1.掌握 For 循环、Do 循环结构的使用方法，能够利用它们解决简单的应用问题。

2.初步熟悉多重循环的使用方法，能够利用它们解决简单的应用问题。

3.初步熟悉数组的使用方法，并能利用数组解决简单的应用问题

【实验内容】

1.在立即窗口中，同一行输出字符串："1 2 3 4 5 6 7 8 end"的过程如下。

```
Public Sub Test73_1 ()
    Dim i As Integer
    For i = 1 To 8 Step 1
        Debug.Print i;      '在输出语句的尾部加分号可实现连续输出
    _____
    Debug.Print "end"
End Sub
```

过程中有一个空，请填空并上机验证。

2.求 6！的过程如下：

```
Public Sub Test73_2()
    Dim i As Integer, s As Integer
    s = 1                   '求阶乘的变量
    i = 1                   '循环变量赋初值
    Do While _____
        s = s * i
        i = _____
    Loop
    MsgBox "6!=" & s        '在循环体外输出结果
End Sub
```

过程中有两个空，请填空并上机验证。

3. 2005 年我国人口达到了 13 亿，按照现有人口年增长率千分之八计算，多少年后，我国人口会比 2005 年翻一番达到 26 亿。请编写过程进行计算并显示计算结果。

```
Public Sub Test73_3()
    Dim n%, x!
        x = 13                    ' 变量 x 表示人口数
        n = 0                     ' 变量 n 表示年数
        Do
            x = _____
            n = n + 1
        Loop Until _____
        MsgBox "再过" & n & "年，我国人口数达到：" & x & "亿"
End Sub
```

过程中有两个空，请填空并上机验证。

4. 从键盘输入 10 个数，求最大值的过程如下：

```
Public Sub Test73_4()
    Dim x(10) As Integer, i As Integer, t As Integer
        For i = 1 To 10    ' 步长为 1 可省去 Step 1，本循环给数组 x 的 10 个元素赋值
            x(i) = Val(InputBox("请输入第" & i & "个数，共 10 个数"))
        _____
        t = x(1)                  ' 给变量 t 赋初始值 x(1)
        For i = 2 To 10    ' 本循环结束时，变量 t 的值最大
            If x(i) > t Then
                _____
            End If
        Next i
        MsgBox ("最大值是" & t)
End Sub
```

过程中有两个空，请填空并上机验证。

5. 生成如图 7-57 所示对角矩阵的过程如下：

$$\begin{pmatrix} 1 & 2 & 3 & 4 & 5 \\ 1 & 1 & 6 & 7 & 8 \\ 1 & 1 & 1 & 9 & 10 \\ 1 & 1 & 1 & 1 & 11 \\ 1 & 1 & 1 & 1 & 1 \end{pmatrix}$$

图 7-57 矩阵

```
Public Sub Test73_5()
    Dim a(5, 5) As Integer, k As Integer
    k = 2
    For i = 0 To 4              ' 给数组 a 赋值
        For j = 0 To 4
            If j <= i Then
                a(i, j) = 1
            _____
                a(i, j) = k
                k = k + 1
            End If
        Next j
    Next i
    For i = 0 To 4             ' 输出数组 a 的值
        For j = 0 To 4
            Debug.Print a(i, j);      ' 语句结尾为分号，表示连续输出
```

```
        If j = 4 Then
            Debug.Print ""
        End If
        _____
    Next i
End Sub
```

过程中有两个空，请填空并上机验证。

【操作步骤 / 提示】

1）填空时考虑 For 循环语句的结构→在"图书查询系统"数据库窗口的导航窗格中双击"模块 1"→在模块代码区域建立子过程 Test73_1，完成填空并运行过程。

2）填空时①考虑 Do While 语句的循环条件，②考虑每循环一次，变量 i 的值增 1→在"图书查询系统"数据库窗口的导航窗格中双击"模块 1"→在模块代码区域建立子过程 Test73_2，完成填空并运行过程。

3）填空时①考虑每循环一次表示年数增 1 且相应人口数为上一年人口数的"1+0.008"倍，②考虑 Do……Loop Until 语句的循环条件是人口数不小于 26 亿→在"图书查询系统"数据库窗口的导航窗格中双击"模块 1"→在模块代码区域建立子过程 Test73_3，完成填空并运行过程。

4）填空时①考虑第一个 For 循环语句的结构，②考虑第二个 For 循环是从 i=2 ～ 10 共循环 9 次，每循环一次执行一次 if 语句，判断元素 x(i) 的值是否大于变量 t 的值，若大于，则用 x(i) 的值替换变量 t 的值→在"图书查询系统"数据库窗口的导航窗格中双击"模块 1"→在模块代码区域建立子过程 Test73_4，完成填空并运行过程。

5）填空时①考虑双分支语句的结构，②考虑两重循环的结构→在"图书查询系统"数据库窗口的导航窗格中双击"模块 1"→在模块代码区域建立子过程 Test73_5，完成填空并运行过程。

7.8.4　过程和函数调用与 VBA 数据库编程

【实验目的】

1. 掌握子过程与自定义函数的调用方法。

2. 掌握子过程与自定义函数中的参数传递方法。

3. 了解不同控件的不同属性的功能，学会设置控件，并熟悉使用窗体排列工具为窗体控件布局。

4. 了解利用 Connection、RecordSet 和 Field 对象的属性与方法。

【实验内容】

1. 读下面的过程调用程序，分析相应结果，要做到能理解、会解释，以此掌握变量按值传递和按地址传递的方法。

```
Public Sub Proc1(ByRef x%, ByRef y%)      'x 和 y 均为整型形参
    Dim c%                                 'c 为整型变量
    x = 2 * x: y = y + 3: c = x + y
End Sub
Public Sub Proc2(ByRef x%, ByVal y%)
    Dim c%
    x = 2 * x: y = y + 3: c = x + y
End Sub
```

```
Public Sub Test74_1 ()
    Dim a%, b%, c%
    a = 2: b = 4: c = 6
    Call Proc1(a, b)                    ' 调用过程 Proc1，已经赋值的变量 a 和 b 为实参
    Debug.Print "a=" & a & " b=" & b & " c=" & c
    Call Proc2(a, b)                    ' 调用过程 Proc2
    Debug.Print "a=" & a & " b=" & b & " c=" & c
End Sub
```

2. 求阶乘的函数 Factor 和调用 Factor 计算 $\sum_{n=1}^{10} n!$ 值的子过程 Test74_2 的代码如下：

```
Private Function Factor(n As Integer)
    Dim i As Integer, p As Long   ' 变量 i 为循环变量
    p = 1                         'p 赋初始值 1
    For i = 1 To n                ' 计算 n!
        _____
    Next i
    Factor = p                    ' 函数名在函数过程体内至少被赋值一次，这里赋的是 n! 值
End Function
Public Sub Test74_2()
Dim n As Integer, s As Long
For n = 1 To 10                   ' 计算 1! +2! +…+10!
    s = s + Factor(n)
Next n
MsgBox " 结果为: " & s
End Sub
```

自定义函数过程中有一个空，请填空并上机验证

3. 创建一个窗体，命名为"计时器窗体"，在窗体上添加一个标签控件，按照表 7-10 的属性值设置窗体及标签对象的属性，设置好属性后的窗体如图 7-58 所示，并实现一个由标签控件显示的数字时钟，时间参数取自系统时钟，其效果如图 7-59 所示。

表 7-10　窗体对象的属性值表

对象	属性	标示符	赋值
标签	名称	Name	Label1
	标题	Caption	数字时钟
	宽度	Width	8cm
	高度	Height	2cm
	字号	FontSize	48
	字体粗细	FontBold	加粗
	前景色	ForeColor	黑色
窗体	标题	Caption	计时器
	计时器间隔	TimerInterval	800

图 7-58　窗体设计图　　　　　　　　　　图 7-59　窗体运行效果

4. 在"图书查询系统"数据库中用 RecordSet 对象创建"读者信息表"记录集，向后移动记录，显示所有男读者的编号和姓名，并计算记录数。

5. 在"图书查询系统"数据库中用 Field 对象输出"读者信息表"记录集中的第一条记录"姓名"字段值。

【操作步骤 / 提示】

1）考虑带参数过程被调用时，按值传递和按地址传递的知识。

① 在过程的形参前面加 ByVal，说明参数的传递方式为按值传递，其含义是：在过程中另外开辟存储单元存放从实参传过来的值，一旦过程结束，过程中开辟的存储单元被释放，该单元数据的改变不保留。

② 在过程的形参前面添加 ByRef，说明参数的传递方式为按地址传递，其含义是：过程中的形参与主调方的实参指向同一个存储单元，在过程中对存储单元所做的修改，当过程结束后成为实参的当前值。

③ 注意变量的有效范围。

2）在"图书查询系统"数据库窗口的导航窗格中双击"模块 1"→在模块代码区域输入自定义函数 Factor 和子过程 Test74_2 的代码→填空时应考虑在计算机语言中如何实现 $1 \times 2 \times \cdots \times n$→完成填空并运行过程。

3）先创建窗体并在窗体主体节中添加标签控件，再设置窗体及标签的相关属性。

① 在"图书查询系统"数据库窗口，使用"创建 | 窗体设计"打开窗体设计视图，在主体节的适当位置添加一个标签控件并输入标题"数字时钟"，保存窗体并将其命名为"计时器窗体"。

② 在窗体设计视图右侧的属性表窗格"所选内容的类型"框中，单击下拉按钮，在弹出的下拉列表中依次选择"标签"和"窗体"，按照表 7-9 设置相应的属性→在窗体"事件"选项卡下的"计时器触发"属性框右侧的下拉列表中选择"[事件过程]"，单击 按钮→选择"代码生成器"，在 VBA 代码窗口中编辑事件代码，如下：

```
Private Sub Form_Timer()
    If Me.Label1.Caption <> Time() Then
        Me.Label1.Caption = Time()
    End If
End Sub
```

③ 按 Alt+F11 键返回窗体设计视图，并切换到"窗体视图"，观察窗体运行效果。

4）① 在 VBE 窗口"工具"下拉菜单中，单击"引用（R）…"→在打开的"引用"对话框中，选择"Microsoft Activex Data Object 2.1"复选框→单击"确定"按钮。

② 在"图书查询系统"数据库窗口的导航窗格中，双击"模块 1"进入 VBE 窗口，在模块代码区域输入过程 Test74_4 的代码。

```
Public Sub Test74_4()
    Dim cnn As New ADODB.Connection           '定义并实例化 Connection 对象 cnn
    Dim rs As New ADODB.RecordSet             '定义并实例化 RecordSet 对象 rs
    Set cnn = CurrentProject.Connection       '连接当前数据库
    cnn.cursorlocation = adUseClient          '要返回记录条数，则需使用客户端游标
        rs.Open "SELECT * FROM 读者信息表 ", cnn   '用 SQL 语句做记录源
    Debug.Print "读者共" & rs.RecordCount & "人"'显示全部的读者记录
    rs.Filter = "性别 ='男'"                    '过滤男读者
    Do Until rs.EOF
        Debug.Print rs("读者编号"), rs("姓名")   '输出读者编号和姓名
        rs.MoveNext                           '指针移到下一条记录
    Loop
    Debug.Print "男读者共有" & rs.RecordCount & "人"'显示男读者记录条数
    rs.Close                                  '关闭记录集
    cnn.Close                                 '关闭数据库连接
```

```
        Set rs = Nothing                        ' 收回记录集对象变量, 释放内存
        Set cnn = Nothing                       ' 收回数据库连接对象变量, 释放内存
    End Sub
```

运行该过程并观察立即窗口的显示结果。

5）在"图书查询系统"数据库窗口的导航窗格中，双击"模块 1"进入 VBE 窗口，在模块代码区域输入过程 Test74_5 的代码。

```
Public Sub Test74_5()
    Dim rs As New ADODB.RecordSet           ' 定义并实例化 RecordSet 对象 rs
    Dim fd As ADODB.Field                    ' 声明 Field 对象 fd
    rs.activeconnection = CurrentProject.Connection    ' 连接当前数据库
    rs.Open "SELECT * FROM 读者信息表 "        ' 用 Open 方法打开记录集
    Set fd = rs("姓名")                       ' 将 Field 对象 fd 指向 " 姓名 " 列
    Debug.Print fd.Value                     ' 在立即窗口输出第一条记录值
    rs.Close                                 ' 关闭记录集
    Set rs = Nothing                         ' 收回记录集对象变量, 释放内存
End Sub
```

运行该过程并观察立即窗口的显示结果。

7.9　思考练习与测试

一、思考题

1. VBA 的全称是什么？

2. 说明变量最常用的方法使用了哪种结构？

3. VBA 中变量的作用域分为 3 个层次，分别是什么？

4. VBA 的 3 种流程控制结构分别是什么？

5. VBA 错误处理语句结构有哪些？

6. 对于 Access 的窗体或报表事件，有哪两种方法来响应？

二、练习题

1. 选择题

（1）在 VBA 中定义符号常量可以使用关键字（　　　　）。

　　A. Const　　　　　B. Dim　　　　　　C. Public　　　　　　D. Static

（2）Sub 过程和 Function 过程最根本的区别是（　　　　）。

　　A. Sub 过程的过程名不能返回值，而 Function 过程能通过过程名返回值

　　B. Sub 过程可以使用 Call 语句或直接使用过程名语句，而 Function 过程不能

　　C. 两种过程的参数传递方式不同

　　D. Function 过程可以有参数，Sub 过程不能有参数

（3）定义了二维数组 A（2 to 5，5），则该数组的元素个数为（　　　　）。

　　A. 25　　　　　　B. 36　　　　　　　C. 20　　　　　　　D. 24

（4）已知程序段：

```
s=0
For i=1 to 10 step 2
    s=s+1
```

```
     i=i*2
  Next i
```

当循环结束后，变量 i 的值和变量 s 的值分别为（　　　）。

  A. 10，5   B. 11，4   C. 22，3   D. 16，6

（5）以下内容不属于 VBA 提供的数据验证函数是（　　　）。

  A. IsText   B. IsDate   C. IsNumeric   D. IsNull

（6）已定义好有参函数 f(m)，其中形参 m 是整型量。下面调用该函数，传递实参为 5，将返回的函数值赋给变量 t。以下正确的是（　　　）。

  A. t=f(m)   B. t=Call f(m)   C. t=f(5)   D. t=Call f(5)

（7）在设计有参函数时，要想实现某个参数的"双向"传递，就应当说明该形参为"传址"调用形式。其设置选项是（　　　）。

  A. ByVal   B. ByRef   C. Optional   D. ParamArray

（8）在 VBA 代码的调试过程中，能够显示在当前过程中所有变量声明及变量值信息的是（　　　）。

  A. 快速监视窗口   B. 监视窗口   C. 立即窗口   D. 本地窗口

（9）对 VBA 的逻辑值进行算术运算时，True 值被当作（　　　）。

  A. 0   B. -1   C. 1   D. 任意值

（10）在 VBA 中不能进行的错误处理的语句结构是（　　　）。

  A. On Error Then 标号   B. On Error GoTo 标号

  C. On Error Resume Next   D. On Error GoTo 0

（11）VBA 中用实际参数 a 和 b 调用有参过程 Area(m,n) 的正确形式是（　　　）。

  A. Area m,n   B. Area a,b   C. Call Area(m,n)   D. Call Area a,b

（12）下列关于宏和模块的叙述中，正确的是（　　　）。

  A. 模块是能够被程序调用的函数

  B. 通过定义宏可以选择或更新数据

  C. 宏或模块都不能是窗体或报表上的事件代码

  D. 宏可以是独立的数据库对象，也可以提供独立的操作动作

（13）在 VBA "定时"操作中，需要设置窗体的"计时器间隔（TimerInterval）"属性值。其计量单位是（　　　）。

  A. 微秒   B. 毫秒   C. 秒   D. 分钟

（14）InputBox 函数的返回值类型为（　　　）。

  A. 数值   B. 字符串

  C. 变体   D. 数字或字符串（视输入的数据而定）

（15）执行下面语句后，所弹出的信息框外观样式为（　　　）。

```
MsgBox "AAAA",vbOKCancel +vbQuestion,"BBBB"
```

A.   B.

C.

D.

（16）在 MsgBox（prompt，buttons，title，helpfile,context）函数调用形式中必须提供的参数是（　　）。

A. prompt　　　　　B. buttons　　　　　C. title　　　　　D. context

（17）有如下 VBA 代码，运行结束后，变量 n 的值是（　　）。

```
n=0
    For i=1 To 3
        For j=-4 To -1
            n=n+1
        Next j
    Next i
```

A. 0　　　　　　　B. 3　　　　　　　C. 4　　　　　　　D. 12

（18）假设有如下 Sub 过程：

```
Sub sfun(x As Single, y As Single)
    t =x
    x=t/y
    y=t Mod y
End Sub
```

在窗体中添加一个命令按钮（名为 Command1），并编写如下事件过程：

```
Private Sub Command1_Click()
    Dim a As Single
    Dim b As Single
    a=5 : b=4
    sfun a,b
    MsgBox a & chr(10) + chr(13) & b
End Sub
```

打开窗体运行后，单击命令按钮，消息框中有两行输出，内容分别为（　　）。

A. 1 和 1　　　　B. 1.25 和 1　　　　C. 1.25 和 4　　　　D. 5 和 4

（19）有如下 VBA 程序段

```
sum=0
n=0
For i=1 To 5
    x=n/i
    n=n+1
    sum=sum+x
Next i
```

以上 For 循环用于计算 sum，完成的表达式是（　　）。

A. 1+1/1+2/3+3/4+4/5   B. 1+1/2+1/3+1/4+1/5

C. 1/2+2/3+3/4+4/5   D. 1/2+1/3+1/4+1/5

（20）在窗体中有一个命令按钮 run16，对应的事件代码如下：

```
Private Sub run16_Enter()
    Dim num As Integer: Dim a As Integer
    Dim b As Integer: Dim i As Integer
    For i = 1 To 10
        num = Val(InputBox("请输入数据: ", "输入", 1))
        If Int(num / 2) = num / 2 Then
            a = a + 1
        Else
            b = b + 1
        End If
    Next i
    MsgBox ("运行结果: a=" & Str(a) & ",b=" & Str(b))
End Sub
```

运行以上事件，所完成的功能是（   ）。

A. 对输入的 10 个数据求累加和

B. 对输入的 10 个数据求各自的余数，然后再进行累加

C. 对于输入的 10 个数据，分别统计其有几个是整数，有几个是非整数

D. 对于输入的 10 个数据，分别统计其有几个是奇数，有几个是偶数

2. 填空题

（1）模块包含了一个声明区域和一个或多个子过程（以_____开头）或函数过程（以_____开头）。

（2）在模块的说明区域中，用_____关键字说明的变量是模块范围的变量；而用____或_____关键字说明的变量是属于全局范围的变量。

（3）要在程序或函数的实例间保留局部变量的值，可以用_____关键字代替 Dim。

（4）用户定义的数据类型可以用_____关键字来说明。

（5）VBA 中使用的 3 种选择函数是_____、_____和_____。

（6）VBA 提供了多个用于数据验证的函数。其中函数 IsDate 用于_____；函数_____用于判定输入数据是否为数值。

（7）对于 VBA 的有参过程定义，形参用_____说明，表明该形参为传值调用；形参用 ByRef 说明，表明该形参为_____。

（8）On Error GoTo 0 语句的含义是_____。

（9）On Error Resume Next 语句的含义是_____。

（10）在 VBA 语言中，函数 InputBox 的功能是_____；_____函数的功能是显示消息信息。

（11）在 VBA 中双精度的类型标识符是_____。

（12）在 VBA 中，分支结构根据_____选择执行不同的程序语句。

（13）VBA 的逻辑值在表达式当中进行算术运算时，True 值被当作_____、False_____值被当作来处理。

（14）在 VBA 编程中，要得到 [15,75] 上的随机整数可以用表达式_____。

（15）VBA 的"定时"操作功能是通过窗体的_____事件过程完成的。

（16）VBA 中打开窗体的命令语句是_____。

（17）窗体的计时器触发事件激发的时间间隔是通过_____属性来设置的。

（18）设有以下窗体单击事件过程：

```
Private Sub Form_Click()
    a=1
    For i=1 To 3
        Select Case i
            Case    1,3
                a=a+1
            Case    2,4
                a=a+2
        End Select
    Next    i
    MsgBox a
EndSub
```

打开窗体运行后，单击窗体，则消息框的输出内容是_____。

（19）在窗体中添加一个命令按钮（名为 Command1）和一个文本框（名为 Text1），编写事件代码如下：

```
Private Sub  Command1_Click()
    Dim a As Integer, y As Integer, z As Integer
    x=5:y=7:z=0
    Me!Text1=""
    Call    p1(x,y,z)
    Me!Text1=z
End Sub
Su b p1(a As Integer, y As Integer, z As Integer)
    c=a+b
End Sub
```

打开窗体后，单击命令按钮，文本框中显示的内容是_____。

（20）在下面 VBA 程序段运行时，内层循环的循环次数是_____。

```
For m=0    To    7    Step    3
    For    n=m-1 To    m+1
    Next n
Next m
```

三、测试题

1. 选择题

（1）Visual Basic 中的"启动对象"是指启动 Visual Basic 应用程序时，被自动加载并首次执行的对象。下列关于 Visual Basic "启动对象"的描述中，错误的是（　　　）。

　　A."启动对象"可以是指定的标准模块

　　B."启动对象"可以是指定的窗体

　　C."启动对象"可以是 SubMain 过程

　　D. 若没有经过设置，则默认的"启动对象"是第一个被创建的窗体

（2）在 Access 中，如果要处理具有复杂条件或循环结构的操作，则应该使用的对象是（　　）。

    A. 窗体　　　　　　　B. 宏　　　　　　　　C. 模块　　　　　　　D. 报表

（3）下面关于模块的说法中，正确的是（　　　）。

    A. 模块都是由 VBA 的语句段组成的集合

    B. 基本模块分为标准模块和类模块

    C. 在模块中可以执行宏，但是宏不能转换为模块

    D. 窗体模块和报表模块都是标准模块

（4）在 VBA 中双精度的类型标识是（　　　）。

    A. Integer　　　　　　B. Single　　　　　　C. Double　　　　　　D. String

（5）双精度浮点数的类型说明符是（　　　）。

    A. %　　　　　　　　B. #　　　　　　　　C. &　　　　　　　　D. @

（6）下列数据类型中，不属于 VBA 的是（　　　）。

    A. 变体型　　　　　　B. 指针型　　　　　　C. 长整型　　　　　　D. 布尔型

（7）以下变量名中合法的是（　　　）。

    A. x-2　　　　　　　　B. 12abcd　　　　　　C. sum_total　　　　　D. print

（8）下列可作为 VBA 变量名的是（　　　）。

    A. a&b　　　　　　　B. a?b　　　　　　　C. a_b2　　　　　　　D. Const

（9）下面变量定义中错误的是（　　　）。

    A. Public Mod As Integer　　　　　　　B. Static bure

    C. Dim ah As String*10　　　　　　　　D. Dim a!（1 To 5）

（10）为把圆周率的近似值 3.1415926 存放在变量 pi 中，应该把变量 pi 定义为（　　　）。

    A. Dim pi As Integer　　　　　　　　　B. Dim pi(9) As Integer

    C.. Dim pi As Single　　　　　　　　　D. Dim pi As Long

（11）语句 Dim Arr（-2 To 4）As Integer 所定义的数组的元素个数为（　　　）。

    A. 7 个　　　　　　　B. 6 个　　　　　　　C. 5 个　　　　　　　D. 4 个

（12）有如下语句序列

```
Dim a,b As Integer
    Print a
    Print b
```

执行以上语句序列，下列叙述错误的是（　　　）。

    A. 输出的 a 值是 0　　　　　　　　　　B. 输出的 b 值是 0

    C. a 是变体类型变量　　　　　　　　　D. b 是整型变量

（13）如果要定义一个窗体级变量，定义变量语句的位置应该是（　　　）。

    A. 在使用该变量的过程中　　　　　　　B. 在该窗体模块所有过程的前面

    C. 在该窗体模块所有过程的后面　　　　D. 在某个标准模块中

（14）以下能对正实数 d 的第三位小数做四舍五入的表达式是（　　　）。

    A. 0.01*Int（d+0.005）　　　　　　　　B. 0.01*Int（100*（d+0.005））

    C. 0.01*Int（100*（d+0.05））　　　　　D. 0.01*Int（d+0.05）

（15）用于获得字符串 S 从第 3 个字符开始的两个字符的函数是（　　　）。

  A. Mid（S，3，2）   B. Middle（S，3，2）

  C. Left（S，3，2）   D. Right（S，3，2）

（16）表达式 1+3\2>1 or 6 Mod 4<3 And Not 1 的运算结果是（　　）。

  A. -1   B. 0   C. 1   D. 其他

（17）可以计算当前日期所处年份的表达式是（　　）。

  A. Day（Date）   B. Year（Date）

  C. Year（Day（Date））   D. Day（Year（Date））

（18）如有下面语句：

```
S=Int(100*Rnd)
```

执行完毕后，s 的值是（　　）。

  A. [0，99] 的随机整数   B. [0，100] 的随机整数

  C. [1，99] 的随机整数   D. [1，100] 的随机整数

（19）设变量 x 是一个整型变量，如果 Sng(x) 的值为 1，则 x 的值是（　　）。

  A. 1.5   B. 大于 0 的整数 C. 0   D. 小于 0 的整数

（20）表达式 10 Mod 2 的值为（　　）。

  A. 0   B. 1   C. 2   D. 5

（21）执行下列语句段后 y 的值为（　　）。

```
x=3.14
Y=Len(str(x)+Space(6))
```

  A. 5   B. 9   C. 10   D. 11

（22）下列关于标准函数的说法，正确的是（　　）。

  A. Rnd 函数用来获得 0～9 之间的双精度随机数

  B. Int 函数和 Fix 函数的参数相同，则返回值就相同

  C. Str 函数用来把纯数字型的字符串转换为数字型

  D. Chr 函数用于返回 ASCII 码对应的字符

（23）以下叙述中错误的是（　　）。

  A. 续行符与它前面的字符之间至少有一个空格

  B. Visual Basic 中使用的续行符为下划线 "_"

  C. Visual Basic 可以自动对输入的内容进行语法检查

  D. 以撇号开头的注释语句可以放在续行符的后面

（24）以下程序运行后，消息框的输出结果是（　　）。

```
A=8 : b=18 : c=a<b
MsgBox c+1
```

  A. -1   B. 0   C. 1   D. 2

（25）在 VBA 代码调试过程中，能够动态了解变量和表达式变化情况的是（　　）。

  A. 本地窗口 B. 立即窗口   C. 监视窗口   D. 快速监视窗口

（26）编写如下过程：

```
Private Sub Test1()
    Dim a As  Integer, x As  Integer
```

```
    a=65
    If a<60 then x=1
    If a<70 then x=2
    If a<80 then x=3
    If a<90 then x=4
    MsgBox x
End Sub
```

程序运行后，消息框的输出结果是（　　　）。

　　A. 1　　　　　　　　B. 2　　　　　　　　C. 3　　　　　　　　D. 4

（27）Select Case 语句结构运行时，首先计算（　　　）的值。

　　A. 表达式　　　　　B. 执行语句　　　　C. 条件　　　　　　D. 参数

（28）编写如下过程的 VBA 代码：

```
Private Sub test2()
    Dim m As Integer, n    As Integer
    m = 2: n = 1
    Select Case m
        Case 1
            Select Case n
                Case 1
                    Debug.Print "AAA"
                Case 2
                    Debug.Print "BBB"
            End Select
        Case 2
        Debug.Print "CCC"
    End Select
End Sub
```

该过程执行结束后，结果是（　　　）。

　　A. AAA　　　　　　B. BBB　　　　　　C. CCC　　　　　　D. 1

（29）VBA 支持的循环语句结构不包括（　　　）。

　　A. Do…Loop　　　B. While…Wend　　C. For…Next　　　　D. Do…While

（30）下列描述中，符合结构化程序设计风格的是（　　　）。

　　A. 模块只有一个入口，可以有多个出口

　　B. 注重提高程序的存储效率

　　C. 使用顺序、选择和循环三种基本控制结构

　　D. 使用 Goto 语句跳转

（31）下列循环中，可以正常结束的是（　　　）。

```
A. i=10
   Do
   i=i+1
   Loop Until i<1
B. i=1
   Do
   i=i+1
   Loop Until i=10
```

C. i=10
```
Do
i=i+1
Loop While i>1
```
D. i=10
```
Do
i=i-2
Loop Until i=1
```

（32）编写如下过程的 VBA 代码：

```
Private Sub test3 ()
    Dim x As Integer,y As Integer
    x=1: y=1
    Do
        y=x*y
        If y>10 Then
            Debug.Print x,y
            Exit Do
        Else
            x=x+3
        End If
    Loop While x<=10
End Sub
```

执行该过程，实际执行的循环次数为（   ）

    A. 0   B. 2   C. 3   D. 4

（33）编写以下过程的 VBA 代码：

```
Private Sub test4 ()
    n = 0
    For i = 1 To 4
        For j = 3 To -1 Step -1
            n = n + 1
        Next j
    Next i
    MsgBox n
End Sub
```

执行该过程，消息框的输出结果是（   ）。

    A. 12   B. 15   C. 16   D. 20

（34）编写以下过程的 VBA 代码：

```
Private Sub Test5()
    For i = 1 To 3
        x = 4
        For j = 1 To 4
            x = 3
            For k = 1 To 2
                x = x + 5
            Next k
        Next j
```

```
    Next i
    MsgBox x
End Sub
```

执行该过程，消息框的输出结果是（　　　）。

    A. 7   B. 8   C. 9   D. 13

（35）VBA 中用实际参数 m 和 n 调用过程 f(a,b) 的正确形式是（　　　）。

    A. f a, b   B. Call f(a, b)   C. Call f(m, n)   D. Call f m, n

（36）有下面过程的 VBA 代码：

```
Private Sub test6 ()
    Dim x As Integer, s As Integer
    x = 1: s = 0
    For k = 1 To 3
        x = x + 1
        proc  x
        s = s + x
    Next k
    MsgBox s
End Sub
Private Sub proc(ByVal a As Integer)
    Static x As Integer
    x = x + 1
    a = a + x
End Sub
```

执行该过程，消息框的输出结果是（　　　）。

    A. 6   B. 9   C. 15   D. 19

注意　若将过程 proc 中的参数改为按址传递，则结果是什么？请思考。

（37）窗体上有一个名称为 Command1 的命令按钮，其单击事件过程及相关代码如下：

```
Private  Sub Command1_Click()
    Dim x As Integer, y As Integer
    x=Val(InputBox(" 输入整数 "))
    y=Val(InputBox(" 输入整数 "))
    Debug.Print Str(fun(x,y)+x+y)
End Sub
Private Function fun(ByRef  m As Integer, ByVal n As Integer)
    m=m*m
    n=n+n
    fun=m+n
End Function
```

运行该程序，单击命令按钮时，出现输入对话框，分别输入 3、5，则窗体上显示的是（　　　）。

    A. 27   B. 28   C. 33   D. 38

（38）为了暂时关闭计时器，应把它的一个属性设置为 False，这个属性是（　　　）。

    A. Visible   B. Timer   C. Enabled   D. Interval

（39）窗体上有一个名为 Label1 的标签；一个名为 Timed 的计时器。其 Enabled 和 Interval 属性分别为 True 和 1000，编写如下程序：

```
Dim n As Integer
Private Sub Timer1_Timer()
    ch=Chr(n+Asc("A"))
    Label1.Caption=ch
    n=n+1
    n=n Mod 4
End Sub
```

运行该程序，在标签中将（   ）。

    A. 不停地依次显示字符"A"、"B"、"C"、"D"，直至窗体被关闭

    B. 依次显示"A"、"B"、"C"、"D"各一次

    C. 每隔一秒显示字符"A"一次

    D. 每隔一秒显示 26 个英文字母中的一个

（40）在表单中，"Caption"是对象的（   ）。

    A. 标题属性　　　　B. 名称属性　　　　C. 背景透明属性　　　D. 字体尺寸属性

（41）在 VBA 中打开 student 表的语句是（   ）。

    A. DoCmd.OpenForm "student"　　　　　B. DoCmd.OpenQuery "student"

    C. DoCmd.OpenTable "student"　　　　　D. DoCmd.OpenReport "student"

（42）不属于 VBA 提供的数据访问接口的是（   ）。

    A. ADO　　　　　　B. ODBC　　　　　　C. ACE　　　　　　D. DAO

（43）DAO 的含义是（   ）。

    A. 开放数据库互联应用编程接口　　　B. Active 数据对象

    C. 动态链接库　　　　　　　　　　　D. 数据访问对象

（44）下列对象不属于 ADO 对象模型的是（   ）。

    A. Connection　　　B. Workspace　　　C. Recordset　　　D. Command

第8章 Access VBA 数据库编程综合实例

本章通过一个数据库编程综合应用实例，将前面所学习的建立数据库的表、查询、窗体、报表、宏、模块，特别是第7章涉及的 VBA 数据库编程技术有机地结合起来，构建一个完整的 Access 数据库应用系统——学生学籍管理系统。

8.1 总体设计

在使用 Access 2010 建立数据库的表、窗体和其他对象之前，设计数据库是很重要的。合理的设计是创建能够有效、准确、及时地完成所需功能的数据库的基础。没有好的设计，数据库不但在查询方面效率低下而且也较难维护。

在进行数据库设计之前必须弄清楚这个系统需要实现什么样的功能，然后再细化到数据库各个组件的设计上。一般来说，设计的过程如图 8-1 所示。

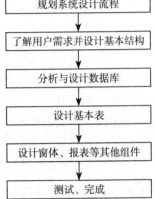

图 8-1　数据库设计过程

8.1.1 需求分析

在开始设计数据库之前，需要确定数据的目的以及如何使用，尽量多了解一些有关数据库的设计要求，弄清用户需要从数据库中得到什么样的信息。

（1）设计数据库的主要步骤
- ❏ 确定数据库中需要的表。
- ❏ 确定该表中需要的字段、字段的数据类型、完整性约束条件、字段大小等。
- ❏ 明确能唯一确定每条记录的主键。
- ❏ 输入数据，创建其他的数据库对象。

要实现上述目标，最好的方法是与要使用数据的人员进行交流，集体讨论需要解决的问题，并描述所要的需求，与此同时，收集当前用于记录数据的表格，然后参考某些已设计好的且与当前要设计的数据库相似的数据库。

（2）创建数据库时要做的准备
- ❏ 数据库必须能够管理用户期望的输入、输出所必需具备的信息。
- ❏ 不在数据库中保存不必要的信息。
- ❏ 弄清楚数据库应该为用户所做的操作和应该解决的问题。
- ❏ 要明确用户通过什么样的界面来操作数据库中的数据。

（3）数据库用户的分类
在设计好数据库之后，所面对的是使用该数据库的用户，不同的用户对同一个数据库会有不同的使用，因此明确谁将使用该数据库是很重要的。通常数据库的用户分为以下3种情况：
- ❏ 将数据添加到数据库中。
- ❏ 编辑、操作和整理输出数据库中的数据。
- ❏ 查询数据库中的数据。

从设计者的角度来看，应该按照不同用户的要求，有针对性地设计数据库的表、查询、窗体、报表和模块。

8.1.2 数据库设计原则

一个好的数据库必须在开发时，使数据库的结构满足一定的条件和原则。简化一个数据库结构的过程被称为"数据标准化"。标准化数据库的设计原则如下：

- ❑ 减少数据的冗余和不一致性：如果数据库存在冗余和不一致性的问题，用户每次向数据库中输入数据时，都有可能发生错误。例如，在"学生学籍管理"系统中，如果多个不同的表中都包含有学生姓名的输入，那么用户在进行多次输入时，就有可能发生错误。
- ❑ 简化数据检索：数据库中已保存的信息必须能够根据需要快速地显示出来，否则，使用计算机自动化的数据库系统将没有任何意义。
- ❑ 保证数据的安全：数据库中的数据必须具有一定的安全性，输入数据库中的数据在输出显示时，必须对应地显示原有的数据。
- ❑ 维护数据的方便性：在每次更新或者删除数据库中的数据时，都必须对数据库中所有与此数据相关的地方做出改变，并且在设计数据库时，要考虑到数据的修改，同时最好在尽量少的操作步骤中完成。

8.2 学生学籍管理系统的设计

8.2.1 系统分析

根据"学生学籍管理系统"现状进行分析，"学生学籍管理系统"要能处理大量的数据并且要能及时准确地提供学生的信息，以供管理者方便、合理地管理学生，完善学校的各项工作任务。

根据"学生学籍管理系统"的业务流程和要求，"学生学籍管理系统"的流程图如图 8-2 所示。

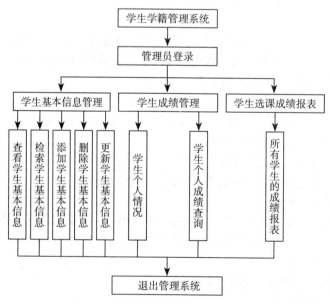

图 8-2 "学生学籍管理系统"的流程图

8.2.2 系统设计

完成了"学生学籍管理系统"的分析，确定了"学生学籍管理系统"的数据流程和功能后，就可以进行系统设计了。该设计主要包括数据库数据表设计和数据表之间的关系设计。

1. 数据表设计

分析"学生学籍管理系统"，发现该系统处理的数据所涉及的表有"管理员表"、"自定义学生表"、"自定义教师表"、"自定义课程表"、"自定义选课成绩表"、"个人成绩"。

1）"管理员表"比较简单，字段只有"账号"和"密码"，数据类型均为"文本"，以"账号"为主键，表的结构如表 8-1 所示。

表 8-1　管理员表

字段名称	字段类型	长度	备注
账号	文本	6	主键
密码	文本	6	

2）"自定义学生表"以"学生编号"为主键，表的结构如表 8-2 所示。

表 8-2　自定义学生表

字段名称	字段类型	长度	备注	字段名称	字段类型	长度	备注
学生编号	文本	10	主键	入校日期	日期时间	短日期	
姓名	文本	5		团员否	逻辑		
性别	文本	1		简历	备注		
年龄	数字	字节		照片	文本	255	存放照片文件地址

3）"自定义教师表"以"教师编号"为主键，表的结构如表 8-3 所示。

表 8-3　自定义教师表

字段名称	字段类型	长度	备注	字段名称	字段类型	长度	备注
教师编号	文本	8	主键	学历	文本	5	
姓名	文本	4		职称	文本	5	
性别	逻辑			系别	文本	2	
工作时间	日期时间	短日期		电话号码	文本	16	
政治面貌	文本	2		个人信息	附件		

4）"自定义课程表"以"课程编号"为主键，表的结构如表 8-4 所示。

表 8-4　自定义课程表

字段名称	字段类型	长度	备注	字段名称	字段类型	长度	备注
课程编号	文本	5	主键	课程类别	文本	2	
课程名称	文本	12		学分	数字	小数	

5）"自定义选课成绩表"以"学生编号"、"课程编号"的组合为主键，"学生编号"、"课程编号"分别为其外键，表的结构如表 8-5 所示。

表 8-5　自定义选课成绩表

字段名称	字段类型	长度	备注
学生编号	文本	10	组合为主键
课程编号	文本	5	
平时成绩	数字	小数	
考试成绩	数字	小数	
总评成绩	计算		=[平时成绩]*0.3+[考试成绩]*0.7

6）"个人成绩"不设置主键，表的结构如表 8-6 所示。

表 8-6 个人成绩

字段名称	字段类型	长度	备注	字段名称	字段类型	长度	备注
学生编号	文本	10		学分	数字	小数	
姓名	文本	5		成绩	数字	整型	

2. 数据表之间的关系设计

"自定义课程表""自定义选课成绩表"和"自定义学生表"之间的关系如图 8-3 所示。

编辑两个相邻表之间的关系对话框如图 8-4 所示。在对话框中勾选"实施参照完整性" "级联更新相关字段"和"级联删除相关记录"复选框。

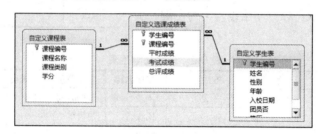

图 8-3 数据表之间的关系

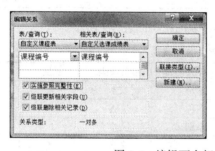 

图 8-4 编辑两个相邻数据表之间的关系

8.3 学生学籍管理系统实例制作

基于前面所完成的数据库设计和功能划分，就可以对"学生学籍管理系统"实例中的各个功能模块进行详细的设计和实现了。

8.3.1 创建新数据库

启动 Access 2010，在"文件"选项卡的左侧窗格中，单击"新建"命令，在右侧窗格中单击"空数据库"选项。

单击右侧窗格下方"文件名"框后面的"浏览"按钮，打开"文件新建数据库"对话框，在该对话框的"文件名"框中输入文件名"学生学籍管理系统"，设置保存位置，关闭该对话框后返回，如图 8-5 所示。然后单击"创建"按钮，Access 系统将创建新数据库"学生学籍管理系统"并进入该数据库

图 8-5 新建数据库

的操作界面，如图 8-6 所示。

至此，"学生学籍管理系统 .accdb"空数据库创建完成。

图 8-6 所创建的"学生学籍管理系统"数据库

8.3.2 创建数据表

根据实例设计，实例系统共需 6 个表，表的结构在前面已经介绍了，按照表的结构设计来创建表。对于所创建的表，在"数据表视图"下输入表的记录数据。

1）创建"自定义学生表"。

① 在"创建"选项卡下，单击"表"，打开数据库表的设计视图，在"字段名称"列输入字段的名称"学生编号"；在"数据类型"列设置字段相应的数据类型为"文本"，并设置为主键；在"说明"列可做适当注释。其余字段的设置不再赘述，如图 8-7 所示。单击快速访问工具栏上的"保存"按钮，以"自定义学生表"命名保存。

图 8-7 创建"自定义学生表"的设计视图

② 在表的"数据表视图"中输入"自定义学生表"的记录数据，如图 8-8 所示。

学生编号	姓名	性别	年龄	入校日期	团员否	简历	照片
2010100101	吴一荻	男	21	2010/9/1		山东济南	C:\Users\Administrator\Desktop\bmp图片\1.jpg
2010100102	许馨蕊	女	25	2010/9/1	✔	北京海淀	C:\Users\Administrator\Desktop\bmp图片\2.jpg
2010100103	石欢	男	20	2010/9/1	✔	天津和平	C:\Users\Administrator\Desktop\bmp图片\3.bmp
2010100104	刘枫鸿	女	23	2010/9/1		天津河西	C:\Users\Administrator\Desktop\bmp图片\4.bmp
2010100110	王石磊	男	30	2015/9/9		天津河北	C:\Users\Administrator\Desktop\bmp图片\5.bmp
2010100201	姜帝杉	男	25	2010/9/1		山东泰安	C:\Users\Administrator\Desktop\bmp图片\5.bmp
2010100202	张圆	女	23	2010/9/1	✔	山东曲阜	C:\Users\Administrator\Desktop\bmp图片\6.bmp
2010100203	王一涵	男	24	2010/9/1	✔	天津西青	C:\Users\Administrator\Desktop\bmp图片\7.bmp
2010100204	王跃	女	26	2010/9/1		天津西东	C:\Users\Administrator\Desktop\bmp图片\8.bmp
2011100101	杨楠	男	19	2011/9/1		江西九江	C:\Users\Administrator\Desktop\bmp图片\9.bmp
2011100102	原靖越	女	20	2011/9/1		北京顺义	C:\Users\Administrator\Desktop\bmp图片\10.bmp
2011100103	袁瑞仪	男	22	2011/9/1	✔	福建厦门	C:\Users\Administrator\Desktop\bmp图片\11.bmp
2011100104	刘梦钰	女	22	2010/9/1		山东济宁	C:\Users\Administrator\Desktop\bmp图片\12.bmp
2011100105	尹树景	男	23	2011/9/1	✔	天津南开	C:\Users\Administrator\Desktop\bmp图片\13.bmp
2011100201	王健尧	女	22	2011/9/1	✔	山东青岛	C:\Users\Administrator\Desktop\bmp图片\14.bmp
2011100202	王春阳	男	20	2011/9/1		北京西城	C:\Users\Administrator\Desktop\bmp图片\15.bmp

记录：第1项(共16项)　无筛选器　搜索

图 8-8 "自定义学生表"的记录数据

仿照上面的操作，分别创建其余 5 个数据库表的结构并输入相应的记录数据。

2）"管理员表"的记录数据如图 8-9 所示。

3）"自定义课程表"的记录数据如图 8-10 所示。

4）"自定义教师表"的记录数据如图 8-11 所示。

5）"自定义选课成绩表"的记录数据如图 8-12 所示。

图 8-9　"管理员表"的记录数据

账号	密码	单击以添加
admin	admin	
konglz	konglz	

记录: 第1项(共2项) 无筛选器 搜索

图 8-10　"自定义课程表"的记录数据

课程编号	课程名称	课程类别	学分	单击以添加
101	英语	必修	5	
102	计算机	选修	4	
103	高等数学	必修	6	
104	物理	选修	2	
105	体育	必须	3	

记录: 第1项(共5项) 无筛选器 搜索

教师编号	姓名	性别	工作时间	政治面貌	学历	职称	系别	电话号码
99010	王利华	✓	1957/10/19	党员	本科	教授	软件	(010)11111110
99011	黄和中	□	1957/9/18	群众	硕士	副教授	软件	(010)11111111
99012	王进	✓	1969/6/25	党员	博士	教授	软件	(010)11111112
99013	扬阳	□	1992/8/18	党员	博士	讲师	经济	(010)11111113
99014	高俊	✓	1969/6/25	群众	本科	讲师	经济	(010)11111114
99015	李丹	□	1990/6/18	团员	硕士	助教	经济	(010)11111115
99016	王霞	□	1990/6/18	群众	博士	副教授	经济	(010)11111116
99017	周晓明	□	1957/9/18	党员	博士	副教授	数学	(010)11111117
99018	张乐	✓	2015/4/15	党员	博士	助教	数学	(010)11111118
99019	赵爽	□	1990/5/6	群众	硕士	副教授	数学	(010)11111119
99020	王霞	✓	1980/6/18	群众	博士	教授	数学	(010)11111120
99021	李艳	□	1990/6/18	党员	大学本科	讲师	数学	(010)11111121

记录: 第1项(共12项) 无筛选器 搜索

图 8-11　"自定义教师表"的记录数据

学生编号	课程编号	平时成绩	考试成绩	总评成绩
2010100101	101	50	60	57
2010100101	102	60	80	74
2010100101	103	70	80	77
2010100102	103	80	80	80
2010100102	104	80	90	87
2010100102	105	90	100	97
2010100103	101	80	80	80
2010100103	102	90	90	90
2010100104	103	50	10	22
2010100201	104	50	40	43
2010100201	105	90	100	97
2010100202	101	60	60	60
2010100202	105	80	90	87
2010100203	103	10	20	17
2010100203	104	90	90	90

学生编号	课程编号	平时成绩	考试成绩	总评成绩
2010100204	101	80	100	94
2010100204	105	50	50	50
2011100101	103	97	99	98
2011100101	104	25	32	30
2011100102	102	60	50	53
2011100102	103	80	80	80
2011100103	104	90	90	90
2011100104	101	50	50	50
2011100104	102	80	80	80
2011100105	103	90	90	90
2011100105	104	90	90	90
2011100201	101	40	40	40
2011100201	105	50	50	50
2011100202	102	10	90	66
2011100202	103	50	100	85

图 8-12　"自定义选课成绩表"的记录数据

6）"个人成绩"表的记录数据如图 8-13 所示。

学生编号	姓名	课程名称	学分	成绩
2010100101	吴一获	英语	5	57
2010100101	吴一获	计算机	4	74
2010100101	吴一获	高等数学	6	77

图 8-13　"个人成绩"表的记录数据

表
- 个人成绩
- 管理员表
- 自定义教师表
- 自定义课程表
- 自定义选课成绩表
- 自定义学生表

图 8-14　数据库中的所有表

这样就初步完成了表的设计和表的记录数据输入，在"学生学籍管理系统"数据库窗口内的"表"对象列表中，列出了所有已创建的数据表，如图 8-14 所示。

8.3.3　创建"登录窗体"

本模块内容太多，具体细节这里不再赘述，只说明一下每个部分的关键步骤。

1）在"学生学籍管理系统"数据库窗口的"创建"选项卡下，单击"窗体设计"按钮，打开窗体的设计视图，如图 8-15 所示。

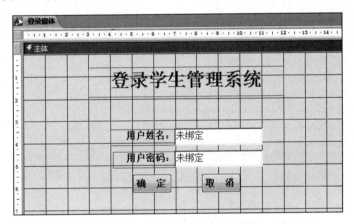

图 8-15　所创建窗体的设计视图

2）在"窗体设计工具 / 设计"选项卡下，选择相应的控件，并拖曳到"登录窗体"的主体节中，效果如图 8-16 所示。

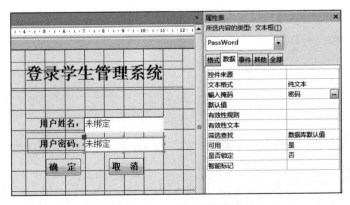

图 8-16　"登录窗体"设计效果

3）选择"用户密码"对应的文本框，在"属性表窗格"的"其他"选项卡下，将"名称"属性设置为"PassWord"。为了在用户进行输入的时候以密码形式显示，在"PassWord"对应的"数据"选项卡下，将"输入掩码"属性设置为"密码"类型，如图 8-17 所示。

图 8-17　PassWord 的格式设置

4）在标题为"确定"的按钮控件所对应的"属性表"窗格内，在"事件"选项卡下的"单击"属性组合框中选择 [事件过程]，然后单击组合框右侧的"生成器"按钮，打开"代码生成器"窗口，如图 8-18 所示。

5）"单击"事件的代码如下：

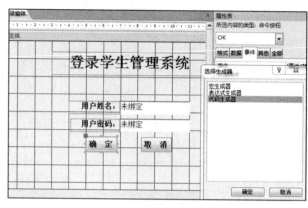

图 8-18　确定按钮单击事件

```
Private Sub OK_Click()
    On Error GoTo Err_OK_Click
    Dim str As String
    Set rs = New ADODB.Recordset
    logname = Trim(Me.UserName)
    pwd = Trim(Me.PassWord)
        If IsNull(logname) Then
        DoCmd.Beep
        MsgBox ("请输入用户名称！")
        ElseIf IsNull(pwd) Then
        DoCmd.Beep
        MsgBox ("请输入密码！")
        Else
str = "select * from 管理员表 where 账号 = '" & logname & "' and 密码 ='" & pwd & "'"
rs.Open str, CurrentProject.AccessConnection, adOpenKeyset
    If rs.EOF Then
        DoCmd.Beep
        MsgBox ("没有这个用户，请重新输入！")
        Me.UserName = ""
        Me.PassWord = ""
        Me.UserName.SetFocus
        Exit Sub

    Else
        DoCmd.Close
        MsgBox ("欢迎使用学生管理系统！")
        check = True                        '设置登录标志
        DoCmd.OpenForm ("学生管理主窗体")
    End If
End If
    Set rs = Nothing
    Set conn = Nothing
Exit_OK_Click:
    Exit Sub
Err_OK_Click:
    MsgBox (Err.Description)
    Resume Exit_OK_Click
End Sub
```

在代码生成器窗口，确保输入正确的代码，按 Alt+F11 键，返回窗体设计视图。

6）验证效果。

切换到"登录窗体"的"窗体视图"，输入用户的姓名和密码，单击"确定"按钮。如果输入错误，则效果如图 8-19 所示；如果输入正确，则效果如图 8-20 所示。

图 8-19　登录错误的效果

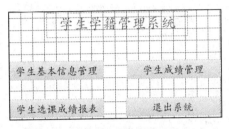

图 8-20　登录正确的效果

8.3.4　创建"学生管理主窗体"

本模块内容太多，具体细节这里不再赘述，只说明一下每个部分的关键步骤。

1）在"学生学籍管理系统"数据库窗口，使用"窗体设计"按钮，创建学生管理主窗体，在主体节中，添加相应控件，并设置相应的属性，效果如图8-21所示。

图 8-21　学生管理主窗体设计视图

2）设计每个"按钮"的"单击事件"，这里的4个按钮统一使用"宏生成器"响应。

打开属性表窗格，在该窗格的"所选内容的类型"组合框中，依次选择每个按钮，在相应的"事件"选项卡的"单击"属性组合框中选择或输入"[嵌入的宏]"，单击"生成器"按钮，在打开的宏生成器窗口，创建相应的"单击事件"宏，如图8-22所示。

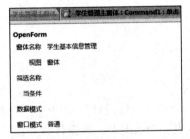

图 8-22　学生管理主窗体"单击事件"宏的设计窗口

8.3.5　创建"学生基本信息管理"窗体

本模块内容太多，具体细节这里不再赘述，只说明一下每个部分的关键步骤。

1）在"学生学籍管理系统"数据库窗口，使用"窗体设计"按钮，创建"学生基本信息管理"窗体，在主体节中，添加相应控件，并设置相应的属性，效果如图8-23所示。

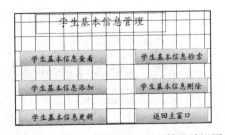

图 8-23　"学生基本信息管理"窗体设计视图

2）设计每个"按钮"的"单击事件"，这里的6个按钮统一使用"事件过程"响应。

打开属性表窗格，在该窗格的"所选内容的类型"组合框中，依次选择每个按钮，在相应的"事件"选项卡的"单击"属性组合框中选择"事件过程"并单击"生成器"按钮，输入对应的 VBA 代码：

```
Private Sub Command0_Click()
DoCmd.OpenForm "学生基本信息添加"
DoCmd.MoveSize 4700, 2150, 5600, 3600
End Sub

Private Sub Command1_Click()
DoCmd.OpenForm "学生基本信息检索"
End Sub

Private Sub Command2_Click()
DoCmd.OpenForm "学生基本信息查看"
End Sub

Private Sub Command3_Click()
DoCmd.OpenForm "学生基本信息删除"
End Sub

Private Sub Command5_Click()
DoCmd.OpenForm "学生管理主窗体"
End Sub

Private Sub Command6_Click()
DoCmd.OpenForm "学生基本信息更新"
End Sub
```

8.3.6 创建"学生基本信息查看"窗体

1）在"学生学籍管理系统"数据库窗口，使用"窗体设计"按钮创建"学生基本信息查看"窗体，本窗体比较简单，以"自定义学生表"为数据源。在窗体设计窗口中，添加相应控件，并设置相应的属性。需要注意的是"自定义学生表"中的"照片"字段为"文本"型，如果设置成"OLE 对象"型的话，随着数据量的增大，数据库文件会越来越多，系统会经常崩溃。而"照片"字段只存储每张照片对应的绝对路径，这样会节省很大空间。

2）为了显示学生照片，在"照片"标签下面添加"图像"控件，虽然不用给用户看照片路径，但为了使"图像"控件显示对应的"照片"，还是需要把"字段列表"下的"照片"添加进去，只不过把它的属性设置成"不可见"，同时把"图像"控件的数据源设置成"照片"字段，这种方法的巧妙之处在于将"文本"型的照片"显示"成"图像"。其设计视图如图 8-24 所示。

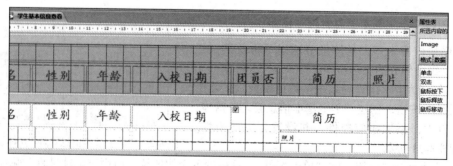

图 8-24 照片属性设置

3）对于其他字段，只需要把相应的数据源选上就可以了，不再赘述。其效果如图 8-25 所示。

图 8-25　"学生基本信息查看"窗体效果图

8.3.7　创建"学生基本信息检索"窗体

本窗体的设计是比较复杂的，纯粹是用 VBA 数据库编程技术实现的，其功能有：全部显示、检索显示、清空记录和检索条件、返回主页。其中"检索显示"可以按照"学生编号"、"性别"、"姓名"、"入校日期"（年份）、"年龄"、"团员否"字段之一或者任意组合的多条件进行精确检索。

1）窗体设计视图如图 8-26 所示。

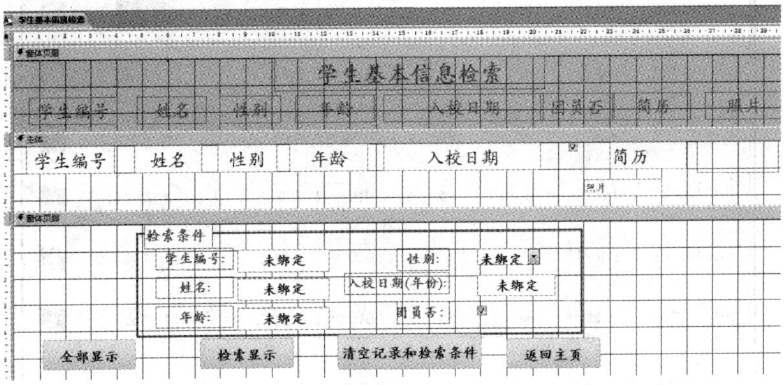

图 8-26　"学生基本信息检索"窗体设计视图

其中，主体节里的文本框均是与"自定义学生表"绑定的，但是载入窗体的时候不显示任何数据，其代码如下：

```
Private Sub Form_Load()
Me.RecordSource = "select * from 自定义学生表 where 学生编号 =''"
End Sub
```

其效果如图 8-27 所示。
单击"全部显示"后，则显示所有学生的信息，其代码如下：

```
Private Sub SearchAll_Click()
Me.RecordSource = "select * from 自定义学生表 "
End Sub
```

其效果如图 8-28 所示。

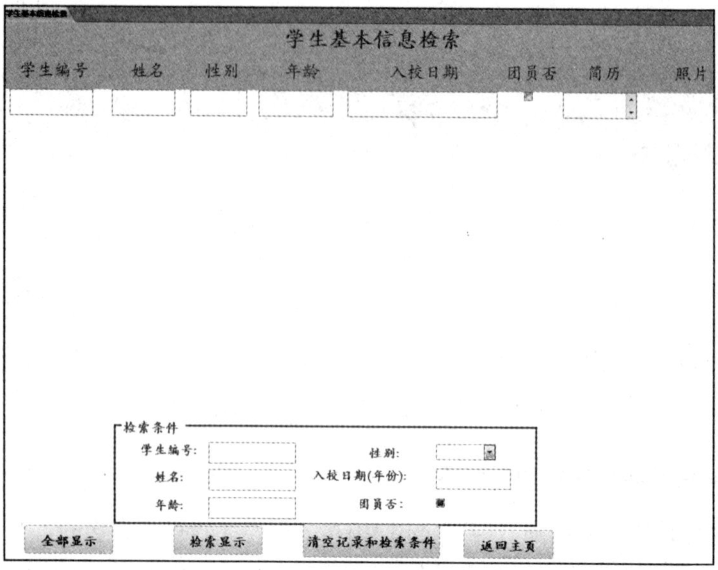

图 8-27 "学生基本信息检索"窗体载入效果

图 8-28 单击"全部显示"按钮的效果

2)"检索显示"按钮的"单击"事件对应的代码如下：

```
Private Sub SearchSome_Click()
Dim strSQL As String
Dim no, name, sex, dat, age, member
    strSQL = "select * from 自定义学生表 "
    no = "": name = "": sex = "": dat = "": age = "": member = ""
    If IsNull(Me!Sno) = False Then
no = " 学生编号 like'*" & Me!Sno & "*'"
    End If
    If IsNull(Me!sname) = False Then
```

```
name = " 姓名 like'*" & Me!sname & "*'"
    End If
        If IsNull(Me!Ssex) = False Then
sex = " 性别 ='" & Me!Ssex & "'"
    End If
        If IsNull(Me!Sdate) = False And IsNumeric(Me!Sdate) = True Then
 dat = " year( 入校日期 )= " & Me!Sdate
 End If
        If IsNull(Me!Sage) = False And IsNumeric(Me!Sage) = True Then
age = " 年龄 =" & Me!Sage
    End If
    If IsNull(Me!Smember) = False Then
    member = " 团员否 = " & Me!Smember
    End If
    If no = "" And name = "" And sex = "" And dat = "" And age = "" And member =
"" Then
    Else
    strSQL = strSQL & "where" & no
    strSQL = strSQL & IIf(name = "", "", IIf(no = "", name, "and" & name))
    strSQL = strSQL & IIf(sex = "", "", IIf(no = "" And name = "", sex, "and" &
sex))
    strSQL = strSQL & IIf(dat = "", "", IIf(no = "" And name = "" And sex = "",
dat, "and " & dat))
    strSQL = strSQL & IIf(age = "", "", IIf(no = "" And name = "" And sex = ""
And dat = "", age, "and" & age))
    strSQL = strSQL & IIf(member = "", "", IIf(no = "" And name = "" And sex =
"" And dat = "" And age = "", member, "and" & member))
    End If
        Me.RecordSource = strSQL
    End Sub
```

① 检索"学生编号"前 8 位都是"20101001"的学生信息（注意：学生编号前 8 位代表班级），效果如图 8-29 所示。

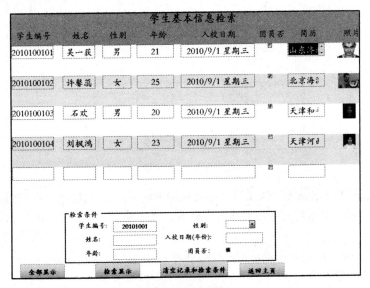

图 8-29 检索示例 1

② 检索"学生编号"前 8 位都是"20101001"且"性别"为"女"的学生信息，效果如图 8-30 所示。

③ 检索"学生编号"前 8 位都是"20101001"且"性别"为"女"、"是团员"的学生信息，效果如图 8-31 所示。

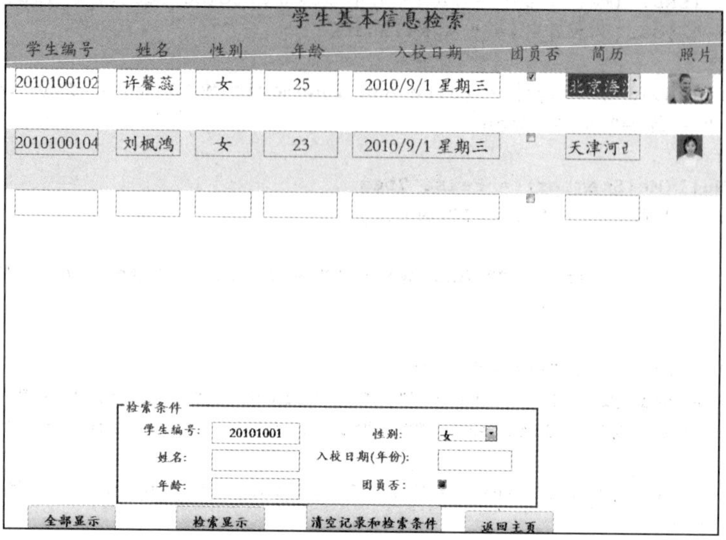

图 8-30　检索示例 2

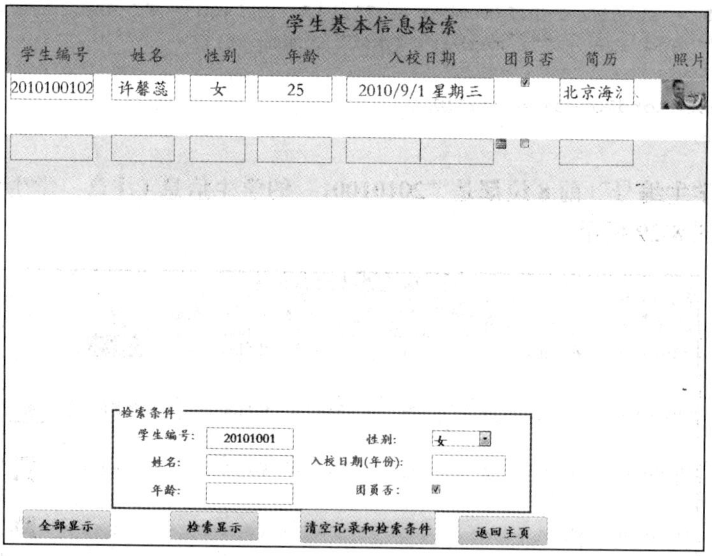

图 8-31　检索示例 3

3）"清空记录和检索条件"按钮的作用是把原来检索的记录清空，并且把原来输入的检索条件清空，用户可以根据新的条件重新进行检索，其"单击"事件对应的代码如下：

```
Private Sub Command51_Click()
    Me.RecordSource = "select * from 自定义学生表 where 学生编号 =''"
    Me!Sno = Null
    Me!sname = Null
    Me!Ssex = Null
```

```
    Me!Sdate = Null
    Me!Sage = Null
    Me!Smember = Null
End Sub
```

8.3.8 创建"学生基本信息添加"窗体

本窗体的设计纯粹是用 **VBA** 数据库编程技术实现的，其主要的功能是"浏览图片"并及时在"学生基本信息添加"窗体中显示图片，但是单击"确认添加"按钮时却是把"图片"文件所在的绝对路径写入了对应的数据表中。

1）窗体设计视图如图 8-32 所示。

其中，主体节里的文本框均是未绑定类型的，载入窗体的时候不显示任何数据。

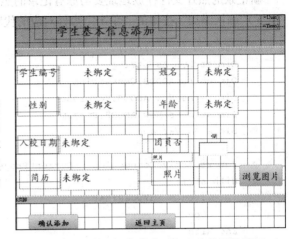

图 8-32 "学生基本信息添加"窗体设计视图

2）"浏览图片"按钮的"单击"事件对应的代码如下：

```
Private Sub Command29_Click()
    Dim diaFS As FileDialog
    Set diaFS = Application.FileDialog(msoFileDialogFilePicker)
        With diaFS
            .AllowMultiSelect = False
            .Show
        End With
    fpth = diaFS.SelectedItems(1)
    Me!Image2.Picture = fpth
End Sub
```

注意 在怎样添加"照片"的过程中，尝试了很多办法，最终效果都不如这种办法好。这里用到了 FileDialog 类，直接使用是找不到这个类的，需要在"工具"下拉菜单中单击"引用"，在弹出的对话框中选择"Microsoft Office 14.0 Object Library"，如图 8-33 所示。

图 8-33 FileDialog 类的引用过程

新记录的照片文件存放地址要与原有记录的照片文件存放地址相同。

3）"确认添加" 按钮的 "单击" 事件对应的代码如下：

```
Private Sub Add_Click()
    Dim strSQL As String
    Dim cn As ADODB.Connection
    Dim rs As New ADODB.Recordset
    Dim strm As New ADODB.Stream
    Dim a As Variant

    Set rs.ActiveConnection = CurrentProject.Connection
    With strm
        .Type = adTypeBinary
        .Open
    End With
    rs.Open "自定义学生表", , adOpenKeyset, adLockOptimistic '
    rs.AddNew
    rs!学生编号 = Nz(Me!Sno)
    rs!姓名 = Nz(Me!Sna)
    rs!性别 = Nz(Me!Ssex)
    rs!年龄 = Nz(Me!Sage)
    rs!入校日期 = Nz(Me!Sdate, Date)
    rs!团员否 = Nz(Me!Smember, 0)
    rs!简历 = Nz(Me!Sresume)
    Dim pth As String
    Dim filename As String
    rs!照片 = fpth
      If IsNull(Me!Sno) Or Me!Sno = "" Then
          MsgBox "学生编号不能为空！", vbCritical, "error"
          Me!Sno.SetFocus
      ElseIf DCount("学生编号", "自定义学生表", "学生编号='" & Me!Sno & "'") > 0 Then
          MsgBox "此学号已存在，请重新输入！", vbCritical, "Error"
          Me!Sno.SetFocus
      Else
          rs.update
          rs.Close
          strm.Close
          Set rs = Nothing
          Set strm = Nothing
          MsgBox "添加学生信息成功！", vbInformation, "Msg"
      End If
End Sub
```

4）单击 "浏览图片" 按钮打开如图 8-34a 所示的 "浏览" 对话框，选中图片并关闭对话框后的效果如图 8-34b 所示，单击 "确认添加" 按钮后的效果如图 8-34c 所示。

5）回到 "学生基本信息检索窗体"，检索是否成功地添加了 "2010100110" 编号的学生信息，其效果如图 8-35 所示。

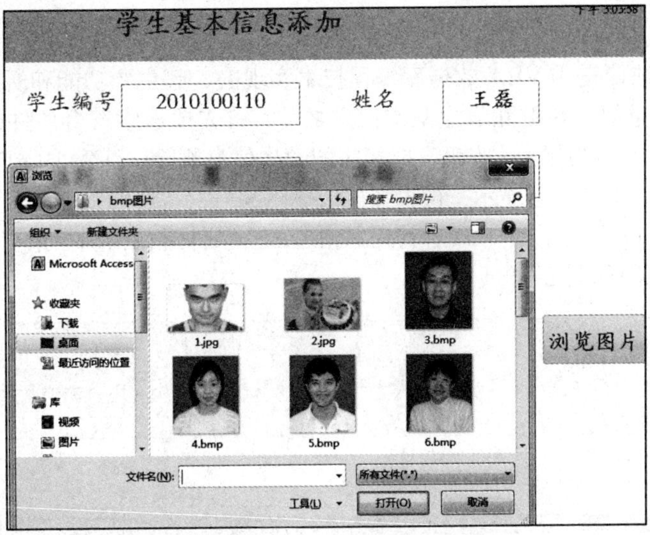

a)

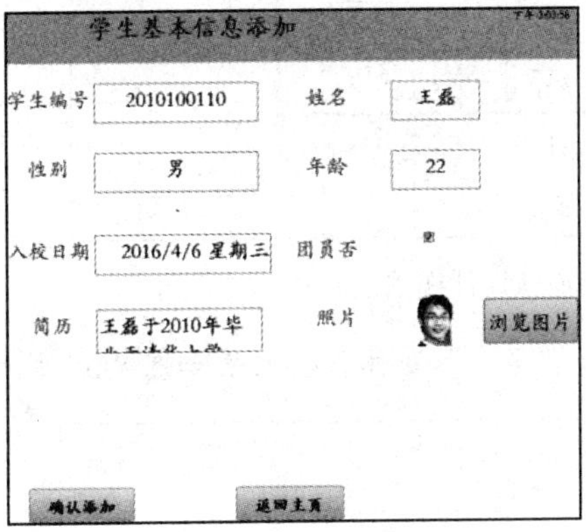

b)

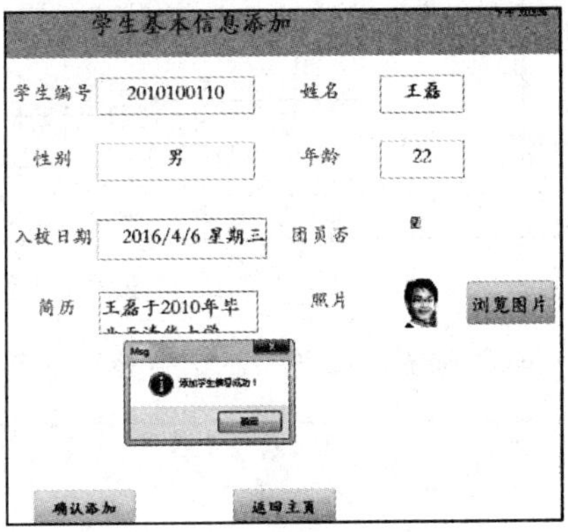

c)

图 8-34 单击“确认添加”按钮的效果

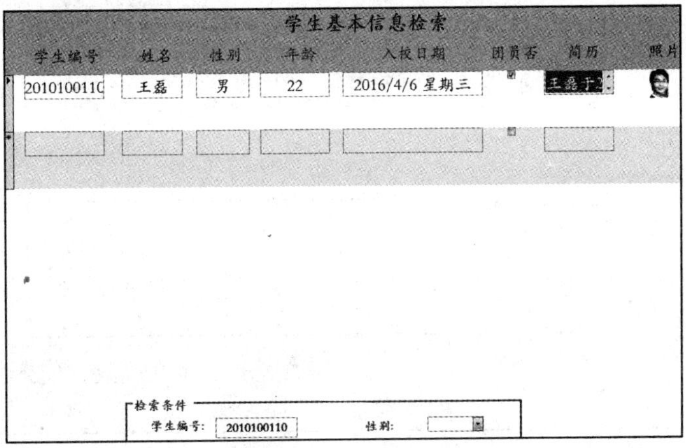

图 8-35 确认是否添加成功

8.3.9 创建"学生基本信息删除"窗体

本窗体的设计纯粹是用 VBA 数据库编程技术实现的,其主要功能和所用方法和"学生基本信息检索"窗体类似,在删除学生基本信息之前,首先要检索符合条件的学生信息并显示在"主体"里面,单击"删除"按钮,把相应的学生信息删除。注意,一旦删除就无法恢复,所以请慎重操作。其中"检索显示"可以按照"学生编号"、"性别"、"姓名"、"入校日期"(年份)、"年龄"、"团员否"字段之一或者其任意组合的多条件进行精确检索。

1)窗体设计视图如图 8-36 所示。

图 8-36 "学生基本信息删除"窗体设计视图

注意   与之前不同的是,把"窗体"的属性设置成"弹出"窗体,其效果如图 8-37 所示。

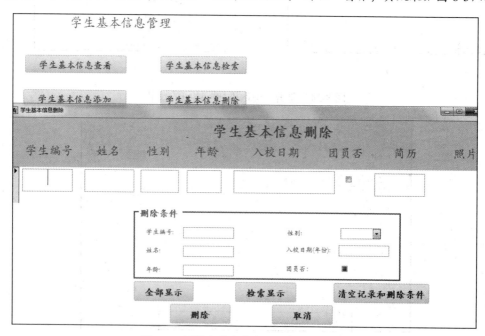

图 8-37 "学生基本信息删除"窗体效果

2)"全部显示"、"检索显示"和"清空记录和删除条件"按钮的"单击"事件代码和"学生基本信息检索"窗体中的相应代码类似，这里不再赘述。"删除"按钮对应的代码如下：

```
Dim strSQL As String
Dim no, name, sex, dat, age, member
    strSQL = "delete from 自定义学生表 "
    no = "": name = "": sex = "": dat = "": age = "": member = ""
    If IsNull(Me!Sno) = False Then
no = " 学生编号 like'*" & Me!Sno & "*'"
    End If
    If IsNull(Me!sname) = False Then
    name = " 姓名 like'*" & Me!sname & "*'"
    End If
        If IsNull(Me!Ssex) = False Then
    sex = " 性别 ='" & Me!Ssex & "'"
    End If
        If IsNull(Me!Sdate) = False And IsNumeric(Me!Sdate) = True Then
    dat = " year(入校日期)= " & Me!Sdate
    End If
        If IsNull(Me!Sage) = False And IsNumeric(Me!Sage) = True Then
    age = " 年龄 =" & Me!Sage
    End If
        If IsNull(Me!Smember) = False Then
    member = " 团员否 = " & Me!Smember
    End If
    If no = "" And name = "" And sex = "" And dat = "" And age = "" And member =
"" Then
    Else
    strSQL = strSQL & "where" & no
    strSQL = strSQL & IIf(name = "", "", IIf(no = "", name, "and" & name))
    strSQL = strSQL & IIf(sex = "", "", IIf(no = "" And name = "", sex, "and" &
sex))
        strSQL = strSQL & IIf(dat = "", "", IIf(no = "" And name = "" And sex = "",
dat, "and " & dat))
        strSQL = strSQL & IIf(age = "", "", IIf(no = "" And name = "" And sex = ""
And dat = "", age, "and" & age))
        strSQL = strSQL & IIf(member = "", "", IIf(no = "" And name = "" And sex =
"" And dat = "" And age = "", member, "and" & member))
        End If
    If MsgBox("您确定要删除这些记录吗? ", vbQuestion + vbYesNo, "确定删除! ") = vbYes
Then
    DoCmd.RunSQL strSQL
    MsgBox "删除成功! ", vbInformation, "Msg"
    Me.RecordSource = "select * from 自定义学生表 where 学生编号 ='' "
        End If
    End Sub
```

3）例如，想要删除姓名为"王磊"的记录，在"删除条件"组的"姓名"文本框中输入"王磊"，单击"检索显示"，则关于"王磊"的信息就显示在"主体"里，其效果如图 8-38a 所示，单击"删除"按钮后的效果如图 8-38b、图 8-38c 所示。

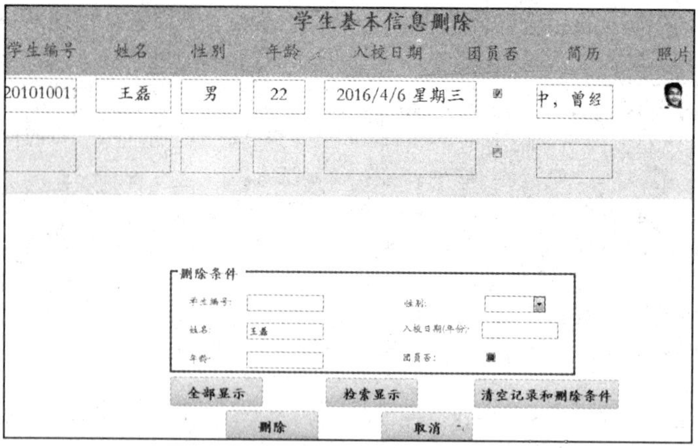

a)

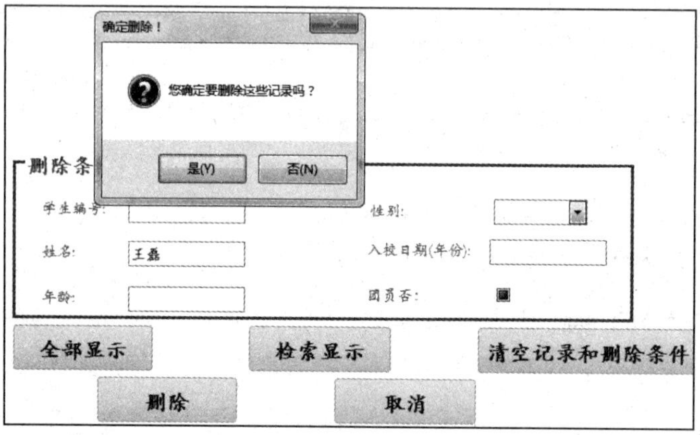

b)

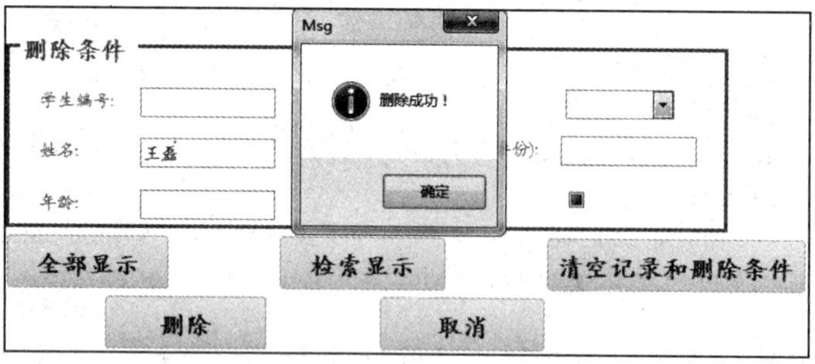

c)

图 8-38 "学生基本信息删除"窗体效果

8.3.10 创建"学生基本信息更新"窗体

本窗体的设计纯粹是用 VBA 数据库编程技术实现的，其主要功能是按照"学生编号"进行"查找"并把查找结果显示在主体中对应的控件上，根据用户需求在相应控件上进行修改，然后单击"确认更新"按钮，完成此学生信息的更新。

1）窗体设计视图如图 8-39 所示。

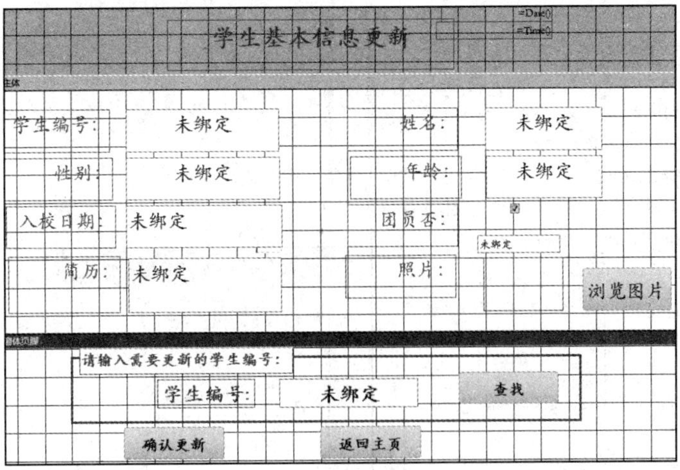

图 8-39　"学生基本信息更新"窗体设计视图

2)"查找"按钮的"单击"事件对应的代码如下：

```vba
Private Sub Command51_Click()
    Dim strSQL As String
    Dim cn As ADODB.Connection
    Dim rs As New ADODB.Recordset
    Set rs.ActiveConnection = CurrentProject.Connection
    strSQL = "select * from 自定义学生表 where 学生编号 ='" & Me!Sno & "'"
    rs.Open strSQL, CurrentProject.AccessConnection, adOpenKeyset
    Set Me.Recordset = rs
        If rs.EOF Then
        MsgBox "无任何学生记录！"
        Else
            While (Not (rs.EOF))
                Me.学生编号 = rs.Fields(0).Value
                Me.姓名 = rs!姓名
                Me.性别 = rs!性别
            Me.年龄 = rs!年龄
            Me.入校日期 = rs!入校日期
            Me.团员否 = rs!团员否
            Me.简历 = rs!简历
            If IsNull(rs!照片) Then
            Else
                Me!Image3.Picture = rs!照片
                End If
            rs.MoveNext
            Wend
        End If
    rs.Close
    Set rs = Nothing
    updateSno = Nz(Me!学生编号)
    updateSname = Nz(Me!姓名)
    updateSSex = Nz(Me!性别)
    updateSage = Nz(Me!年龄)
```

```
        updateSdate = Nz(Me!入校日期, Date)
        updateSmember = Nz(Me!团员否, 0)
        updateSresume = Nz(Me!简历)
        updateSphoto = Nz(Me!照片)
        Dim strDeleteSQL As String
            strDeleteSQL = "delete from 自定义学生表 "
            no = " 学生编号 ='" & Me!Sno & "'"
            If no = "" Then
            Else
             strDeleteSQL = strDelete
SQL & "where" & no
            End If
            DoCmd.RunSQL strDeleteSQL
    End Sub
```

其效果如图 8-40 所示。

3）"确认更新" 按钮相关的代码如下：

```
Dim strSQL As String
Dim cn As ADODB.Connection
Dim rs As New ADODB.Recordset
Dim strm As New ADODB.Stream
Dim a As Variant
```

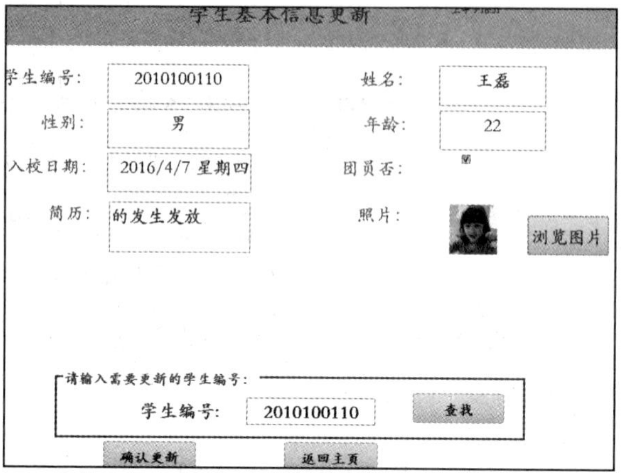

图 8-40　"学生基本信息更新" 窗体中查找的效果

```
Set rs.ActiveConnection = CurrentProject.Connection
rs.Open "自定义学生表", , adOpenKeyset, adLockOptimistic '
rs.AddNew
rs!学生编号 = Nz(Me!学生编号)
rs!姓名 = Nz(Me!姓名)
rs!性别 = Nz(Me!性别)
rs!年龄 = Nz(Me!年龄)
rs!入校日期 = Nz(Me!入校日期, Date)
rs!团员否 = Nz(Me!团员否, 0)
rs!简历 = Nz(Me!简历)
rs!照片 = Nz(Me!Image3.Picture)
  If IsNull(Me!Sno) Or Me!Sno = "" Then
      MsgBox "学生编号不能为空! ", vbCritical, "error"
      Me!Sno.SetFocus
  ElseIf DCount(" 学生编号 ", " 自定义学生表 ", " 学生编号 ='" & Me!Sno & "'") > 0 Then
      MsgBox "此学号已存在，请重新输入! ", vbCritical, "Error"
      Me!Sno.SetFocus
  Else
      rs.update
      rs.Close
      Set rs = Nothing
      MsgBox "更新学生信息成功! ", vbInformation, "Msg"
  End If
End Sub
```

4）编辑上面窗体里的相关信息，并单击 "确认更新" 按钮，其效果如图 8-41 所示。

至此，"学生学籍管理系统 .accdb" 中纯粹用 VBA 数据库编程所创建的窗体就全部完成了，这一部分也是本系统的重点内容。下面将介绍通过"宏"实现窗体按钮事件的过程。

8.3.11 创建"学生个人成绩查询"窗体

本窗体是与"自定义学生表"绑定的窗体，其功能相对简单，是通过"宏"生成器来实现的。打开本窗体后，会以"单窗体"的形式显示每位同学的部分信息，单击"查找成绩"会触发"宏"完成"个人成绩"表的记录清空以及追加查询这两步操作，最后打开"学生个人成绩查询"窗体，显示这个学生每门课程的成绩情况。

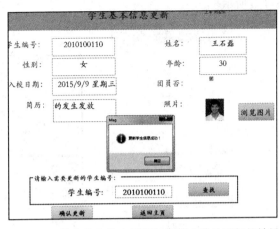

图 8-41 "学生基本信息更新"窗体中确认更新的效果

1）"学生个人成绩查询"窗体的设计视图如图 8-42a 所示，其效果如图 8-42b 所示。

2）单击"查找成绩"按钮后的效果如图 8-43 所示。

3）"查找成绩"按钮对应的"宏"代码如图 8-44 所示。

a)

b)

图 8-42 "学生个人成绩查询"窗体设计视图及效果

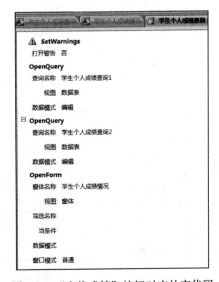

图 8-43 学生个人成绩查找结果   图 8-44 "查找成绩"按钮对应的宏代码

其中"学生个人成绩查询1"、"学生个人成绩查询2"的设计视图分别如图8-45a、图8-45b所示。

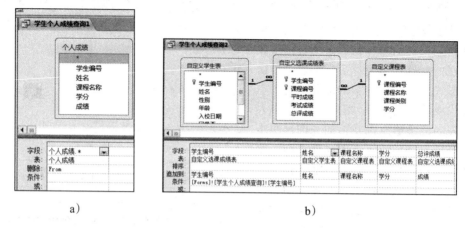

a)   b)

图 8-45 "学生个人成绩查询"结果

8.3.12 创建"学生选课成绩表报表"

在"学生学籍管理系统"数据库窗口的导航窗格中，选中"自定义选课成绩表"，单击"创建"选项卡下"报表"选项组中的"报表"按钮，以报表"布局视图"方式显示新报表，单击快速访问工具栏上的"保存"按钮，以"学生选课成绩表报表"命名保存。其效果如图8-46所示。

学生编号	课程编号	平时成绩	考试成绩	总评成绩
2010100101	102	60	80	74
2010100101	103	70	80	77
2010100101	101	50	60	57
2010100102	103	80	80	80
2010100102	104	80	90	87
2010100102	105	90	100	97
2010100103	101	80	80	80
2010100103	102	90	90	90
2010100104	103	50	10	22
2010100201	104	50	40	43
2010100201	105	90	100	97
2010100202	101	60	60	60
2010100202	105	80	90	87
2010100203	104	90	90	90
2010100203	103	10	20	17
2010100204	101	80	100	94
2010100204	105	50	50	50
2011100101	103	97	99	98
2011100101	104	25	32	30
2011100102	102	60	50	53
2011100102	103	80	80	80

图 8-46 学生选课成绩表报表

该报表是通过"学生管理主窗体"上的"学生选课成绩报表"按钮触发的，触发事件是通过"宏"代码响应的，其设计视图如图 8-47 所示。

8.4 学生学籍管理系统总结

在设计一个管理系统时，前期的准备工作是非常重要的。特别是前期需求分析的好坏很大程度上决定了整个系统的好坏，因此重点要做好前期的需求分析。

本系统包含了 Access 2010 所涉及的 6 个模块——表、查询、窗体、报表、宏、模块，重点应用了第 7 章关于 VBA 数据库编程的相关知识。

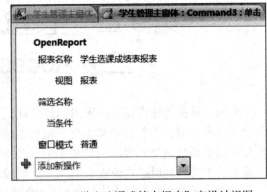

图 8-47 "学生选课成绩表报表"宏设计视图

本系统只详细设计了"学生学籍管理"方面的基本内容，至于"教师管理"、"课程管理"和"选课管理"没有详细设计。虽然系统的功能简单，但是一般管理系统所涉及的"增加、删除、修改、更新、查找"的方法均通过"学生学籍管理"体现了出来。学生学籍管理系统的设计原理与其他管理模块的设计原理都是一样的，学生可以根据这个例子，自己进行扩展。

当然本系统还有很多不完善的地方，需要进一步排除某些 bug，进行改善。

在设计"学生学籍管理系统"的过程中，遇到了很多细节问题。其中包括学生在平时学习过程中遇到的一些问题。因为"遇到问题、查找问题、解决问题"的过程也是不断学习的过程，所以在以后的学习过程中，若遇到了问题，请不要着急，要通过讨论、查阅资料等方法争取自己解决，实在解决不了，可以随时咨询任课老师。

第9章 全国计算机等级考试
二级 Access 考试指导

全国计算机等级考试是一种专门评价应试人员对计算机实际掌握能力的考试。为了适应知识经济的发展，各行各业都需要一批能熟练运用计算机技术的人员。多年来，社会上很多单位在招聘新成员时都要求应聘者必须具备全国计算机等级考试二级合格证书。为了帮助学习本书的读者顺利通过二级 Access 考试，特编写此章，供读者备考时参考。

本章介绍教育部考试中心颁布的全国计算机等级考试二级 Access 数据库程序设计的考试大纲、考试样题及 4 套近期考试真题。其中的考试样题和考试真题中的选择题给出了参考答案，可从 www.hzbook.com 上获得。

9.1 国考二级 Access 考试大纲（2013 年版）

基本要求

1. 具有数据库系统的基础知识。
2. 基本了解面向对象的概念。
3. 掌握关系数据库的基本原理。
4. 掌握数据库程序设计方法。
5. 能使用 Access 建立一个小型数据库应用系统。

考试内容

一、数据库基础知识

1. 基本概念

数据库、数据模型、数据库管理系统、类和对象、事件。

2. 关系数据库基本概念

关系模型（实体的完整性、参照的完整性、用户定义的完整性）、关系模式、关系、元组、属性、字段、域、值、主关键字等。

3. 关系运算基本概念

选择运算、投影运算、连接运算。

4. SQL 基本命令

查询命令、操作命令。

5. Access 系统简介

（1）Access 系统的基本特点。

（2）基本对象：表、查询、窗体、报表、页、宏、模块。

二、数据库和表的基本操作

1. 创建数据库

（1）创建空数据库。

（2）使用向导创建数据库。

2. 建立表

（1）建立表结构：使用表设计器，使用数据表视图。

（2）设置字段属性。

（3）输入数据：直接输入数据，获取外部数据。

3. 表间关系的建立与修改

（1）表间关系的概念：一对一、一对多。

（2）建立表间关系。

（3）设置参照完整性的概念及设置。

（4）子数据表的概念及相关操作。

4. 维护表

（1）修改表结构：添加字段，修改字段，删除字段，重新设置主关键字。

（2）编辑表内容；添加记录，修改记录，删除记录，复制记录。

（3）调整表外观。

5. 使用表

（1）查找数据。

（2）替换数据。

（3）排序记录。

（4）筛选记录。

三、查询的基本操作

1. 查询分类

（1）选择查询。

（2）参数查询。

（3）交叉表查询。

（4）操作查询。

（5）SQL 查询。

2. 查询条件

（1）运算符。

（2）函数。

（3）表达式。

3. 创建查询

（1）使用向导创建查询。

（2）使用设计器创建查询。

（3）在查询中计算。

4. SQL 基本命令

（1）SELECT 命令。

（2）数据操作命令。

5. 编辑和使用查询

（1）运行已创建的查询。

（2）编辑查询中的字段。

（3）编辑查询中的数据源。

（4）排序查询的结果。

四、窗体的基本操作

1. 窗体基本概念

2. 创建窗体

（1）使用向导创建窗体。

（2）使用设计器创建窗体：控件的含义及种类，在窗体中添加和修改控件，设置控件的常见属性。

五、报表的基本操作

1. 报表基本概念

2. 建立报表

3. 报表排序和汇总

4. 在报表中使用宏计算控件

六、宏

1. 宏的基本概念

2. 宏的基本操作

（1）创建宏：独立宏、嵌入宏、宏组。

（2）运行宏。

（3）在宏中使用条件。

（4）设置宏操作参数。

（5）常用的宏操作。

七、VBA 编程基础与数据库编程

1. 模块的基本概念

（1）类模块。

（2）标准模块。

（3）将宏转换为模块。

2. 创建模块

（1）创建 VBA 模块：在模块中加入过程，在模块中执行宏。

（2）编写事件过程：键盘事件、鼠标事件、窗口事件、操作事件和其他事件。

3. 调用和参数传递

4. VBA 程序设计基础

（1）面向对象程序设计的基本概念。

（2）VBA 编程环境：进入 VBA、VBA 界面。

（3）VBA 编程基础：常量、变量、表达式。

（4）VBA 程序流程控制：顺序结构、选择结构、循环结构。

（5）VBA 数据文件读写。

（6）VBA 错误处理和程序的调试：设置断点、单步跟踪、设置监视窗口。

5. VBA 数据库编程技术

（1）ACE 引擎和数据库编程接口技术。

（2）数据访问对象 DAO。

（3）Active 数据对象 ADO。

考试方式

上机考试，考试时长 120 分钟，满分 100 分。

1. 题型及分值

单项选择题 40 分（含公共基础知识部分 10 分）。

操作题 60 分（包括基本操作题、简单应用题及综合应用题）。

2. 考试环境

操作系统：中文版 Windows 7。

开发环境：Microsoft Office 2010。

9.2　全国计算机等级考试二级 Access 样题

一、选择题

（1）关系数据库是数据的集合，其理论基础是（　　　）。

　　A）数据表　　　　B）关系模型　　　C）数据模型　　　D）关系代数

（2）在关系型数据库中，"一对多"的含义是（　　　）。

　　A）一个数据库可以有多个表

　　B）一个表可以有多条记录

　　C）一条记录可以有多个字段

　　D）一条记录可以与另一表中的多条记录相关

（3）若某字段设置的输入掩码为"####-######"，则下列输入数据中，正确的是（　　　）。

　　A）0755-123456　　B）0755-abcdef　　C）abcd-123456　　D）####-######

（4）若 Access 数据库的一张表中有多条记录，则下列叙述中，正确的是（　　　）。

　　A）记录前后顺序可以任意颠倒，不影响表中的数据关系

　　B）记录前后顺序不能任意颠倒，要按照输入的顺序排列

　　C）记录前后顺序可以任意颠倒，排列顺序不同，统计结果可能不同

　　D）记录前后顺序不能任意颠倒，一定要按照关键字段值的顺序排列

（5）下列关于主关键字的说法中，错误的是（　　　）。

　　A）使用自动编号是创建主关键字的简单方法

　　B）作为主关键字的字段允许出现 Null 值

　　C）作为主关键字的字段不允许出现重复值

　　D）可将两个或更多字段组合作为主关键字

（6）学生表"姓名"字段的数据类型为文本，字段大小为 10，则输入姓名时，最多可输入的汉字数和英文字符数分别是（　　　）。

　　A）5　5　　　　　　B）5　10　　　　　C）10　10　　　　D）10　20

（7）在"按雇员姓名查询"窗体中有名为 tName 的文本框，如右图所示：

在文本框中输入要查询的姓名，当单击"查询"按钮时，运行名为"查询1"的查询，该查询显示职工ID、姓名和职称 3 个字段。在下列"查询1"的设计视图中，正确的是（　　　）。

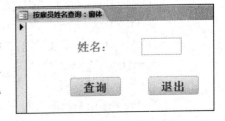

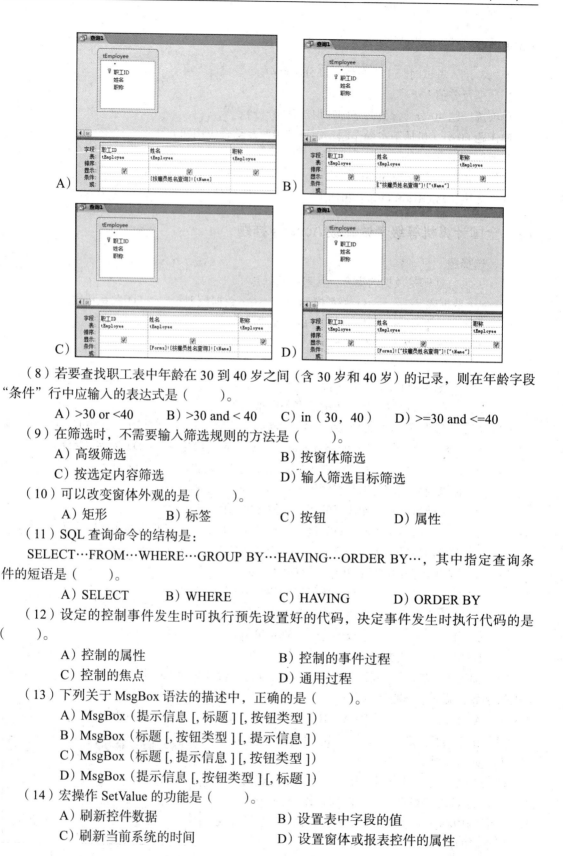

（8）若要查找职工表中年龄在 30 到 40 岁之间（含 30 岁和 40 岁）的记录，则在年龄字段"条件"行中应输入的表达式是（　　　）。

A）>30 or <40　　　　B）>30 and < 40　　　C）in（30，40）　　　D）>=30 and <=40

（9）在筛选时，不需要输入筛选规则的方法是（　　　）。

　A）高级筛选　　　　　　　　　　B）按窗体筛选

　C）按选定内容筛选　　　　　　　D）输入筛选目标筛选

（10）可以改变窗体外观的是（　　　）。

　A）矩形　　　　　　B）标签　　　　　C）按钮　　　　　D）属性

（11）SQL 查询命令的结构是：

SELECT…FROM…WHERE…GROUP BY…HAVING…ORDER BY…，其中指定查询条件的短语是（　　　）。

　A）SELECT　　　　B）WHERE　　　　C）HAVING　　　　D）ORDER BY

（12）设定的控制事件发生时可执行预先设置好的代码，决定事件发生时执行代码的是（　　　）。

　A）控制的属性　　　　　　　　　B）控制的事件过程

　C）控制的焦点　　　　　　　　　D）通用过程

（13）下列关于 MsgBox 语法的描述中，正确的是（　　　）。

　A）MsgBox（提示信息 [, 标题] [, 按钮类型]）

　B）MsgBox（标题 [, 按钮类型] [, 提示信息]）

　C）MsgBox（标题 [, 提示信息] [, 按钮类型]）

　D）MsgBox（提示信息 [, 按钮类型] [, 标题]）

（14）宏操作 SetValue 的功能是（　　　）。

　A）刷新控件数据　　　　　　　　B）设置表中字段的值

　C）刷新当前系统的时间　　　　　D）设置窗体或报表控件的属性

（15）若变量 a 的内容为"计算机软件工程师"，变量 b 的内容是"数据库管理员"，下列表达式中，结果为"数据库工程师"的是（   ）。

      A）Mid（b，1，3）+ Mid(a,1,3)   B）Left（b，3）+ Right（a，3）

      C）Mid（b，3，）- Mid(a,3)   D）Left（b，3）- Right（a，3）

（16）VBA 中，若要退出 Do While…Loop 循环而执行 Loop 之后的语句，应使用的语句是（   ）。

      A）Exit   B）Exit Do   C）Exit While   D）Exit Loop

（17）删除字符串前导和尾部空格的函数是（   ）。

      A）Ltrim   B）Rtrim   C）Trim   D）Space

（18）在 VBA 表达式中，"&"运算符的含义是（   ）。

      A）文本链接   B）文本注释   C）相乘   D）取余

（19）下列关于函数 Nz（表达式或字段属性值）的叙述中，错误的是（   ）。

      A）如果"表达式"为数值型且值为 Null，则返回值为 0

      B）如果"字段属性值"为数值型且值为 Null，则返回值为 0

      C）如果"表达式"为字符型且值为 Null，则返回值为空字符串

      D）如果"字段属性值"为字符型且值为 Null，则返回值为 Null

（20）下列关于 VBA 子过程和函数过程的叙述中，正确的是（   ）。

      A）子过程没有返回值，函数过程有返回值

      B）子过程有返回值，函数过程没有返回值

      C）子过程和函数过程都可以有返回值

      D）子过程和函数过程都没有返回值

（21）VBA 构成对象的三要素是（   ）。

      A）属性、事件、方法   B）控件、属性、事件

      C）窗体、控件、过程   D）窗体、控件、模块

（22）能对顺序文件输出的语句是（   ）。

      A）Put   B）Get   C）Write   D）Read

（23）ADO 对象模型中可以打开并返回 RecordSet 对象的是（   ）。

      A）只能是 Connection 对象

      B）只能是 Command 对象

      C）可以是 Connection 对象和 Command 对象

      D）可以是所需要的任意对象

（24）下列程序段运行结束后，变量 x 的值是（   ）。

```
x= 2
y = 4
Do
    x = x * y
    y = y + 1
Loop While y < 4
```

      A）2   B）4   C）8   D）20

（25）已知学生表（学号、姓名、性别、生日），要将学生表中全部记录的"性别"设置为"男"，空白处应填写的代码是（   ）。

```
Private Sub Command0_Click()
    Dim str As String
    Set db = CurrentDb()
    Str = "_____"
    DoCmd.RunSQL str
End Sub
```

A）Update 学生表 set 性别 = '男'

B）Update 学生表 Values 性别 = '男'

C）Update From 学生表 set 性别 = '男'

D）Update From 学生表 Values 性别 = '男'

二、基本操作题

在考生文件夹⊖下，"samp1.accdb"数据库文件中已建立好空白窗体"f试验"。试按以下操作要求，完成窗体的编辑修改：

（1）将窗体的"标题"属性设置为"二级Access"。

（2）将窗体的"滚动条"属性设置为"只水平"。

（3）打开窗体的"页面页眉/页脚"区域。

（4）将窗体的"边框样式"属性设置为"细边框"。

（5）将窗体的"分隔线"属性设置为"是"。

（6）完成上述操作后，将窗体对象"f试验"备份一份，命名为"f备份"。

三、简单应用题

考生文件夹下存在一个数据库文件"samp2.accdb"，里面已经设计好两个表对象"t产品"和"t库存"。试按以下要求完成设计：

（1）创建一个选择查询，查找并显示每种产品的"名称"、"库存数量"、"最高储备量"3个字段的内容。所建查询命名为"qT1"。

（2）创建一个选择查询，查找库存数量超过3000的产品，并显示"名称"和"最高储备量"。所建查询名为"qT2"。

（3）以表"t库存"为数据源创建一个参数查询，按产品名称查找某种产品库存信息，并显示"名称"和"库存数量"。当运行该查询时，提示框中应显示"请输入产品名称："。所建查询名为"qT3"。

（4）创建一个交叉表查询，统计并显示每种产品不同规格的平均单价，显示时行标题为产品名称，列标题为规格，计算字段为单价。所建查询名为"qT4"。

注意　交叉表查询不做各行小计。

四、综合应用题

考生文件夹下存在一个数据库文件"samp3.accdb"，里面已经设计好表对象"t承担工作"、"t职工"和"t项目名称"，查询对象"qT"，宏对象"m1"，同时还设计出以"t职工"为数据源的窗体对象"f职工"和以"qT"为数据源的窗体对象"f列表"。其中，"f职工"窗体对象中含有一个子窗体，名称为"列表"。请在此基础上按照以下要求补充"f职工"窗体设计：

（1）在窗体"f职工"的窗体页面页眉节区位置添加一个标签控件，其名称为"bCap"，标题显示为"员工信息"，字体名称为"宋体"，字号大小为24。

⊖ 此套样题为教育部考试中心提供的，且没有给出考生文件夹内容，此处仅供读者熟悉考题形式。

（2）在窗体"f职工"的窗体页面页脚节区位置添加一个命令按钮，命名为"bDisp"，按钮标题为"显示员工科研情况"。

（3）设置所建命令按钮"bDisp"的单击事件属性为运行宏对象"m1"。

（4）将主窗体和子窗体中的"边框样式"属性设置为"细边框"。

注意　不允许修改窗体对象"f职工"中未涉及的控件和属性；不允许修改表对象"t承担工作"、"t职工"和"t项目名称"，也不允许修改查询对象"qT"。

9.3　全国计算机等级考试二级 Access 真题

真题 1

一、选择题

请在【答题】菜单上选择【选择题】命令，启动选择题测试程序，按照题目上的内容进行答题。

（1）在结构化方法中，用数据流程图（DFD）作为描述工具的软件开发阶段是（　　）。

    A）逻辑设计　　　　B）需求分析　　　　C）详细设计　　　　D）物理设计

（2）对有序线性表（23，29，34，55，60，70，78）用二分法查找值为60的元素时，需要的比较次数为（　　）。

    A）1　　　　　　　B）2　　　　　　　C）3　　　　　　　D）4

（3）下列描述中，正确的是（　　）。

    A）线性链表是线性表的链式存储结构　　B）栈与队列是非线性结构

    C）双向链表是非线性结构　　　　　　　D）只有根节点的二叉树是线性结构

（4）开发大型软件时，产生困难的根本原因是（　　）。

    A）大型系统的复杂性　　　　　　　　　B）人员知识不足

    C）客观世界千变万化　　　　　　　　　D）时间紧、任务重

（5）两个或两个以上的模块之间关联的紧密程度称为（　　）。

    A）耦合度　　　　　B）内聚度　　　　　C）复杂度　　　　　D）连接度

（6）下列关于线性表的叙述中，不正确的是（　　）。

    A）线性表可以是空表

    B）线性表是一种线性结构

    C）线性表的所有节点有且仅有一个前件和后件

    D）线性表是由 n 个元素组成的一个有限序列

（7）设有如下关系表：

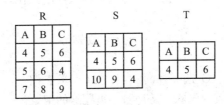

则下列操作正确的是（　　）。

    A）T=R/S　　　　　B）T=R×S　　　　　C）T=R∩S　　　　　D）T=R∪S

（8）以下描述中，不是线性表顺序存储结构特征的是（　　）。

    A）可随机访问　　　　　　　　　　　　B）需要连续的存储空间

C）不便于插入和删除　　　　　　　　　D）逻辑相邻的数据在物理位置上不相邻

（9）在三级模式之间引入两层映像，其主要功能之一是（　　　）。

A）使数据与程序具有较高的独立性　　　B）使系统具有较高的通道能力

C）保持数据与程序的一致性　　　　　　D）提高存储空间的利用率

（10）下列方法中，属于用白盒法设计测试用例的方法是（　　　）。

A）错误推测　　　B）因果图　　　C）基本路径测试　　D）边界值分析

（11）常见的数据模型有三种，它们是（　　　）。

A）层次、关系和语义　　　　　　　　　B）环状、层次和星形

C）字段名、字段类型和记录　　　　　　D）层次、关系和网状

（12）在教师表中，如果要找出职称为"教授"的教师，所采用的关系运算是（　　　）。

A）选择　　　　B）投影　　　　C）联接　　　　D）自然联接

（13）在关系数据模型中，每一个关系都是一个（　　　）。

A）记录　　　　B）属性　　　　C）元祖　　　　D）二维表

（14）假设一个书店用（书号，书名，作者，出版社，出版日期，库存数量……）一组属性来描述图书，可以作为"关键字"的是（　　　）。

A）书号　　　　B）书名　　　　C）作者　　　　D）出版社

（15）Access 数据库中，为了保持表之间的关系，要求在子表（从表）中添加记录时，如果主表中没有与之相关的记录，则不能在子表（从表）中添加该记录，为此需要定义的关系是（　　　）。

A）输入掩码　　　B）有效性规则　　　C）默认值　　　D）参照完整性

（16）Access 数据库的各对象中，实际用于存储数据的只有（　　　）。

A）表　　　　B）查询　　　　C）窗体　　　　D）报表

（17）表的组成内容包括（　　　）。

A）查询和报表　　B）字段和记录　　C）报表和窗体　　D）窗体和字段

（18）关于通配符的使用，下面说法不正确的是（　　　）。

A）有效的通配符包括问号（？）和星号（*），前者表示问号所在的位置可以是任何一个字符，后者表示星号所在的位置可以是任何多个字符

B）使用通配符搜索星号、问号时，需要将搜索的符号放在方括号内

C）在一个"日期"字段下面的"准则"单元中使用表达式：Like"6/*/98"，系统会报错"日期类型不支持 * 等通配符"

D）在文本的表达式中可使用通配符。例如可以在一个"姓"字段下面的"准则"单元中输入表达式："M*s"，以便查找姓为 Morrris、Masters 和 MillerPeters 等的记录

（19）已知一个学生数据库，其中含有班级、性别等字段，若要统计每个班男女学生的人数，则应使用（　　　）查询。

A）交叉表查询　　B）选择查询　　C）参数查询　　D）操作查询

（20）在 Access 的数据表中删除一条记录，被删除的记录（　　　）。

A）不能恢复　　　　　　　　　　　　　B）可恢复为第一条记录

C）可恢复为最后一条记录　　　　　　　D）可恢复到原来设置

（21）下列不属于操作查询的是（　　　）。

A）参数查询　　　B）生成表查询　　　C）更新查询　　　D）删除查询

（22）如果设置报表上某个文本框的控件来源属性为 " =3*2+7"，则预览此报表时，该文本框显示的信息是（　　）。

  A）13   B）3*2+7   C）未绑定   D）出错

（23）报表页脚的作用是（　　）。

  A）用来显示报表的标题、图形或说明性文字

  B）用来显示整个报表的汇总说明

  C）用来显示报表中的字段名称或对记录的分组名称

  D）用来显示本页的汇总说明

（24）下图所示的查询返回的记录是（　　）。

  A）年龄在 19 岁到 21 岁之间的记录

  B）年龄不在 19 岁到 21 岁之间的记录

  C）所有的记录

  D）以上说法均不正确

（25）在报表的设计视图中，区段被表示成带状形式，称为（　　）。

  A）主体   B）节   C）主体节   D）细节

（26）若将窗体的标题设置为 "改变文字显示颜色"，应使用的语句是（　　）。

  A）Me=" 改变文字显示颜色"   B）Me.Caption=" 改变文字显示颜色"

  C）Me.Text=" 改变文字显示颜色" D）Me.Name=" 改变文字显示颜色"

（27）若要在报表最后输出某些信息，需要设置的是（　　）。

  A）页面页眉 B）页面页脚 C）报表页眉   D）报表页脚

（28）在报表中，要计算 "数学" 字段的最高分，应将控件的 "控件来源" 属性设置为（　　）。

  A）=Max（[数学]）   B）Max（数学）

  C）=Max[数学]   D）=Max（数学）

（29）宏命令 Requery 的功能是（　　）。

  A）实施指定控件重新查询   B）查找符合条件的第一条记录

  C）查找符合条件的下一条记录 D）指定当前记录

（30）在一个宏中可以包含多个操作，在运行宏时将按（　　）的顺序来运行这些操作。

  A）从上到下 B）从下到上 C）随机   D）A 和 B 都可以

（31）已定义好函数 f(n)，其中 n 为形参。若以实参 m 调用该函数并将返回的函数值赋给变量 X，以下写法正确的是（　　）。

  A）x=f(n) B）x=Callf(n) C）x=f(m) D）x=Callf(m)

（32）VBA 支持的循环语句结构不包括（　　）。

  A）Do…Loop B）While…Wend C）For…Next D）Do…While

（33）下列可作为 VBA 变量名的是（　　）。

  A）a&b   B）a?b   C）4a   D）const

（34）Select Case 结构运行时首先计算（　　）的值。

  A）表达式   B）执行语句   C）条件   D）参数

（35）下列关于标准函数的说法，正确的是（　　）。

  A）Rnd 函数用来获得 0 到 9 之间的双精度随机数

  B）Int 函数和 Fix 函数的参数相同，则返回值就相同

C）Str 函数用来把纯数字型的字符串转换为数字型

D）Chr 函数返回 ASCII 码对应的字符

（36）已知程序段：

```
Sum=0
For i=1 to 10 step 3
    Sum=sum+i
    i=i*2
Next i
```

当循环结束后，变量 i、sum 的值分别为（   ）。

    A）10、6   B）13、6   C）13、5   D）10、5

（37）如果要在 VBA 中打开一个窗体，可使用（   ）对象的 OpenForm 方法。

    A）Form   B）DoCmd   C）Query   D）Report

（38）在窗体上添加一个命令按钮（名为 Command1），并编写如下事件过程：

```
Private Sub Command1_Click()
    For I=1 to 4
        x=4
        For j=1 To 3
            x=3
            For k=1 To 2
                x=x+6
            Next k
        Next j
    Next i
    MsgBox x
End Sub
```

打开窗体后，单击命令按钮，消息框的输出结果是（   ）。

    A）7   B）15   C）157   D）528

（39）若有两个字符串 s1＝"12345"，s2＝"34"，执行 s=Instr（s1，s2）后，s 的值为（   ）。

    A）2   B）3   C）4   D）5

（40）假定有如下的 Sub 过程：

```
Sub sfun(x As Single,y As Single)
    t=x
    x=t/y
    y=t Mod y
End Sub
```

在窗体上添加一个命令按钮（名为 Command1），然后编写如下事件过程：

```
Private Sub Command1Click()
    Dim a As single
    Dim b As single
    a=5
    b=4
    sfun a, b
    MsgBox a & chr(10)+chr(13) & b
End Sub
```

打开窗体运行后，单击命令按钮，消息框的两行输出内容分别为（　　）。

　　A）1 和 1　　　　　B）1.25 和 1　　　　C）1.25 和 4　　　　D）5 和 4

二、基本操作题

请在"答题"菜单下选择相应命令，并按照题目要求完成下面的操作，具体要求如下：

注意　下面的"考生文件夹"均可从 www.hzbook.com 获得，其下存在一个数据库文件"samp1.accdb"，里面已经设计好表对象"tStud"和"tScore"、窗体对象"fTest"和宏对象"mTest"。请按照以下要求完成操作。

（1）将表"tStud"中"学号"字段的字段大小改为7；将"性别"字段的输入设置为"男"或"女"列表选择；将"入校时间"字段的默认值设置为本年度的1月1日（要求：本年度年号必须用函数获取）。

（2）将表"tStud"中1995年入校的学生记录删除；根据"所属院系"字段的值修改学号，"所属院系"为"01"，则在原学号前加"1"；"所属院系"为"02"，则在原学号前加"2"，以此类推。

（3）将"tStud"表的"所属院系"字段的显示宽度设置为15；将"简历"字段隐藏起来。

（4）将"tScore"表的"课程号"字段的输入掩码设置为只能输入5位数字或字母形式；将"成绩"字段的有效性规则设置为只能输入0～100（包含0和100）之间的数字。

（5）分析并建立表"tStud"与表"tScore"之间的关系。

（6）将窗体"fTest"中显示标题为"Button1"的命令按钮改为显示"按钮"，同时将其设置为灰色无效状态。

【操作步骤 / 提示】

（1）① 打开 samp1 数据库，在数据库窗口的导航窗格中用鼠标单击"tStud"表，在弹出的快捷菜单中选择"设计视图"选项，打开"tStud"表→在设计视图窗口的字段输入区，单击"学号"字段，在字段属性区中，设置"字段大小"为7

② 单击"性别"字段，并在其"数据类型"框的下拉列表中选择"查阅向导…"→在弹出的查阅向导对话框中，选择"自行键入所需的值"单选项，单击"下一步"按钮→在弹出的查阅向导对话框的"第1列"下方两个单元格中，依次输入男、女，并单击"下一步"按钮→在弹出的查阅向导对话框中，保持默认设置，单击"完成"按钮。

③ 单击"入校时间"字段，在字段属性区"常规"选项卡下的"默认值"属性框中输入表达式：DateSerial(Year(Date()),1,1)。

④ 单击快速访问工具栏中的"保存"按钮，保存上面设置，关闭"tStud"表。

（2）① 在数据库窗口的导航窗格中双击"tStud"表→在打开的数据表视图的"入校时间"列中选中"1995"并用鼠标右键单击，在弹出的快捷菜单中选择"开头是1995"选项，此时将1995年入校的所有学生记录筛选出来→选中已筛选出来的记录→在开始选项卡下的记录组中，单击"删除"按钮，再确认删除，则删除相关选中的记录。

② 在"tStud"表的数据表视图中，单击"入校时间"字段选择器右侧的下拉按钮，在弹出的"公用筛选器"列表中，单击"从'入校时间'清除筛选器"项左侧的图标，清除表上的筛选操作，表中显示删除记录后的数据记录。

③ 在"tStud"表的数据表视图中，单击"所属院系"字段选择器右侧的下拉按钮，打开表的"公用筛选器"，取消"全部"项的勾选，仅仅勾选"01"项，单击"确定"按钮，则将所属院系为"01"的记录筛选出来→逐条修改筛选出的记录的"学号"字段值，在第一个"0"前插入"1"→单击"所属院系"字段选择器右侧的下拉按钮，打开表的"公用筛选器"，单

击"从'所属院系'清除筛选器"项左侧的图标，清除表上的筛选操作。

④重复步骤③，完成对所属院系号为"02""03""04"的对应学号字段的修改。

⑤单击快速访问工具栏中的"保存"按钮，保存上面设置。

（3）①在"tStud"表的数据表视图中，用鼠标右键单击"所属院系"字段标题，在弹出的快捷菜单中，选择"字段宽度"→在弹出的列宽对话框中设置"列宽"为15，并单击"确定"按钮→单击快速访问工具栏中的"保存"按钮，保存上面设置。

②在"tStud"表的数据表视图中，用鼠标右键单击"简历"字段标题，在弹出的快捷菜单中选择"隐藏字段"选项，则表把"简历"字段隐藏起来→单击快速访问工具栏中的"保存"按钮，保存上面设置。

（4）①在数据库窗口的导航窗格中，用鼠标右键单击"tScore"表，在弹出的快捷菜单中选择"设计视图"选项，打开"tScore"表的设计视图→在字段输入区中单击"课程号"字段，在字段属性区中设置"输入掩码"为"AAAAA"。

②在字段输入区中，单击"成绩"字段，在字段属性区，设置"有效性规则"为"Between 0 And 100"。

③单击快速访问工具栏中的"保存"按钮，保存上面设置。

（5）注意，本小题可以在（2）之前完成。操作步骤为：

①在数据库工具选项卡的关系组中单击"关系"按钮，弹出的"关系"窗口→在窗口内右击鼠标，在弹出的快捷菜单中，选择"显示表"命令→添加"tStud"和"tScore"表后关闭<显示表>对话框。

②在关系窗口，使用鼠标左键，拖曳"tStud"表中的"学号"字段到"tScore"表的"学号"字段上释放左键→在弹出的"编辑关系"对话框中，单击"确定"按钮。

③单击快速访问工具栏中的"保存"按钮，再关闭"关系"窗口。

（6）①在数据库窗口的导航窗格中，用鼠标右键单击"fTest"窗体，选择快捷菜单中的"设计视图"，进入窗体的设计视图→用鼠标右键单击标题为"Button1"的命令按钮，选择快捷菜单中的"属性"，打开"属性表"窗格，将"格式"选项卡下的"标题"属性设置为"按钮"→将"数据"选项卡下的"可用"属性设置为"否"。

②单击快速访问工具栏中的"保存"按钮，保存上面设置→关闭samp1数据库。

三、简单应用题

请在"答题"菜单下选择相应命令，并按照题目要求完成下面的操作，具体要求如下：

注意 下面出现的"考生文件夹"均可从www.hzbook.com获得，其下存在一个数据库文件"samp2.accdb"，里面已经设计好表对象"tStud""tCourse""tScore"和"tTemp"。试按以下要求完成设计：

（1）创建一个查询，当运行该查询时，应显示参数提示信息"请输入爱好"，输入爱好后，在简历字段中查找具有指定爱好的学生，显示"姓名"、"性别"、"年龄"、"课程名"和"成绩"5个字段内容。所建查询命名为"qT1"。

（2）创建一个查询，查找平均成绩低于所有学生平均成绩的学生信息，并显示"学号"、"平均成绩"和"相差分数"3列内容，其中"平均成绩"和"相差分数"两列数据由计算得到。所建查询命名为"qT2"。

（3）创建一个查询，查找"04"院系没有任何选课信息的学生，并显示其"姓名"字段的内容。所建查询命名为"qT3"。

（4）创建一个查询，将表"tStud"中组织能力强、年龄最小的3个女学生的信息追加到

"tTemp"表对应的字段中。所建查询命名为"qT4"。

【操作步骤 / 提示】

（1）① 打开 samp2 数据库，在数据库窗口的"创建"选项卡下的"查询"组中，单击"查询设计"按钮，打开查询设计视图，使用"显示表"对话框，将表"tStud"、"tScore"和"tCourse"添加到查询设计窗口的字段列表区后，关闭"显示表"对话框。

② 建立各表之间的连接。在查询设计窗口的字段列表区，使用鼠标左键拖曳 tStud 表中的"学号"字段到 tScore 表的"学号"上方释放，在弹出的"编辑关系"对话框中，勾选"实施参照完整性"复选框，单击"创建"按钮→类似地拖曳 tCourse 表的"课程号"到 tScore 表中的"课程号"字段，建立三个表间的关系→单击"关系工具 / 设计"上下文选项卡下"关系"组中的"关闭"按钮，返回查询设计视图窗口。

③ 依次双击"姓名"、"性别"、"年龄"、"课程名"、"成绩"、"简历"6 个字段，将它们添加到设计网格区的字段行→在"简历"条件行输入：Like "*" & [请输入爱好] & "*"，并取消显示行的勾选（即不显示"简历"字段）。

④ 单击"查询工具 / 设计"选项卡下"结果"组中的"视图"按钮，在弹出的下拉列表中，单击"数据表视图"命令，查看查询结果。

⑤ 单击快速访问工具栏中的"保存"按钮，用"qT1"为文件名保序，关闭设计窗口。

（2）本题考查总计查询设计，SQL 聚合函数和域聚合函数的应用。

① 在 samp2 数据库窗口的"创建"选项卡下的"查询"组中，单击"查询设计"按钮，打开查询设计器视图，使用"显示表"对话框，将"tScore"表添加到查询设计窗口的字段列表区后，关闭"显示表"对话框。

② 在"查询工具 / 设计"选项卡下的"显示 / 隐藏"组中，单击"汇总"按钮，在设计网格区中插入一个"总计"行。查询最终的设计视图。

③ 双击"学号"，将其添加到设计网格区，设置"总计"行的选项为"Group By"。

④ 双击"成绩"，将其添加到设计网格区，设置"总计"行选项为"平均值"，将设计网格区第二列的成绩字段名改为：平均成绩:成绩。

⑤ 计算相差分数。在查询设计网格区的第三列的字段行输入：相差分数：DAvg(" 成绩 ","tScore")-Avg([成绩])，设置其总计行为"Expression"，在条件行输入">0"。

⑥ 单击"查询工具 / 设计"选项卡下"结果"组中的视图按钮，在弹出的下拉列表中选择"数据表视图"查看查询结果。

⑦ 单击快速访问工具栏中的"保存"按钮，用"qT2"为文件名保存，关闭设计窗口。

（3）本题考查不匹配查询设计方法。

① 在 samp2 数据库窗口的"创建"选项卡下的"查询"组中，单击"查询向导"按钮，系统弹出查询向导"新建查询"对话框；选中"查找不匹配项查询向导"，单击"确定"打开"查找不匹配项查询向导"对话框。

② 第一步确定在查询结果中包含哪张表或查询中的记录，这里选择 tStud 表，单击"下一步"按钮 → 第二步确定含哪张表或查询包含相关记录，这里选择 tScore 表，单击"下一步"→ 第三步确定在两张表中都有的信息，这里确认在 tStud 和 tScore 表中都选择"学号"字段，单击"下一步"按钮 → 第四步选择查询结果中所需的字段，这里将"姓名"添加到选定字段列表中，单击"下一步"按钮 → 指定查询名称，这里指定查询名称为："qT3"，并选中"修改设计"单选项，单击"完成"按钮，打开查询设计视图。

③ 在字段列表区，双击"所属院系"字段将其添加到字段网格区第三列，设置其条件行

为"04"。→ 取消"学号"和"所属院系"字段中显示行的勾选（即不显示）。

④ 在"查询工具 / 设计"选项卡下，单击"结果"组中的"数据表视图"按钮，查看查询结果。

⑤ 单击快速访问工具栏中的"保存"按钮，关闭查询设计窗口。

（4）本题考查操作查询中追加查询的设计方法，以及限制查询记录条数的方法。

① 在 samp2 数据库窗口的"创建"选项卡下的"查询"组中，单击"查询设计"按钮，打开查询设计窗口 → 使用"显示表"对话框添加 tStud 表到字段列表区→双击"学号"、"姓名"、"性别"、"年龄"、"所属院系"及"简历"字段，将它们添加到设计网格字段行 → 设置"年龄"字段的排序方式为"升序"，在"简历"的条件行输入：Like "* 组织能力强 *"→ 单击"查询工具 / 设计"选项卡下"结果"组中的"视图"按钮，在数据表视图中显示查询结果。

② 指定查询只显示前面 3 行。切换到设计视图 → 在"查询工具 / 设计"选项卡下的"显示 / 隐藏"组中，单击"属性表"命令，打开查询属性表窗格 → 设置"所选内容的类型"为"查询属性"（若不是此类型，可单击属性表窗格右侧的下拉按钮，然后再在窗格外部的任意位置单击即可），在"常规"选项卡下，设置"上限值"的属性为 3 → 切换到"数据表视图"，查看查询结果。

③ 切换到查询设计视图，在"查询工具 / 设计"选项卡下"查询类型"组中，单击"追加"按钮，在弹出的追加对话框中，指定要将查询结果追加到"tTemp"表中 → 在"查询工具 / 设计"选项卡下"结果"组中，单击"运行"按钮，在弹出的确认追加查询对话框中，单击"是"→双击打开"tTemp"表查看是否添加了②中所得到的记录。

④ 单击快速访问工具栏中的"保存"按钮，输入"qT4"文件名。单击"确定"按钮，关闭查询设计窗口 → 关闭 samp2 数据库窗口。

四、综合应用题

请在"答题"菜单下选择相应命令，并按照题目要求完成下面的操作，具体要求如下：

注意　下面出现的"考生文件夹"均可从 www.hzbook.com 获得，其下存在一个数据库文件"samp3.accdb"，里面已经设计好表对象"产品"、"供应商"，查询对象"按供应商查询"，窗体对象"characterS"和宏对象"打开产品表"、"运行查询"、"关闭窗口"。试按以下要求完成设计。

1. 创建一个名为"menu"的窗体，要求如下：

（1）对窗体进行如下设置：在距窗体左边 1 厘米、距上边 0.6 厘米处依次水平放置三个命令按钮，即"显示产品表"（名为"bt1"）、"查询"（名为"bt2"）和"退出"（名为"bt3"），命令按钮的宽度均为 2 厘米，高度为 1.5 厘米，每个命令按钮相隔 1 厘米。

（2）设置窗体标题为"主菜单"。

（3）当单击"显示产品表"命令按钮时，运行宏"打开产品表"，就可以浏览"产品"表；当单击"查询"命令按钮时，运行宏"运行查询"，即可启动"按供应商查询"；当单击"退出"命令按钮时，运行宏"关闭窗口"，关闭"menu"窗体。

2. 窗体"characterS"中有两个文本框，名称分别为"bTxt1"和"bTxt2"，还有一个命令按钮，名称为"bC"。窗体功能为：单击"bC"按钮将"bTxt1"文本框中已输入的字符串反向显示在"bTxt2"文本框中。请按照 VBA 代码中的指示将代码补充完整。

注意　不允许修改数据库中的表对象"产品""供应商"、查询对象"按供应商查询"和宏对象"打开产品表""运行查询""关闭窗口"；不允许修改窗体对象"characterS"中未涉及的控件和属性。另外，只允许在"***Add***"与"***Add***"之间的空行内补充一行语句，以完成设计，不允许增删和修改其他位置上已存在的语句。

【操作步骤 / 提示】

1. 本题考查窗体控件属性，以及控件布局的方法。

（1）① 打开 samp3 数据库，在数据库窗口的"创建"选项卡下，单击"窗体"组中的"窗体设计"按钮，进入窗体设计视图，此时窗体仅包含主体节。

② 在"窗体设计工具 / 设计"选项卡的"控件"组中单击"按钮"控件，在窗体内绘制一个按钮，在弹出的"命令按钮向导"对话框中单击"取消"按钮，关闭该对话框 → 用鼠标右键单击该按钮，在弹出的快捷菜单中选择"属性"命令，在弹出的属性表窗格内的"格式"选项卡下，修改"标题"属性为"显示产品表"，在"其他"选项卡下，修改"名称"为"bt1" → 采用相同方法，绘制标题为"查询"、名称为"bt2"及标题为"退出"、名称为"bt3"的命令按钮。

③ 设计按钮的宽高及上边距。按住"Shift"键，依次单击三个按钮将它们全选中 → 在属性表窗格的"格式"选项卡下，设置"宽度"为"2cm"，"高度"为"1.5cm"，"上边距"为"0.6cm"。

④ 设置各按钮的左边距。在属性表窗格"所选内容的类型"框的下拉列表中选择"bt1"，在"格式"选项卡下设置"显示产品表"按钮左边距为"1cm" → 由于"查询"按钮与前一按钮间隔 1cm，所以查询按钮的左边距应为：1（第一按钮左边距）+2（按钮宽度）+1（按钮间隔）=4cm → 同理，"退出"按钮的左边距应为：4（第二按钮左边距）+2（按钮宽度）+1（按钮间隔）=7cm。

⑤ 适当调整窗体大小 → 单击快速访问工具栏中的"保存"按钮，以"menu"为窗体名保存。

⑥ 单击"窗体设计工具"选项卡中"视图"命令组的"窗体视图"运行窗体。

（2）① 切换到窗体的"设计视图"，在属性表窗格上方"所选内容的类型"框的下拉列表中选择"窗体"，设置"格式"选项卡下的"标题"属性为"主菜单"。

② 单击快速访问工具栏中的"保存"按钮。

（3）① 在 samp3 数据库窗口，单击"显示产品表"按钮，在属性表窗格中的"事件"选项卡下，单击"单击"事件右侧的下拉按钮，在下拉列表框中选择宏名"打开产品表"。采用同样的设计方法，设置"查询"命令按钮的"单击"事件为宏"运行查询" → 设置"退出"命令按钮的"单击"事件为宏"关闭窗口"。

② 单击快速访问工具栏中的"保存"按钮。

③ 在"窗体设计工具 / 设计"选项卡下的"视图"组中，单击"窗体视图"运行窗体，并单击各按钮测试其功能。

2. ① 在 samp3 数据库窗口的导航窗格中，用鼠标右键单击"characterS"窗体，在弹出的快捷菜单中，选择"设计视图"，进入窗体设计视图。

② 在"窗体设计工具 / 设计"选项卡下的"工具"组中单击"属性表"按钮，在弹出的属性表窗格"所选内容的类型"框的下拉列表中选择"bC"按钮，在"事件"选项卡下的"单击"行内选择"事件过程"，单击"代码生成器"按钮，进入到 VBA 代码编辑界面。

③ 在"****Add1****"之间输入：For i = Len(s1) To 1 Step -1

说明，FOR 循环变量从 s1 长度开始，即利用 MID 函数从 s1 的最后一位截取，每次循环 i-1，即每次截取前一位字符。

④ 在"****Add2****"之间输入：Me.bTxt2 = s2

说明，使得 bTxt2 文本框的值为 s2 字符串，即在 bTxt2 中显示 s2。

⑤ 单击快速访问工具栏中的"保存"按钮，关闭代码窗口。单击"窗体设计工具 / 设计"选项卡下"视图"组中的视图下拉按钮，在弹出的下拉列表中选择"窗体视图"运行窗体，在 bTxt1 中输入信息（例如，student），单击"bC"按钮。

⑥ 关闭窗体，再关闭 samp3 数据库窗口。

真题 2

一、选择题

请在【答题】菜单上选择【选择题】命令，启动选择题测试程序，按照题目上的内容进行答题。

（1）下列关于栈和队列的描述中，正确的是（   ）。

A）栈是先进先出   B）队列是先进后出
C）队列允许在队头删除元素   D）栈在栈顶删除元素

（2）已知二叉树后序遍历序列是 CDABE，中序遍历序列是 CADEB，它的前序遍历序列是（   ）。

A）ABCDE   B）ECABD   C）EACDB   D）CDEAB

（3）在数据流图中，带有箭头的线段表示的是（   ）。

A）控制流   B）数据流   C）模块调用   D）事件驱动

（4）结构化程序设计的 3 种结构是（   ）。

A）顺序结构，分支结构，跳转结构   B）顺序结构，选择结构，循环结构
C）分支结构，选择结构，循环结构   D）分支结构，跳转结构，循环结构

（5）下列方法中，不属于软件调试方法的是（   ）。

A）回溯法   B）强行排错法   C）集成测试法   D）原因排除法

（6）下列选项中，不属于模块间耦合的是（   ）。

A）内容耦合   B）异构耦合   C）控制耦合   D）数据耦合

（7）下列特征中不是面向对象方法的主要特征是（   ）。

A）多态性   B）标识唯一性   C）封装性   D）耦合性

（8）在数据库设计中，将 E-R 图转换成关系数据模型的过程属于（   ）。

A）需求分析阶段   B）概念设计阶段   C）逻辑设计阶段   D）物理设计阶段

（9）在一棵二叉树上，第 5 层的节点数最多是（   ）。

A）8   B）9   C）15   D）16

（10）下列有关数据库的描述，正确的是（   ）。

A）数据库设计是指设计数据库管理系统
B）数据库技术的根本目标是解决数据共享的问题
C）数据库是一个独立的系统，不需要操作系统的支持
D）数据库系统中，数据的物理结构必须与逻辑结构一致

（11）如果表 A 中的一条记录与表 B 中的多条记录相匹配，且表 B 中的一条记录与表 A 中的一条记录相匹配，则表 A 与表 B 存在的关系是（   ）。

A）一对一   B）一对多   C）多对一   D）多对多

（12）如果一个教师可以讲授多门课程，一门课程可以由多个教师来讲授，则教师与课程存在的联系是（   ）。

A）一对一   B）一对多   C）多对一   D）多对多

（13）在"student"表中，"姓名"字段的字段大小为10，则在此列输入数据时，最多可输入的汉字数和英文字符数分别是（　　）。

A）55　　　　　　　　B）1010　　　　　　C）510　　　　　　D）1020

（14）"是/否"数据类型常被称为（　　）。

A）真/假型　　　　B）对/错型　　　　C）I/O 型　　　　　D）布尔型

（15）若要求主表中没有相关记录时就不能将记录添加到相关表中，则应该在表关系中设置（　　）。

A）参照完整性　　B）有效性规则　　C）输入掩码　　　D）级联更新相关字段

（16）设关系 R 和关系 S 的元数分别是 3 和 4，元组数分别为 5 和 6，则在 R 与 S 自然联接所得到的关系中，其元数和元组数分别为（　　）。

A）7 和 11　　　　　　　　　　　B）12 和 30

C）小于 7 和小于 30　　　　　　D）等于 7 和小于等于 30

（17）在以下的 SQL 语句中，（　　）语句用于创建表。

A）CREATE TABLE　　　　　　B）CREATE INDEX

C）ALTER TABLE　　　　　　　D）DROP

（18）在 Access 中已建立了"学生"表，表中有"学号""姓名""性别"和"入学成绩"等字段。执行如下 SQL 命令：

Select 性别, avg（入学成绩）Form 学生 Group By 性别

其结果是（　　）。

A）计算并显示所有学生的性别和入学成绩的平均值

B）按性别分组计算并显示性别和入学成绩的平均值

C）计算并显示所有学生的入学成绩平均值

D）按性别分组计算并显示所有学生的入学成绩平均值

（19）要退出 Access 数据库管理程序，可以使用的快捷键是（　　）。

A）Alt+X　　　　　B）Alt+F+X　　　　C）Ctrl+X　　　　　D）Ctrl+Q

（20）在 Access 的数据库中已建立了"Book"表，若要查找"图书 ID"是"TP132.54"和"TP138.98"的记录，应在查询设计视图的准则行中输入（　　）。

A）"TP132.54" and "TP138.98"

B）NOT（"TP132.54"，"TP138.98"）

C）NOT IN（"TP132.54"，"TP138.98"）

D）IN（"TP132.54"，"TP138.98"）

（21）关于 SQL 查询，以下说法不正确的是（　　）。

A）SQL 查询是用户使用 SQL 语句创建的查询

B）在查询设计视图中创建查询时，Access 将在后台构造等效的 SQL 语句

C）SQL 查询中可以用结构化的查询语言来查询、更新和管理关系数据库

D）SQL 查询更改之后，可以用设计视图中所显示的方式显示，也可以从设计网格中进行创建

（22）将表 A 的记录添加到表 B 中，要求保持表 B 中原有的记录，可以使用的查询是（　　）。

A）选择查询　　　B）生成表查询　　C）追加查询　　　D）更新查询

（23）若要查询成绩为 85 ～ 100 分（包括 85 分，不包括 100 分）的学生的信息，下面的

查询准则中设置正确的是（   ）。

  A）>84 or <100   B）Between 85 with 100

  C）IN（85，100）   D）>=85 and <100

（24）若要确保输入的出生日期值格式为短日期，应将该字段的输入掩码设置为（   ）。

  A）0000/99/99   B）9999/00/99   C）0000/00/00   D）9999/99/99

（25）定义字段默认值的含义是（   ）。

  A）不得使该字段为空

  B）不允许字段的值超出某个范围

  C）在未输入数据之前系统自动提供的数值

  D）系统自动把小写字母转换为大写字母

（26）Access 数据库中，主要用来输入或编辑文本型或数字型字段数据、位于窗体设计工具的控件组中的一种交互式控件是（   ）。

  A）标签控件   B）组合框控件   C）复选框控件   D）文本框控件

（27）针对控件的外观或窗体的显示格式，要设置的是（   ）选项卡中的属性。

  A）格式   B）数据   C）事件   D）其他

（28）在宏的调试中，可以配合使用的设计器上的工具按钮是（   ）。

  A）"调试"   B）"条件"   C）"单步"   D）"运行"

（29）在一个数据库中已经设置好了自动宏 AutoExec，如果在打开数据库的时候不想执行这个自动宏，正确的操作是（   ）。

  A）按 Enter 键打开数据库   B）打开数据库时按住 Alt 键

  C）打开数据库时按住 Ctrl 键   D）打开数据库时按住 Shift 键

（30）定义了二维数组 A（1 to 6，6），则该数组的元素个数为（   ）。

  A）24 个   B）36 个   C）42 个   D）48 个

（31）用于获得字符串 S 从第 3 个字符开始的两个字符的函数是（   ）。

  A）Mid（S，3，2）   B）Middle（S，3，2）

  C）Left（S，3，2）   D）Right（S，3，2）

（32）在一个宏的操作序列中，如果既包含带条件的操作，又包含无条件的操作，则没有指定条件的操作会（   ）。

  A）不执行   B）有条件执行   C）无条件执行   D）出错

（33）表达式 1+3\2>1 Or 6 Mod 4<3 And Not 1 的运算结果是（   ）。

  A）-1   B）0   C）1   D）其他

（34）下面关于模块的说法中，正确的是（   ）。

  A）模块都是由 VBA 的语句段组成的集合

  B）基本模块分为标准模块和类模块

  C）在模块中可以执行宏，但是宏不能转换为模块

  D）窗体模块和报表模块都是标准模块

（35）假定有以下程序段

```
n=0
For I=1 to 4
    For j=3 to-1 step -1
        n=n+1
```

```
        next j
    next i
```

运行完毕后，*n* 的值是（   ）。

    A）12   B）15   C）16   D）20

（36）有如下语句：

```
S=Int(100*Rnd)
```

执行完毕，s 的值是（   ）。

    A）[0，99] 的随机整数   B）[0，100] 的随机整数

    C）[1，99] 的随机整数   D）[1，100] 的随机整数

（37）在窗体中添加一个名称为 Command1 的命令按钮，然后编写如下事件代码：

```
Private Sub Command1_Click()
    A=75
    If A<60 Then x=1
    If A<70 Then x=2
    If A<80 Then x=3
    If A<90 Then x=4
    MsgBox x
End Sub
```

窗体打开运行后，单击命令按钮，则消息框的输出结果是（   ）。

    A）1   B）2   C）3   D）4

（38）在窗体上添加一个命令按钮，然后编写其单击事件：

```
For I = 1 To 3
    x=4
    For j = 1 To 4
        x = 3
        For k = 1 To 2
            X = x+5
        Next k
    Next j
Next i
MsgBox x
```

则单击命令按钮后消息框的输出结果是（   ）。

    A）7   B）8   C）9   D）13

（39）下面程序运行后，输出结果为（   ）。

```
Dim a ( )
a = array(1,3,5,7,9)
s = 0
For i = 1 To 4
S = s*10 + a(i)
Next i
Print s
```

    A）1357   B）3579   C）7531   D）9753

（40）在窗体中添加一个名称为 Command1 的命令按钮，然后编写如下程序：

```
Public x As Integer
Private Sub Command1_Click( )
        x = 10
        Call s1
        Call s2
MsgBox x
End Sub
Private Sub s1( )
    x = x + 20
End Sub
Private Sub s2( )
    Dim x As Integer
    x = x + 20
End Sub
```

窗体打开运行后，单击命令按钮，则消息框的输出结果为（　　　）。

　　A）10　　　　　　　　B）30　　　　　　　　C）40　　　　　　　　D）50

二、基本操作题

请在"答题"菜单下选择相应命令，并按照题目要求完成下面的操作，具体要求如下：

注意 "考生文件夹"均可从 www.hzbook.com 获得，其下的"samp1.accdb"数据库文件中已建立了两个表对象（名为"员工表"和"部门表"）。试按以下要求，顺序完成表的各种操作。

（1）将"员工表"的行高设为 15。

（2）设置表对象"员工表"的年龄字段有效性规则为：大于 17 且小于 65（不含 17 和 65）；同时设置相应的有效性文本为"请输入有效年龄"。

（3）在表对象"员工表"的年龄和职务两字段之间新增一个字段，字段名称为"密码"，数据类型为文本，字段大小为 6，同时，要求设置输入掩码使其以密码方式显示。

（4）查找年龄在平均年龄上下 1 岁（含）范围内的员工，并在其简历信息后追加"(平均)"文字标示信息。

（5）设置表对象"员工表"的聘用时间字段默认值为：系统日期当前年当前月的 1 号；冻结表对象"员工表"的姓名字段。

（6）建立表对象"员工表"和"部门表"的表间关系，实施参照完整性。

【操作步骤／提示】

（1）双击打开"samp1.accdb"数据库→在数据库窗口的导航窗格中双击"员工表"，打开"员工表"的数据表视图→用鼠标右键单击任何一行的记录选定器，在弹出的快捷菜单中选择"行高"命令，弹出"行高"对话框，设置行高为"15"，单击"确定"按钮→单击快速访问工具栏中的"保存"按钮，保存上面设置。

（2）① 在"表格工具／设计"选项卡下的"视图"组中，单击视图按钮，在弹出的快捷菜单中选择"设计视图"命令，切换到"员工表"的设计视图。

② 在字段输入区，单击"年龄"字段，在其字段属性区中设置"有效性规则"为"＞17 And <65"，"有效性文本"为"请输入有效年龄"。

③ 单击快速访问工具栏中的"保存"按钮。

（3）① 在"员工表"的设计视图中，选择"职务"字段，单击"表格工具 / 设计"选项卡下"工具"组中的"插入行"命令，则在"年龄"和"职务"之间插入一个空白行。

② 在空白行的字段列输入"密码"，默认"文本"数据类型，在字段属性区中设置"字段大小"为"6"；单击"输入掩码"行右侧的"输入掩码向导"按钮，弹出"输入掩码向导"对话框，选择"密码"行，单击"完成"。

③ 单击快速访问工具栏中的"保存"按钮，保存上面的设置。

（4）① 在"员工表"的数据表视图中，单击"开始"选项卡下"排序和筛选"组中的"高级"下拉按钮，在弹出的下拉列表中选择"高级筛选 / 排序"，进入"高级筛选 / 排序"设计窗口。在字段列表区，双击"年龄"字段，将其添加到字段网格区的第一列的字段行，在条件行输入：Between DAvg(" 年龄 "," 员工表 ")-1 And DAvg(" 年龄 "," 员工表 ")+1。

② 在"开始"选项卡下"排序和筛选"组中，单击"切换筛选"按钮，则在数据表中筛选出年龄在平均年龄上下 1 岁（含）范围内的员工记录；在"简历"字段最后添加"(平均)"。

③在"开始"选项卡下"排序和筛选"组中，单击"切换筛选"按钮，此时数据表显示所有记录。

（5）① 单击"表格工具 / 字段"选项卡下"视图"组中的视图下拉按钮，在弹出的下拉列表中选择"设计视图"，切换到"员工表"的设计视图。

②在字段输入区单击"聘用时间"字段，在其字段属性区中设置"默认值"为"=DateSerial(Year(Date()),Month(Date()),1)"。

③ 单击快速访问工具栏中的"保存"按钮。

④ 单击"表格工具 / 设计"选项卡"视图"组中视图下拉列表中的"数据表视图"命令，切换到"员工表"的数据视图 → 用鼠标右键单击"姓名"字段选择器（即列标题处），在弹出的快捷菜单中，选择"冻结字段"，此时"姓名"列移动到表的最左侧，并且拉动水平滚动条时，一直保持在屏幕左侧。

⑤ 单击快速访问工具栏中的"保存"按钮 → 关闭的"员工表"。

（6）① 单击"数据库工具"选项卡下"关系"组中的"关系"按钮，在弹出的"关系"窗口中，使用"显示表"，添加"员工表"和"部门表"到窗口中，关闭 < 显示表 > 对话框。

② 单击"员工表"中的"所属部门"字段，按住左键拖到"部门表"的"部门号"字段上再释放 → 在弹出的"编辑关系"对话框中，勾选"设置参照完整性"复选框 → 单击"创建"按钮。

③ 单击快速访问工具栏中的"保存"按钮 → 关闭"关系"窗口。

④ 关闭"samp1.accdb"数据库。

三、简单应用题

请在"答题"菜单下选择相应命令，并按照题目要求完成下面的操作，具体要求如下：

注意 "考生文件夹"均可从 www.hzbook.com 获得，其下存在一个数据库文件"samp2.accdb"，里面已经设计好三个关联表对象"tStud"、"tCourse"和"tScore"及一个临时表对象"tTemp"。试按以下要求完成设计。

（1）创建一个查询，查找并显示入校时间非空且年龄最大的男同学信息，输出其"学号"、"姓名"和"所属院系"3 个字段内容。所建查询命名为"qT1"。

（2）创建一个查询，查找姓名由三个或三个以上字符构成的学生信息，输出其"姓名"和"课程名"两个字段内容。所建查询名为"qT2"。

（3）创建一个查询，行标题显示学生性别，列标题显示所属院系，统计出男女学生在各院系的平均年龄。所建查询名为"qT3"。

（4）创建一个查询，将临时表对象"tTemp"中年龄为偶数的主管人员的"简历"字段清空。所建查询命名为"qT4"。

【操作步骤 / 提示】

（1）本题主要考查空值 NULL 的比较，以及显示查询结果前几条的设计方法。

① 双击打开"samp2.accdb"数据库，在数据库窗口的"创建"选项卡下的"查询"组中，单击"查询设计"按钮，打开查询设计窗口。使用"显示表"对话框向字段列表区添加"tStud"表，关闭"显示表"对话框。

② 依次双击"学号"、"姓名"、"所属院系"、"性别"、"年龄"及"入校日期"字段，将它们添加到设计网格区的字段行；取消"性别"、"年龄"、"入校日期"字段显示行的勾选（即不显示）。

③ 在"性别"字段条件行输入"男"，"入校时间"字段条件行输入"Is Not Null"，在"年龄"字段的排序行下拉列表中选择"降序"。

④ 指定查询只显示最前面 1 行。在"查询工具"选项卡下的"显示 / 隐藏"组中，单击"属性表"按钮，在打开的属性表窗格常规选项卡下，设置"上限值"为 1。在"查询工具 / 设计"选项卡下的"结果"组中，单击"视图"按钮，查看查询结果。

⑤ 单击快速访问工具栏中的"保存"按钮，输入"qT1"文件名，单击"确定"按钮，关闭查询设计窗口。

（2）本题考查多表连接查询设计方法，模糊查询 LIKE 及其通配符"*"、"?"的使用。

① 在 samp2.accdb 窗口的"创建"选项卡下，单击"查询"组中的"查询设计"按钮，打开查询设计窗口。使用"显示表"对话框向字段列表区添加 tStud、tScore、tCourse 表，关闭"显示表"对话框。

② 建立各表之间的连接。单击 tStud 表中的"学号"字段，按住鼠标左键拖动到 tScore 表的"学号"上方释放，单击 tScore 表中的"课程号"字段并拖动到 tCourse 表的"课程号"上方释放。

③ 依次双击"姓名"和"课程名"字段，将其添加到设计网格字段行，在"姓名"字段的条件行输入：Like "???*"。

④ 在"查询工具 / 设计"选项卡下的"结果"组中，单击"视图"下拉列表中的"数据表视图"，查看查询结果。

⑤ 单击快速访问工具栏中的"保存"按钮，输入"qT2"文件名，单击"确定"按钮，关闭查询设计窗口。

（3）本题考查交叉表查询的设计方法。

① 在 samp2.accdb 窗口的"创建"选项卡下，单击"查询"组中的"查询设计"按钮，打开查询设计窗口。使用"显示表"对话框，向字段列表区添加"tStud"表，关闭显示表对话框。

② 在"查询工具 / 设计"选项卡下的"查询类型"组中，单击"交叉表"按钮，将查询转换为交叉表查询。在查询设计网格中显示总计行、交叉表行。

③ 在字段列表区，依次双击"性别"、"所属院系"、"年龄"字段，将它们添加到设计网格字段行。设置"性别"字段总计选项为"Group By"，交叉表选项为"行标题"；设置"所属院系"字段总计选项为"Group By"，交叉表选项为"列标题"；设置"年龄"字段总计选项为"平均值"，交叉表选项为"值"。

④ 在"查询工具 / 设计"选项卡下的"结果"组中，单击"视图"下拉列表中的"数据表视图"，查看查询结果。

⑤ 单击快速访问工具栏中的"保存"按钮，输入"qT3"文件名。单击"确定"按钮，关闭设计窗口。

（4）本题考查操作查询中更新查询的设计方法。

① 在 samp2.accdb 窗口的"创建"选项卡下，单击"查询"组中的"查询设计"按钮，打开查询设计窗口。使用"显示表"对话框向字段列表区添加"tTemp"表，关闭显示表对话框。

② 在字段列表区，依次双击"姓名"、"年龄"、"简历"字段，将其添加到设计网格字段行，在"年龄"字段的条件行输入：[年龄] Mod 2=0，在"查询工具 / 设计"选项卡下的"结果"组中，单击"视图"下拉列表中的"数据表视图"，查看查询结果，以便确定那些记录将被修改。

③ 在"查询工具 / 设计"选项卡下的"查询类型"组中，单击"更新"按钮，在查询设计网格区出现"更新到"行 → 在"简历"的更新到行输入：Null → 在"查询工具 / 设计"选项卡下的"结果"组中，单击"运行"按钮并确定执行更新查询 → 最后双击打开"tTemp"表查看记录更新的情况。

④ 单击快速访问工具栏中的"保存"按钮，输入"qT4"文件名，单击"确定"按钮，关闭查询设计窗口。

⑤ 关闭"samp2.accdb"窗口。

四、综合应用题

请在"答题"菜单下选择相应命令，并按照题目要求完成下面的操作，具体要求如下：

注意　"考生文件夹"均可从 www.hzbook.com 获得，其下存在一个数据库文件"samp3.accdb"，里面已经设计了表对象"tEmp"、窗体对象"fEmp"、宏对象"mEmp"和报表对象"rEmp"。同时，给出窗体对象"fEmp"的"加载"事件和"预览"及"打印"两个命令按钮的单击事件代码，试按以下功能要求补充设计。

（1）对窗体"fEmp"上的标签"bTitle"加上特殊效果：阴影显示。

（2）已知窗体"fEmp"的 3 个命令按钮中，按钮"bt1"和"bt3"的大小一致且左对齐。现要求在不更改"bt1"和"bt3"大小位置的基础上，调整按钮"bt2"的大小和位置，使它的大小与"bt1"和"bt3"相同，水平方向上左对齐"bt1"和"bt3"，竖直方向上处于"bt1"和"bt3"之间的位置。

（3）设置系统相关属性，实现在窗体对象"fEmp"打开时以重叠窗口形式显示；设置报表对象"rEmp"的记录源属性为表对象"tEmp"。

（4）在窗体"fEmp"的"加载"事件中设置标签"bTitle"并以红色文本显示；单击"预览"按钮（名为"bt1"）或"打印"按钮（名为"bt2"），事件过程传递参数调用同一个用户自定义代码（mdPnt）过程，实现报表预览或打印输出；单击"退出"按钮（名为"bt3"），调用设计好的宏"mEmp"来关闭窗体。

【操作步骤 / 提示】

本题考查窗体和报表基本构成、控件的设计方法，以及简单 VBA 的书写。

（1）① 双击"samp3.accdb"数据库，在数据库窗口的导航窗格中用鼠标右键单击"fEmp"窗体，在弹出的快捷菜单中选择"设计视图"，进入窗体的设计视图。

② 在"窗体设计工具 / 设计"选项卡的"工具"组中，单击"属性表"按钮，在打开的属

性表窗格上方的"所选内容的类型"下拉列表框中，选择"bTitle"标签，在"格式"选项卡下，设置"特殊效果"的属性为"阴影"。

③ 单击快速访问工具栏中的"保存"按钮，保存设置。

（2）① 在"fEmp"窗体的设计视图中，在属性表窗格上方的"所选内容的类型"下拉列表框中，选择"bt1"按钮，看到格式选项卡下的"高度"属性值为1cm、"宽度"属性值为3cm、"左"属性值为3cm。

② 在属性表窗格上方"所选内容的类型"下拉列表框中，选择"bt2"按钮，在格式选项卡下，设置"高度"属性为"1cm"，"宽度"属性为"3cm"，"左"属性为"3cm"。

③ 按住"Shift"键，单击三个按钮，将其同时选中。切换到"窗体设计工具 / 排列"选项卡，在"调整大小和排序"组中，单击"大小 / 空格"的下拉按钮，在弹出的下拉列表中选择"垂直相等"命令。

④ 单击快速访问工具栏中的"保存"按钮，保存设置。

（3）① 单击"文件"选项卡进入"后台视图"。单击"选项"命令按钮，弹出"Access 选项"对话框，在对话框左侧选择"当前数据库"，在右侧详细项目设置中，将"文档窗口选项"设置为"重叠窗口"，单击"确定"按钮。

② 关闭"samp3.accdb"数据库，再重新打开。双击窗体对象"fEmp"打开时，即以重叠窗口形式显示了。

③ 在"samp3"数据库窗口的导航窗格中，用鼠标右键单击"rEmp"报表，在弹出的快捷菜单中，单击"设计视图"，进入报表的设计视图，在"报表设计工具 / 设计"选项卡下的"工具"组中，单击"属性表"按钮，在弹出的"属性表"窗格上方的"所选内容的类型"下拉列表框中，选择"报表"。在"数据"选项卡下设置"数据源"为"tEmp"。

④ 单击快速访问工具栏中的"保存"按钮，保存设置。

（4）① 在数据库窗口的导航窗格中用鼠标右键单击"fEmp"窗体，在弹出的快捷菜单中选择"设计视图"，进入窗体的设计视图。

② 在"属性表"窗格上方的"所选内容的类型"下拉列表框中，选择"窗体"，在"事件"选项卡下的"加载"行内选择"事件过程"，单击"代码生成器"按钮，进入到 VBA 代码编辑界面。

③ 在"****Add1****"之间输入：bTitle.ForeColor = vbRed

④ 在"****Add2****"之间输入：mdPnt acViewPreview

说明：调用 mdPnt 子过程，并传递字符常量 ViewPreview，采用打印预览的方式打开报表。

⑤ 在"****Add3****"之间输入：mdPnt acViewNormal

说明：调用 mdPnt 子过程，并传递字符常量 ViewPreview，采用直接打印输出的方式打开报表。

⑥ 按 Alt+F11 快捷键切换到窗体设计视图，单击"bt3"退出命令按钮控件，在"属性表"窗格的"事件"选项卡下的"单击"行右侧框内，单击下拉按钮，在弹出的下拉列表中选择宏名"mEmp"。

⑦ 单击快速访问工具栏中的"保存"按钮，关闭代码窗口。在"窗体设计工具 / 设计"选项卡下的"视图"组中，单击视图下拉列表中的"窗体视图"命令运行窗体。

⑧ 关闭"fEmp"窗体→关闭"samp3.accdb"窗口。

真题 3

一、选择题

请在【答题】菜单上选择【选择题】命令，启动选择题测试程序，按照题目上的内容进行答题。

（1）算法的时间复杂度是指（　　）。

A）算法的长度　　　　　　　　　B）执行算法所需要的时间

C）算法中的指令条数　　　　　　D）算法执行过程中所需要的基本运算次数

（2）以下数据结构中，属于非线性数据结构的是（　　）。

A）栈　　　　　B）线性表　　　　C）队列　　　　D）二叉树

（3）数据结构中，与所使用的计算机无关的是数据的（　　）。

A）存储结构　　　B）物理结构　　　C）逻辑结构　　　D）线性结构

（4）内聚性是对模块功能强度的衡量，下列选项中，内聚性较弱的是（　　）。

A）顺序内聚　　　B）偶然内聚　　　C）时间内聚　　　D）逻辑内聚

（5）在关系中凡能唯一标识元组的最小属性集称为该表的键或码。二维表中可能有若干个键，它们被称为该表的（　　）。

A）连接码　　　B）关系码　　　C）外码　　　D）候选码

（6）检查软件产品是否符合需求定义的过程，这称为（　　）。

A）确认测试　　　B）需求测试　　　C）验证测试　　　D）路径测试

（7）数据流图用于抽象描述一个软件的逻辑模型，数据流图由一些特定的图符构成。下列图符名标识的图符不属于数据流图合法图符的是（　　）。

A）控制流　　　B）加工　　　C）存储文件　　　D）源和潭

（8）待排序的关键码序列为（15，20，9，30，67，65，45，90），要按关键码值递增的顺序排序，采取简单选择排序法，第一趟排序后，关键码 15 被放到第（　　）个位置。

A）2　　　　　B）3　　　　　C）4　　　　　D）5

（9）对关系 S 和关系 R 进行集合运算，结果中既包含关系 S 中的所有元组也包含关系 R 中的所有元组，这样的集合运算称为（　　）。

A）并运算　　　B）交运算　　　C）差运算　　　D）除运算

（10）下列选项中，不属于数据管理员（DBA）职责的是（　　）。

A）数据库维护　　　　　　　　　B）数据库设计

C）改善系统性能，提高系统效率　　D）数据类型转换

（11）两个关系在没有公共属性时，其自然联接操作表现为（　　）。

A）笛卡儿积操作　B）等值联接操作　C）空操作　　　D）无意义的操作

（12）下列实体的联系中，属于多对多联系的是（　　）。

A）学生与课程　　　　　　　　　B）学校与校长

C）住院的病人与病床　　　　　　D）工资与职工

（13）在关系运算中，投影运算的含义是（　　）。

A）在基本表中选择满足条件的记录组成一个新的关系

B）在基本表中选择需要的字段（属性）组成一个新的关系

C）在基本表中选择满足条件的记录和属性组成一个新的关系

D）上述说法均是正确的

（14）下列关于二维表的说法错误的是（   ）。

  A）二维表中的列称为属性   B）属性值的取值范围称为值域

  C）二维表中的行称为元组   D）属性的集合称为关系

（15）对数据表进行筛选操作，结果是（   ）。

  A）显示满足条件的记录，并将这些记录保存在一个新表中

  B）只显示满足条件的记录，将不满足条件的记录从表中删除

  C）将满足条件的记录和不满足条件的记录分为两个表进行显示

  D）只显示满足条件的记录，不满足条件的记录被隐藏

（16）SQL 集数据查询、数据操作、数据定义和数据控制功能于一体，动词 INSERT、DELETE、UPDATE 实现（   ）。

  A）数据定义 B）数据查询 C）数据操纵 D）数据控制

（17）下列统计函数中不能忽略空值（NULL）的是（   ）。

  A）SUM   B）AVG   C）MAX   D）COUNT

（18）下面有关生成表查询的论述中正确的是（   ）。

  A）生成表查询不是一种操作查询

  B）生成表查询可以利用一个或多个表中的满足一定条件的记录来创建一个新表

  C）生成表查询将查询结果以临时表的形式存储

  D）对复杂的查询结果进行运算是经常应用生成表查询来生成一个临时表，生成表中的数据是与原表相关的，不是独立的，必须每次都生成以后才能使用

（19）简单、快捷的创建表结构的视图形式是（   ）。

  A）"数据库"视图   B）"表模板"视图

  C）"表设计"视图   D）"数据表"视图

（20）在下面关于数据表视图与查询关系的说法中，错误的是（   ）。

  A）在查询的数据表视图和表的数据表视图中窗口几乎相同

  B）在查询的数据表视图中对显示的数据记录的操作方法和表的数据表视图中的操作相同

  C）查询可以将多个表中的数据组合到一起，使用查询进行数据的编辑操作可以像在一个表中编辑一样，对多个表中的数据同时进行编辑

  D）基础表中的数据不可以在查询中更新，这与在数据表视图的表窗口中输入新值不一样，因为这里充分考虑到基础表的安全性

（21）在 SQL 的 SELECT 语句中，用于实现选择运算的是（   ）。

  A）FOR   B）WHILE   C）IF   D）WHERE

（22）假设图书表中有一个时间字段，查找 2006 年出版的图书的准则是（   ）。

  A）Between #2006-01-01# And #2006-12-31#

  B）Between "2006-01-01" And "2006-12-31"

  C）Between "2006.01.01" And "2006.12.31"

  D）#2006.01.01 # And #2006.12.31#

（23）在关于输入掩码的叙述中，正确的是（   ）。

  A）在定义字段的输入掩码时，既可以使用输入掩码向导，也可以直接使用字符

  B）定义字段的输入掩码，是为了设置输入时以密码显示

C）输入掩码中的字符 A 表示可以选择输入数字 0 到 9 之间的一个数

D）直接使用字符定义输入掩码时不能将字符组合起来

（24）数据类型是（　　　）。

A）字段的另一种说法

B）决定字段能包含哪类数据的设置

C）一类数据库应用程序

D）一类用来描述允许 Access 表向导从中选择的字段名称

（25）在 Access 中，自动启动宏的名称是（　　　）。

A）Auto   B）AutoExec   C）Auto.bat   D）AutoExec.bat

（26）以下不是宏的运行方式的是（　　　）。

A）直接运行宏

B）为窗体或报表的事件响应而运行宏

C）为窗体或报表上的控件的事件响应而运行宏

D）为查询事件响应而运行宏

（27）能够接受数字型数据输入的窗体控件是（　　　）。

A）图形   B）文本框   C）标签   D）命令按钮

（28）下列关于控件的说法错误的是（　　　）。

A）控件是窗体上用于显示数据和执行操作的对象

B）在窗体中添加的对象都称为控件

C）控件的类型可以分为：结合型、非结合型、计算型与非计算型

D）控件都可以在窗体"设计"视图中的控件组中看到

（29）下列逻辑表达式中，能正确表示条件"x 和 y 都不是奇数"的是（　　　）。

A）x Mod 2=1 And y Mod 2=1   B）x Mod 2=1 Or y Mod 2=1

C）x Mod 2=0 And y Mod 2=0   D）x Mod 2=0 Or y Mod 2=0

（30）在"窗体视图"中显示窗体时，窗体中没有记录选择器，应将窗体的"记录选择器"属性值设置为（　　　）。

A）是   B）否   C）有   D）无

（31）用于打开查询的宏命令是（　　　）。

A）OpenForm   B）OpenTable   C）OpenReport   D）OpenQuery

（32）在 VBA 中，下列变量名中不合法的是（　　　）。

A）Hello   B）HelloWorld   C）3hello   D）Hello_World

（33）在 Access 中，如果要处理具有复杂条件或循环结构的操作，则应该使用的对象是（　　　）。

A）窗体   B）模块   C）宏   D）报表

（34）DAO 的含义是（　　　）。

A）开放数据库互联应用编程接口   B）数据库访问对象

C）动态链接库   D）Active 数据对象

（35）下列 4 种形式的循环设计中，循环次数最少的是（　　　）。

A）a=5:b=8

```
        Do
            a=a+1
        Loop While a<b
```

B) a=5:b=8

```
        Do
            a=a+1
        Loop Until a<b
```

C) a=5:b=8

```
        Do Until a<b
            b=b+1
        Loop
```

D) a=5:b=8

```
        Do Until a>b
            a=a+1
        Loop
```

（36）在窗体上画一个名称为 C1 的命令按钮，然后编写如下事件过程：

```
Private Sub C1_Click()
        a=0
        n=Val(Input Box("请输入一个整数："))
    For i=1 To n
        For j=1 To i
            a=a+1
        Next j
    Next i
    Print a
End Sub
```

程序运行后单击"命令"按钮，如果输入 4，则在窗体上显示的内容是（   ）。

    A）5   B）6   C）9   D）10

（37）在窗体中添加了一个文本框和一个命令按钮（名称分别为 Text1 和 Command1），并编写了相应的事件过程。运行此窗体后，在文本框中输入一个字符，则命令按钮上的标题变为"Access 模拟"。以下能实现上述操作的事件过程是（   ）。

A)
```
Private Sub Command1_Click()
        Caption="Access 模拟"
    End Sub
```

B)
```
Private Sub Text1_Click()
        Command1.Caption="Access 模拟"
    End Sub
```

C)
```
Private Sub Command1_Change()
        Caption="Access 模拟"
    End Sub
```

D)
```
Private Sub Text1_Change()
        Command1.Caption="Access 模拟"
```

```
End Sub
```

（38）VBA 中用实际参数 m 和 n 调用过程 f(a,b) 的正确形式是（　　　）。

    A）f a, b   B）Call f（a，b）   C）Call f（m，n）   D）Call f m,n

（39）执行 x=InputBox（"请输入 x 的值"）时，在弹出的对话框中输入12，在列表框 List1 选中第一个列表项，假设该列表项的内容为34，使 y 的值是 1234 的语句是（　　　）。

    A）y=Val(x)+Val(List1.List(0))   B）y=Val(x)+Val(List1.List(1))

    C）y=Val(x)&Val(List1.List(0))   D）y=Val(x)&Val(List1.List(1))

（40）在窗体中有一个标签 Lb1 和一个命令按钮 Command1，事件代码如下：

```
Option Compare Database
Dim a As String*10
Private Sub Command1_Click()
a="1234"
b=Len(a)
Me.Lb1.Caption=b
End Sub
```

打开窗体后单击命令按钮，窗体中显示的内容是（　　　）。

    A）4   B）5   C）10   D）40

二、基本操作题

请在"答题"菜单下选择相应命令，并按照题目要求完成下面的操作，具体要求如下。

注意 下面出现的"考生文件夹"可从 www.hzbook.com 上获得，其下已有"samp1.accdb"数据库文件和 Stab.xls 文件，"samp1.mdb"中已建立表对象"student"和"grade"，试按以下要求，完成表的各种操作：

（1）将考生文件夹下的 Stab.xlsx 文件导入"student"表中。

（2）将"student"表中 1975 年和 1976 年出生的学生记录删除。

（3）将"student"表中"性别"字段的默认值属性设置为"男"；将"学号"字段的相关属性设置为只允许输入 9 位的 0 ~ 9 数字；将姓名中的"丽"改为"莉"。

（4）将"student"表拆分为两个新表，表名分别为"tStud"和"tOffice"。其中"tStud"表结构为：学号、姓名、性别、出生日期、院系、籍贯，主键为学号；"tOffice"表结构为"院系"、"院长"、"院办电话"，主键为"院系"。

要求：保留"student"表。

（5）在"grade"表中增加一个字段，字段名为"总评成绩"，字段值为：总评成绩 = 平时成绩 *30%+ 考试成绩 *70%，计算结果的"结果类型"为"整型"，"格式"为"标准"，"小数位数"为 0。

（6）建立"student"表和"grade"两表之间的关系。

【操作步骤/提示】

（1）① 打开 samp1 数据库（如果在选项卡下方出现"安全警告"提示栏时，可单击提示栏上的"启用内容"按钮，以确保数据库中相关功能都启用）。

② 在数据库窗口的"外部数据"选项卡下，单击"导入并链接"组中的"Excel"按钮，在弹出的"获取外部数据—Excel 电子表格"对话框中，利用"浏览"按钮，指定需要导入的 Excel 工作簿文件（即考生文件夹的 Stab.xls 文件），并选中"向表中追加一份记录的副本"单选项，并在该选项的右侧下拉列表框中选择 student 表，单击"确定"按钮。

③ 在弹出的"导入数据表向导"对话框中，选择包含了学生数据的工作表，一直单击"下一步"按钮，直到完成即可。完成后应打开学生表，检查导入 Excel 表格的效果。

（2）① 在 sampl 数据库窗口的导航窗格中，双击打开"student"表。单击"出生日期"字段选定器右侧的下拉按钮→在弹出的下拉列表中，取消"全部"项的勾选，仅仅勾选包含了 1975 年和 1976 年的日期 →单击"确定"按钮，这时表中仅包含了 1975 年和 1976 年出生的记录。

② 选中已筛选出来的记录，单击"开始"选项卡下"记录"组中的"删除"按钮，确认删除，则删除相关选中的记录。

③ 单击"student"表的"出生日期"字段选择器右侧的下拉按钮，在弹出的下拉列表中，单击"从'出生日期'清除筛选器"项左侧的图标，清除表上的筛选操作。

（3）① 在 sampl 数据库窗口，用设计视图方式打开"student"表。

② 在字段输入区，单击"性别"字段，在字段属性区的"默认值"右侧文本框中输入"男"。

③ 单击"学号"字段，在字段属性区的"输入掩码"右侧框中，单击 按钮，打开"输入掩码向导"对话框→选择"邮政编码"模板，单击"下一步"按钮→在弹出的"更改输入掩码"对话框中，将原来的输入掩码"000000"改为"000000000"（即 9 个"0"），单击"完成"按钮即可。

④ 在"表格工具 / 设计"选项卡下的"视图"组中，单击"视图"按钮，用"数据表视图"方式显示数据表→单击"姓名"字段选定器→在"开始"选项卡下的"查找"组中，单击"替换"按钮，在弹出的"查找和替换"对话框中的"查找内容"框输入"丽"，"替换为"框输入"莉"，"匹配"下拉列表框中选择"字段任何部分"，然后单击"全部替换"按钮，则完成将姓名中的"丽"改为"莉"字→单击快速访问工具栏中的"保存"按钮，保存以上设置。

（4）① 在 sampl 数据库窗口的导航窗格中，用鼠标右键单击"student"表，在弹出的快捷菜单中，选择"复制"命令 → 在导航窗格的空白处用鼠标右键单击，在弹出的快捷菜单中，选择"粘贴"，在出现的"粘贴表方式"对话框中，输入表名称"tStud"，并选择"结构和数据"单选项，单击"确定"按钮，建立一个"student"表的副本"tStud"→ 同样操作，建立另一个"student"表的副本"tOffice"。

② 进入"tStud"表的设计视图 → 在字段输入区，选中"院长"和"院办电话"字段，在"表格工具 / 设计"选项卡下"工具"组中，单击"删除行"命令，删除"院长"和"院办电话"字段 → 选中"学号"字段，在"表格工具 / 设计"选项卡下"工具"组中，单击"主键"命令，设置"学号"作为"tStud"表的主键 → 单击快速访问工具栏上的"保存"按钮。

③ 类似步骤②的操作，将"tOffice"表中除"院系"、"院长"及"院办电话"外的字段删掉。此时打开数据表视图，将重复的行删除，然后再进入设计视图，设置"院系"为主键，因为作为主键的字段值是不能重复的 → 单击快速访问工具栏上的"保存"按钮。

（5）① 在 sampl 数据库窗口的导航窗格中，用表设计视图方式打开"grade"表，→ 在字段输入区的"考试成绩"字段下方新增一个字段"总评成绩"，并选择其数据类型为"计算"，弹出"表达式生成器"对话框，单击"取消"按钮。

② 在字段属性区的"常规"选项卡下"表达式"框中，输入：[平时成绩]*0.3+[考试成绩]*0.7，设置"结果类型"为"整型"、"格式"为"标准"、"小数位数"为 0 → 单击快速访问工具栏中的"保存"按钮，保存数据表 → 关闭"grade"表。

（6）① 进入"student"表的设计视图，设置"学号"字段为其主键，保存"student"表。

② 在"数据库工具"选项卡下"关系"组中，单击"关系"按钮→在弹出的"关系"窗口内，右击鼠标→在快捷菜单中单击"显示表"，添加"student"和"grade"表到关系窗口。

③ 单击"student"表中的"学号"字段，并按住左键拖到"grade"表的"学号"字段上释放→在弹出"编辑关系"的对话框中，单击"创建"按钮。

④ 此时系统提示不能创建关系，其原因是"grade"表中的数据违反了参照完整性规则。分别打开"student"和"grade"表的数据表视图，发现"student"表中的"学号"字段构成的年份是完整的，如"199511204"，而"grade"表的"学号"字段则不同，如"9601294"。

⑤ 修改"grade"表的"学号"字段数据，在原有"学号"前面添加"19"字符，添加的方式可以是逐条修改，但是由于修改量较大，并且可能在修改过程中出错。建议利用"查找替换"操作→选择"学号"字段，单击"开始"选项卡下"记录"组中的"替换"命令，→在打开的"查找/替换"对话框中设置："查找内容"为"9"、"替换为"为"199"、"匹配"为"字段开头"，其他项为默认设置→单击"全部替换"即可。

⑥ 关闭"student"和"grade"表，重复步骤②③，在"student"和"grade"表之间建立关系→单击快速访问工具栏中的"保存"按钮，关闭 samp1 数据库。

三、简单应用题

请在"答题"菜单下选择相应命令，并按照题目要求完成下面的操作，具体要求如下。

注意   下面出现的"考生文件夹"均可从 www.hzbook.com 上获得，其下存在一个数据库文件"samp2.accdb"，里面已经设计好一个表对象"tTeacher"。试按以下要求完成设计：

（1）创建一个查询，计算并显示教师最大年龄与最小年龄的差值，显示标题为"m_age"，所建查询命名为"qT1"。

（2）创建一个查询，查询工龄不满 30 年、职称为副教授或教授的教师，并显示"编号"、"姓名"、"年龄"、"学历"和"职称"5 个字段内容。所建查询命名为"qT2"。

要求：使用函数计算工龄。

（3）创建一个查询，查找年龄低于在职教师平均年龄的在职教师，并显示"姓名"、"职称"和"系别"3 个字段内容。所建查询命名为"qT3"。

（4）创建一个查询，计算每个系的人数和所占总人数的百分比，并显示"系别"、"人数"和"所占百分比（%）"。所建查询命名为"qT4"。

注意   "人数"和"所占百分比"为显示标题。

要求：①按照编号来统计人数；②计算出的所占百分比以两位整数显示（使用函数实现）。

【操作步骤/提示】

（1）本题主要考查 SQL 聚合函数的使用，以及创建计算字段及其重命名的方法。

① 打开 samp2 数据库，在数据库窗口"创建"选项卡下的"查询"组中，单击"查询设计"按钮→使用"显示表"对话框，添加"tTeacher"表到"字段列表"区。

② 在"设计网格"区第 1 列的字段行，用鼠标右键单击，在弹出的快捷菜单中，选择"生成器"选项，打开"表达式生成器"对话框，在对话框中输入表达式"m_age: Max([年龄])-Min([年龄])"，单击"确定"按钮。

③ 在"查询工具/设计"选项卡下的"结果"组中，单击"运行"按钮，查看查询结果。

④ 单击快速访问工具栏中的"保存"按钮，以"qT1"为名称保存→关闭查询窗口。

（2）本题考查计算字段中函数的应用，模糊查询 LIKE 及其通配符"*"、"?"的使用。

① 在 samp2 数据库窗口"创建"选项卡下的"查询"组中，单击"查询设计"按钮→使用"显示表"对话框，添加"tTeacher"表到"字段列表"区。

② 依次双击"编号"、"姓名"、"年龄"、"学历"及"职称"字段，在设计网格区的"职称"字段所在条件行输入：Like"* 教授 "，以便查询出"副教授"或"教授"的教师。

③ 计算工龄字段。在"职称"字段后、第 1 列的字段行，用鼠标右键单击，在弹出的快捷菜单中，选择"生成器"，打开"表达式生成器"对话框，在其对话框中输入：工龄 :Year(Date())-Year([工作时间])，单击"确定"按钮。

④ 在"工龄"字段的条件行输入：<30，取消"显示"复选框勾选。

⑤ 在"查询工具 / 设计"选项卡下"结果"组中，单击"运行"按钮，查看查询结果。

⑥ 单击快速访问工具栏中的"保存"按钮，以 qT2 命名保存 →关闭查询窗口。

（3）本题考查"是 / 否"字段的比较方法书写、域聚合函数的应用。

① 在 samp2 数据库窗口"创建"选项卡下的"查询"组中，单击"查询设计"按钮→使用"显示表"对话框，添加"tTeacher"表到"字段列表"区。

② 依次双击"姓名"、"职称"、"系别"、"在职否"、"年龄"字段，在设计网格区的"在职否"字段所在条件行输入：Yes，以便查询出在职的教师。

③ 年龄低于在职教师平均年龄条件的设计。在设计网格区"年龄"字段的条件行用鼠标右键单击，在弹出的快捷菜单中，选择"生成器"，打开"表达式生成器"对话框，在该对话框中输入表达式：< DAvg(" 年龄 ","tTeacher"," 在职否 =Yes")，即利用域聚合函数求在职教师平均年龄，单击"确定"按钮。提示，在职教师平均年龄也可通过 SQL 子查询来计算得到。

④ 在"在职否"及"年龄"字段的"显示"行中，取消复选框的勾选。

⑤ 在"查询工具 / 设计"选项卡下"结果"组中，单击"运行"按钮，查看查询结果。

⑥ 单击快速访问工具栏中的"保存"按钮，以 qT3 命名保存 →关闭查询窗口。

（4）本题考查总计查询设计、Access 内置函数的使用。

① 在数据库窗口"创建"选项卡下的"查询"组中，单击"查询设计"按钮→使用"显示表"对话框，添加"tTeacher"表到"字段列表"区。

② 在"查询工具 / 设计"选项卡下的"显示 / 隐藏"组中，单击"汇总"命令，在设计网格区中添加"总计"行→依次双击"系别"、"编号"字段，并分别设置总计行选项为"Group By"、"计数"。对编号计数进行重命名，在编号前面输入：人数 :→ 并勾选显示行。

③ 计算"所占百分比"思路：利用 SQL 聚合函数 Count 求分组后各系的教师人数，利用域聚合函数 DCount 求教师总人数，两者相除后再乘以 100 得到百分比值，由于仅保留整数，整个值通过 Round 函数进行四舍五入到整数。在"人数"字段后一列的字段行输入：

所占百分比 :Round(Count([编号])/DCount(" 编号 ","tTeacher")*100,0)

设置总计行选项为"Expression"，并勾选显示行复选框。

④ 在"查询工具 / 设计"选项卡下"结果"组中，单击"运行"按钮，查看查询结果。

⑤ 单击快速访问工具栏中的"保存"按钮，以 qT4 命名保存 → 关闭 samp2 数据库窗口。

四、综合应用题

请在"答题"菜单下选择相应命令，并按照题目要求完成下面的操作，具体要求如下。

注意　下面出现的"考生文件夹"均可从 www.hzbook.com 上获得，其下存在一个数据库文件" samp3.accdb"，里面已经设计好表对象" tEmployee"和" tGroup"及查询对象" qEmployee"，同时还设计出以" qEmployee"为数据源的报表对象" rEmployee"。试在此基础上按照以下要求补充报表设计：

（1）在报表的报表页眉节区位置添加一个标签控件，其名称为" bTitle"，标题显示为"职工基本信息表"。

（2）预览报表时，报表标题显示标签控件"bTitle"的内容，请按照 VBA 代码中的指示将代码补充完整。

（3）在"性别"字段标题对应的报表主体节区距上边 0.1 厘米、距左侧 5.2 厘米的位置添加一个文本框，显示出"性别"字段值，并命名为"tSex"；在报表适当位置添加一个文本框，计算并显示每类职务教师的平均年龄，文本框名为"tAvg"。

注意 报表适当位置是指表页脚、页面页脚或组页脚。

（4）设置报表主体节区内文本框"tDept"的控件来源属性为"计算控件"。要求该控件可以根据报表数据源里的"所属部门"字段值，从非数据源表对象"tGroup"中检索出对应的部门名称并显示输出（提示：考虑 DLookup 函数的使用）。

注意 不允许修改数据库中的表对象"tEmployee"和"tGroup"及查询对象"qEmployee"；不允许修改报表对象"qEmployee"中未涉及的控件和属性。程序代码只允许在"***Add***"与"***Add***"之间的空行内补充一行语句，完成设计，不允许增删和修改其他位置已存在的语句。

【操作步骤 / 提示】

本题考查报表中报表的基本构成、控件的设计方法、控件的格式设计，其中，重点是计算控件的设计。

（1）打开 samp3 数据库，在数据库窗口的导航窗格中用鼠标右击"rEmployee"报表，在弹出的快捷菜单中选择"设计视图"，进入报表的设计视图 → 在"报表设计工具 / 设计"选项卡的"控件"组中，单击"标签"控件，在"报表页眉"节内单击鼠标画矩形，在插入光标处输入"职工基本信息表"→右击标签，在弹出的快捷菜单上选择"属性"命令，在"属性表"窗格的"其他"选项卡下修改"名称"为：bTitle → 单击快速访问工具栏中的"保存"按钮。

（2）① 在"属性表"窗格的"所选内容的类型"框中，选中"报表"，在"事件"选项卡下"加载"行内选择"事件过程"，单击"代码生成器▦"按钮，进入到 VBA 代码编辑界面。

在"****Add****"之间输入：Me.Caption = bTitle.Caption

② 单击快速访问工具栏中的"保存"按钮，关闭代码窗口 →在"报表设计工具 / 设计"选项卡下"视图"组中，单击"视图"下拉按钮，从下拉列表中选择"打印预览"命令。

（3）① 在报表设计视图中，直接复制主体节中任一现有文本框并粘贴到"姓名"文本框的右侧 →选中粘贴后的文本框，在其"属性表"窗格中，修改"名称"为"tSex"，设置"控件来源"为"性别"，"上边距"为"0.1cm"，"左边距"为"5.2cm"→ 单击快速访问工具栏中的"保存"按钮。

② 添加计算每类职务的平均年龄文本框。由于需要对报表主体中的记录进行分组并做统计，因此需要为报表添加组，这里添加组页脚节→在"报表设计工具 / 设计"选项卡下"分组和汇总"组中，单击"分组和排序"命令，在报表下方出现"分组、排序和汇总"设计窗格；单击"添加组"按钮→设置"分组形式"为"职务"字段，单击"更多 ▶"设置"汇总"选项中"汇总方式"为"年龄"、类型为"平均值"、勾选"在组页脚中显示小计"项，设置"无页眉节"和"有页脚节"。

③ 通过步骤②的设计，在报表中添加了"职务页脚"的组页脚节，其中包含了一个统计各职务平均年龄的文本框，单击该文本框，在其"属性表"窗格中，修改"名称"为"tAvg"。适当调整"职务页脚"节的高度 → 在"报表设计工具 / 设计"选项卡下"视图"组中的下拉列表中选择"打印预览"命令，查看报表打印情况。

④ 单击快速访问工具栏中的"保存"按钮。

（4）① 在报表设计视图中，选中主体节中的文本框"tDept"，在其"属性表"窗格中的"数据"选项卡下，设置"控件来源"为表达式：=DLookUp("名称","tGroup","部门编号 ='" & [所属部门] & "'") →在"报表设计工具 / 设计"选项卡下"视图"组中的下拉列表中选择"打印预览"命令查看报表打印情况。

② 单击快速访问工具栏中的"保存"按钮，关闭代码窗口 →关闭 samp3 数据库窗口。

真题 4

一、选择题

请在【答题】菜单上选择【选择题】命令，启动选择题测试程序，按照题目上的内容进行答题。

（1）下面关于算法的叙述中，正确的是（   ）。

A）算法的执行效率与数据的存储结构无关

B）算法的有穷性是指算法必须能在执行有限个步骤之后终止

C）算法的空间复杂度是指算法程序中指令（或语句）的条数

D）以上三种描述都正确

（2）下列二叉树描述中，正确的是（   ）。

A）任何一棵二叉树必须有一个度为 2 的节点

B）二叉树的度可以小于 2

C）非空二叉树有 0 个或 1 个根节点

D）至少有 2 个根节点

（3）如果进栈序列为 A、B、C、D，则可能的出栈序列是（   ）。

A）C、A、D、B   B）B、D、C、A

C）C、D、A、B   D）任意顺序

（4）下列各选项中，不属于序言性注释的是（   ）。

A）程序标题   B）程序设计者   C）主要算法   D）数据状态

（5）下列模式中，能够给出数据库物理存储结构与物理存取方法的是（   ）。

A）内模式   B）外模式   C）概念模式   D）逻辑模式

（6）下列叙述中，不属于软件需求规格说明书的作用的是（   ）。

A）便于用户、开发人员进行理解和交流

B）反映出用户问题的结构，可以作为软件开发工作的基础和依据

C）作为确认测试和验收的依据

D）便于开发人员进行需求分析

（7）下列不属于软件工程 3 个要素的是（   ）。

A）工具   B）过程   C）方法   D）环境

（8）数据库系统在其内部具有 3 级模式，用来描述数据库中全体数据的全局逻辑结构和特性的是（   ）。

A）外模式   B）概念模式   C）内模式   D）存储模式

（9）将 E-R 图转换到关系模式时，实体与联系都可以表示成（   ）。

A）属性   B）关系   C）记录   D）码

（10）某二叉树中度为 2 的节点有 10 个，则该二叉树中有（   ）个叶子节点。

    A）9   B）10   C）11   D）12

（11）假设数据中表 A 与表 B 建立了"一对多"关系，表 A 为"多"的一方，则下述说法正确的是（   ）。

    A）表 B 中的一个字段能与表 A 中的多个字段匹配

    B）表 B 中的一个记录能与表 A 中的多个记录匹配

    C）表 A 中的一个记录能与表 B 中的多个记录匹配

    D）表 A 中的一个字段能与表 B 中的多个字段匹配

（12）在人事管理数据库中工资与职工之间存在的关系是（   ）。

    A）一对一   B）一对多   C）多对一   D）多对多

（13）Access 中的参照完整性规则不包括（   ）。

    A）删除规则   B）插入规则   C）查询规则   D）更新规则

（14）在关系运算中，选择运算的含义是（   ）。

    A）在基本表中选择满足条件的记录，以组成一个新的关系

    B）在基本表中选择需要的字段（属性），以组成一个新的关系

    C）在基本表中选择满足条件的记录和属性，以组成一个新的关系

    D）上述说法均是正确的

（15）以下关于 SQL 语句及其用途的叙述，正确的是（   ）。

    A）CREATE TABLE 用于修改一个表的结构

    B）CREATE INDEX 为字段或字段组创建视图

    C）DROP 表示从数据库中删除表或者从字段 / 字段组中删除索引

    D）ALTER TABLE 用于创建表

（16）能够使用"输入掩码向导"创建输入掩码的字段类型是（   ）。

    A）数字和文本   B）文本和备注

    C）数字和日期 / 时间   D）文本和日期 / 时间

（17）在现实世界中，每个人都有自己的出生地，实体"人"与实体"出生地"之间的联系是（   ）。

    A）一对一联系   B）一对多联系   C）多对多联系   D）无联系

（18）下图是使用查询设计器完成的查询，与该查询等价的 SQL 语句是（   ）。

    A）select 学号，数学 from sc where 数学 >（select avg（数学）from sc）

    B）select 学号 where 数学 >（select avg（数学）from sc）

    C）select 数学 avg（数学）from sc

    D）select 数学 >（select avg（数学）from sc）

（19）在 Access 中，可以从（   ）中进行打开表的操作。

    A）"数据表"视图和"设计"视图

    B）"数据表"视图和"表向导"视图

    C）"设计"视图和"表向导"视图

    D）"数据库"视图和"表向导"视图

（20）在 SQL 查询中，若要取得"学生"数据表中的所有记录和字段，其 SQL 语法为（   ）。

A）SELECT 姓名 FROM 学生

B）SELECT * FROM 学生

C）SELECT 姓名 FROM 学生 WHERE 学号 =02650

D）SELECT * FROM 学生 WHERE 学号 =02650

（21）下面显示的是查询设计视图的"设计网络"部分，从此部分展示的内容中可以判断出要创建的查询是（　　　）。

A）删除查询　　　B）生成表查询

C）选择查询　　　D）更新查询

（22）下列关于字段属性的默认值的设置说法，错误的是（　　　）。

A）默认值类型必须与字段的数据类型相匹配

B）在默认值设置时，输入文本不需要加引号，系统会自动加上引号

C）设置默认值后，用户只能使用默认值

D）可以使用 Access 的表达式来定义默认值

（23）在 SQL 查询中可直接将命令发送到 ODBC 数据库服务器中的查询是（　　　）。

A）传递查询　　　B）联合查询　　　C）数据定义查询　　D）子查询

（24）在 SELECT 语句中，"\"的含义是（　　　）。

A）通配符，代表一个字符　　　　　B）通配符，代表任意字符

C）测试字段是否为 NULL　　　　　D）定义转义字符

（25）如果加载一个窗体，先被触发的事件是（　　　）。

A）Load 事件　　　B）Open 事件　　　C）Activate 事件　　　D）Unload 事件

（26）以下关于字段属性的叙述，正确的是（　　　）。

A）格式和输入掩码是一样的

B）可以对任意类型的字段使用向导设置输入掩码

C）有效性规则属性是用于限制此字段输入值的表达式

D）有效性规则和输入掩码是一样的

（27）在下图中，与查询设计器的筛选标签中所设置的筛选功能相同的表达式是（　　　）。

A）成绩表 . 综合成绩 >=80 AND 成绩表 . 综合成绩 =<90

B）成绩表 . 综合成绩 >80 AND 成绩表 . 综合成绩 <90

C）80 <= 成绩表 . 综合成绩 <=90

D）80 < 成绩表 . 综合成绩 <90

（28）以下有关选项组叙述错误的是（　　　）。

A）如果选项组结合到某个字段，实际上是组框架本身而不是组框架内的复选框、选项按钮或切换按钮结合到该字段上

B）选项组可以设置为表达式

C）使用选项组，只要单击选项组中所需的值，就可以为字段选定数据值

D）选项组不能接受用户的输入

（29）在 Access 中建立了"雇员"表，其中有可以存放照片的字段，在使用向导为该表

创建窗体时，"照片"字段所使用的默认控件是（　　　）。

  A）图像框   B）绑定对象框 C）非绑定对象 D）列表框

（30）用于关闭或打开系统消息的宏命令是（　　　）。

  A）SetValue   B）Requery   C）Restore   D）SetWarnings

（31）以下有关宏操作的叙述正确的是（　　　）。

  A）宏的条件表达式中不能引用窗体或报表的控件值

  B）不是所有的宏操作都可以转化为相应的模块代码

  C）使用宏不能启动其他应用程序

  D）可以利用宏组来管理相关的一系列宏

（32）以下叙述中正确的是（　　　）。

  A）在一个函数中，只能有一条 return 语句

  B）函数的定义和调用都可以嵌套

  C）函数必须有返回值

  D）不同的函数中可以使用相同名字的变量

（33）以下程序段运行后，消息框的输出结果是（　　　）。

```
a=10
b=20
c=a<b
MsgBox c+1
```

  A）−1   B）0   C）1   D）2

（34）在 If…End If 选择结构中，允许可嵌套的深度是（　　　）。

  A）最多32层 B）最多64层 C）最多256层 D）没有严格限制

（35）设变量 x 是一个整型变量，如果 Sgn(x) 的值为1，则 x 的值是（　　　）。

  A）1   B）大于0的整数 C）0   D）小于0的整数

（36）VBA 中不能进行错误处理的语句是（　　　）。

  A）OnError Goto 标号   B）OnError Then 标号

  C）OnError Resume Next   D）OnError Goto 0

（37）可以计算当前日期所处年份的表达式是（　　　）。

  A）Day(Date) B）Year(Date) C）Year(Day(Date)) D）Day(Year(Date))

（38）VBA 程序的多条语句写在一行中时，其分隔符必须使用符号（　　　）。

  A）冒号（：） B）分号（；） C）逗号（，） D）单引号（'）

（39）假定在窗体中的通用声明段已经定义了如下的子过程：

```
Sub f(x As Single,y As Single)
    t=x
    x=y
    y=x
End Sub
```

在窗体上添加一个命令按钮（名为 Command1），然后编写如下事件过程：

```
Private Sub Command1_Click()
    a=10
    b=20
```

```
     f(a,b)
MsgBox a & b
End Sub
```

打开窗体并运行后，单击命令按钮，消息框输出的值分别为（   ）。

  A）20 和 10   B）10 和 20   C）10 和 10   D）20 和 20

（40）以下程序段运行结束后，变量 x 的值为（   ）。

```
x=1
y=2
Do
    x=x*y
    y=y+1
Loop While y<2
```

  A）1   B）2   C）3   D）4

二、基本操作题

在考生文件夹（可从 www.hzbook.com 获取）下，存在一个 Excel 文件"Test.xlsx"和一个数据库文件"samp1.accdb"。"samp1.accdb"数据库文件中已建立 3 个表对象（名为"线路"、"游客"和"团队"）和一个窗体对象（名为"brow"）。试按以下要求，完成表和窗体的各种操作：

（1）将"线路"表中的"线路 ID"字段设置为主键；设置"天数"字段的有效性规则属性，有效性规则为大于 0。

（2）将"团队"表中的"团队 ID"字段设置为主键；添加"线路 ID"字段，数据类型为"文本"，字段大小为 8。

（3）将"游客"表中的"年龄"字段删除；添加另外两个字段，字段名分别为"证件编号"和"证件类别"。"证件编号"的数据类型为"文本"，字段大小为 20；使用查阅向导建立"证件类别"字段的数据类型，向该字段键入的值为"身份证"、"军官证"或"护照"等固定常数。

（4）将考生文件夹下 Test.xlsx 文件中的数据链接到当前数据库中。要求：数据中的第一行作为字段名，链接表对象命名为"tTest"。

（5）建立"线路"、"团队"和"游客" 3 表之间的关系，并实施参照完整性。

（6）修改窗体"brow"，取消"记录选择器"和"分隔线"显示，在窗体页眉处添加一个标签控件（名为 Line），标签标题为"线路介绍"，字体名称为隶书、字号大小为 18。

【操作步骤 / 提示】

（1）① 打开 samp1 数据库，在数据库窗口的导航窗格所选对象的下拉列表中，选择"Access 所有对象"→在数据库窗口，用设计视图打开"线路"表。

② 在字段输入区，选择"线路 ID"字段，在"表格工具 / 设计"选项卡下的"工具"组中，单击"主键"按钮。

③ 在字段输入区，选择"天数"字段，在字段属性区的"有效性规则"行中输入：>0。

④ 单击快速访问工具栏中的"保存"按钮，关闭表设计视图。

（2）① 在 samp1 数据库窗口，用设计视图打开"团队"表。在字段输入区，选择"团队 ID"字段，在"表格工具 / 设计"选项卡下的"工具"组中，单击"主键"按钮。

② 在字段输入区的"出发日期"下一行的"字段名称"列中输入"线路 ID"，"数据类型"选择"文本"，在字段属性区设置其"字段大小"为 8。

③ 单击快速访问工具栏中的"保存"按钮，关闭设计视图。

（3）① 在 samp1 数据库窗口，用设计视图打开"游客"表。

② 在字段输入区，右键单击"年龄"行，在弹出的快捷菜单中选择"删除行"命令。

③ 在字段输入区的"团队 ID"下一行的"字段名称"列中输入"证件编号"，"数据类型"选择"文本"，在字段属性区"字段大小"行中输入：20 →在"证件编号"下一行的"字段名称"列中输入"证件类别"，"数据类型"选择"查阅向导"，在弹出的"查阅向导"对话框中，选中"自行键入所需的值"，单击"下一步"按钮 →在弹出对话框中的表格第一列的 1、2、3 行中，分别输入"身份证"、"军官证"和"护照"，单击"完成"按钮。

④ 单击快速访问工具栏中的"保存"按钮，关闭设计视图。

（4）① 在 samp1 数据库窗口的"外部数据"选项卡下的"导入并链接"组中，单击"Excel"按钮 →在弹出的"获得外部数据"对话框中，单击"浏览"按钮，在弹出的"打开"对话框内浏览"Test.xls"文件所在的存储位置（考生文件夹下），选中"Test.xls"文件，单击"打开"按钮。

② 接着在"获得外部数据"对话框中，选中"通过链接表来链接到数据源"项，单击"确定"按钮。

③ 在弹出的"导入数据表向导"对话框中，单击"下一步"按钮，选中"第一行包含列标题"复选框 →单击"下一步"按钮，设置导入的表名为"tTest"→单击"完成"按钮，最后单击"关闭"按钮。

（5）① 在"数据库工具"选项卡下的"关系"组中，单击"关系"按钮，弹出"关系"窗口，使用"显示表"对话框向关系窗口添加表"线路"、"团队"和"游客"。

② 单击"团队"表中的"团队 ID"字段，按住左键不放拖到"游客"表的"团队 ID"字段上释放。在弹出编辑关系的对话框中勾选"实施参照完整性"复选框，单击"创建"按钮。

③ 单击"线路"表中的"线路 ID"字段，按住左键不放，拖到"团队"表的"线路 ID"上释放。在弹出编辑关系的对话框中勾选"实施参照完整性"复选框，单击"创建"按钮。

④ 单击快速访问工具栏中的"保存"按钮 →单击"关系"组中的"关闭"按钮。

（6）① 在 samp1 数据库窗口的导航窗格中，用鼠标右键单击"brow"窗体，在弹出的快捷菜单中，选择"设计视图"，进入"brow"的设计视图。

② 右键单击"brow"窗体空白处，在弹出的快捷菜单中选择"表单属性"，在弹出的"属性表"窗格中的"格式"选项卡下，选择"记录选择器"下拉列表中值为：否，选择"分隔线"下拉列表中的值为：否，关闭"属性表"窗格。

③ 在"窗体设计工具/设计"选项卡下的"控件"组中，单击"按钮"控件，再在"窗体页眉"节的适当位置单击，弹出命令按钮向导对话框，单击"取消"按钮。

④ 右键单击命令按钮，在弹出的"属性表"窗格中的"全部"选项卡下，设置命令按钮的"名称"属性值为：Line，"标题"的属性值为：线路介绍，"字体名称"的属性值为：隶书，"字号"的属性值为：18。

⑤ 单击快速访问工具栏中的"保存"按钮，保存窗体设置 →关闭窗体设计视图。

三、简单应用题

考生文件夹（可从 www.hzbook.com 上获得）下存在一个数据库文件"samp2.accdb"，里面已经设计好"tA"和"tB"两个表对象。试按以下要求完成设计：

（1）创建一个查询，查找并显示所有客人的"姓名"、"房间号"、"电话"和"入住日期"4个字段内容。所建查询名为"qT1"。

（2）创建一个查询，能够在客人结账时根据客人的姓名统计这个客人"已住天数"和"应交金额"，并显示"姓名"、"房间号"、"已住天数"和"应交金额"。所建查询名为"qT2"。

注：输入姓名时应提示"请输入姓名:"；"已住天数"按系统日期为客人结账日进行计算；应交金额 = 已住天数 * 价格。

（3）创建一个查询，查找"身份证"字段第 4 位至第 6 位值为"102"的记录，并显示"姓名"、"入住日期"和"价格"3 个字段内容。所建查询名为"qT3"。

（4）以表对象"tB"为数据源创建一个交叉表查询，使用房间号统计并显示每栋楼的各类房间个数。行标题为"楼号"，列标题为"房间类别"，所建查询名为"qT4"。

注：房间号的前两位为楼号。

【操作步骤 / 提示】

（1）本题考查无条件选择查询设计的方法。

① 打开 samp2 数据库，在数据库窗口的导航窗格所选对象的下拉列表中，选择" Access 所有对象"→在数据库窗口的"创建"选项卡下的"查询"组中，单击"查询设计"按钮，打开查询设计窗口 →使用"显示表"对话框，将表"tA"和"tB"添加到字段列表区中，关闭"显示表"对话框。

② 在字段列表区中，分别双击"tA"表的"姓名"、"房间号"字段→双击"tB"表的"电话"字段→双击"tA"表的"入住日期"字段，将它们添加到设计网格区字段行的 1 ～ 4 列。

③ 单击快速访问工具栏中的"保存"按钮，以"qT1"为名称保存→关闭查询设计窗口。

（2）本题考查查询中计算方法的使用。

① 在 samp2 数据库窗口的"创建"选项卡下的"查询"组中，单击"查询设计"按钮，弹出查询设计窗口。使用"显示表"对话框将表"tA"和"tB"添加到字段列表区中。

② 在字段列表区，依次双击"tA"表的"姓名"和"房间号"字段，将其添加到设计网格区中"字段"行的第 1 列和第 2 列。

③ 在"字段"行的第 3 列输入"已住天数 : Date()-[入住日期]"，第 4 列输入"应交金额 : (Date()-[入住日期])*[价格]"→确认已勾选显示行相应的复选框。

④ 在"姓名"字段的"条件"行中输入"[请输入姓名 :]"。

⑤ 单击快速访问工具栏中的"保存"按钮，以"qT2"为名称保存→关闭查询设计窗口。

（3）本题主要考查条件查询的模糊表达方法。

① 在 samp2 数据库窗口的"创建"选项卡下的"查询"组中，单击"查询设计"按钮，弹出查询设计窗口→使用"显示表"对话框将表"tA"和"tB"添加到字段列表区中。

② 在字段列表区，分别双击"tA"表的"姓名"和"入住日期"字段，双击"tB"表的"价格"字段，双击"tA"表的"身份证"字段。依次将它们添加到设计网格区字段行的第 1 ～ 4 列。

③ 在"身份证"字段的"条件"行中输入：Like "???102*"，取消该字段"显示"复选框的勾选 →单击快速访问工具栏中的"保存"按钮，以"qT3"为名称保存→关闭查询设计窗口。

（4）本题主要考查查询中的计算与分组设计的方法。

① 在 samp2 数据库窗口的"创建"选项卡下的"查询"组中，单击"查询设计"按钮，弹出查询设计窗口。使用"显示表"对话框将表"tB"添加到字段列表区中。

② 在"查询工具 / 设计"选项卡下"查询类型"组中，单击"交叉表"按钮，在设计网格区中添加"交叉表"行。

③ 在设计网格区"字段"行第 1 列输入"楼号 :Left([房间号], 2)"→在字段列表区，分别双击"房间类别"和"房间号"字段，将它们添加到设计网格区的第 2 和第 3 列。

④ 在"查询工具 / 设计"选项卡下"显示 / 隐藏"组中，单击"汇总"按钮，在设计网格区添加"总计"行 →在"楼号 : Left([房间号],2)"和"房间类别"字段的"总计"行下拉列表中选中"Group By"，在"房间号"字段的"总计"行下拉列表中选中"计数"。

⑤ 分别在"楼号 :Left([房间号], 2)"、"房间类别"、"房间号"字段的"交叉表"行下拉列表中选中"行标题"、"列标题"和"值"→单击快速访问工具栏中的"保存"按钮，以"qT4"为名称保存 →关闭 samp2 数据库窗口。

四、综合应用题

考生文件夹（可从 www.hzbook.com 上获得）下存在一个数据库文件" samp3.accdb"，里面已有表对象" tEmp"、查询对象" qEmp"和窗体对象" fEmp"。同时，给出窗体对象" fEmp"上两个按钮的单击事件代码，试按以下要求补充设计。

（1）将窗体" fEmp"上名称为" tSS"的文本框控件改为组合框控件，控件名称不变，标签标题不变。设置组合框控件的相关属性，以实现从下拉列表中选择输入性别值"男"和"女"。

（2）将查询对象" qEmp"改为参数查询，参数为窗体对象" fEmp"上组合框" tSS"的输入值。

（3）将窗体对象" fEmp"上名称为" tPa"的文本框控件设置为计算控件。要求依据"党员否"字段值显示相应内容。如果"党员否"字段值为 True，则显示"党员"两个字；如果"党员否"字段值为 False，则显示"非党员"三个字。

（4）在窗体对象" fEmp"上有"刷新"和"退出"两个命令按钮，名称分别为" bt1"和" bt2"。单击"刷新"按钮，窗体记录源改为查询对象" qEmp"；单击"退出"按钮，关闭窗体。现已编写了部分 VBA 代码，请按照 VBA 代码中的指示将代码补充完整。

注意　不允许修改数据库中的表对象" tEmp"；不允许修改查询对象" qEmp"中未涉及的内容；不允许修改窗体对象" fEmp"中未涉及的控件和属性。

程序代码只允许在" ***Add***"与" ***Add***"之间的空行内补充一行语句，完成设计，不允许增删和修改其他位置上已存在的语句。

【操作步骤 / 提示】

本题考点：窗体中文本框、命令按钮、组合框控件属性的设置；查询的设置；VBA 编程。

（1）① 打开 samp3 数据库，在数据库窗口的导航窗格中，用鼠标右键单击" fEmp"窗体，在弹出的快捷菜单中选择"设计视图"，进入窗体设计视图。

② 右键单击"窗体页脚"节中的文本框控件" tSS"，在弹出的快捷菜单中，选择"更改为"级联菜单中的"组合框"命令→再次用鼠标右键单击文本框控件" tSS"，在弹出的快捷菜单中选择"属性"命令，打开"属性表"窗格 →在"数据"选项卡下的"行来源类型"行的右侧框中输入"值列表"→在"行来源"行右侧框中输入：" 男 ";" 女 "。

③ 单击快速访问工具栏中的"保存"按钮 →关闭窗体设计视图。

（2）① 在数据库窗口的导航窗格中，用鼠标右键单击" qEmp"查询，在弹出的快捷菜单中选择"设计视图"，打开查询设计视图。

② 在字段列表区中，双击"性别"字段，将其添加到设计网格区的"字段"行第 2 列，

在"性别"字段的"条件"行输入：[Forms]![fEmp]![tSS]，取消其"显示"行中的勾选。

③ 单击快速访问工具栏中的"保存"按钮，关闭查询设计视图。

（3）① 在数据库窗口的导航窗格中，用设计视图方式打开"fEmp"窗体。

② 在"窗体设计工具 / 设计"选项卡下的"工具"组中，单击"属性表"按钮，打开属性表窗格，在"所选内容的类型"下拉列表框中选中"tPa"文本框，在相应的"数据"选项卡下的"控件来源"行输入"=IIf([党员否]," 党员 "," 非党员 ")"→ 单击快速访问工具栏的"保存"按钮，保存对窗体设置的修改。

（4）① 在" fEmp"窗体设计视图窗口，单击"窗体设计工具 / 设计"选项卡下"工具"组中的"查看代码"按钮，打开"代码设计器"窗口。

在"****Add1****"行之间输入代码：Me.RecordSource="qEmp"

在"****Add2****"行之间输入代码：DoCmd.Close

② 关闭代码窗口。单击快速访问工具栏中的"保存"按钮 →关闭 samp3 数据库。

参 考 文 献

[1] 陈雷，陈朔鹰，等 . 全国计算机等级考试二级教程——Access 数据库程序设计 [M]. 北京：高等教育出版社，2016.

[2] 陈世红，侯爽，等 . Access 数据库技术与应用 [M]. 北京：清华大学出版社，2015.

[3] 李勇帆，廖瑞华，等 . Access 数据库程序设计与应用教程 [M]. 北京：人民邮电出版社，2014.

[4] 阚清贤，易叶青，等 . Access 2010 数据库应用技术 [M]. 北京：中国水利水电出版社，2014.

[5] 沈朝辉 . 计算机软件技术基础 [M]. 北京：机械工业出版社，2007.

[6] 李雁翎 . 数据库技术及应用——Access[M]. 北京：高等教育出版社，2005.

推荐阅读

数据库系统概念（原书第6版）

作者：Abraham Silberschatz 等　译者：杨冬青 等
中文版：ISBN：978-7-111-37529-6，99.00元
中文精编版：978-7-111-40085-1，59.00元

数据集成原理

作者：AnHai Doan 等　译者：孟小峰 等
ISBN：978-7-111-47166-0　定价：85.00元

数据库系统：数据库与数据仓库导论

作者：内纳德·尤基克 等　译者：李川 等
ISBN：978-7-111-48698-5　定价：79.00元

分布式数据库系统：大数据时代新型数据库技术 第2版

作者：于戈 申德荣 等
ISBN：978-7-111-51831-0　定价：55.00元